普通高等学校计算机科学与技术专业规划教材

操作系统

刘腾红　主编

中国铁道出版社
CHINA RAILWAY PUBLISHING HOUSE

内 容 简 介

本书介绍了计算机系统的重要系统软件——操作系统。全书由两个部分组成，第一部分从计算机资源管理的角度，系统、全面、准确、通俗地阐述操作系统的概念、原理和方法，分为七章，包括引论、进程和处理机管理、存储管理、设备管理、文件系统、作业管理和用户接口及网络操作系统；第二部分介绍目前流行的三个操作系统实例，分为三章，包括UNIX系统分析、Solaris系统和Windows Vista。

本书是按照教育部高等学校计算机科学与技术教学指导委员会发布的《高等学校计算机科学与技术专业发展战略研究报告暨专业规范（试行）》中操作系统课程大纲的要求，结合作者多年的研究和教学积累编写而成的，适合作为高等院校计算机科学与技术专业的教材，也可作为从事计算机工作的科技人员的参考书。

图书在版编目（CIP）数据

操作系统/刘腾红主编. —北京：中国铁道出版社，2008.12

普通高等学校计算机科学与技术专业规划教材

ISBN 978-7-113-09471-3

Ⅰ.操… Ⅱ.刘… Ⅲ.操作系统－高等学校－教材 Ⅳ.TP316

中国版本图书馆CIP数据核字（2008）第187803号

书　　名：操作系统
作　　者：刘腾红　主编

策划编辑：秦绪好　杨　勇
责任编辑：王占清　　**编辑部电话：**（010）63583215
编辑助理：刘彦会
封面设计：付　巍　　**封面制作：**白　雪
责任校对：张国成　　**责任印制：**李　佳

出版发行：中国铁道出版社（北京市宣武区右安门西街8号　　邮政编码：100054）
印　　刷：三河市华丰印刷厂
版　　次：2008年12月第1版　　2008年12月第1次印刷
开　　本：787mm×1092mm　1/16　**印张：**22.75　**字数：**526千
印　　数：1～5 000册
书　　号：ISBN 978-7-113-09471-3/TP・3099
定　　价：34.00元

序言

PREFACE

计算学科虽然是一门年轻的学科，但它已经成为一门基础技术学科，在各个学科发展中扮演着重要的角色，并使得社会产生了对计算机科学与技术专业人才的巨大需求。目前，计算机科学与技术专业已成为我国理工专业中规模最大的专业，为高等教育发展中做出了巨大贡献。近些年来，随着国家信息化建设的推进，作为核心技术的计算机技术，更是占有重要的地位。信息化建设，不仅需要更先进、更便于使用的先进计算技术，同时也需要大批的建设人才。瞄准社会需求准确定位，培养计算机人才，是计算机科学与技术专业及其相关专业的历史使命，也是实现专业教育从劳动就业供给导向型向劳动就业需求导向型转变的关键，从而也就成为提高高等教育质量的关键。

教材在人才培养中占有重要地位，承担着“重要的责任”，这确定了其高质量的基本要求。社会对计算机专业人才需求的多样性和特色，决定了教材建设的针对性，从而也造就了百花齐放、百家争鸣的局面。

关于建设高质量的教材，教育部在提高本科教育质量的文件都提出了明确要求。教高〔2005〕1号（2005年1月7日）文件指出，“加强教材建设，确保高质量教材进课堂。要大力锤炼精品教材，并把精品教材作为教材选用的主要目标。”“要健全、完善教材评审、评价和选用机制，严把教材质量关。”为了更好地落实教育部的这些要求，我们按照教育部高等学校计算机科学与技术教学指导委员会发布的《高等学校计算机科学与技术专业发展战略研究报告暨专业规范（试行）》所构建的计算机科学与技术专业本科教育的要求，组织了这套教材。

作为优秀教材的基础，我们首先坚持高标准，以对教育负责的精神去鼓励、发现、动员、选拔优秀作者，并且有意识地培育优秀作者。优秀作者保证了“理论准确到位，既有然，更有所以然；实践要求到位、指导到位”等要求的实现。

其次是按照人才培养的需要适当强调学科形态内容。粗略地讲，计算机科学的根本问题是“什么能被有效地自动计算”，科学型人才强调学科抽象和理论形态的内容；计算机系统工程的根本问题应该是“如何低成本、高效地实现自动计算”，工程型人才强调学科抽象和设计形态的内容；计算机应用的根本问题是“如何方便、有效地利用计算机系统进行计算”，应用型人才的培养偏重于技术层面的内容，强调学科设计形态的内容，在进一步开发基本计算机系统应用的层面上体现学科技术为主的特征。教材针对不同类型人才的培养，在满足基本知识要求的前提下，强调不同形态的内容。

第三是重视知识的载体作用，促进能力培养。在教材内容的组织上，体现大学教育的学科性和专业性特征，参考《高等学校计算机科学与技术专业发展战略研究报告暨专业规范（试行）》示例性课程大纲，覆盖其要求的基本知识单元。叙述上力争引导读者进行深入分析，努力使读者在知其然的基础上，探究其所以然。通过加强对练习和实践的引导，进一步培养学生的能力，促使相应课程在专业教育总目标的实现中发挥作用。

第四是瞄准教学需要，提供更多支持。近些年来，随着计算机技术、网络技术等在教学上的应用，教学手段、教学方式不断丰富，教材的立体化建设对丰富教学资源发挥了重要作用。通常，除主教材外，还要配套教学参考书、实验指导书、电子讲稿、网站等。

第五是面向主要读者，强调教材的写作特征，努力做到叙述清晰易懂，语言流畅，深入浅出，有吸引力而不晦涩；追求描述的准确性，强调用词和描述的一致性，语言表达的清晰性和叙述的完整性；分散难点，循序渐进，防止多难点、多新概念的局部堆积。

我们相信，这套教材一定能够在培养社会需要的计算机专业人才上发挥重要作用，希望大家广为选用，并在使用中不断丰富。

普通高等学校计算机科学与技术专业规划教材编审委员会
2008 年 1 月

前言

FOREWORD

操作系统（Operating System，OS）是计算机系统配置的核心系统软件，占据特殊重要的地位。它是配置在计算机硬件系统上的第一层系统软件，其他所有软件，如汇编程序、编译程序、数据库管理系统等系统软件以及大量的应用软件，都将依赖于操作系统的支持。从用户的角度看，操作系统是用户与计算机硬件系统的接口；从资源管理角度看，操作系统是计算机系统资源的管理者。

随着计算机科学与技术的不断发展，计算机应用范围越来越广泛，人们对操作系统的要求越来越高，对它的研究也不断深入。近年来，新的产品不断问世，新的概念也不断引入。可以说，操作系统是计算机领域中最活跃的研究领域之一。尽管目前国内外有关操作系统原理、结构和方法等方面的书籍较多，但始终不能满足读者的需求。

本书是"普通高等学校计算机科学与技术专业规划教材"中的一本。对于计算机科学与技术专业的学生，掌握操作系统的基本概念、原理和实现技术是十分重要的，为适应培养实用性人才的需要，对目前流行 OS 实例的剖析也是必要的。

操作系统具有内容丰富、涉及面广、概念抽象、实践性强等特点。它涉及计算机硬件、软件的多方面知识。因此，要求读者在学习本书之前，一定要有计算机原理、数据结构及至少一门程序设计语言等方面的知识。考虑到计算机科学与技术专业的特点，作者在组织材料上，力争做到系统性、准确性、通俗性、实用性、新颖性，注重理论与实践的结合，并把培养读者分析问题、解决问题、实际动手和软件开发能力作为出发点。

全书由两个部分组成。第一部分从计算机资源管理的角度，阐述操作系统的概念、原理和方法。分为七章，包括引论、进程和处理机管理、存储管理、设备管理、文件系统、作业管理和用户接口及网络操作系统；第二部分介绍目前流行的三个操作系统实例，分为三章，包括 UNIX 系统分析、Solaris 系统和 Windows Vista 系统，并且在每章后都配有习题。

本书由中南财经政法大学信息学院刘腾红教授任主编，并负责全书策划、总纂与定稿工作。参加本书编写的有刘腾红、叶焕倬、屈振新、李毅鹏、夏松、向华丽、陈传慧、刘婧珏等。全书最后由蒋宗礼教授进行认真细致地审读。

普通高等学校计算机科学与技术专业规划教材编委会认真地审阅了编写提纲，并提出了许多宝贵的意见；中南财经政法大学信息学院的领导和教师对本书的编写给出了大力支持；中国铁道出版社计算机图书中心领导和编辑等为本书的出版做了大量的工作。在此一并表示衷心的感谢！

由于编者水平有限，书中不妥之处在所难免，恳请各位同行和读者赐教。

编　者

2008 年 10 月于武昌

目录

CONTENTS

第1章 引论

操作系统（Operating System，OS）是计算机系统中的核心软件，它在用户和计算机之间起着接口作用，是重要的系统软件。用户使用计算机系统，首先就要与操作系统打交道。本章首先阐述什么是操作系统，操作系统的功能，操作系统的类型及主要性能指标，并讨论中断系统的有关概念。使读者对操作系统有一个初步的了解。

1.1 什么是操作系统

1.1.1 计算机系统

计算机系统是一个复杂的系统，由硬件系统和软件系统两部分组成。硬件系统是组成计算机的各种元件、部件和设备的总称；软件系统是指机器运行所需的各种程序及其有关的文档资料。硬件是整个计算机的物质基础，没有硬件系统就谈不上计算机。但是只有硬件系统，而没有配套的软件系统，计算机系统就无法工作。通常，把没有配置软件的计算机称为裸机。计算机的软件系统是建立在硬件系统基础之上的。只有将硬件系统和软件系统有机地结合起来，才能充分发挥计算机的作用，完成计算机所应承担的任务。通常，把配置了软件的计算机称为虚拟计算机。

从功能上讲，可以把整个计算机系统划分为四个层次：机器层、操作系统层、系统层和应用层，如图 1-1 所示。这四个层次表现为一种单向服务关系，即外层软件必须以事先约定好的方式使用内层软件和硬件提供的服务，这种约定称为界面。下面简要地看一看各层次的特点。

1. 机器层

机器层是指裸机（硬件），即无任何软件的机器设备本身。它的对外界面由机器指令系统组成，机器指令系统与硬件的组织结构密切相关。操作系统及其外层软件通过执行各种机器指令访问和控制各种硬件资源。

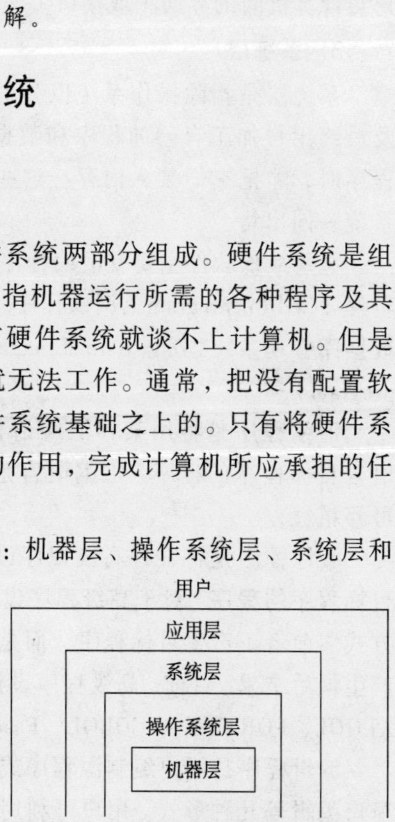

图 1-1 计算机系统的四个层次

迄今为止，计算机硬件的组织结构仍采用冯·诺依曼（Von Neumann）的基本原理，即

“存储程序控制”原理。它一般归纳为五类部件组成：控制器、运算器、存储器、输入设备和输出设备。人们通常把控制器和运算器做在一起，称为中央处理器（Central Processing Unit，CPU）。把输入设备和输出设备统称为输入/输出设备（即 I/O 设备）。

传统计算机硬件系统是以 CPU 为中心组织的。这种组织结构的主要缺点是浪费大量的 CPU 时间。这是由于 CPU 的速度快，而相对来说 I/O 设备速度慢，这就使得速度不匹配。无论大、中、小型计算机，还是微机，现代的硬件系统都是以主存为中心组织的。这种组织结构的优点是能使 CPU 与 I/O 设备充分并行地工作，以便大幅提高各种硬件资源的利用率。

2. 操作系统层

计算机软件通常分为系统软件和应用软件两部分。操作系统是基本的系统软件，它密切地依赖于计算机硬件，直接管理计算机系统中的各种硬件资源和软件资源，其主要部分驻留在主存中，称为操作系统的核心或内核（kernel）。

操作系统的对内界面是管理和控制各种硬件资源（包括 CPU、内存和外设），对外界面是为用户提供方便服务的一组软件程序集合。这里讲的“用户”，是指除操作系统以外的所有系统软件、应用软件及计算机用户等，它是一个广义的概念。因此，人们说操作系统是用户与计算机间的界面（或接口）。

3. 系统层

系统层是指除操作系统以外的所有系统软件。它们在操作系统的控制下为应用层软件及最终用户加工自己的程序和数据提供各种服务。它们通常驻留在外存上，仅当运行这些程序时，才把它们装入内存。这些软件通常由计算机系统的销售者提供，并随机器和操作系统一同出售。

这些系统软件主要有汇编程序（assembler program）、编译程序（compiler program）、编辑程序（editor program）、调试程序（debugging program）、系统维护程序（maintenance program）、数据库管理系统（Data Bate Management System，DBMS）和数据通信程序（data communication program）等。

汇编程序是将用某种汇编语言编写的源程序翻译成机器能够直接识别和执行的机器语言目标程序的程序。汇编语言是一种面向机器的低级程序设计语言，它执行效率高，但可移植性差。

编译程序是将某种高级程序设计语言编写的源程序翻译成机器能够直接识别和执行的目标程序的程序。对于高级程序设计语言的翻译有两种方式：一种是解释方式；一种是编译方式。前者不产生目标程序，而是边解释边执行；后者需生成目标程序，再运行目标程序，产生最后结果。目前，高级程序设计语言有几百种，流行或广泛使用的有几十种，如 BASIC、ALGOL、FORTRAN、COBOL、Pascal、PL/1、PROLOG、LISP、C、Java 等。

编辑程序是用户编制源程序或某种文本文件的方便工具。它一般有行编辑、全屏幕编辑、窗口编辑等几种形式。用户可利用编辑程序建立各种文件，并可随时进行修改，如插入、删除、更新等操作，还可进行查找、显示或打印等操作。例如，WPS、Word 等都是现今流行的编辑程序。

调试程序又称排错程序，它可以帮助用户调试自己编制的程序，找出程序中的逻辑错误，大大缩短用户调试程序的周期。

系统维护程序是指计算机系统在运行过程中需要不断地维护的有关程序。例如，当系统管理员要改变系统的硬件配置时，就必须为新的环境而改变操作系统的核心程序。此外，还有当系统出现某种故障时，提供的一些恢复手段等。

数据库管理系统是对数据库进行管理和控制的一组软件。数据库管理系统一般包括数据库定义、数据库管理、数据库建立与维护、数据通信等功能。它通常由数据描述语言（Data Description Language，DDL）、数据操纵语言（Data Manipulation Language，DML）和数据库管理例行程序（routine）三部分组成。

数据通信程序是为管理和控制计算机间进行通信而设计的程序。它主要用于计算机网络中。用于计算机间的数据传输，处理数据传输过程中的编码、发送、接收、解码等一系列工作。

4. 应用层

应用层是指一些直接为用户服务和使用的应用程序、用户程序和服务程序等，它可由用户或专门的软件公司编制。例如，办公自动化系统、事务处理系统及各种应用软件包和程序库等。因此，它是为了解决某些具体的、实际的问题而开发和研制的各种程序。

1.1.2 操作系统在计算机系统中的地位

从图 1-1 可以看出，操作系统在计算机系统中占有十分重要的地位，它是最基本的、核心的系统软件。操作系统有效地统管计算机的所有资源（包括硬件资源和软件资源），合理地组织计算机的整个工作流程，以提高资源的利用率，并为用户提供强有力的使用功能和灵活方便的使用环境。

所以我们说，操作系统是现代计算机系统中不可缺少的关键部分。正如人不能没有大脑一样，具有一定规模的计算机系统也绝不能缺少操作系统。目前，所有的计算机都配有操作系统，如计算机上通用的操作系统 MS-DOS、OS/2 等，中小型机广泛使用的 UNIX 操作系统，IBM 系统机上使用的 CMS 和 MVS 系统等。计算机系统越复杂，操作系统就愈显得重要。特别是在软/硬件结合日趋紧密的今天，操作系统扮演着极为重要的角色。可以这样说，对于使用计算机的所有用户来说，几乎一刻也离不开操作系统，没有操作系统，计算机几乎无法工作。

当然，对于一些计算机用户来讲，只需掌握有关操作系统的部分命令的使用即可。而对计算机应用专业的学生和从事计算机科学研究的专业人员，熟悉操作系统的概念，了解操作系统的原理和方法是至关重要的。

1.1.3 操作系统的定义

对于操作系统，至今尚无严格的定义，人们可从不同角度来看待它。

（1）从功能角度，即从操作系统所具有的功能来看，操作系统是一个计算机资源管理系统，负责对计算机的全部硬件、软件资源进行分配、控制、调度和回收。

（2）从用户角度，即从用户使用来看，操作系统是一台比裸机功能更强、服务质量更高，用户使用更方便、更灵活的虚拟机，即操作系统是用户和计算机之间的界面（或接口）。

（3）从资源管理角度，即从机器管理控制来看，操作系统是计算机工作流程的自动而高效的组织者，计算机硬/软资源合理而协调的管理者。利用操作系统，可减少人工干预，提高计算机的利用率。

（4）从软件角度，即从软件范围静态地看，操作系统是一种系统软件，是由控制和管理系统运转的程序和数据结构等内容构成。

由此，我们给出操作系统的定义为：操作系统是管理和控制计算机硬/软资源，合理地组织计算机的工作流程，方便用户使用计算机系统的软件。

操作系统追求的主要目标有两点：一是方便用户使用，给用户提供一个清晰、简洁、易于使用的用户界面；二是提高系统资源的利用率，尽可能使计算机系统中的各种资源得到最充分地利用。

1.2 操作系统的功能

操作系统的主要任务是控制、管理计算机系统的整个资源，这些资源包括 CPU、存储器、外部设备和信息。由此，操作系统具有处理机管理、存储管理、设备管理和文件管理等功能，同时，为了合理地组织计算机的工作流程和方便用户使用计算机，还提供了作业管理的功能。

1.2.1 处理机管理

处理机管理主要是组织和协调用户对处理机的使用，管理和控制用户任务，以最大限度提高处理机的利用率。当多个用户程序请求处理服务时，如果一个运行程序因等待某一条件（如等待输入/输出完成），而不能运行下去时，就要把处理机转交给另一个可运行的程序，以便充分利用处理机的能力。而当出现一个可运行的程序比当前正占有处理机的程序更重要时，则要从运行程序那里把处理机抢过来，以便合理地为所有用户服务。

CPU 是计算机中最重要的资源，没有它，任何处理工作都不可能进行。在处理机管理中，人们最关心的是它的运行时间。现代的计算机，CPU 的速度越来越快，每一秒可运行几百万、几千万、甚至几亿、几十亿条指令，因此它的时间相当宝贵。处理机管理就是提出调度策略和给出调度算法，使每个用户都能满意，同时又能充分地利用 CPU。

1.2.2 存储管理

存储管理主要是内存管理，也包括内外存交换信息的管理，配合硬件做地址转换和存储保护工作，进行存储空间的分配。

内存对于计算机系统来说，是一种价格昂贵而数量不足的资源。只有当程序在内存时，它才有可能到处理机上执行。而且，用户的程序和数据都保存在外存，只有当运行或处理时，才能部分调入内存，不需要时，则调出去。

当多个用户程序共用一个计算机系统时，它们往往要共用计算机的内存储器。如果要把各个用户的程序和数据隔离而互不干扰，又能共享一些程序和数据，则需要进行存储空间分配和存储保护。

1.2.3 设备管理

设备管理主要是管理各类外部设备，包括分配、启动和故障处理等，合理地控制 I/O 的操作过程，实现虚拟设备，最大限度地实现 CPU 与设备，设备与设备之间的并行工作。

这里的设备是指除 CPU 和内存以外的各种设备，如磁盘、磁带、打印机、终端等。它们的种类繁多，物理性能各不相同，并且经常发生变化。一般用户很难直接使用。操作系统的设备管理为用户使用设备提供手段，在它的支持下，用户可以通过一定的命令方便地使用某个设备，并在多道程序环境下提高设备的利用率。

1.2.4 文件管理

文件管理即对文件信息的存取和管理，包括文件的建立、撤销、组织、读/写、修改、移动、复制及控制访问等。

在计算机系统中，存储的信息是大量的，而且是各种各样的。系统本身有许多程序，用户又有很多程序和数据，它们都是用文件的形式来组织的。大部分文件平常都存放在外存上。对于文件，要方便用户使用，便于存取，还要保证文件的安全，有利于提高系统的效率和资源的利用率等。

1.2.5 作业管理

作业管理负责对作业的执行情况进行系统管理，包括作业的组织，作业的输入/输出，作业调度和作业控制等。

在操作系统中，把用户在一次算题过程中要求计算机系统所做的一系列工作的集合称为作业。作业管理中提供一个作业控制语言供用户书写作业说明书，同时还为操作员和终端用户提供与系统对话的命令语言，并根据不同系统要求，制定各种相应的作业调度策略，使用户能够方便地运行自己的作业，以便提高整个系统的运行效率。

1.3 操作系统的类型

可以从不同的角度对操作系统进行分类。例如，可以按照计算机硬件的规模将操作系统分为大型机操作系统、小型机操作系统和微型机操作系统。大型计算机性能较强，资源丰富，但价格昂贵，所配置的操作系统以充分发挥资源利用率和系统的吞吐量为基本出发点，并且追求系统的通用性。微型或小型计算机的资源种类少，管理也相对简单，对资源利用的有效性要求不那么突出，其操作系统主要是文件管理和设备管理以及有限的数据查询。

从操作系统的功能出发进行分类是被广泛采用的操作系统分类法。通常把操作系统分成三大类：多道批处理操作系统（简称多道批处理系统）、分时操作系统（简称分时系统）和实时操作系统（简称实时系统）。下面分别予以介绍。

1.3.1 多道批处理系统

多道批处理系统是多道程序系统与批处理系统的结合。为了弄清楚多道批处理系统的含义，我们先看一下批处理系统和多道程序系统的概念。

1. 批处理系统

顾名思义，批处理系统就是成批处理一些程序的系统。

批处理分为联机批处理和脱机批处理两种。

（1）联机批处理：在联机批处理中，编制了一个常驻内存的监督程序，用来控制用户作业的运行。

其处理过程为：用户将所需解决的问题组成作业，交给操作员，操作员有选择地把若干作业合成一批，并把一批作业装到输入设备上，然后由监督程序控制送到辅存，再从辅存中将一个个作业调入内存运行，直到全部作业处理完毕。

用户需用作业控制语言（Job Control Language，JCL）写出其算题要求，JCL 是系统提供给用户书写其程序的"上机说明书"的语言，它由一条条作业控制语句组成，作业控制语句是一种类似汇编指令的语句，用户通过它标识作业并告诉操作系统，如何进行作业的操作，何时调用编译程序以及如何控制作业运行等。

例如，某用户要求编译一段 FORTRAN 程序 A，然后汇编一段程序 B，再把这两个程序连接起来投入运行。用户的作业说明书形式如下：

```
$ FTN  A
$ ASM  B
$ LINK A, B, C
$ RUN  C
```

监督程序读进$FTN 并解释，调出 FORTRAN 编译程序编译名为 A 的源程序，编译结束后，监督程序解释$ASM，从而汇编名为 B 的源程序，再通过解释$LINK，将 A 和 B 连接起来形成 C。最后，解释$RUN，便开始运行用户程序 C。当这个用户的作业处理完后，监督程序便开始处理下一个用户的作业。待这一批作业都处理完后，系统操作员便将结果交给用户，然后开始处理下一批作业。

联机批处理实现了作业的自动定序，自动过渡。同早期手工操作相比，计算机的使用效率提高了，但是作业的 I/O 是联机的，即输入时从外存调入内存，输出时又由内存送到有关的输出设备，而 I/O 是由 CPU 直接控制，随着 CPU 速度的不断提高，高速的 CPU 与慢速的 I/O 设备的矛盾就更加突出，为此引入了脱机批处理。

（2）脱机批处理：脱机批处理系统由主机和卫星机组成，如图 1-2 所示。卫星机又称外围计算机，它不与主机直接连接，只与外部设备打交道。作业通过卫星机输入到磁带上，当主机需要输入作业时，就把输入带从卫星机的磁带机上取下，并装入到主机的磁带机上。于是，主机可以连续地处理由输入带输入的许多用户作业，并把这些作业的运行结果不断地输出到输出带上。最后，多个用户作业的输出结果再通过卫星机连接的打印机打印出来。

由于这种脱机的批处理方式摆脱了不同用户作业之间的大量手工操作，并使主机与慢速的 I/O 设备并行工作，从而提高了主机的效率。而卫星机只完成输入/输出的简单工作，因而可以采用价格便宜的小型计算机。

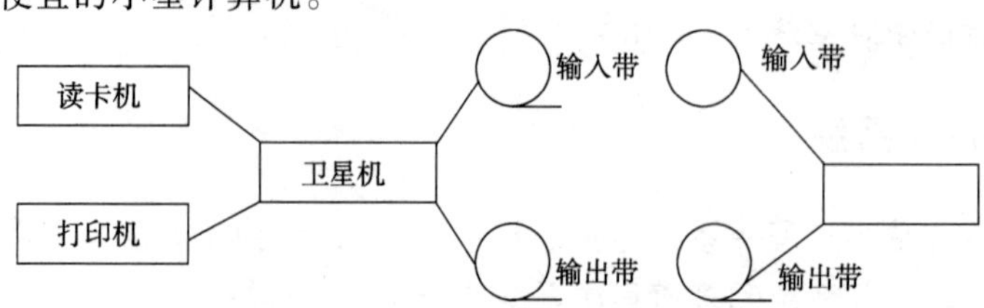

图 1-2　脱机批处理

脱机批处理又带来了一个问题，在实际中，许多用户程序不是一次就完全通过的（这中间可能有语法、词法、语义等错误，有时需多次反复），这就需要较长的周期，用户不能及时修改。这种系统的基本特征是系统逐一地处理每一道程序，只有一道程序处理结束后，才开始下一道程序的处理，我们将这类系统称为单道程序系统。而且在这种系统中，CPU 和 I/O 设备的运行也是串行的。正是由于这种特征，难以提高计算机的利用率。由此，就出现了多道程序系统。

2. 多道程序系统

在批处理系统中，无论是联机批处理，还是脱机批处理，作业运行总是要占用 CPU 一段时间，然后占用 I/O 一段时间，再占用 CPU，再占用 I/O 等，这样交替地进行。这是一种单道顺序地处理作业（即串行）的方法，系统效率不高。一般会出现以下两种情况：

（1）以计算为主的作业（I/O 量少）会使外围设备出现空闲。

（2）以 I/O 为主的作业（计算量少）又会造成 CPU 的空载。

多道程序系统的引入解决了以上的问题。

多道程序系统是控制多道程序同时运行的程序系统，由它决定在某一时刻运行哪一个作业，或者说，是在计算机内存中同时存放几道相互独立的程序，使它们在管理程序控制之下，相互穿插地运行，即使多道程序在系统内并行工作。

实际上，对于单 CPU 的情况，在某一给定时刻内，真正在 CPU 上执行的也只有一个作业，而其他作业，有的处于等待状态，有的处于挂起状态。多道程序系统的主要特征如下：

（1）多道：即计算机内存中同时存放几道相互独立的程序。

（2）宏观上并行：同时进入系统的几道程序都处于运行过程中，即它们先后开始了各自的运行，但都未运行完毕。

（3）微观上串行：内存中的多道程序轮流地或分时地占有 CPU，交替执行。

引入多道程序系统的根本目的是提高 CPU 的利用率，充分发挥系统的并行性，这包括程序之间、设备之间、设备与 CPU 之间等的并行工作。

在多道程序系统中，由于多个程序同时运行，提供了 CPU 和 I/O 设备并行的机会：在 CPU 执行某一个程序时，I/O 设备可以执行另一个程序的 I/O 任务。

例如，现有一台 CPU、多台 I/O 设备，有两道程序 A、B，各自的执行情况如图 1-3 所示。下面在 60ms 内，分别观察按单道程序方式运行和多道程序方式运行的轨迹及 CPU 的利用率。这里忽略监督程序的切换时间，并假设起始时首先运行程序 A。

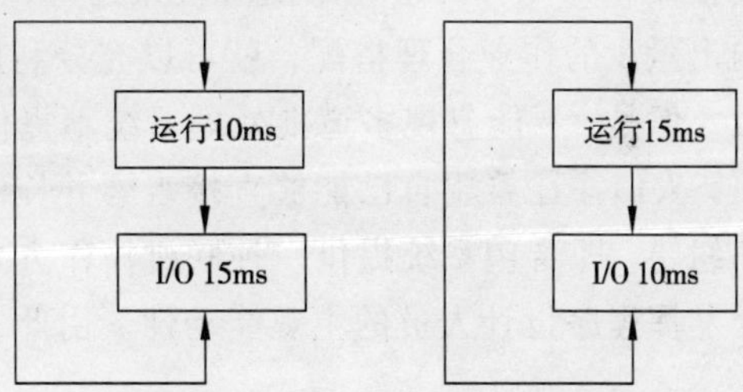

图 1-3　两道程序运行要求

① 若按单道程序方式运行，其运行轨迹如图 1-4 所示。

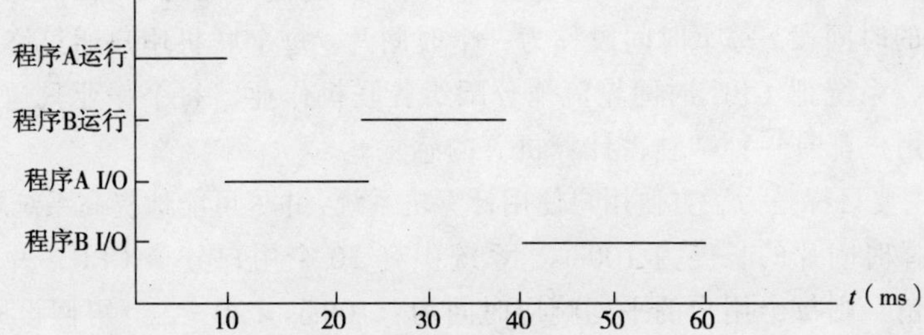

图 1-4　单道程序方式运行轨迹

由此可以得到，在 60ms 内，CPU 的利用率（CPU 利用的时间与开机运行的总时间的比值）为：25/60 = 41.7%。

② 若按多道程序方式运行，其运行轨迹如图 1-5 所示。

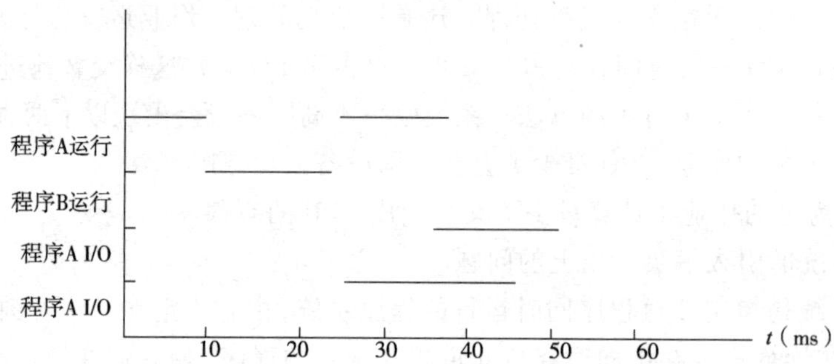

图 1-5 多道程序方式运行轨迹

由此可以得到，在 60ms 内，CPU 的利用率为：50/60 = 83.3%。

3. 多道批处理系统

多道批处理系统有两个含义：一是多道，二是批处理。多道是指在计算机内存中同时存放多个作业，它们在操作系统的控制下并发执行，而且在外存中还存放有大量的作业，并组成一个后备作业队列，系统按一定的调度原则每次从后备作业队列中选取一个或多个作业调入内存运行，作业运行结束并退出，整个过程均由系统自动实现，从而在系统中形成了一个自动转接的连续的作业流。批处理是指系统向用户提供一种脱机操作方式，即用户与作业之间没有交互作用，作业一旦进入系统，用户就不能直接干预或控制作业的运行。

在多道批处理系统中，机器的利用率是很高的。因为作业的输入、作业调度等完全由系统控制，并允许几道程序同时投入运行，只要合理搭配作业，譬如把计算大的作业和输入/输出量少的作业合理搭配，就可以充分利用系统的资源。

但是，不能忽视多道批处理系统不提供交互作用的工作方式，这给用户带来了很大的不便，人们往往希望自己能够直接观察并控制程序的运行，及时获得运行结果，进行随机调试和纠错，即希望系统提供一种联机操作方式。这不仅能够缩短程序的开发周期，而且能够充分发挥程序设计人员的主观能动性。由此，促使了分时系统的出现及发展。

1.3.2 分时系统

为了方便用户进行交互处理，出现了分时系统。

分时系统是允许多个联机用户同时使用一台计算机进行处理的系统。系统将 CPU 在时间上分割成很小的时间段，每个时间段称为一个时间片。每个联机用户通过终端以交互方式控制程序的运行，系统把 CPU 时间轮流地分配给各联机作业，每个作业只运行极短的一个时间片，而每个用户都有一种“独占计算机”的感觉。

分时系统的主要目标是为了方便用户使用计算机系统，并尽可能地提高系统资源的利用率。

例如，若选择时间片的长度为 100ms，系统中有 20 个用户分享 CPU，并忽略用户程序间的切换时间开销，则每个用户的平均响应时间为：100ms × 20 = 2s。再假设 CPU 运行速度为 200 万次/秒，则对每一个用户程序来说，等价的 CPU 速度为：200/20 = 10 万次/秒。

分时系统的主要特点如下：

（1）协调性：就整个系统而言，要协调多个终端用户同时与计算机交互，并完成它们所请求的工作。

（2）独占性：对用户而言，各个终端用户彼此之间都感觉不到别人也在使用这台计算机，好像只有自己独占计算机一样。

（3）交互性：对系统和用户而言，人与计算机是以对话方式工作的。用户从终端上输入命令，提出处理要求，系统收到命令后分析用户的要求并完成，然后把运算结果通过输出设备告诉用户，用户可根据处理结果提出下一步的要求，这样一问一答，直到全部工作完成。

（4）共享性：对资源而言，宏观上各终端用户共享计算机的各种资源（尤其是 CPU），从微观上看用户在分时（按时间片）使用许多资源。

由此，分时系统具有如下优点：

（1）自然操作方式：该系统使用户能在较短的时间内采用交互会话工作方式，及时输入、调度、修改和运行自己的程序，因而加快了解题周期。

（2）扩大了应用范围：无论是本地用户，还是远地用户，只要与计算机连上一台终端设备，就可以随时随地使用计算机。

（3）便于共享和交换信息：远近终端用户均可通过系统中的文件系统彼此交流信息和共享各种文件。

（4）经济实惠：用户只需有系统配备的终端，即可完成各种处理任务，可共享大型的具有丰富资源的计算机系统。

1.3.3　实时系统

随着计算机的不断普及和发展，应用领域不断扩大，有的应用要求系统不仅具有交互功能，更需要的是响应速度。由此，发展了实时系统。

实时系统是一种对事件及时处理的系统，当事件产生的同时，就能以足够快的速度予以处理，其处理结果在时间上又来得及控制被监测或被控制的过程。这里的“实时”就是及时的含义。

计算机应用到实时控制中，配置实时操作系统，就可组成各种各样的实时系统。目前，在计算机应用中，过程控制和信息处理都有一定的实时要求，据此，把实时系统分为实时过程控制系统和实时信息处理系统两大类。

1. 实时过程控制

实时过程控制又可分为两类：一类是以计算机为控制中枢的生产过程自动化系统，如冶炼、发电、炼油、化工、机械加工等的自动控制。在这类系统中，要求计算机及时采集和处理现场信息，控制有关的执行装置，使得某些参数，如温度、压力、流量、液位等按一定规律变化，从而达到实现生产过程自动化的目的。另一类是飞行物体的自动控制，如飞机、导弹、人造卫星的制导等。这类系统要求反应速度快，可靠性高。通常要求系统的响应时间在毫秒甚至微秒级内。

2. 实时信息处理

它通常需要有文件系统，事先存有经过合理组织的大量数据，它能及时响应来自终端用户的服务请求，如进行信息的检索、存储、修改、更新、加工、删除、传递等，并能在短时间内对用户给予正确的回答。例如情报检索、机票预订、银行业务、电话交换等都属于此类系统。这类系统除要求响应时间及时外，并要求有较高的可靠性、安全性和保密措施等。

实时系统主要具有如下特点：

（1）对外部进入系统的信号或信息应能做到实时响应。

（2）实时系统较一般的通用系统有规律，许多操作具有一定的可预计性。

（3）实时系统的终端一般作为执行和询问使用，不具有分时系统那样有较强的会话能力。

（4）实时系统对可靠性和安全性要求较高，常采用双工工作方式。

实时系统与分时系统的主要差别表现在以下两个方面：

（1）交互能力：分时系统的交互能力较强，而实时系统大都是具有特殊用途的专用系统，其交互能力受到一定的限制。

（2）响应时间：分时系统的响应时间一般都是以人能够接受的时间来确定的，其响应时间一般在秒数量级；而实时系统的响应时间要求与应用场合密切相关，主要以控制对象或信息处理过程所能接受的延迟而定，可能是秒级，也可能是毫秒级甚至微秒级。

多道批处理系统、分时系统和实时系统是操作系统的三种基本类型。但一个实际系统往往兼有它们三者或其中两者的功能，这就出现了通用操作系统，使之具有更强的处理能力和广泛的适用性。

批处理系统与分时系统相结合，当系统有分时用户时，系统及时地对他们的要求给出响应，而当系统暂时没有分时用户或分时用户较少时，系统处理不太紧急的批处理作业，以便提高系统资源的利用率。在这种系统中，把分时作业称为前台作业，而把批处理作业称为后台作业。类似地，批处理系统与实时系统相结合，有实时请求则及时进行处理，无实时请求时则进行批处理。运行时把实时作业称为前台作业，把批处理作业称为后台作业。

1.3.4 嵌入式操作系统

嵌入式操作系统（Embedded Operating System，EOS）是一种用途广泛的系统软件，过去它主要应用于工业控制和国防系统领域。EOS负责嵌入系统的全部软、硬件资源的分配、调度工作，控制和协调并发活动，它必须体现其所在系统的特征，能够通过装卸某些模块来达到系统所要求的功能。嵌入式操作系统在系统实时高效性、硬件的相关依赖性、软件固态化以及应用的专用性等方面具有较为突出的特点。

嵌入式操作系统是嵌入式系统的操作系统。它们通常被设计得非常紧凑有效，抛弃了运行在它们之上的特定的应用程序所不需要的各种功能。嵌入式系统是以嵌入式计算机为技术核心，面向用户、面向产品、面向应用，软/硬件可裁减；适用于对功能、可靠性、成本、体积、功耗等综合性能有严格要求的专用计算机系统。嵌入式系统应具有的特点是：具有高可靠性，在恶劣的环境或突然断电的情况下，系统仍然能够正常工作；许多嵌入式应用要求实时性，这就要求嵌入式操作系统具有实时处理能力；嵌入式系统和具体应用有机地结合在一起，它的升级换代也是和具体产品同步进行；嵌入式系统中的软件代码要求高质量、高可靠性，一般都固化在只读存储器中或闪存中，也就是说软件要求固态化存储，而不是存储在磁盘等载体中。

EOS是相对于一般操作系统而言的，它除具备了一般操作系统最基本的功能，如任务调度、同步机制、中断处理、文件等功能外，还有以下特点：

（1）可装卸性：开放性、可伸缩性的体系结构。

（2）强实时性：EOS实时性一般较强，可用于各种设备控制当中。

（3）统一的接口。提供各种设备驱动接口。

（4）操作方便、简单、提供友好的图形GUI，图形界面，追求易学易用。

（5）提供强大的网络功能，支持TCP/IP及其他协议，提供TCP、UDP、IP、PPP协议支持及统一的MAC访问层接口，为各种移动计算设备预留接口。

（6）强稳定性，弱交互性。嵌入式系统一旦开始运行就不需要用户过多的干预，这就要负责系统管理的EOS有较强的稳定性。嵌入式操作系统的用户接口一般不提供操作命令，它通过系统调用命令向用户程序提供服务。

（7）固化代码。在嵌入式系统中，嵌入式操作系统和应用软件被固化在嵌入式系统计算机的ROM中。辅助存储器在嵌入式系统中很少使用，因此，嵌入式操作系统的文件管理功能应该能够很容易地拆卸，而用各种内存文件系统。

（8）更好的硬件适应性，也就是良好的移植性。

目前，已推出一些应用比较成功的EOS产品系列。随着Internet技术的发展、信息家电的普及EOS的微型化和专业化，EOS开始从单一的弱功能向高专业化的强功能方向发展。国际上用于信息电器的嵌入式操作系统有40种左右。现在，市场上非常流行的EOS产品，包括3COM公司下属子公司的Palm OS，全球占有份额达50%，Microsoft公司的Windows CE不过29%。在美国市场，Palm OS更以80%的占有率远超Windows CE。开放源代码的Linux很适于做信息家电的开发。又如，中科红旗软件技术有限公司开发的红旗嵌入式Linux和美商网虎公司开发的基于 XLinux 的嵌入式操作系统“夸克”。“夸克”是目前全世界最小的Linux，它有两个很突出的特点，就是体积小和使用GCS编码。

常用的嵌入式操作系统有嵌入式Linux、Windows CE、Windows XP Embedded、VxWorks、uCOSII、QNX、FreeRTOS、NetBSD和FreeDOS等。

1.4 操作系统的特性及性能指标

1.4.1 操作系统的特性

由于多道程序系统的出现，使CPU与I/O设备以及其他资源得到充分利用，但也由此带来不少新的复杂问题。在讨论操作系统的特性时，往往讨论支持多道程序的操作系统所具有的一些特性。

1. 并发性

并发性又称并行性，是指能同时处理存在的多个平行活动的能力。例如，I/O操作与计算重叠运行，在内存中同时存在几道用户程序等，都是并发的例子。

就整个系统来说，由于计算机和I/O操作并行，因此操作系统必须能控制、管理并调度这些并行的动作。除此之外，操作系统还要协调主存各程序之间的动作，以免互相发生干扰，造成严重后果，即考虑同步问题。总之，操作系统要充分体现并发性。

2. 共享性

共享是指多个计算任务对资源的共同享用。并发活动的目的要求共享资源。例如，在多道程序系统中对 CPU、主存及外设的共享，此外还有多个用户共享一个程序副本、共享同一数据库等。这些对于提高资源利用率、消除重复是有利的。

与共享有关的问题是资源分配、对数据的同时存取，程序的同时执行以及保护程序免遭损坏等。

3. 不确定性

对于同一程序，向其提供相同的初始数据，无论什么时候运行，都应产生相同的结果。从这个意义上看，操作系统应当是确定的。但是在另一方面，它又必须能处理随时可能发生的事件，如多道程序在运行过程中对资源的要求、程序运行时产生错误的处理以及外部设备的中断事件均是不确定的。操作系统必须对这类事件进行响应，即要求操作系统能够处理任何一种事件序列，以使各个用户的算题任务正确地完成。

1.4.2 操作系统的性能指标

操作系统的性能指标是对系统性能和特征的描述，它与计算机系统的性能有着密切的联系。这些性能指标有的能进行定量描述，有的则不能。下面，我们给出操作系统的一些常用的也是主要的性能指标。

1. 系统的 RSA

RSA 是指系统的可靠性（reliability）、可维修性（serviceability）和可用性（availability）三者的总称。

可靠性（R）：通常用平均无故障时间（Mean Time Before Failure，MTBF）来度量，它指系统能正常工作的时间的平均值。显然，此时间越长，系统的可靠性就越高。

可维修性（S）：通常用平均故障修复时间（Mean Time Repair a Fault，MTRF）来度量，它指从故障发生到故障修复所需要的平均时间。显然，该时间越短，可维修性越高。

可用性（A）：指系统在执行任务的任意时刻能正常工作的概率。它可以表示为：

$$A=MTBF/(MTBF+MTRF)$$

由此可见，当 MTBF 越大，MTRF 越小，则 A 就越大，即系统能正常工作的概率就越大。

2. 系统吞吐率（throughput）

吞吐率指系统在单位时间内所处理的信息量，常以每小时或每天所处理的作业数来度量。当然，在实际测量吞吐率时应把各种类型的作业按一定方式进行组合。

3. 系统响应时间（response time）

响应时间是指从给定系统输入到开始输出这一段时间间隔。对于批处理系统，输入应从用户提交作业时算起；对于分时系统，输入应从用户发出终端命令时算起。

4. 系统资源利用率

利用率是指在给定的时间内，系统内的某一资源，如 CPU、外部设备等的实际使用时间所占的比例。显然，要提高系统资源利用率，就应该使资源尽可能地忙碌。

5. 可维护性

可维护性主要有两层含义：一是指在系统运行过程中，不断排除系统设计中遗留下来的错误；二是对系统的功能做某些修改或扩充，以适应新的环境或新的要求。

6. 可移植性

可移植性是指把一个操作系统从一个硬件环境转移到另一个硬件环境所需要的工作量。其工作量常用人月或人年表示。工作量越少，系统性能就越好。

1.5 中断系统

操作系统的许多功能是通过中断系统来实现的。因此，有人说操作系统是"中断驱动"（interrupt-driven）系统或"事件驱动"（event-driven）系统。

1.5.1 什么叫中断

"中断"的现象在人们的日常生活中屡见不鲜。你正在看书，突然有人来找你，你就需暂停看书的工作，并作上记录（或者夹上一个书签，或者折一个角等），等接待完后，再从书的记号处看起，这就是一种中断现象，这是人们正常工作中产生的"随机"紧急事件。

在计算机系统中，与主机正常工作并产生的随机事件是相当多的，如电源系统故障、外部设备I/O完毕、CPU出现算术溢出等。遇到此类事件发生时，CPU都要暂停当前的工作去做处理，这就是中断的问题。

所谓中断是指当计算机系统发生某一事件后，CPU暂停正在执行的程序，转去执行该事件的处理程序，待该事件处理完后再回到暂停的程序处继续执行。引起CPU中断的事件称为中断信号。处理中断信号的程序称为中断处理程序。产生中断信号的那个部件称为中断源。

在计算机系统中，引入中断主要有下列原因：

（1）中断的首先引入是为了解决慢速的I/O设备与快速的CPU之间的矛盾。第一代计算机是无操作系统阶段，当然也无中断系统。到第二代计算机，由于CPU速度的提高，CPU的高速与I/O设备的低速之间的矛盾更加突出。在无中断的系统中，CPU与I/O设备交换信息是串行工作的，并采用循环测试I/O方式，即CPU不断地检测I/O设备是否空闲，若空闲，可传递数据，若忙，则等待。这样，大量的CPU时间都浪费在测试中了。为了解决这个问题，提出了I/O中断方式，即I/O设备通过中断向CPU发出信号，若I/O完毕，则CPU可以向I/O设备发出输入/输出信息命令后，再去自己处理工作，这样就可使矛盾得到缓解。

（2）计算机系统通过中断进行驱动。即所有的部件都可向CPU发出中断信号，计算机系统中各层软件与硬件之间的接口也通过中断系统来实现。例如，当电源故障、地址错等事件发生时，中断系统可以进行事件处理。又如，当操作员请求主机完成某项工作时，也可通过发中断信号通知主机，使它依据信号要求相应参数去完成某项工作等。

总之，为了实现计算机系统的自动化工作，实现各部件的并行活动，系统必须具备有中断处理的能力。

一般来说，中断系统具有两个主要的作用：一是能充分发挥处理机的使用效率；二是提高系统实时处理能力。由此，目前的各种微型机、小型机及中大型机均有中断系统。

1.5.2 中断装置

由于中断是随机事件，为了寄存、检测中断，便于中断处理，在计算机系统中所设置的装置，称为中断装置。这里介绍的有中断寄存器和中断扫描机构。

1. 中断寄存器

为了区分和不丢失每个中断信号，通常对应每个中断源都分别用一个固定的触发器来寄存中断信号。并常规定其值为1时，表示该触发器有中断信号；其值为0时，表示无中断信号。这些寄存中断信号触发器的全体称为中断寄存器。其中每个触发器称为一个中断位（或中断字）。故又可以说，中断寄存器是由若干中断位组成的。为了控制方便，一般把中断寄存器的各位按顺序编号，如编为1，2，3…，n，称这些编号为中断序号。

2. 中断扫描机构

中断信号是发送给CPU并要求进行处理的，但CPU又如何发现中断信号?为此，在CPU的控制部件中增设一个能控制中断的机构，称为中断扫描机构。该机构通常在每条机器指令执行周期内的最后时刻扫描中断寄存器，查看是否有中断信号到来。若无中断信号，CPU继续执行程序的后继指令；若有中断信号，则停止CPU的后继指令执行，无条件转去执行操作系统内的中断处理程序。当中断被响应后，硬件负责把中断寄存器的内容（中断位）送入内存固定单元，然后中断寄存器就被清除。处理中断的程序从内存固定单元中读出中断位就可以知道发生的是什么中断信号。

中断扫描机构发现中断时，刚执行完的那条指令所在的单元号，称为中断断点。在一般情况下，断点应为中断的那一瞬间程序计数器（Program Counter，PC）的内容减去前一条指令所占的单元长度，即指令计数器（Instruction Counter，IC）减1。中断时PC所指的地址，即断点的逻辑后继指令的单元号，称为恢复点。顾名思义，恢复点即是程序被中断后，再返回继续执行的那条指令的单元号。

1.5.3 管态和目态

在计算机系统中，CPU执行着两类性质不同的程序。一类是用户程序或系统外层的应用程序；另一类是操作系统程序。这两类程序的作用是显然不同的。后一类程序是前一类程序的管理和控制者。很明显，如果两类程序给予同等"待遇"，则对系统的安全极为不利。也就是说，操作系统程序享有的某些特权，外层用户程序是不应该享有的。既然这两类程序享有不同的权利，那么就应该在它们运行过程中予以区分，并防止用户程序（或应用程序）的越轨行为，为此，在系统中设置一个标志触发器，取值1或0，用于标志正在运行的属于哪一类程序。若规定标志触发器取值为1时表示处于系统程序运行状态，则称为管态，或称为系统态；若标志触发器取值为0时表示处于用户程序运行状态，则称为目态，或称用户态。通常，人们把在管态下运行的程序称为管理程序（或管态程序、监督程序等），把在目态下运行的程序称为目的程序（或目态程序、算态程序等）。

以后还会看到，在管态下一般不响应同级中断（高级中断例外）；划分了管态和目态后，严格地区分了两类不同性质的程序，在存储上，它们各自严格区别的存储空间；在CPU运行时，各自又有完全不同的待遇。因此，用户程序的许多工作是由操作系统代之完成的，而且用户程序需要操作系统为之服务时，绝对不能通过程序调用的方式调用操作系统的相应程序，必须设法通过执行访管指令，引起一次中断，控制由中断系统转入操作系统内的相应程序。

1.5.4 中断分类

在实际系统中，为了处理上的方便，通常用不同的分类方法把系统内的所有中断信号分成若干类。

（1）根据中断信号的含义和功能，把中断分为：

① 机器故障中断：是机器发生错误时产生的中断，用以反映硬件故障，以便进入诊断程序，如内存奇偶校验错、电源故障中断等。该类中断也有的称硬件故障中断。

② 程序中断：程序因错误使用指令或数据引起的中断，用来反映程序执行过程中发现的例外情况，如定点溢出中断、浮点溢出中断、零做除数、非法操作码、地址越界中断等。该类中断是与用户程序（目态程序）错误有关的中断。

③ 外部中断：来自计算机外部的某些装置的中断，用于反映外界的要求，如实时设备发出的实时中断（该中断用于实时系统中）、计时部件发出的计时中断、操作员控制台按钮发出的中断等。

④ 输入/输出中断：来自通道或外部设备的中断，用于反映通道或设备的工作状态，如，打印机输出结束中断，磁盘传输中断等。

⑤ 访管中断：在程序运行过程中对操作系统提出某种请求时，可通过中断的办法，进入操作系统，这种中断称为访管中断。通常，系统提供给用户一些访管指令，当程序执行到访管指令时，则引起访管中断。所谓访管指令（SVC）是指使程序中断正在的处理而执行的管理程序的指令，如读/写文件、分配内存、启动外部设备等。

对于以上的中断，也有的将其分为两类，前四种称为强迫性中断，即这类中断信号不是正在运行的程序所期待的，而是由于某种事故或外部请求信息所引起的；第五种中断称为自愿性中断，它是正在运行的程序所期待的信号。

（2）根据中断信号的来源，把中断一般分为两类：

① 外中断：简称中断，指来自CPU以外事件的中断。例如，设备发出的各种中断、时钟中断、电源故障中断等。

② 内中断：有的称捕俘（trap），指来自CPU内部事件的中断。例如，非法操作码、地址越界、算术溢出及访管中断等。

1.5.5 中断屏蔽

引入中断可以处理一些并发的随机事件，但有时系统在某种情况下，希望某些中断不出现或暂时不响应它们。如某些系统程序或实时性很强的应用程序不希望某些中断打断其运行，要等到它们运行完毕或运行到一阶段才允许打断，亦即允许某些(或全部)中断出现但不响应。又如，有的程序想利用定点溢出实现按模同余运算，因此程序员希望在他的程序运行过程中禁止出现定点溢出中断。对于这两种情况，一种是禁止响应中断；一种是禁止中断出现。为了解决这类问题，引进了中断屏蔽。

中断屏蔽是指使某些中断暂时不起作用的措施，虽然出现了该种中断的条件，但不对它进行处理，而中断源仍然保留，直到解除屏蔽后才响应中断。

要实现中断屏蔽功能，和中断寄存器一样，可对每种屏蔽要求设置一个专门触发器作为屏蔽标志位，且规定标志位为 1 表示屏蔽，标志位为 0 表示不屏蔽。

需要说明：中断屏蔽与禁止中断是不同的概念。前者表明硬件已接受了中断请求只是暂时不响应，等中断屏蔽撤销时，再响应该中断，并作适当的处理。后者是连中断请求也不让提出，当然更谈不上响应与处理了。中断屏蔽和禁止中断都是由程序安排的指令然后通过硬件中断系统实现的。一般来说，屏蔽方式可以用来屏蔽整个某级，或某级中的某一位，而禁止方式只能用来禁止某些位。

1.5.6 中断优先级

因为中断信号是随机产生的，可能同在一时刻出现多个中断信号，并且响应中断是有条件的，所以存在一个谁先被响应、谁先被处理的问题。为了使系统能及时地响应处理所发生的中断请求，同时又不发生丢失中断信号的现象，在硬件上设计中断系统时就必须根据各种中断的轻重缓急在线路上作一些安排，从而使得中断的响应有个优先次序，另外，软件处理时也得考虑处理的优先次序，以便及时地把有关中断处理完。响应顺序和处理顺序可以不一样，有时为了满足某种需要，可以采取包括屏蔽在内的若干手段来改变处理顺序。

系统在设计时，对各类中断规定了高低不同的响应级别，把紧迫程度大致相当的中断源归并在同一级，而把紧迫程度差别较大的中断源分别规定为不同的级别，级别高的中断享有绝对优先响应的权利。

把中断享有的高、低不同的响应权利，称为中断优先权，或中断优先级。每一级的中断处理程序有不少相似之处，可把它们组合成一个程序，这样每级只要有一个中断处理程序入口即可。如果一个中断级中有若干个中断产生，则在这级中断处理中要分别处理，其优先顺序可由软件来定，通常是从左到右逐个扫描处理。

对于一个计算机系统，中断分级方法可以不同。应该规定多少级中断，每个中断应划属在哪一级，均由硬件、软件设计者根据系统的设计目标考虑，一般应考虑如下原则：

（1）按中断的重要性和处理的紧迫程度来分，通常把实时性强、影响面大的中断列为高级中断。譬如，在 IBM 370 系统和 PDP-11 把机器故障列为一类且为最高级中断。

（2）把程序处理相似的中断源归并为同一级。例如，在 PDP-11 中，对机器故障、程序出错等尽管来源很不相同，但因处理方式相似而归为一类。

各种系统掌握这些原则各有不同的侧重点，如在 IBM 4341 机中，中断被分为 6 级，级别高低从上向下依次递减为：

① 管理调用；

② 程序中断；

③ 可抑制的机器检验中断；

④ 外部中断；

⑤ I/O 中断；

⑥ 重新启动中断。

又如，在 PDP-11 机上的 UNIX 系统把中断级别分为四级，其从高到低的优先级别为：

CPU 内部的中断	7
时钟中断	6
磁盘中断	5
其他外设中断	4

其中，CPU 内部的中断（也称捕俘）包括电源故障、总线超时、非法指令、访管指令等。这些中断一般不能屏蔽，享有最高的中断优先级。

在多级中断系统中，CPU 处理中断的轨迹也变得复杂了。一般来说，处理原则如下：

（1）级别高的与级别低的中断同时出现时，优先响应级别高的中断。

（2）级别高的中断有打断级别低的中断的权利。即当处理机在执行级别低的中断处理程序时，又出现了级别高的中断，则立即中断并进入级别高的中断处理程序，直到已出现的高级别中断都处理完毕再返回到刚才被中断的那个级别低的恢复点。

（3）级别低的中断无权干扰级别高的中断。如果在处理级别高的中断过程中，又出现级别低的中断，则暂不理睬（屏蔽），直到处理完级别高的中断后再视情况予以响应。

1.5.7　中断处理

整个中断处理是由硬件和软件相互配合、协调完成的。大部分计算机系统的中断处理过程是相似的。中断处理的一般过程为保存现场；分析中断原因，进入相应的中断处理程序；恢复现场，退出中断，如图 1-6 所示。

保存现场和恢复现场是必要的。因为中断处理是一个短暂性的工作，处理完后往往还要回到被中断的程序，从其恢复点继续运行。为了能实现正确的返回，在进行中断处理的前后必须保存和恢复被中断的程序现场。

所谓现场信息是指中断那一时刻确保程序能继续运行的有关信息，如 PC 寄存器、通用寄存器以及一些与程序相关的特殊寄存器中的内容。

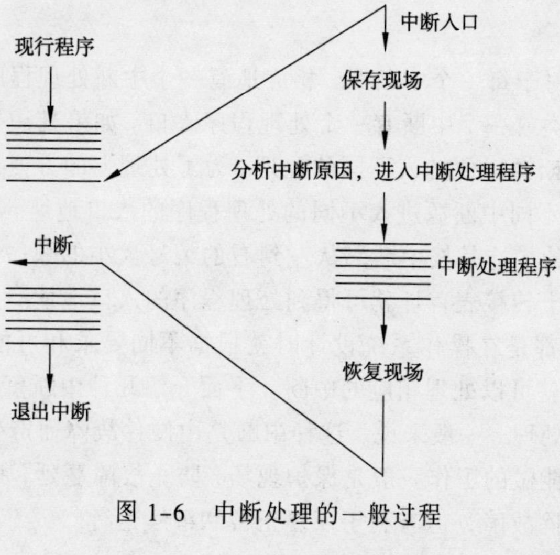

图 1-6　中断处理的一般过程

1. 保存现场

保存现场是中断进入中断处理程序的第一件工作。其目的是为了在中断处理完之后，可以返回到原来被中断的地方继续正确地执行。通常中断响应时硬件已经保留了断点（PC 寄存器）和状态（PS 寄存器），但是还有需要保留的信息，如被中断程序使用的通用寄存器的内容（如累加器、变址器等）以及一些与程序有关的特殊寄存器中的内容。若不保存，则可能被破坏，从而即使按恢复点返回到被中断程序，它也不能正确执行。由于中断响应时硬件处理时间很短（通常是一个指令周期），而通用寄存器的保存需要有一定的时间，所以常常放在中断处理程序中完成，并且一定是当中断进入时就进行（以防后续程序的破坏）。

通常，将需保存的现场信息从固定单元移到现场保留区。现场保留区是一个“栈”数据结构，现场信息一条条压进栈。

保存现场的方法一般有如下几种：

（1）集中保存：即在系统内存区开辟现场保留区。无论发生什么中断（或捕俘）时，均将现场信息保存在系统的这片区域内。该方法简单，但使得现场和程序脱节，不利于处理和程序相关的中断。

（2）分散保存：即对每个程序都有一片区域。每当中断（或捕俘）发生时，便将现场信息保存在当前程序相关的现场区内。通常这片区域可以构成一个栈。该方法克服了集中保存的缺点，但可能将与当前程序无关的中断现场信息保存在程序内部，在连续的长时间中断处理过程中，不能重新调度新的程序运行。

（3）集中分散保存：它是集中保存与分散保存的综合。即系统内开设现场保留区，程序内部也分别设现场保留区。当出现与当前程序无关的中断信号时，现场信息保存在系统现场区；当出现与当前程序无关的中断信号时，现场信息保存在程序现场区。这种方法是比较合理的，但给控制带来一些困难。

2. 分析中断原因，进入中断处理程序

保留完现场以后的工作是根据中断源分析中断原因，以便转入不同的处理。中断处理程序取出中断寄存器，分析其中的中断位，查明中断原因（是机器故障中断，还是程序中断，外部中断，I/O 中断等），然后转入相应的中断处理程序处理。

3. 处理中断

在同一类中断中，对于每一个中断源，相应地有一个中断处理程序，以处理该中断源的中断要求。通常对于一类或一个中断有一个处理程序入口。如果是一类一个入口，还要在进入后再一个个地扫描中断源以便转入不同的处理。为了处理上的方便，一种很自然的方法就是用转接表示法，根据不同中断源进入不同的处理程序的入口地址。系统先对中断源编号，形成中断码。而转接表的构造是按中断码从左到右的编号大小的顺序进行。中断处理时，只要将分析所得中断码加上转接表首址就可得到处理程序的入口地址。

每个中断处理程序都是在操作系统设计时就根据不同要求和可能情况编制好，一旦转入到某个中断处理程序就可以处理相应的中断。下面介绍几种中断事件的处理。

（1）机器故障中断处理。一般来说，这种中断是由硬件故障而产生的。排除故障必须进行人工干预。操作系统能做的工作一般是保护现场，防止故障蔓延，报告操作员提供故障信息。这样做虽然不能排除故障，但有利于恢复正常和继续运行。

如电源故障的处理。当电源发生故障如掉电时，硬设备能保证继续正常工作几毫秒，操作系统利用这几毫秒的时间可以做以下三项工作：

- 将 CPU 中有关寄存器内的信息送入内存保存起来，以便在故障排除后恢复现场继续工作。
- 停止外部设备工作。有些外部设备，如磁盘，不能立即停止。操作系统将把这些正在交换信息又不能立即停止的设备记录下来。
- 停止 CPU 工作。

再如内存故障的处理。内存的奇偶校验发现内存读/写错误时，就产生这种中断信号，操作系统首先停止涉及的程序运行，然后向操作员报告出错单元的地址和错误的性质（如是CPU 访问内存错还是通道访问内存错等）。

（2）程序中断处理。处理程序中断大体上有两种方法：一是显示错误性质，报告操作员请求干预；二是自行处理。对于那些纯属程序错误而又难以克服的中断，如地址越界、非管态用管态指令、企图写入半固定存储器或禁写区等，操作系统只能将出错的程序的名字、出错地址和错误性质报告操作员请求干预。对于其他一些程序性中断，如溢出，不同的用户往往有不同的处理要求，操作系统可以将这种中断转交给用户程序，让它自行处理。

4. 恢复现场，退出中断

中断处理完毕后，要清除请求中断要求（即将中断寄存器中中断位置“0”），恢复中断点的现场，把现场保留区中的信息取入到相应通用寄存器中，特别是把中断点 PS、PC 取到相应的寄存器中，然后返回到原先被中断的程序继续执行。

这里还应考虑以下两点：

（1）如果此次中断是高级中断，并且被中断的外部程序是另一次的低级中断处理程序，则此次中断返回前应返回到前一次低级中断处理程序的现场。

（2）如果原来被中断的是用户程序，即目态程序，则退出中断以前应先考虑进行一次调度选择，以挑选出更适合在当前情况下运行的新程序（如果有的话）。因为原来被中断的用户程序，在此次中断处理过程中，可能由于某些与其相关的事件，使其当前不具备继续运行的条件，或者被降低了运行的优先权，也可能由于此次中断的处理使得其他程序获得了比其更高的运行优先权。为了权衡系统内各道程序的运行机会，在此时有必要进行一次调度选择，在进行调度选择后，无论是挑选出另外一个新程序，还是仍然选择原程序继续运行，都必须恢复该程序的现场。

本章小结

操作系统是管理和控制计算机硬/软件资源，合理地组织计算机的工作流程，方便用户使用计算机系统的软件。操作系统追求的主要目标有两点：一是方便用户使用计算机，一个好的操作系统应提供给用户一个清晰、简洁、易于使用的用户界面；二是提高系统资源的利用率，尽可能使计算机系统中的各种资源得到最充分地利用。

操作系统具有处理机管理、存储管理、设备管理、文件管理和作业管理等功能。

批处理系统就是成批处理一些程序的系统。批处理分为联机批处理和脱机批处理两种。多道程序系统是控制多道程序同时运行的程序系统，由它决定在某一时刻运行哪一个作业，或者说，是在计算机内存中同时存放几道相互独立的程序，使它们在管理程序控制之下，相互穿插地运行，即使多道程序在系统内并行工作。分时系统是允许多个联机用户同时使用一台计算机进行处理的系统。系统将 CPU 在时间上分割成很小的时间段，每个时间段称为一个时间片。实时系统是一种响应时间较快的系统，当事件或数据产生的同时，就能以足够快的速度予以处理，其处理结构在时间上又来得及控制被监测或被控制的过程。

操作系统具有并发性、共享性和不确定性等特性。其性能指标主要包括系统的 RSA、系统吞吐率、系统响应时间、系统资源利用率、可维护性和可移植性等。

习　题　一

1. 什么是硬件系统?什么是软件系统？它们之间有什么联系?
2. 简述计算机系统的四个层次。
3. 简述操作系统在计算机系统中的地位。
4. 什么是操作系统?操作系统追求的主要目标是什么?
5. 简述操作系统功能。
6. 什么叫批处理系统?它可分为哪两种?
7. 什么是多道程序系统?其主要特性是什么?
8. 假设有一台 CPU，多台 I/O 设备，现有两道程序 A、B，按照图 1-7 以多道程序方式运行。要求画出它们的运行轨迹，并计算在 60ms 内 CPU 的利用率。假设起始时首先运行程序 A，并忽略监督程序的切换时间。

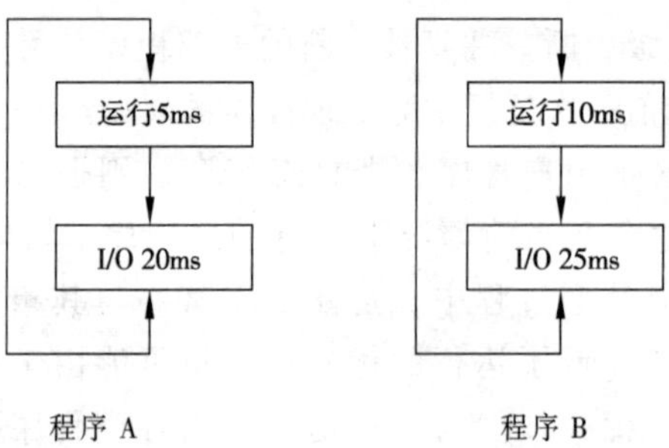

图 1-7　程序 A、B 运行要求

9. 多道批处理系统的含义是什么?
10. 什么叫分时系统?其主要特点是什么?
11. 什么叫实时系统?主要有哪两大类?
12. 实时系统与分时系统的主要差别有哪些?
13. 简述操作系统的特性。
14. 解释系统的 RSA。
15. 什么叫中断?操作系统为什么要引进中断?
16. 解释下列术语：
    中断寄存器、中断位、中断序号、断点、恢复点、管态、目态。
17. 根据中断信号的含义和功能，把中断分为哪几种类型?

18. 根据中断信号的来源，把中断分为哪两类?并举例说明。
19. 什么叫中断优先级?多级中断系统中的处理原则是什么?
20. 试述中断处理的一般过程。
21. 叙述程序中断处理的方法。
22. 从轨迹上看，中断与转子都相当于在断点插入了一段程序，但它们有本质的差别，试叙述这种差别。

第2章 进程和处理机管理

处理机是计算机系统的核心资源。操作系统的功能之一就是处理机管理。随着计算机的迅速发展，处理机管理显得更为重要。这主要由于：计算机的速度越来越快，处理机的充分利用，有利于系统效率的大大提高；处理机管理是整个操作系统的重心所在，其管理的好坏直接影响到整个系统的运行效率；而且，操作系统中并发活动的管理和控制是在处理机管理中实现的，它集中了操作系统中最复杂的部分，它的设计好坏关系到整个系统的成败。

为了研究处理机的管理，本章引进了最基本的、且最重要的概念——进程（process）。进程是系统并发活动的体现。由于在多道程序系统中，众多的计算机用户都以各种各样的任务，随时随地争夺使用处理机，为了动态地看待操作系统，常以进程作为独立运行和分配资源的基本单位。因此，处理机管理也称进程管理。处理机管理的功能是组织和协调用户对处理机的争夺使用，把处理机分配给进程，对进程进行管理和控制，以最大限度地发挥处理机的作用。

本章主要介绍进程及其有关概念、进程管理、进程的同步与互斥、进程通信和死锁。

2.1 进程及其有关概念

用静态的观点看，操作系统是一组程序和表格的集合，用动态的观点看，操作系统是进程的动态和并发执行。而进程的概念实际上是程序这一概念的发展。因此，我们从分析程序的基本特征入手，引出“进程”的概念。

2.1.1 顺序程序

程序就是指令或语句序列，它体现了某种算法。顺序程序是指程序中若干操作必须按照某种先后次序来执行，并且每次操作前和操作后的状态之间都有一定的关系。在早期的程序设计中，程序一般都是顺序执行的。

程序顺序执行时对环境有一定的要求：在计算机系统中只有一个程序在运行，这个程序独占系统中所有资源，其执行不受外界影响。

顺序程序最基本的特征就是程序执行的顺序性，具有以下一些基本特征。

（1）程序执行的顺序性：处理机顺序地执行程序所规定的动作，即每一个动作都必须在前一个动作结束后开始。

（2）资源利用的独占性：指程序一旦执行，在执行过程中，独占系统分配给它的所有资源（硬件、软件），其执行过程不受外界因素干扰影响。所以又可以称为程序执行的封闭性。

（3）执行结果的确定性：执行结果与初始条件有关，而与执行时间无关。只要程序的初始条件相同，它的执行结果就相同，不论它在什么时间执行，也不管计算机的允许速度如何。执行结果的确定性又可以称为程序结果的可再现性。

2.1.2　并发程序

程序除了可以顺序执行，还可以并发执行。

如果有多个程序段同时在系统中运行且执行时间是重叠的，即使重叠很小，我们也称这几个程序段是并发执行的。

程序并发执行时对环境有一定的要求：在一定时间内物理机器上有两个或两个以上的程序同时处于开始运行但尚未结束的状态，并且次序不是事先确定的，如图 2–1 所示。

我们可用语句形式描述并发程序：

```
    s0;
cobegin
    s1;
    s2;
    …
    sn;
coend
    sn+1;
```

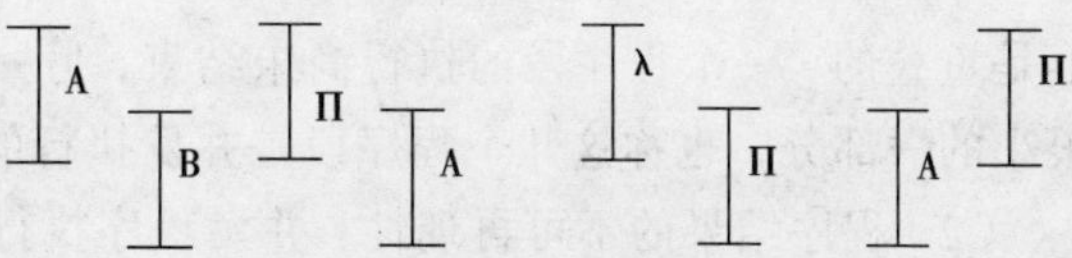

图 2–1　三个并发程序段示意图

这里语句 s1，s2，…，sn，可以并发执行。

图 2–2 是相应的执行优先图。

其执行次序为：先执行 S0，并发执行 S1，S2，…，Sn，当 S1，S2，…，Sn 全部执行完毕后，再执行 Sn+1。

并发执行和并行执行是两个不同的概念。在单处理机环境下，若干程序段并发执行是指：在一段时间内，从宏观上看好像它们是在同时执行，而实际上 CPU 是按照一定的策略在轮流执行它们，在任一时刻，实际上只有一个程序段在执行。而并行执行需要多 CPU 的支持，在任一时刻，可以实现多个程序段的真正同时执行。

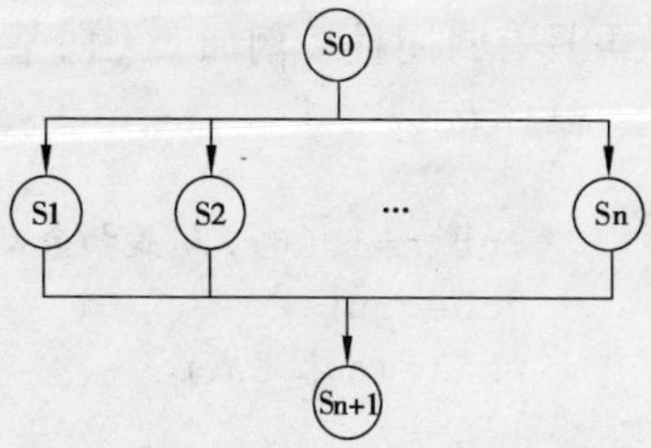

图 2–2　并发程序执行的优先图

引入并发程序的目的主要是为了提高资源利用率，从而提高系统效率。

假设有 A 和 B 两个程序段，它们各自的执行过程如图 2–3 所示。

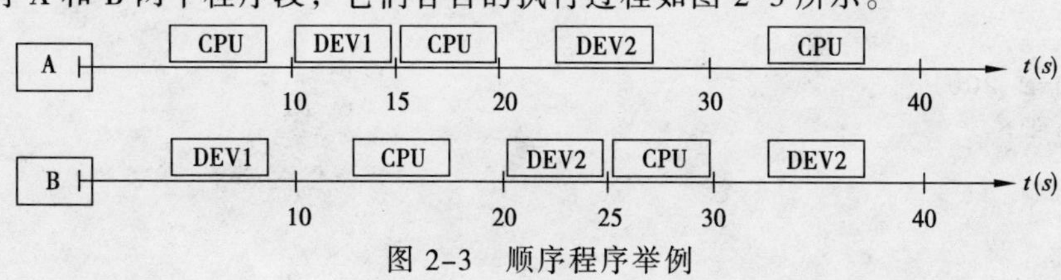

图 2–3　顺序程序举例

如果这两个程序段是顺序执行，则：

CPU 利用率= 40/80 = 50%

DEV1 利用率= 15/80=18.75%

DEV2 利用率= 25/80=31.25%

如果这两个程序段按照如图 2-4 的顺序并发执行，那么：

CPU 利用率= 40/45 = 89%

DEV1 利用率= 15/45 = 33%

DEV2 利用率= 25/45 = 56%

通过对比，可以看到，并发执行可以提高资源利用率，从而提高系统效率。并发操作实际上是基于这样的事实：大多数程序段只要求操作在时间上是有序的，也就是有些操作必须在其他操作之前，这是有序的，但其中有些操作却可以同时进行，如图 2-4 所示。

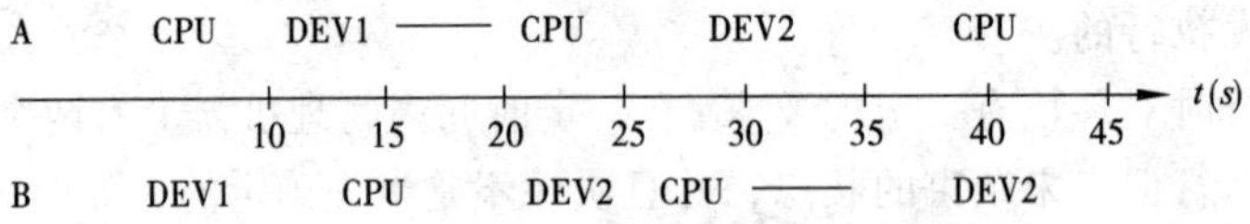

图 2-4 并发程序举例

与顺序程序相比，并发程序具有如下特征。

（1）并发性：即并发程序的若干个程序段同时在系统中运行。这些程序段的执行在时间上是重叠的，一个程序段的执行尚未结束，另一个程序段的执行已经开始，即使这样重叠是很小的一部分，也称这几个程序段是并发执行的。

（2）程序结果的不可再现性：并发程序执行的结果与其执行的相对速度有关，结果是不确定的。

（3）在并发环境下程序的执行是间断性的：程序的执行可能遵循这样的步骤：执行—停—执行。

（4）开放性：指系统中并发执行的程序，不再独占资源，程序的执行与外部因素有关，不再具有封闭性。例如，A 向某账号存钱，B 从某账号取钱。程序如下：

```
main()
{
  int s=1000;// 最初余额
  cobegin
  while(A 未完成)
  { n=s;
    n=n+100;
    s=n;
  }
  while
  {
    m=s;
    m=m-200;
    s=m;
  }
  coend
}
```

该程序段随着执行次序不同，可能得到不同的执行结果。假如：

① 先执行 A，后执行 B，即先存钱，后取钱，其结果为 s=900。

② t1 时刻执行 A 中的“n=s;n=n+100;”;t2 时刻执行 B 中的“m=s;m=m-200;s=m;”;t3 时刻执行 A 中的 s=n，则结果为 s=1100。

由此可以看出，若并发执行的程序段共享某些公共变量，则一个程序的执行会改变另一个程序的变量。因此，程序执行时，其输出结果将受外界的影响而失去封闭性，同时结果也是不可再现的，即使使用相同的初始条件，也可能会得到不同的结果。

（5）独立性：各程序具有独立的相对速度、起始时间。

（6）制约性：指程序的动态活动相互依赖，相互制约。其制约关系可分为间接制约和直接制约。间接制约关系是指相互无逻辑关系的用户程序之间竞争使用资源所发生的制约关系；直接制约关系指存在逻辑关系的程序相互等待而发生的制约关系。通过程序活动的这种相互制约关系，才能保证程序的正确运行。

（7）程序和计算不在一一对应：在程序顺序执行时，一个程序总是对应一个具体的计算，但在程序并发执行时，可能有多用户共同使用同一个程序，但处理（计算）的对象却是不同的情况。例如，在多用户环境下，可能同时有多个用户调用 C 语言的编译程序，这就是典型的一个程序对应多个用户源程序的情况。

2.1.3　进程的定义及其特征

由于多道程序系统环境下并发程序的执行具有并发性、动态性、开放性和制约性的特征，为了与之相适应，必须引入新的概念来刻画程序的执行。操作系统必须能够交替执行多个程序，以便最大限度地使用 CPU，同时提供合理的响应时间。操作系统还必须恰当地进行资源分配，保证这些执行能正确进行。另外，操作系统还必须支持程序执行过程中相互之间的通信等。为此引入进程的概念。

“进程”是美国麻省理工学院（M.I.T）的 J.H.Salter 于 1966 年首先提出的，并在 M.I.T 的 MULTICS 系统上实现，IBM 公司把它称为“任务”（task），并在 CTSS/360 系统上实现。对于进程的定义有很多提法，下面我们列举几种不同的定义供读者参考。

- 进程是程序的一次执行。
- 进程是可以和别的计算并发执行的计算。
- 进程可定义为一个数据结构及能在其上进行操作的一个程序。
- 进程是一个程序及其数据在处理机上顺序执行所发生的活动。
- 进程是程序在一个数据集合上的运行过程，是系统进行资源分配和调度的一个独立单位。

上述各定义从不同的侧面对进程进行了描述。进程的一个正式的定义是：进程是在自身的虚拟地址空间运行的一个单独的程序，是系统进行资源分配和调度的一个独立单位。

这个定义包含以下几层含义。

（1）进程是一个动态的概念，而程序是一个静态的概念。

（2）进程包含了一个数据集合和运行其上的程序。

（3）同一程序运行于若干个不同的数据集合上时，它将属于若干个不同的进程，或者说，两个不同的进程可包含相同的程序。

（4）系统分配资源是以进程为单位的，所以只有进程才可能在不同的时刻处于几种不同的状态，例如，等待，就绪，运行。

（5）从微观上看，进程是轮换地占有处理机而运行的；从宏观上看，进程是并发地运行的。

进程与程序是有区别的，进程不是程序，尽管它由程序产生。程序只是一个静态的指令集合，不占系统资源，而进程是一个随时都可能发生变化的、动态的，使用系统运行资源的程序，而且一个程序可以启动多个进程。

进程与程序是两个不同的概念，它们之间的主要区别如下。

（1）进程是程序的一次运行，属于动态概念；程序是指令的集合，是静态概念。

（2）进程包含数据和运行其上的程序，这样静态地观察进程与程序含义相近。

（3）同一程序运行于若干个不同的集合上时，它将属于若干个不同的进程。或者说，两个不同的进程可以包含相同的程序。

（4）进程能逼真地描述并发活动，而程序不明显。

（5）微观上，进程是轮流抢占处理机而运行的，宏观上，进程是并发运行的。

（6）程序存储需要介质，进程执行要处理。

（7）进程是由程序和数据两部分组成的。

（8）进程可以创建其他进程，可以处于等待、就绪、运行。几种不同的状态。

进程和作业的概念也有区别。一个正在执行的进程称为一个作业，而且作业可以包含一个或多个进程，尤其是当使用了管道和重定向命令时。

作业控制指的是看着正在运行的进程的行为，比如，用户可以挂起一个进程，等一会再继续执行该进程。

一般而言，进程与作业控制相关联时，才被称为作业。在大多数情况下，用户在同一时间只运行一个作业，即它们最后向 shell 键入的命令。但是使用作业控制，用户可以同时运行多个作业，并在需要时在这些作业间切换。这会有什么用途呢？例如，当用户编辑一个文本文件，并需要中止编辑做其他的事情，利用作业控制，用户可以让编辑器暂时挂起，返回 shell 提示符开始做其他的事情。其他事情做完以后，用户可以重新启动挂起的编辑器，返回到刚才中止的地方，就像用户从来没有离开编辑器一样。

根据进程的定义，可以看出，进程具有如下特征：

（1）动态：进程的实质特定程序的一次动态运行过程，它是进程最本质的特征，它是动态创建的，也是动态消亡的。

（2）并发：进程与进程可以并发执行，以提高资源的利用率。一般来讲，没有为之建立进程的程序段，是不宜并发执行的。

（3）独立：进程间具有相互独立的功能，尽管若干个进程可能执行同一个程序，但由于所处理的数据对象不同，决定了进程间的独立功能，而且进程是系统内独立运行、独立分配资源的实体。

（4）交互：进程在执行过程中可能与其他进程产生直接或间接的关系。

（5）异步：每个进程都以其相对独立的、不可预知的速度向前推进。

2.1.4　进程的类型

系统中同时存在许多进程，它们根据性质不同可分为各种不同的类型。

1. 系统进程和用户进程

一般来讲，管态下执行的进程称系统进程；目态下执行的进程称用户进程。

在目态下的进程只能访问进程自己的进程空间中的数据结构，而在管态下执行的进程还可以访问各种系统核心数据，系统进程起着资源管理和控制的作用，用户进程是为用户建立的进程。它们之间是有区别的。

（1）系统进程被分配一个初始资源集，这些资源可以独占，也可被拥有更高优先权的系统进程优先使用。用户进程要通过系统服务请求手段竞争系统资源。

（2）用户进程不能直接做 I/O 操作，而系统进程可以直接进行。

（3）系统进程在管态下活动，用户进程在目态下活动。

2. 父进程和子进程

系统或用户首先创建的进程称父进程；在父进程下面的进程称子进程。父子进程间存在某些控制结构和控制关系。进程图如图 2-5 所示。

进程图是棵有向的包含一个根结点的树，结点表示进程，记为 P，从结点 P_i 到结点 P_j 的一条边表示进程 P_i 是由进程 P_j 创建的。其中，称 P_i 是 P_j 的父进程，而 P_j 则是 P_i 的子进程。

进程图反映了进程间的父子关系，创建与被创建、控制与被控制关系，体现了进程间的层次关系。同一根进程下属的所有进程称为进程族，它们协调完成同一任务。

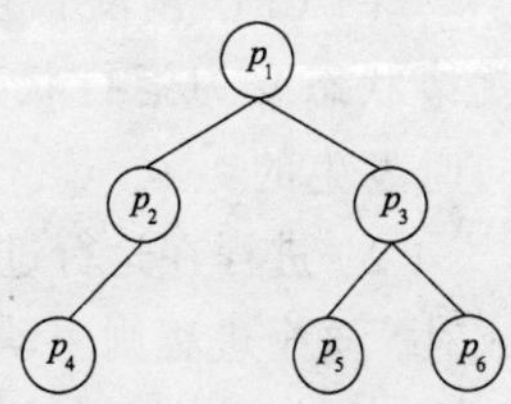

图 2-5　进程图

父子进程间的关系主要为：

（1）进程控制。任何进程只能由其直接的父进程创建或删除。进程也只能被其父进程删除。而且当删除某一中间进程时，同时隐含地删除所属的各级子进程。父进程能对所属各级子孙进程实行控制，例如挂起某个子孙进程。而子进程无权对其父进程实施控制。

（2）运行方式。父进程一旦创建子进程后，可以选择父、子进程同时运行的方式；父进程也可以等待子进程的运行直至全部子进程运行结束。

（3）资源共享。可以选择两种不同的资源共享方式：一是子进程可共享父进程所拥有的全部资源；二是子进程仅能共享父进程的部分资源。

2.2　进 程 管 理

进程的管理和控制是操作系统的基本任务。本节讨论进程结构、进程状态及其转换，以及与进程控制有关的系统调用和进程调度。

2.2.1　进程的状态及其转换

进程的引入出自多道程序的执行，目的是为了充分利用系统资源，提高计算机的使用效率。然而，系统资源有限，众多的进程必将竞争。得到资源的进程可以运行，得不到资源的进程只有暂时等待。通常，一个进程不可能总是占据 CPU，而是具有“执行—暂停—执行”的活动规律，这称为进程状态的变换。进程的三个基本状态是：运行状态，就绪状态和等待状态。

（1）运行状态：当一个进程的程序正在 CPU 执行时，称此进程处于运行状态。

（2）就绪状态：一个进程具有运行条件，但由于无 CPU 而暂时不能运行的状态。

（3）等待状态：也叫阻塞状态、挂起状态、封锁状态、冻结状态、睡眠状态。指进程因等待某种事件的发生而暂时不能运行的状态（即使 CPU 空闲，该进程也不可运行）。

进程的各种状态可依据一定的原因和条件发生变化。如运行状态的进程可能需要等待某一事件（如等待 I/O 结束）或者受某些原因的影响（如机外人工干预）而放弃处理机进入等待状态。处于等待状态的进程，一旦所等待的事件发生时（如等待的 I/O 已经结束），则改变为就绪状态。处于就绪状态的进程可能被进程调度程序选中，而处于运行状态。而处于运行状态的进程又可能被迫放弃处理机（如时间片满或就绪状态中出现了优先权高于运行状态的进程等）处于就绪状态。

一般说来，引起进程状态转换的原因大致如下：

（1）CPU 调度：按某种策略从就绪队列中调度一个进程到 CPU 上运行，该进程从就绪状态变为运行状态；原运行的进程从运行状态变为就绪状态。这两种状态变化是同时发生的。

（2）进程在运行过程中需要等待某一事件，例如等待分配某一资源，或等待 I/O 操作完成时，这个进程则主动退出 CPU，使自己处于等待状态，引起状态变化。

（3）如果进程所等待的事件发生变化，例如，一次 I/O 已完成，于是进程被解除阻塞状态，变为就绪状态。

（4）一个具体的进程在任何一个指定的时刻必须而且只能处于一种状态。

进程的调度状态以及状态转换的关系如图 2-6 所示。

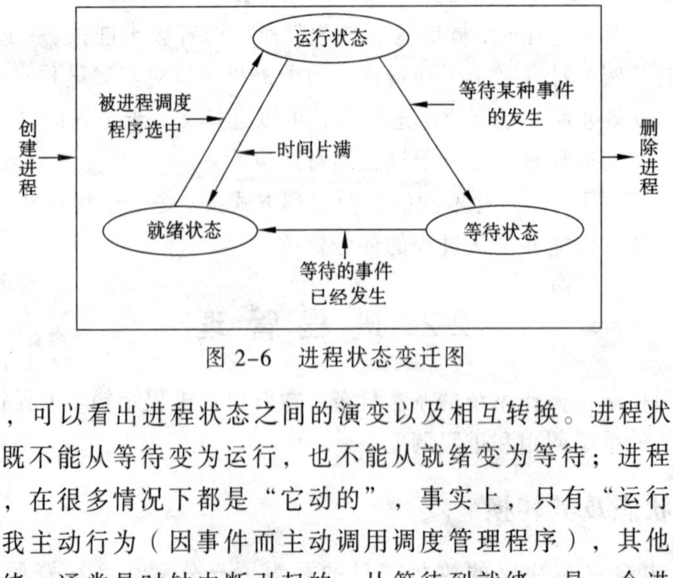

图 2-6　进程状态变迁图

从图 2-6 中，可以看出进程状态之间的演变以及相互转换。进程状态的转换并非都是可逆的，进程既不能从等待变为运行，也不能从就绪变为等待；进程之间的状态转换并非都是主动的，在很多情况下都是“它动的”，事实上，只有“运行”到“等待”的转换是进程的自我主动行为（因事件而主动调用调度管理程序），其他都是它动的。例如，从执行到就绪，通常是时钟中断引起的，从等待到就绪，是一个进程把另一个进程唤醒（推动就绪队列靠前的进程可能被执行）。

除某些特殊的系统进程外，大部分进程都有一个从创建到被删除的活动历程。其中可能要经历或反复经历就绪、运行和等待这几种状态，最后被删除。

2.2.2　进程的组成

1. 进程的组成

进程一般由如下三个部分组成：

（1）程序：进程所需动态执行的程序，描述进程所完成的功能。

（2）数据集合：包含程序运行时所需的数据区和工作区（外存、文件、内存）。

（3）进程控制块（Process Control Blok，PCB）：既能标识进程的存在，又能刻画进程瞬间特征的数据结构。

前两者称为进程的实体，用 PCB 描述实体的存在和变化，如图 2-7 所示。

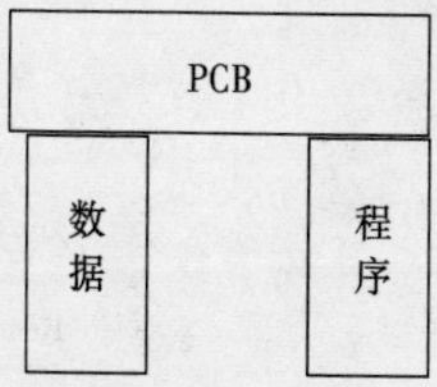

图 2-7　进程的组成

PCB 是系统为了管理进程设置的数据结构，用以记录进程的外部特征，描述进程的运动变化过程。系统利用 PCB 控制和管理进程，所以 PCB 是系统感知进程存在的唯一标志。而且，进程与 PCB 一一对应。

PCB 所包含的信息类型和数量随操作系统而异。系统创建一个进程时，就为其创建一个 PCB；进程被删除时，也撤离对应的 PCB。

PCB 的一般结构如表 2-1 所示。

表 2-1　PCB 的一般结构

PCB 的项目	项目名称	说明
name	进程标识符	进程的内部标识，一般使用字符或数字编号表示，以利于系统识别
status	进程当前状态	若处于阻塞状态，要说明阻塞原因，以便进程管理，可按相同状态组成各种链接队列
next	当前队列指针	处于同一状态的下一个 PCB 的地址
All-q-next	总链指针	所有进程链成的队列为总链队列，该指针的内容是处于总链队列中下一个 PCB 的地址
Start-addr	程序开始地址	该进程的程序将以此地址开始执行
priority	进程优先级	反映进程要求 CPU 的紧迫程度，进程以优先级别的高低争取使用 CPU 的权利
Cpu-status	CPU 现场保护区	释放处理机时保存 CUP 现场，如 PC、指令、状态等寄存器，栈指针和程序状态字（PSW）等。以便该进程重获处理机恢复后继续执行
Communication information	进程通信	同组进程的相互制约需要相互通信，登记可能需要的标志和信号等
Process-family	家族联系	指向其他 PCB 的指针，以示父-子进程关系。
Own-resource	占有资源清单	如段/页表的指针，访问特定的内存地址，所拥有的资源和使用情况，如：打开的文件，I/O 设备等以及 CPU 与 I/O 时间使用史。

PCB 中的内容主要分为如下三大部分。

（1）进程标识符；

（2）处理器状态信息；

（3）进程控制信息。

系统把所有 PCB 组织在一起存放在内存的固定区域，构成 PCB 表。PCB 表的大小决定了系统中最多可同时存在的进程个数，称为系统的并发度（和多道程序中的多道与系统并发度不同）。PCB 表的物理组织方式也直接影响系统的效率。

PCB 表有两种组织方式：一种是线性表；一种是链接表，如图 2-8 所示。

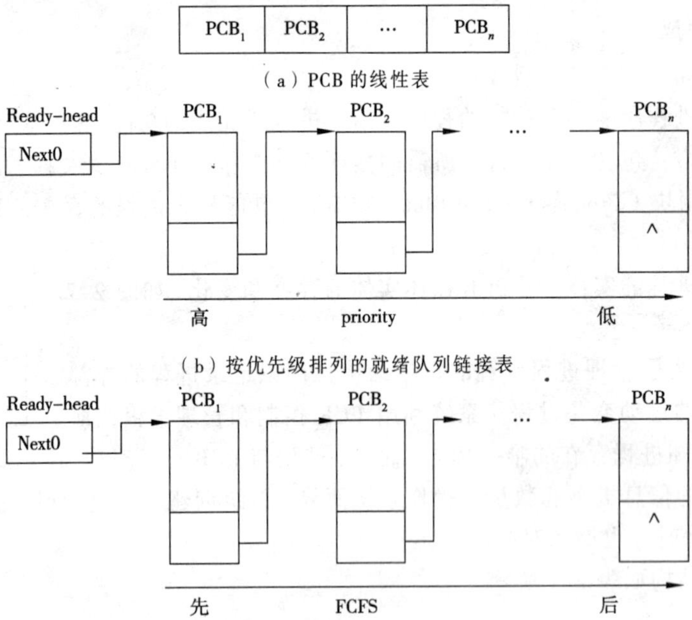

（a）PCB 的线性表

（b）按优先级排列的就绪队列链接表

（c）按先来先服务排列的就绪队列链接表

图 2-8　PCB 表的组织方式

链接表是按进程的不同状态分别放入不同的队列中。这种方式可以使系统的进程数（即 PCB 的数目）不受限制，可以动态申请，管理方便。但要动态地分配 PCB 所占的内存，算法较复杂，需额外的指针开销，并花费一些操作时间。

进程的状态转换如果用 PCB 队列来表示，可以表示为图 2-9。

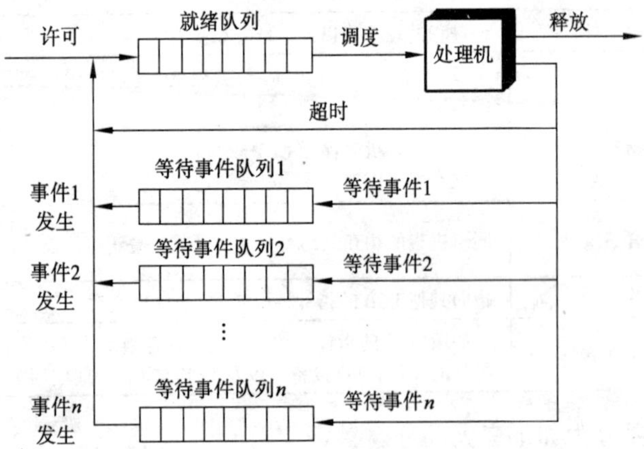

图 2-9　状态转换

2.2.3　进程控制

进程控制的任务就是系统使用一些具有特定功能的程序段来创建、撤销进程，实现进程各状态间的转换，从而达到多进程高效率并发执行和协调、实现资源共享。为此，操作系统提供了一组与进程控制有关的若干基本操作，这些操作通常被称为原语（primitive）。原语是为了保证程序执行的唯一性和系统的完整性引入的概念。

通常，我们把系统态下执行的某些具有特定功能的程序段称为原语。原语可以是机器指令集的扩充，其特点是执行期间不允许中断，它是一个不可分割的基本单位。它们都在系统态下执行，且都是为了完成某个系统管理所需要的功能和被高层软件调用。

在操作系统中，一般都把进程控制用的程序段做成原语。用于进程控制的原语有：创建原语、撤销原语、阻塞原语、唤醒原语等。操作系统通过这些原语的实现供外部调用，以达到控制进程活动的目的。

下面介绍部分与进程控制有关的原语。

1. 创建进程

大多数进程是在系统运行过程中动态地产生的。常用建立进程的方法有两种：一是创建法，操作系统对外提供一条创建进程的原语，该原语的功能是为调用者动态地建立一个所需的进程，所有的用户进程和许多的系统进程均是用这种方法创建的；另一种方法是生成法，在系统生成的同时，就建立一些系统进程，并永久地常驻在系统内部。创建进程的重要工作是建立 PCB，并装配进程的实体。因此，对于创建进程原语，操作系统主要完成以下几项工作。

（1）创建一个 PCB。

（2）赋予一个统一的进程标识符。

（3）为进程映像分配空间。

（4）初始化进程控制块。

（5）设置相应的链接，如把新进程加到就绪队列的链表中。

假设用 n 表示进程名（外部标识符），CPU 的初始状态为 S，优先数为 K，内存始址为 M，资源清单为 R，申请的 PCB 的内部标识符为 i，则创建进程原语可描述为：

```
Create(n,S,K,M,R,acc)
{
   i=get new internal name(n);          // 为 n 申请一个 PCB，标号送入 i
   id[i]=n;                             // 进程外部标识符登记第 i 个 PCB 相应域
   priority[i]=K;                       // 置优先数
   cpustate[i]=S;                       // 置 CPU 状态
   main store[i]=M;                     // 置内存始址
   resourcesp[i]=R;                     // 置资源表
   status[i]="readys";                  // 置该进程为就绪状态
   sdata[i]=RL;                         // 指向就绪队列
   parent[i]=*;                         // 置创建它的父进程名
   insert(progeny(*),i);                // 插入进程簇中
   set accounting data;                 // 建立记账信息
   insert(RL,i)                         // 将 PCB 插入就绪队列
}
```

原语中“get new internal name”是一个查找进程名的过程，参数为进程外部名 n。该过程是查找 PCB 集合，如已有此同样的外部名，进程则返回出错信息，否则返回一个空闲的 PCB 的内部标识号 i。RL 表示就绪队列。sdata[i]是一个与进程状态有关的指针：当进程处于运行状态或就绪状态时，它指向就绪队列；当进程处于等待状态时，sdata[i]指向引起该进程等待的资源等待队列。

在 UNIX 系统中，该原语为 newproc。

2. 删除进程

删除进程又称撤销进程，删除进程可能有如下 3 种情形：

（1）该进程已完成所要求的功能而正常终止。

（2）由于某种错误导致非正常终止。

（3）祖先进程要求撤销某个子进程。

当一个进程在完成其任务而正常结束时，则系统自行调用该删除进程原语将自身删除，当在运行过程中遇到某些意外事件无法继续运行（处于非正常结束）时，则由父进程（即创建者）或由系统直接调用该原语，将其强行删除，祖先进程也有可能由于某种原因，在某时刻主动要求撤销某个子进程。

删除进程通常需要完成以下工作：

（1）定位欲删除的进程 PCB。

（2）回收进程所占的全部资源。

（3）递归地删除其所有“子孙”进程。

（4）删除 PCB，处理记账信息。

（5）若删除的是正在运行的进程，则请求重新调度，否则返回。

删除进程原语可描述为：

```
Delete(n)
{
   Sched=false;                                  // 置调度标志为假
   I=get internat name(n);                       // 找内部进程号
   Kill(i);                                      // 调删除进程过程
   If(sched)
      Scheduler;                                 // 若 i 为运行态，则重新调度
}

kill(i)
{
 If(status[i]=="Executing")                      // 若 i 为运行态
 {
     stop(i);                                    // 停止 i 的执行，保存 CPU 信息
     sched=true;                                 // 置重新调度标志
 }
 remove(sdata[i],i);                             // 从队列中删去 i 进程
 for(all s∈progency(i))
   kill(s)                                       // 删除 i 的所有子进程
 for(all r∈(main store(i)∪resoure(i)))
```

```
    if owned[r] then                                // 如果是 i 的祖先的资源，则全部归还
    insert(avail(semaphore(r)),data(r));            // 给它的祖先
  for(all R∈create resources(i))
    remove resources descriptot[R];                 // 创建时申请的资源全部归还给系统
  remove pcb[i];                                    // 释放 PCB
}
```

上述算法是一个递归算法。根据调用者提供的进程标识字 n，找到进程的内部名 i，调用 kill 过程，在 kill 过程中，又有调用它本身的语句（递归调用）。这样来递归地删除它的所有子孙进程。

3．挂起进程

处于运行状态的进程，在其运行过程中期待某一事件发生，如等待键盘输入、等待磁盘数据传输完成、等待其他进程发送消息等。如果被等待的事件未发生，则由系统自动执行阻塞原语，使自己由运行状态变为挂起状态。

应当注意，对于树形结构系统，被挂起的进程只能是它的子孙进程或其自身，而不能是其他家族的进程，否则认为权利出错。在进程中，可以有如下多种挂起方式。

（1）把发出本命令的进程自身挂起。

（2）挂起具有指定标识符的进程。

（3）把某进程及其全部或部分子孙进程一起挂起。

（4）通常来说，挂起具有指定标识符的进程情形用的较多。在挂起进程控制中，操作系统主要完成以下工作：

① 定位欲挂起的进程 PCB。

② 将其运行的有关现场信息放至调用者指定的区域。

③ 将进程变为挂起状态。

④ 如果进程从运行状态变为挂起状态，则请求重新调度。

假设挂起指定标识符为 n 的进程，调用者指定区域为 a，则挂起进程原语可描述为：

```
Suspend(n,a)
{
  i=get-internal-name(n);                        // 根据指定标识符 n 获取进程内部号
  S=status[i];                                   // 把状态赋给 s
  If(s=="Executing")
    Stop(i);                                     // 若进程为执行态，则中断 CPU
  A=copy-PCB[i];                                 // 保存 PCB 状态到指定区域
  Status(i)=(s="Blockeda"?"Blockeds":"Ready");
                                                 // 若状态为活动阻塞，则挂起进程为
                                                 // 静止阻塞，否则为就绪状态
  If(s="Executing")
   Scheduler;                                    // 若为执行态，则重新调度
}
```

4．唤醒进程

调用者可以使用该原语将某一个正在“睡眠”的进程唤醒，使它变为就绪状态。

进程唤醒有如下两种方法：

（1）系统进程唤醒。系统统一控制事件的发生，并将“事件发生”这一消息通知等待进程。

（2）事件发生进程唤醒。在这种情况下，事件发生进程和唤醒进程之间是合作关系。

对于唤醒进程原语，操作系统应完成的主要工作如下：

（1）定位被唤醒的进程 PCB。

（2）将其改变为就绪状态，插入就绪队列。

（3）请求重新调度。

假设唤醒指定标识符为 n 的进程，则唤醒进程原语可描述为：

```
Wakeup(n)
{
   i=get-internal-name(n);                        // 找到唤醒进程 n
   Remove(WL[r],i);                               // 从等待队列中出队
   Status[i]="ready";                             // 将其变为就绪队列
   Insert(RL,i);                                  // 插入就绪队列
   Scheduler;                                     // 重新调度
}
```

在以上算法中，WL 为等待队列，RL 为就绪对列。

2.2.4 进度调度

在操作系统中，由于进程总数多于处理机，它们必然竞争处理机。进程调度的功能就是按一定策略，动态地把处理机分配给处于就绪队列中的某一进程，并使它执行。根据不同的系统设计目标，可有多种选择某一进程的策略，例如，系统开销较少的静态优先数法，适合于分时系统的轮转法，以及 UNIX 采用的动态优先数反馈法等。

进程调度（也称 CPU 调度）是指按照某种调度算法（或原则）从就绪队列中选取进程分配 CPU，主要是协调进程对 CPU 的争夺使用，也称为低调。完成进程调度功能的程序成为进程调度程序。

进程调度算法的选择影响到系统的设计目标和工作效率，例如，有的算法有利于充分利用系统资源，发挥最大的处理能力；有的算法有利于公平地响应每一个用户的服务请求；有的算法有利于提高操作系统的工作效率等。这些要求往往要综合考虑，不能顾此失彼。如有的算法可能较好地满足了用户要求，但给系统实现带来了复杂性，使系统的时间和空间开销增加。因此，在选择算法上要权衡各方面的因素，选择某种合适的算法或者算法的组合。

对于各种调度算法，采用如下的指标来衡量其性能的优劣。

（1）CPU 利用率：

$$\text{CPU 利用率}=\text{CPU 利用的时间}/\text{开机运行的总时间} \quad (2.1)$$

它是进程调度算法追求的主要目标。

（2）等待时间：进程的等待时间是指进程在就绪状态下的等待时间。进程的平均等待时间越小，则调度算法性能越好。

（3）响应时间：在分时系统中，为用户在终端上发出一个请求，到计算机在终端上做出回答，这段间隔时间称为系统的响应时间。实际工作时，应尽可能使平均响应时间缩短。

（4）I/O 设备的利用率：系统必须尽可能地实现 CPU 与 I/O 设备的并行工作。

（5）“时空”代价：希望时间尽可能短，空间开销尽可能省。

进程调度方式通常有两种：剥夺调度和非剥夺调度。剥夺调度是进程处于就绪状态中只要出现更为“紧迫或重要”的进程时，则立即停止正在运行的进程（即将其改为就

绪状态)，而把 CPU 分配给当前优先权高的进程；所谓出现“紧迫或重要”的进程，可以表现为就绪状态出现了优先权更高的进程或者系统规定的轮状调度时间片已经用完等。这种方法使用面广，系统并发性强，但设计或控制较复杂。非剥夺调度是指一旦某个进程被选中运行，则该进程就一直运行下去(不管有没有“紧迫或重要”的进程)，可以表现为：直至该进程完成，或者因为某些事件(如等待 I/O)自动放弃 CPU 进入相应的等待状态时，才把 CPU 分配给其他进程。该方式减少了系统进程调度的次数，简化了程序设计，但损失了系统的并发性。

目前，只有一些小型操作系统或批处理系统中采用“非剥夺调度”方式，而在许多实际系统中，都采用“剥夺调度”方式，这是根据实际需要而选取的。

下面介绍几种常见的进程调度方法。这些算法与作业调度中的某些算法有相似之处，不过作业调度负责对 CPU 之外的系统资源，其中包含有不可抢占资源(如打印机等资源是不可抢占的)的分配。进程调度仅负责对 CPU 进行分配，CPU 属于可抢占的资源。

1. 先来先服务

将用户作业和就绪进程按提交顺序转变为就绪状态的队列，并按照先来先服务(First Come First Service，FCFS)的方式进行调度处理，这是一种最简单的方法。在没有特殊理由要优先调度某类进程时，从处理的角度看，FCFS 方式是一种最合适的方法，因为无论是追加还是取出一个队列元素，在操作上都是最简单的。该算法的优点是实现简单，缺点是对那些执行时间较短的进程来说，将等待较长的时间，从而降低 CPU 的利用率。在实际操作系统中，FCFS 算法常常和其他的算法配合起来使用，例如，基于优先级的调度算法就是对具有同样优先级的进程采用 FCFS 算法。

考虑下面 3 个进程，它们按 1，2，3 的顺序处于就绪队列中：

进程	下一个 CPU 周期
P1	24
P2	3
P3	3

按照 FCFS 算法，其执行情况如图 2-10 所示。用 TT 表示周转时间，ATT 为平均周转时间。

图 2-10　执行过程 1

此时 P_1 的 TT=24，P2 的 TT=27，P3 的 TT=30，故 ATT=(24 + 27 + 30)/3=27，即平均周转时间为 27。如果不按 FCFS 调度，而是按图 2-11 方式执行，则平均周转时间 ATT=(3 + 6 + 30)/3=13，比上面的 27 少得多，所以 FCFS 调度算法性能不佳。

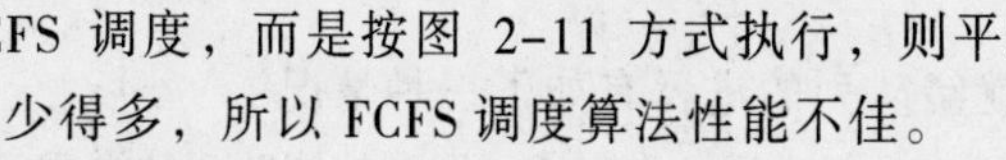

图 2-11　执行过程 2

2. 轮转法

轮转法(Round robin，RR)的基本思路是让每个进程在就绪队列中的等待时间与享受服务的时间成比例。轮转法的基本概念是将 CPU 的处理时间分成固定大小的时间片。例如，几十毫秒到几百毫秒。如果一个进程被调度选中后用完了规定的时间片，但又未完成要求的任务，则自行释放所占的 CPU 而排到就绪队列的末尾，等待下一轮调度。同时，进程调度程序又去调度当前就绪队列中的第一个进程。显然，轮转法只能用来调度分配那些可以抢占的资源。CPU 是可抢占的资源的一种，但打印机等是不可抢占的资源。另外，时间片长度的选择是根据系统对响应时间的要求和就绪队列中所允许的最大进程数确定的。

在分时系统中常用时间片轮转法。

轮转法的关键问题是如何确定时间片的大小。如果时间片太大，以致每个进程的 CPU 周期都能在一个时间片内完成，则轮转法实际上退化为 FCFS。如果时间片太小以致 CPU 切换过于频繁，则会增加 CPU 的额外开销，降低了 CPU 的有效利用率。这是因为，每次 CPU 切换涉及到保存原运行进程的现场和恢复新运行进程的现场，这些操作一般需要 10μs～100μs 的时间。例如，设有一个 CPU 周期为 10 单位的进程，在时间片取 12、6、1 时的调度切换次数分别为 0、1、9。令时间单位为 1ms，1 次调度的开销为 100μs，则在时间片等于 1 时，CPU 的额外开销和有效开销之比为 1:10，这是不容忽视的。

时间片的大小不仅影响 CPU 的利用率，也影响平均周转时间。设有如下 4 个就绪进程：

进程	下一个 CPU 周期
P1	6
P2	3
P3	1
P4	7

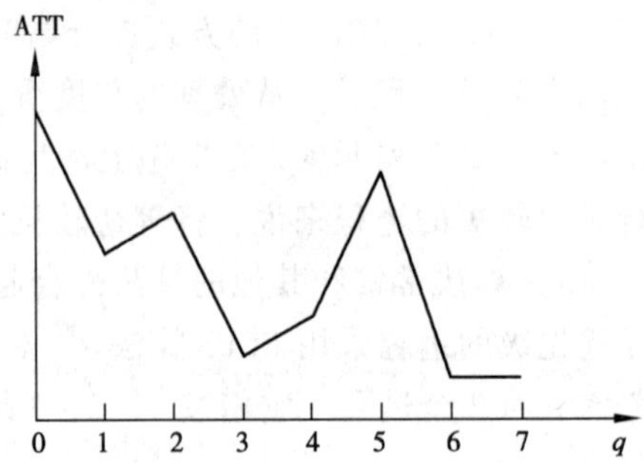

图 2-12　平均周转时间 ATT 与时间片 q 之间的关系

则它们的平均周转时间 ATT 与时间片 q 之间的关系如图 2-12 所示。

实验表明，对于批处理系统，应使 80%左右的 CPU 周期在一个时间片内完成；对于分时系统，时间片长度的选择是根据系统对响应时间 RT 的要求和就绪队列中所允许的最大进程数 N_{max} 来确定，可表示成：

$$（时间片）q = RT/N_{max}$$

令 RT=3s，N_{max}=30，则 q=0.1s。在保证 RT 的情况下，增大时间片 q 可以减少进程调度的次数达到减少 CPU 额外开销的目的。一种可行的方法是每当一轮调度开始时，根据就绪队列中当前进程个数重新计算时间片 q。也就是说，时间片 q 是动态变化的。

3. 多级反馈轮转法

在轮转法中，加入到就绪队列的进程有如下三种情况。

（1）分配给它的时间片用完，但进程还未完成，回到就绪队列的末尾等待下次调度去继续执行。

（2）分配给该进程的时间片未用完，只是因为请求 I/O 或由于进程互斥与同步关系而被阻塞，当阻塞解除之后再回到就绪队列。

（3）新创建进程进入就绪队列。

如果对这些进程区别对待，给予不同优先级和时间片，可提高系统资源的利用率。

可以将就绪队列分为 N 级，每个就绪队列分配给不同时间片，优先级高的为第一级队列，时间片最小，随着队列级别的降低，时间片加大。各个队列按照先进先出调度算法；当一个新进程就绪后进入第一级队列；如果某进程由于等待而放弃 CPU 后，进入等待队列，一旦等待的事件发生，则回到原来的就绪队列；当有一个优先级更高的进程就绪时，可以抢占 CPU，被抢占进程回到原来一级就绪队列末尾；当第一级队列空时，就去调度第二级队列，依此类推；当时间片到后，进程放弃 CPU，回到下一级队列。

多级反馈轮转法（round robin with multiple feedback）与优先级法在原理上的区别是：一个进程在它执行结束之前，可能需要反复多次通过反馈循环执行，而不是优先级中的一次执行。

例如考虑由 3 个队列组成的多级队列调度。3 个队列的编号分别为 0、1、2，如图 2-13 所示。

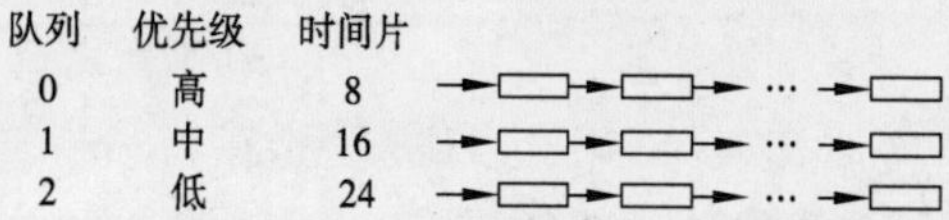

图 2-13　举例

调度算法首先调度 0 号队列中的进程；当 0 号队列为空时才调度 1 号队列中的进程；当 0 号与 1 号队列都为空时才调度 2 号队列中的进程。在剥夺方式下，新进入 0 号队列的进程将剥夺 1 号或 2 号队列中正在执行的进程的 CPU，而新进入 1 号队列的进程将剥夺 2 号队列中正在执行的进程的 CPU。

4．优先数法

所谓优先数法（priority）是指系统或用户按某种原则为进程指定一个优先级来表示该作业或进程所享有的调度优先权。该算法的核心是确定进程的优先级。

优先级的确定方法有两种方法，分为动态法和静态法。

静态法根据进程的静态特征，在进程开始之前就确定它们的优先级，一旦开始就不改变。

动态法是把进程的静态特征和动态特征结合起来确定作业或进程的优先级，随着进程的执行过程，其优先级不断变化。

确定静态优先级可以采取以下方法。

（1）按进程类型指定：操作系统通常分为两类进程：系统进程和用户进程。前者为后者服务，通常系统进程的优先权高于用户进程的优先权，例如，系统中用于处理输入/输出的系统进程，专门接收用户进程的输入/输出请求，用户进程的运行速度要依赖于这种系统进程的运行速度，因而应使系统进程优先运行。

（2）按资源的要求指定：系统资源包括 CPU 时间、内存容量和外设等，可根据对资源要求的数量指定进程优先数，例如，短进程优先（Shortest Process First，SPF），即占用 CPU 时间少或内存量小的进程优先权高，首先分配给 CPU，使之运行。

（3）按用户要求指定：用户可以指定自己的优先数，或用较高的的代价去购买优先数，例如，某人的机时费出得高，则优先权就要高一些等。

基于静态优先级的调度算法的优点是实现简单、系统开销小；缺点是系统的效率低下、调度性能不高。

动态优先数的确定通常取决于以下几个原则：

（1）合理地分配 CPU 时间：在计算优先数时，要使得有利于等待 CPU 时间最长的进程最先调度。一个进程占用 CPU 的时间越长，其调度优先权就越低，反之，一个进程放弃 CPU

的时间越长，它的调度优先权就越高。

（2）紧急的程序优先：由于一个进程要执行许多程序，有用户程序、系统程序等。系统程序应优先于用户程序，急需处理的程序应优于一般程序。

基于动态优先级的调度算法的优点是调度性能高、系统资源的利用率高；缺点是系统开销大。

下面结合实例解释。

假设就绪状态有 4 个进程，每个进程所需运行时间如下所示：

进程	所需运行时间
1	6
2	3
3	1
4	7

进程到达次序为 1，2，3，4。试分别按先来先服务调度算法、短进程优先调度算法和时间片轮转法（时间片分为 1，3，5，6）给出进程调度顺序，并计算平均等待时间。

解：

（1）先来先服务调度算法进程调度顺序为：

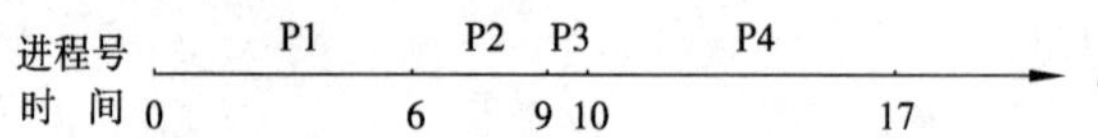

平均等待时间：T=1/4×(0+6+9+10)=6.25。

（2）短进程优先调度算法进程调度顺序为：

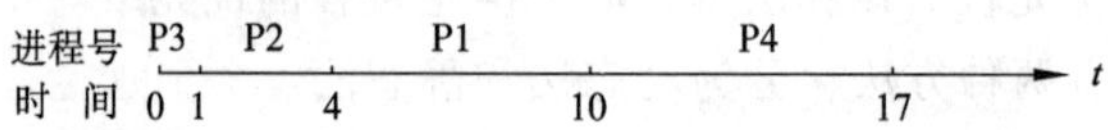

平均等待时间：T =1/4×(4+1+0+10)=3.75。

（3）时间片轮转法。

- 时间片为 1，进程调度顺序如下：

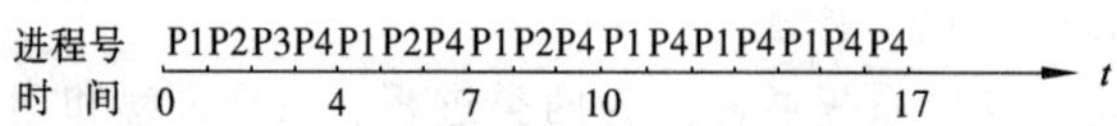

平均等待时间：T =1/4×[(0+3+2+2+1+1)+(1+3+2)+2+(3+2+2+1+1+1)]

=1/4×(9+6+2+10)=6.75

- 时间片为 3，进程调度顺序如下：

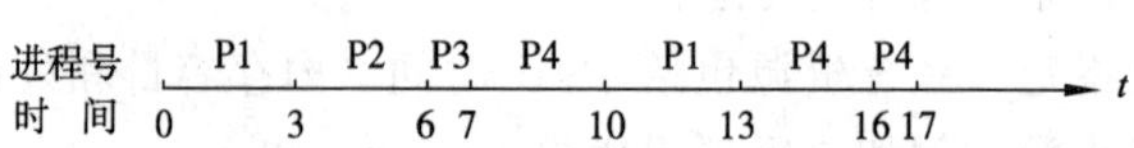

平均等待时间：T =1/4×[(0+7)+3+6+(7+3)]

=1/4×(7+3+6+10)=6.5

- 时间片为 5，进程调度顺序如下：

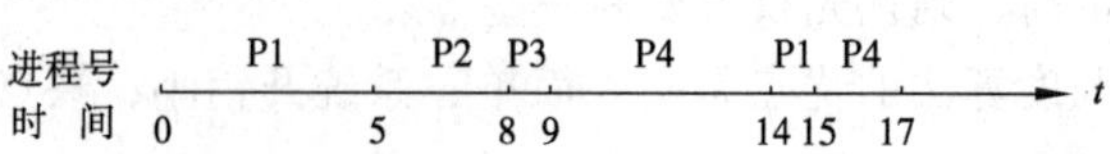

平均等待时间：T =1/4×[(0+9)+5+8+(9+1)]

=1/4×(9+5+8+10)=8

- 时间片为 6，相当于先来先服务调度算法。其进程调度顺序和平均等待时间与先来先服务调度算法相同。

从上例可以看出，短进程优先调度算法使进程平均等待时间最小。实际上，对于给定的进程集合，这句话始终是正确的，读者自己可以证明。对于时间片轮转法，进程平均等待时间与时间片的大小有关。根据经验表明，时间片的取值，应该使得 80%的进程在时间片内完成所需的一次 CPU 运行活动。

在实际的操作系统中，进程的调度算法是相当复杂的，它们往往是上述各种方法的混合。一般地说，静态优先数多用于批处理系统和实时系统，时间片轮转法多用于分时系统，而动态优数法可用于这两者。

2.3　进程的同步与互斥

多进程的系统中避免不了进程间的相互关系。本节将主要介绍进程间的两种主要关系——同步与互斥。

1．互斥关系

互斥关系，也称间接制约关系。由于各进程要求共享资源，而有些资源需要互斥使用，因此各进程间竞争使用这些资源，进程的这种关系为进程的互斥。例如，两个不同的进程同时要求使用打印机，如果我们不加以控制，打印出来的就是两个内容的夹杂，为了避免这种情况发生，各进程必须独占打印机。

2．同步关系

也称直接制约关系。指系统中多个进程发生的事件存在某种时序关系，需要相互合作，共同完成一项任务。具体说，一个进程运行到某一点时要求另一伙伴进程为它提供消息，在未获得消息之前，该进程处于等待状态，获得消息后被唤醒进入就绪状态。譬如公共汽车上司机与售票员的合作就是一种同步关系，如图 2-14 所示。

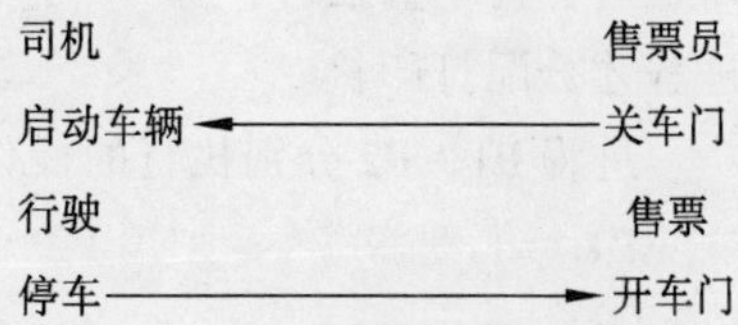

图 2-14　司机与售票员的关系

只有当售票员关门之后司机才能启动车辆，只有司机停车之后售票员才能开车门，司机和售票员的行动需要一定的协调。同样，两个进程之间有时也有这样的依赖关系，因此我们也要有一定的同步机制保证它们的执行次序。

同步与互斥的特点比较如表 2-2 所示。

表 2-2　同步与互斥的比较

同　步	互　斥
进程—进程	进程—资源—进程
时间次序上受到某种限制	竞争到某一物理资源时不允许进程工作
相互清楚对方的存在及其作用，交换信息	不一定清楚其他进程情况
往往指有几个进程共同完成一个任务	往往指多个任务多个进程间通信制约
举例：生产与消费之间，发送与接受之间，作者与读者之间，供者与用者之间	举例：交通十字路口，单轨火车的拨道岔

进程的同步与互斥是并发进程活动中经常发生的问题，也是操作系统对进程实施控制的基本内容。本书讨论系统中常见的同步与互斥问题，并给出解决问题的基本方法。

2.3.1 临界区

一次只允许一个进程使用的资源称为临界资源。

临界区（critical section）指程序段的集合，且这些程序段分散在不同的进程中，对某个共享的数据结构（共享资源）进行操作。在进程中涉及到临界资源的程序段称为临界区。多个进程的临界区称为相关临界区。

使用临界区、解决互斥问题应遵守以下原则。

（1）有空让进：当无进程在临界区时，任何有权使用临界区的进程可进入。

（2）等待：不允许两个以上的进程同时进入临界区。

（3）多中择一：当没有进程在临界区，而同时有多个进程要求进入临界区时，只能让其中之一进入临界区，其他进程必须等待。

（4）有限等待：任何进入临界区的要求应在有限的时间内得到满足。

（5）让权等待：处于等待状态的进程应放弃 CPU，以使其他进程有机会得到 CPU 的使用权。

我们先看一下几个问题。

问题 1：设进程 P1、P2，共享一台打印机，若让它们任意使用，那么可能发生的情况是：两个进程的输出结果交织在一起，很难区分。解决该问题的简单办法是：当一个进程使用打印机时，就一直独占，另一个进程等待，直到第一个进程打印完毕，释放打印机后，另一个进程才分配打印机。

进程 P1，P2 分别执行的操作如下：

```
P1                   P2
…                    …
entry code;          entry code;
使用打印机;          使用打印机;
exit code;           exit code;
…                    …
```

上面使用的入口代码（entry code）和出口代码（exit code）用以保证进程共享打印机的互斥使用。入口代码是一条请求分配设备的系统调用；出口代码是一条释放设备的系统调用。进程在争夺许多硬件资源时，均存在这种互斥问题。

问题 2：生产者 / 消费者问题（producer/consumer）。这是典型的互斥与同步问题，这里先讨论互斥问题。

生产者 / 消费者是广义的、抽象的概念。生产者给消费者的信息，生产者可以是计算进程，消费者是打印进程。计算进程动态的产生输出信息（产品），供打印进程输出（消费），生产者若是输入进程，消费者可以是计算进程，输入进程产生信息供计算进程计算等。因此，生产者 / 消费者的概念是相对而言的。

假设用缓冲区暂存产品，缓冲区组织成如图 2-15 所示的链表。

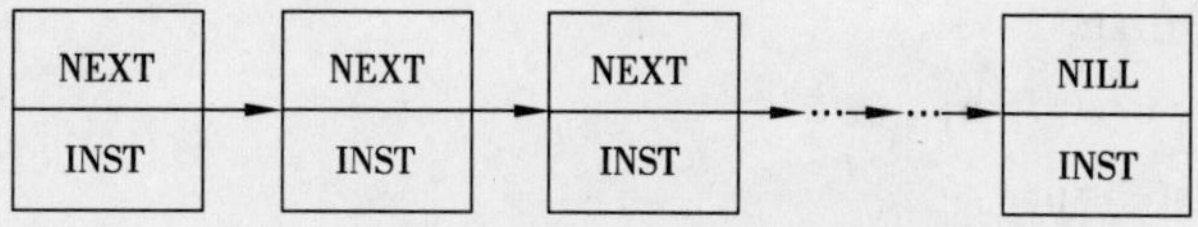

图 2-15　存放产品的缓冲区队列

链表中的缓冲区包含两个域：NEXT 是指向队列下一个元素的指针；INST 是存放产品项。存放产品的空缓冲区从系统缓冲区中申请，即每当生产者生产一个产品后，便用 new(P)操作，向系统申请一个缓冲区，并装入产品，加入队列；一旦消费者取用一个产品，便释放该缓冲区，使用 dispose(C)操作。缓冲区队列的头指针为 First，First 初值为空（NULL）。生产者和消费者均从队列头部加入生产 / 消费产品。

生产者 / 消费者进程的操作可用下列并发程序描述：

```
typedef … item ;
typedef   record buffer;
item inst;
buffer *next;
buffer *p,*c,*first;
item nextp,nextc;
first=NULL;
cobegin
producer(生产者)
{
   do
   { …
     produce item in nextp;
     …
     p=malloc(sizeof(buffer));
     p->inst=nextp;
     p->next=first;
     first=p;
   }while(true);
}

Consumer（消费者）
{
   do
   {
     while(!first)
        skip;
     c=first;
     first=first->next;
     nextc=c->inst;
     free(c);
     consume the item in nextc;
     …
   }while(true);
}
coend;
```

这里，生产者和消费者进程因为共享使用着一个软件资源——产品系列，也同样存在着互斥的问题。若按下列执行顺序：

t0：(consumer) c=first;

t1：(producer) p->next=first;

t2：(producer) first->=p;

t4：(producer) first->=first.next;

此时出现了不期望发生的事件，即：

（1）生产者和刚加入队列的缓冲区丢失了。

（2）first 和 c 指向了相同的队列元素。

显然，队列操作出现了错误。

从以上两个例子可以看到，进程之间若共享互斥资源(共享外设—打印机、共享队列等)，则会出现互斥问题，即存在临界区问题。

2.3.2 互斥

为了使临界资源互斥地使用，就要使临界区互斥地执行，即执行临界区的若干个进程必须互斥地进入。

1. 用禁止中断实现互斥

最简单的办法是当每一个进程进入临界区后立即禁止一切中断，在离开之前又打开中断。因为中断被屏蔽后，时钟中断就不会发生了，而操作系统是借助时钟中断来实现进程的调度，这时操作系统就没有机会改变当前正在运行的进程的状态了。

一般不提倡这种方法，因为进程的权力太大。假如某进程关闭中断后由于某种原因又无法恢复中断，系统就无法正常运行了。另外，如果系统有多个 CPU，这种方法仍然不能有效地禁止进程的调度。

2. 用锁操作原语实现互斥

可以为共享资源设置一把锁。锁用变量 W 表示：

（1）W=0 表示共享资源可用。

（2）W=1 表示共享资源不可用，已有一进程访问。

有关锁的基本操作如下：

加锁原语 LOCK(W)

```
{
   while(W);
   W=1;
}
```

开锁原语 UNLOCK(W)

```
{  W=0;  }
```

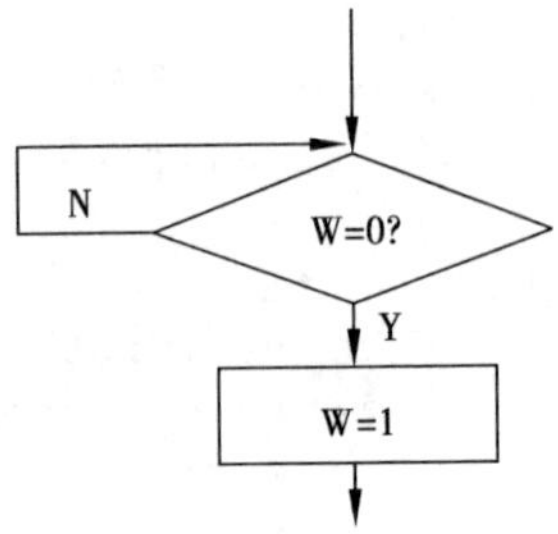

图 2-16 加锁原语工作流程

加锁原语工作流程如图 2-16 所示。

可以用加锁的方法解决前面提到的打印机共享的问题。

W 初值为 0。

P1	P2
…	…
lock(W);	lock(W);

```
使用打印机;                    使用打印机;
unlock(W);                     unlock(W);
…                              …
lock(W);                       lock(W);
使用打印机;                    使用打印机;
unlock(W);                     unlock(W);
…                              …
```

锁的方法有一定的局限性。只要有一个进程由于执行 LOCK(W)后进入临界区，则其他进程在检查锁状态时都将反复执行 LOCK(W)原语，从而导致处理机繁忙。

3．信号量及 P、V 操作原语实现互斥

P、V 操作是荷兰科学家 E.W.Dijkstra 在 1965 年提出的一种解决同步、互斥问题的通用方法。P 是荷兰语发信号的开头字母，V 是等待的开头字母。

信号量（semaphore）是表示资源的物理实体，是一个与队列有关的整型变量，它只能被两个标准的原语（P、V 操作）所访问。操作系统利用它的状态对进程和资源进行管理。

信号量是一个数据结构，一般定义如下：

```
struc semaphore
{ int value;
  pointer_PCB queue;
}
```

信号量说明：

```
semaphore s;
```

成员 value 是整型变量，表示该信号量的值；另一个成员 queue 是指向 PCB 的队列。

信号量的值与相应资源的使用状态有关。当它的值大于 0 时，它表示可用资源的数量；当它的值小于 0 时，其绝对值表示等待使用该资源的进程个数，即在该信号量队列上排队的 PCB 的个数。信号量的初值应该大于等于 0。

所谓 P、V 操作是指在信号量上定义的两个操作。

设信号量为 s，对 s 的 P 操作记为 P(s)，对它的 V 操作记为 V(s)。

P 操作对应的过程如下：

```
P(s)
{
    s.value;
    if(s.value<0)
    {
       该进程状态置为等待状态;
       将该进程的 PCB 插入相应的等待队列末尾 s.queue;
    }
}
```

V 操作对应的过程如下：

```
V(s)
{
  s.value++;
  if(s.value<=0)
```

```
  { 唤醒相应等待队列 s.queue 中等待的一个进程;
    改变其状态为就绪态;
    并将其插入就绪队列;
  }
}
```

P(s)表示申请一个资源，V(s)表示释放一个资源。P、V 操作必须成对出现，有一个 P 操作就一定有一个 V 操作。当为互斥操作时，它们同处于同一进程。

需要提醒的是 P、V 操作是原语，它们的执行是不可中断的。

有时候为了简单起见，可以用一个普通整型变量来表示信号量。

下面通过几个例子进一步说明。

例 1：可以用 P、V 操作解决前面提到的打印机共享的问题。

s 的初值为 1，表示打印机是可用的。

```
P1                  P2
…                   …
P(s);               P(s);
使用打印机;          使用打印机;
V(s);               V(s);
…                   …
```

例 2：生产者 / 消费者问题（自行阅读）。

生产者生产产品并存入缓冲区供消费者取走使用，消费者从缓冲器内取出产品去消费。在生产者和消费者同时工作时，必须禁止生产者将产品放入已装满的缓冲器内，禁止消费者从空 缓冲器内取产品。假定生产者和消费者各生产和消费一件产品，缓冲器内也只能存放一件产品，下面介绍生产者和消费者的两个进程的程序。

这里设 S1=1，S2=0。其中，S1=1 表示最初有一个缓冲区空间可用，S2=0 表示最初没有产品可消费。

```
cobegin
producer
{
   do
   {生产产品;
      P(S1);
      将产品放入缓冲器内;
      V(S2);
   }while(true);
 }

consumer
{  do
     { P(s2);
       从缓冲器取出产品;
       V(S1);
       消费产品;
     }while(true);
}
Coend;
```

对于我们前面讲的生产者／消费者均从队列头上（First）加入生产／消费产品的程序，要实现互斥，可修改成如下程序（S=1）。

```
    …
cobegin
producer
{ do
   {  …
      生产产品;
      …
      P(S);
      p=malloc(sizeof(buffer));
      p->inst=nextp;
      p->next=first;
      first=p;
      V(S);
   }while(ture);
}
consumer
{
 do
 {
   while(!first)
      skip;
   P(S);
   c=first;
   first=first->next;
   nextc=c->inst;
   free(c);
   V(S);
   consume the item in nextc;
   …
  }while(ture);
}
coend;
```

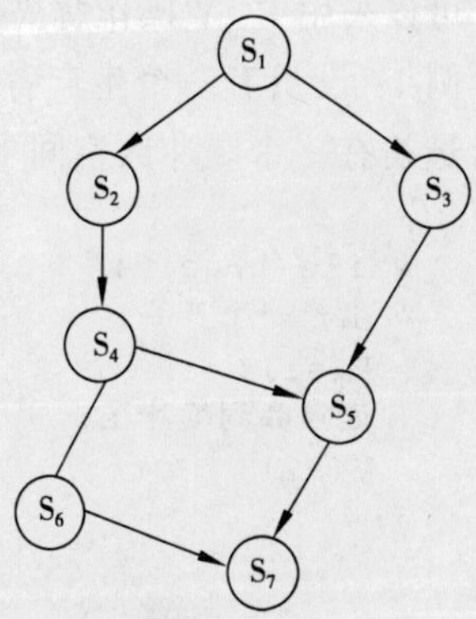

图 2-17　优先图

例 3：要求用 P、V 操作实现如图 2-17 所示的优先图。

所谓优先图（Pore Cedence Graph）是一个有向的无环图，图中的结点对应程序中的一条语句（记为 S_i）；如果存在从 S_i 指向 S_j 的一条有向边，表示只有当 S_i 执行完后 S_j 才能被执行。要实现优先图，引进信号量 a、b、c、d、e、f、g 并设初值都为 0。相应程序描述如下：

```
Semaphores a ,b,c,d,e,f,g;
/* initial value of all semaphores is 0 */
{
  cobegin
  { S1;V(a);V(b); }
  { P(a);S2;S4;V(c);V(d); }
  { P(b);S3;V(e); }
  { P(d);P(e),S5;V(g); }
  { P(c);S6;V(f); }
  { P(f);P(g);S7; }
  coend;
}
```

2.3.3 进程同步

进程同步关系是指为完成同一任务的诸进程间需要某些协调工作，所表现出的相互制约关系：进程—进程。

在操作系统中，同步有各种各样，但归纳起来有两类：

（1）对系统资源的共享。

（2）各进程合作完成某工作的逻辑顺序。

利用信号量机制，可以很容易解决进程间的同步问题。我们下面看几个例子。

把并发进程的同步和互斥问题一般化，可以得到一个一般性的模型，即生产者—消费者问题。计算机系统中，每个进程都会申请和释放各种不同的资源，这些资源可以是外设、内存及缓冲区等硬件资源，也包括临界区、数据、例程等软件资源。将系统中使用某类资源的进程称为该资源的消费者，而把释放同类资源的进程称为该资源的生产者。

设有若干个生产者进程 P1，P2，…，Pn，若干个消费者进程 C1，C2，…，Cm，它们通过一个有界缓冲池联系起来。

其同步问题是：P 进程不能往“满”缓冲区中放产品，C 进程不能从“空”缓冲区中取产品。

可以采用 P、V 操作解决。设置各生产者使用的信号量为 S1，消费者使用的信号量为 S2。

例 1：设只有一个生产者、一个消费者且缓冲区的大小为 1。S1 初值为 1、S2 为 0。S1=1 表示最初有一个缓冲区空间可用，S2=0 表示最初没有产品可消费。

```
P:
   while(true)  {
     生产一个产品;
     P(s1);
     送产品到缓冲区;
     V(s2);
   };
C:
   while(true)  {
     P(s2);
     从缓冲区取产品;
     V(s1);
     消费产品;
   };
```

例 2：再看第二种情况：只有一个生产者、一个消费者且缓冲区的大小为 n。

设 S1 初值为 n，S2 初值为 0。S1=n 表示最初有 n 个缓冲区空间可用，S2=0 表示最初没有产品可消费。

```
P:
   i=0;
   while(true)
   {
     生产产品;
     P(S1);
     往 Buffer[i]放产品;
     V(S2);
     i=(i+1)%n;
  };（i 是缓冲区的相对序号）
```

```
C:
  j=0;
  while(true)
  {
     P(S2);
     从Buffer[j]取产品;
     V(S1);
     消费产品;
     j=(j+1)%n;
  };
```

例 3：再看第三种情况。有 m 个生产者、k 个消费者且缓冲区的大小为 n。

由于有多个生产者和消费者，而缓冲区在这里很显然应该为临界资源，所以要增加一个信号量以实现对缓冲区的互斥访问。

设 S1 初值为 n，S2 初值为 0，mutex 的初值为 1（默认值）。

```
P:
  i=0;
  while(true)
  {
     生产产品;
     P(S1);
     P(mutex);
     往Buffer[i]放产品;
     V(mutex);
     V(S2);
     i=(i+1)%n;
  };

C:
  j=0;
  while(true)
  {
    P(S2);
    P(mutex);
    从Buffer[j]取产品;
    V(mutex);
    V(S1);
    消费产品;
    j=(j+1)%n;
  };
```

例 4：一些读者和一些写者对同一个黑板进行读/写。多个读者可同时读黑板，但一个时刻只能有一个写者，读者、写者不能同时使用黑板。对使用黑板优先级的不同规定使读者-写者问题又可分为几类。第一类问题规定读者优先级较高，仅当无读者时允许写者使用黑板。

下面我们对两类人的行为作一个总结：

如果读者来：

① 无读者、写者，新读者可以读。

② 有写者等，但有其他读者正在读，则新读者也可以读。

③ 有写者写，新读者等。

如果写者来：

① 无读者，新写者可以写。

② 有读者，新写者等待。

③ 有其他写者，新写者等待。

这里设置两个信号量，w 控制谁使用黑板，mutex 保护临界区，初值都为 1。

读者：

```
while(true)
{
   P(mutex);
   readcount ++;
   if(readcount==1)  P(w);
   V(mutex);
   读
   P(mutex);
   readcount--;
   if(readcount==0)  V(w);
   V(mutex);
};
```

写者：

```
while(true)
{
   P(w);
   写
   V(w);
};
```

例 5：一个房间内有五位哲学家，他们的生活就是思考和进食。房间里有一张圆桌，中间放着一盘通心粉（假定通心粉无限多）。桌子周围放有五把椅子，分别属于五位哲学家每两位哲学家之间有一把叉子，哲学家进食时必须同时使用左右两把叉子。请为每位哲学家设计一个程序，解决他们的吃饭问题。

```
STATE_TYPE state[5];                 // 可能取值为 think,hungry,eat
semaphore ph[5];                     // 每个哲学家有一个信号量，初值为 0
semaphore mutex;                     // 保护临界区，初值=1

test(int i)
{
   if((state[i]==hungry)&&(state[(i+1)mod 5]<>eating)
      &&(state[(i-1)mod 5]<>eating))
      {
         state[i]=eating;
         V(ph[i]);
   }
}

philosopher(int i)
{
   while(true)
   {
      think();
      p(mutex);
      state[i]=hungry;
      test(i);
      v(mutex);
      p(ph[i]);
```

```
        eat();
        p(mutex);
        state[i]=think;
        test((i-1) mod 5);
        test((i+1) mod 5);
        v(mutex);
    }
}
```

例 6：有三个进程，它们必须满足如下关系。进程 P1、P2 可并行执行，P3 的执行必须等待 P1、P2 都完成后才能开始执行，如图 2-18 所示。设置两个信号灯，s13 初值为 0，表示进程 P1 尚未执行完成，s23 初值为 0 表示进程 P2 尚未执行完成。

```
main()
{
  int s13=0,s23=0;

  cobegin
  p1();
  p2();
  p3();
  coend
}

p1()
{
  …
  v(s13);
}

p2()
{
  …
  v(s23);
}

p3()
{
  p(s13);
  p(s23);
  …
}
```

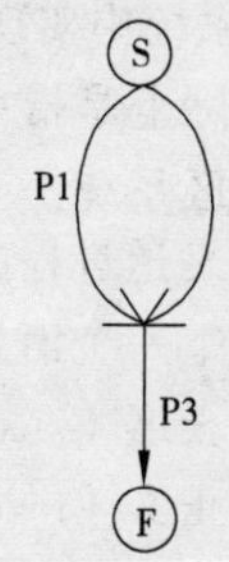

图 2-18　三个进程的关系

2.4　进 程 通 信

2.4.1　进程通信的概念

系统内往往有多个进程并行执行，并以不同的速度独立向前，而这些进程应经常保持联系，以便协调一致地完成或指定任务。这种联系就是指在进程之间交换一定数量的信息。信息量可多可少，少则仅是一些 PCB 状态和数值的改变；多则可交换成百上千的数据，那么，什么叫进程通信呢？

进程通信是指进程之间的信息交换。按交换信息量的多少，可分为低级进程通信和高级进程通信，低级进程通信的信息交换量少，如前面讲的使用信号量工具 P、V 操作，就能解决同步、互斥问题，但是它只能传递简单的信号，不能传递交换大量信息；高级进程通信要交换大量的信息，为了便于解决同步、互斥问题，常引进共享存储器和消息系统等技术。

共享存储器（shared-memory）的基本思想是在相互通信的进程间设有公共内存，一组进程向该公共内存中写，另一组进程从公共进程中读，通过这种方式实现两组进程间的信息交换。

在设计中，操作系统负责为通信进程提供可共享使用的存储器，其他通过功能的实现则依赖于程序员编制的应用程序。

消息系统（message-system）又称消息缓冲，是 P.B.Hansen 于 1969 年首先提出的，并在 RC4000 系统中实现，1970 年公布，这一通信的设计完全由操作系统实现。

消息实际上是指一组信息。在计算机网络中，消息又称为报文。消息系统是指含有如下信息的缓冲区系统：

- 指向发送进程的指针（sptr–send pointer）。
- 指向下一个消息缓冲区的指针（nptr–next pointer）。
- 消息长度（size）。
- 消息正文（text）。

因此，在消息系统中，一般提供两个操作（原语）：发送消息（send message）和接收消息（receive message）。

下面我们对消息系统作进一步介绍。

2.4.2 消息通信

为了能够达到进程间通信的目的，必须在进程间设想建立一条“通信链”（communication link）。所谓通信链是指进程之间进行通信存在的链路连接，通信链有物理通信链和逻辑通信链之分。物理通信链指在物理上的实现，如共享内存、共享硬件、指针连接等，这里我们并不关心。我们关心的是逻辑通信链，指进程通信的逻辑属性、通信的双方进程、存在的操作、通信方式等。

对于通信链的实现主要考虑以下问题：

（1）怎样建立通信链。

（2）通信链上能否连接两个以上的进程。

（3）在一对通信进程之间存在多少条通信链。

（4）通信链的容量多大。即该链是否有缓冲空间，若有，缓冲空间多大。

（5）消息的长度怎样规定。该通信链能适应各种“变长”或“固定”长度的消息吗。

（6）通信链是单向的，还是双向的。

通信方式主要有如下方面：

- 直接或间接通信。
- 对称或非对称通信。

下面讨论直接通信和间接通信。

1. 直接通信

直接通信指发送进程发消息时要指定接收进程的名字，反过来，接收时要指明发送进程的名字。

直接通信的一个基本原则是：发送 / 接收消息的每一个进程，通信时都必须明显地指明接收/发送方的名字。该方式通信链的属性主要包括以下方面。

（1）参加通信的双方，在它们欲进程通信时，动态地自动建立通信链，双方进程都必须知道对方进程的内部标识符。

（2）每条通信链严格地对应两个进程。

（3）任意一对进行通信的进程，均严格地存在一条通信链。

（4）通信链是双向的，可双向传输。

在这种通信方式中，send 和 receive 原语定义为：

```
send(P,message)          // 发送 message 给进程 P
receive(Q,message)       // 接收来自进程 Q 的 message
```

下面我们看对于生产者 / 消费者问题采用直接通信方式的进程间的通信进程：

```
typedef item=…;
item nextp,nextc;
cobegin;
producer
{do
   {  …
        produce an item in nextp;
        …
        send(consumer,nextp);
   }while(true);
}

consumer
{  do
   { receive(producer,nextc);
       …
       consume the item in nextc;
       …
   }while(true);
}
coend
```

在操作系统内部实现这种直接通信方式的通信链时，可以特殊地设想由以下几个方面具体实现。

（1）缓冲池，与“有限缓冲区”一样，每个缓冲区中的 inst 项存放一条通信消息。

（2）消息缓冲区作为存放通信消息的基本单位，即每当发送者 A 发送消息时：

```
send(B,message);
```

系统会自动从缓冲池中申请一个空缓冲区，将 messsage 放入缓冲区，并将该缓冲区发送给接收者 B。由于接收方可能收到几个进程发来的多条消息，故应为每个进程设置一条消息缓冲区队列。其队列头接收进程由 PCB 内的指针指示。为了表征队列中的消息数目，在 PCB 中设置信号量 Sm，每当发送一条消息，并加入消息队列上时，便在 Sm 上执行 V(Sm) 操作，而当接收方 B 取消息时：

```
receive(A,message);
```

先对信号量 Sm 执行 P(Sm)操作，而后从队列移出一条消息。

其通信过程如图 2-19 所示。

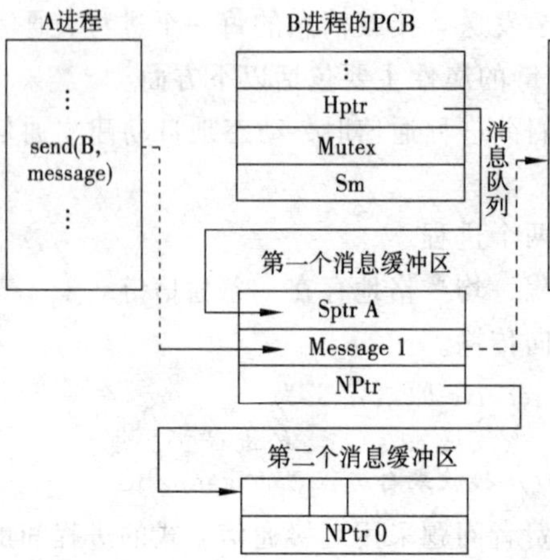

图 2-19　消息缓冲区的直接通信

（3）Send(B,message)原语实现。

```
send(B,message)
{   …
    A=malloc(…);
    move message to buffer of A;
    find the PCB of process B;
    P(mutex);
    add the buffer of A to the queue of message;
    V(Sm);
    V(mutex);
    …
}
```

（4）receive(A,message)原语实现。

```
receive(A,message)
{  …
    P(Sm);
    P(mutex);
    move out a buffer F of A from the queue of message;
    V(mutex);
    move the message from the buffer F to message;
    free(F);
    …
 }
```

以上的寻址是对称性的，即无论发送方还是接收方都必须知道对方的名字。实际中，发送方只知道接收方的名字，而接收方不必知道发送方的名字，这种通信方式称为非对称通信方式。那么对 send 和 receive 原语可重新定义为：

```
Send(P,message)              // 发送 message 给进程 P
receive(message)             // 接收任意进程发给本进程的消息
```

对于接收到的消息，无论对称，还是非对称，都要给出应答消息（信息），是否准确无误接收。其通信方式仍用 send、receive 原语。

这种直接通信方式通信链简单，容易实现。但当改变一个进程的名字时，必须严格检查其他进程的定义，以找出所有对此名字进行访问的进程，并相应地修改对新名字的访问。这是人们所不希望的。

间接通信又称邮箱（mailbox）通信方式。发送进程发消息时不指定接收进程的名字，而是指定一个中间媒介，即信箱。进程间通过信箱实现邮信。消息送入邮箱，又可以从邮箱中取出。进程之间通过邮箱传递消息。两个进程只有当它们有一个可共享的邮箱时，才可进行通信。

邮箱是一种数据结构，逻辑上可分为两部分，如图 2-20 所示。即有关邮箱描述的邮箱头和由若干格子组成的邮箱体。

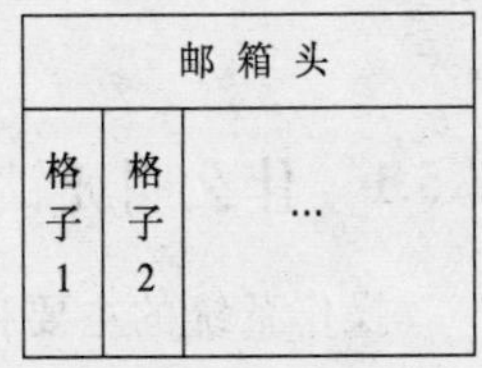

图 2-20　邮箱结构

邮箱头需给出邮箱的唯一标识符，邮箱体可存放各邮件（指一个进程传送给另一进程的一组消息），每格存放一封邮件，邮箱中格子的数目和每格的大小在创建邮箱时确定。

使用信箱时，必须遵循以下规则：

（1）若发送信件时邮箱已满，则发送进程被置为“等邮箱”状态，直到信箱有空时才被释放。

（2）若取信件时信箱中无信件，则接收进程被置为“等信件”状态，直到有信件时才被释放。

send 和 receive 原语定义如下：

```
send(A,message)                    // 向邮箱 A 送入 message
receive(A,message)                 // 从邮箱 A 取出 message
```

send 实现步骤如下所示：

```
{  查找指定邮箱 A;
   若邮箱未满，则把信件 message 送入邮箱且释放"等信件"者;
   若邮箱已满置发送信件进程为"等邮箱"状态;
}
```

receive 的实现步骤如下所示：

```
{  查找指定邮箱 A;
   若邮箱中有信件，则取出一封信件存于 message 中且释放"等邮箱"者;
   若邮箱中无信件则置接收信件进程"等信件"状态;
}
```

在间接通信方式中，通信链具有如下属性：

（1）只有当两个进程有了一个可共享的邮箱时，通信链才在二者之间建立。

（2）通信链能够联系两个以上的进程。

（3）每一对通信进程之间必须有一组不同的链，每条链对应一个邮箱。

（4）通信链可以是单向的，又可以是双向的，如图 2-21 所示。

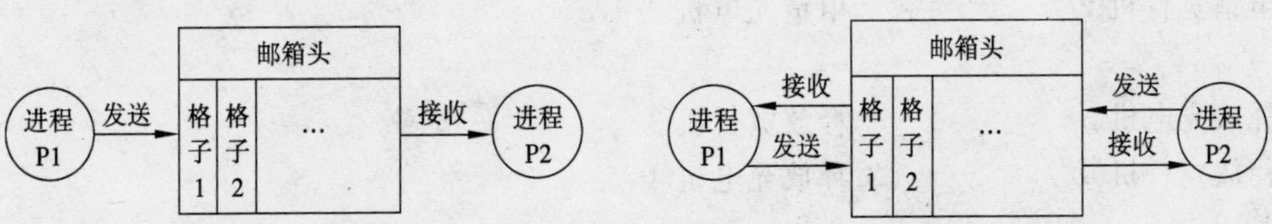

图 2-21　邮箱通信方式

对于邮箱，还有邮箱所有权的概念，主要是两个方面：邮箱属于进程、邮箱属于系统。如果邮箱属于进程，则邮箱与进程连接，或定义成进程的一部分。区分为邮箱的所有者和使用者，所有者只有从邮箱中接收消息，使用者只可以向邮箱内发送消息。如果邮箱属于系统，则操作系统可提供如下系统调用：创建一个新邮箱；通过邮箱发送和接收消息；删除邮箱。此时，邮箱可同时属于进程，最初创建新邮箱的进程，便是该邮箱的所有者。邮箱的共享可以在父进程创建子进程时，隐含地赋予子进程能够共享父进程的邮箱。

2.5 死 锁

2.5.1 什么叫死锁

操作系统的主要目标之一就是充分地利用系统资源。为此，它支持了系统内若干并发的进程运行。除了同步、互斥外，还有一个重要的问题——死锁。在操作系统中，解决死锁问题是比较重要的。死锁问题是 Dijkstra 于 1965 年研究银行家算法时首先提出来的。而后被 Haven der（1986）、Lunch（1971）等人所认识和发展的。

两个或两个以上的进程中的每一个都在等待其中另一个进程释放资源而被封锁，它们都无法向前推进，这种现象称为死锁。

死锁问题是一种普遍性的现象，日常生活中屡见不鲜。例如交通管理，在一井字形的马路上，从东南西北各开来一车队，当出现如图 2-22 所示的状态时，4 个车队都无法再前进了，我们称这 4 个车队处于死锁状态中。

在计算机系统中，这种现象比较多。进程产生死锁是因竞争资源而引起的，与执行顺序有关。图 2-22 所示的车队可视为进程，马路可视为资源，在计算机系统中，有各种各样的资源，如外部设备、数据、文件、程序等。下面我们看几个因进程竞争外设、文件以及进程通信而导致死锁情况的例子，以利于读者加深死锁的概念在大脑中的印象。

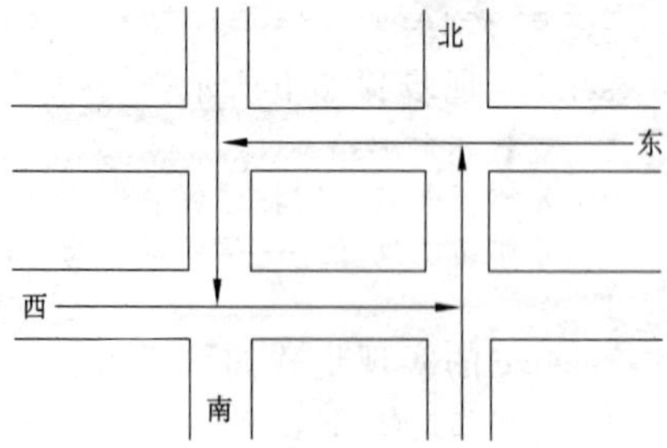

图 2-22 车队死锁问题

例 1：设系统中有一台宽行打印机，一台光电输入机，A、B 进程分别有如下执行序列：

A 进程：	进程 B：
…	…
申请光电机①	申请宽行机①
…	…
申请宽行机②	申请光电机②
…	…
释放光电机③	释放宽行机③
释放宽行机④	释放光电机④
…	…

A、B 是并发进程，因此语句执行先后顺序是不定的。如果按 A①—B①—A②—B②顺序

执行时，即：A 进程得到光电机，B 进程得到了宽行机，由于宽行机已分配给 B 进程，因此 它只好等待，B 进程申请光电机同样得不到满足，于是形成了：A 进程占有光电机等待宽行机，B 进程占有宽行机等待光电机的局面。如图 2-23 所示，A 进程结束等待的条件是 B 进程释放宽行机，而 B 进程释放宽行机的前提是已得到了光电机（即 A 进程已释放了光电机）。因此，A、B 进程都无法往下运行，则形成了死锁。

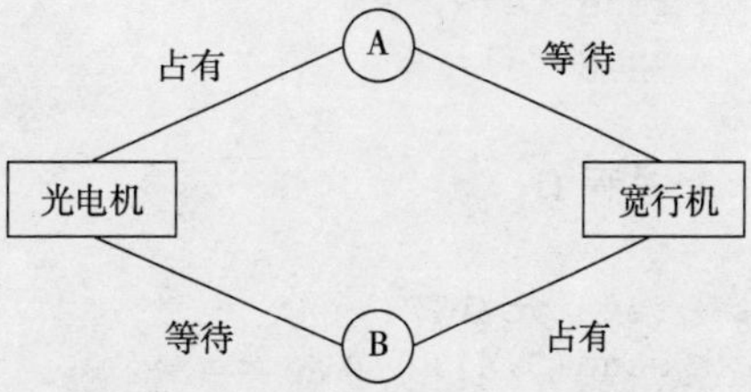

图 2-23 竞争外设

例 2：设系统中有共享文件 F1、F2，在对文件进行写操作时要求将文件对其他操作临时封锁，以确保操作正确。进程 P1、P2 的执行序列如下：

进程 P1：	进程 P2：
…	…
封锁文件 F1①	封锁文件 F2①
封锁文件 F2②	封锁文件 F1②
…	…
WRITE F1，F2；	WRITE F1，F2；
…	…
解除文件 F1 封锁③	解除文件 F2 封锁③
解除文件 F2 封锁④	解除文件 F1 封锁④
…	…

P1、P2 也是并发进程，若按执行顺序 P1①—P2①—P2②—P1②，则进程 P1、P2 处于死锁状态，如图 2-24 所示。

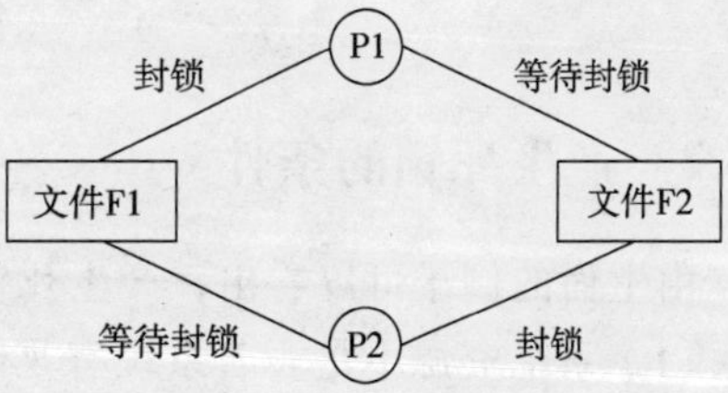

图 2-24 竞争文件

例 3：设有 4 个进程 P、S、Q、R，用 4 个缓冲区 buf1、buf2、buf3、buf4 进程通信。4 个进程的描述分别如下：

进程 P：

```
…
send(R,1);
writer(R,answer);
send(Q,2);
…
```

进程 R：

```
…
send(S,3);
writer(S,answer);
receive(P,1);
…
```

进程 S：

```
…
receive(Q,4);
```

```
receive(R,3);
answer();
…
```

进程 Q：

```
…
receive(P,2);
send(S,4);
…
```

当这 4 个进程启动后都将处于死锁状态。进程 P 要收到进程 R 的回答后才能继续运行。进程 R 在回答进程 P 之前首先要等待进程 S 的回答；而进程 S 要接到进程 Q 送来的信息后才能回答进程 R；而进程 Q 需要接收到进程 P 送来的信息后才能向进程 S 发出信息。但是，进程 P 在没有结束等待状态前是不会向进程 Q 发送信息的。因此 ，这 4 个进程都无法再运行，因而导致死锁，进程 P、Q、S、R 以及 4 个缓冲区 buf1、buf2、buf3、buf4 之间的关系如图 2-25 所示。

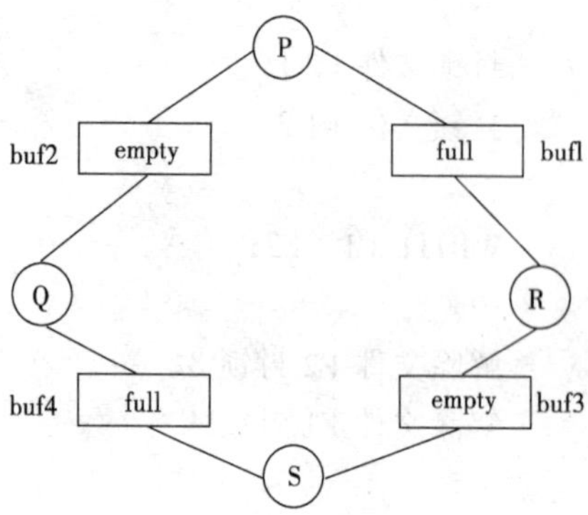

图 2-25 进程通信

2.5.2 产生死锁的条件

由上面的例子可以看出，产生死锁的原因主要有以下两个方面：

（1）系统资源不足。若系统有足够的资源提供给每个进程使用，系统就不会发生死锁。

（2）与进程推进顺序有关。如果若干进程都按照一定的顺序联合推进，则系统可能不会导致死锁。

1971 年，E.G.Coffman 等人指出了产生死锁的四个必要条件：

条件 1（互斥条件）：出现死锁的系统中必须存在需要互斥使用的资源。一次仅能由一个进程使用的资源叫做互斥使用的资源，如打印机、读卡机等。

条件 2（占有等待条件）：出现死锁的系统中一定有这样的进程，它们已分配到了某些资源，并且在等待另外的资源。

条件 3（非剥夺条件）：出现死锁的系统中一定有不可剥夺使用的资源。即某资源被一进程占用，其他进程只有等待。

条件 4（循环等待条件）：出现死锁的系统中，一定存在一个处于等待状态的进程集合 $\{P_0,P_1,\cdots,P_n\}$，其中 P_i 等待的资源被 P_{i+1} 占有（i=0，1，…，n−1），P_n 等待的资源被 P_0 占有，即形成一个环路。

上述 4 个必要条件并不是彼此独立的，譬如条件 4 就包含了前面 3 个条件的内容。

有关死锁问题，我们还需要再强调以下几点：

（1）死锁是进程之间的一种特殊关系，是由资源竞争引起的僵局关系，因此，当提到死锁时，至少涉及两个进程。虽然单个进程也可能锁住自己，但那是程序设计错误而不是死锁。

（2）当出现死锁时，首先要弄清楚被锁的是哪些进程，因为竞争哪些资源被锁。

（3）在多数情况下，一系统出现死锁，是指系统内的一些而不是全部进程被锁，它们是因竞争某些而不是全部资源而进入死锁的，若系统的全部进程都被锁住，我们称系统处于瘫痪状态。

（4）系统瘫痪意味着所有进程都进入睡眠（阻塞）状态，但所有进程都睡眠了，如果其中至少有一个进程可由 I/O 中断唤醒的话，这并不一定就是瘫痪状态。

2.5.3　死锁的对策

解决死锁的方法一般可分为预防、避免、恢复 3 种。

（1）死锁预防：是预先防止死锁产生的方法。即在系统设计时，就确定资源分配的算法，使得系统在运行时不会发生死锁，这是一种静态措施。

（2）死锁避免：是一种判定和发现死锁的方法。即每当申请一个资源时，都要依据一定的算法判断是否许可这次申请，如有死锁发生的可能就不许可，这是一种动态措施。

（3）死锁恢复：既不预防死锁的发生，也不在系统运行时避免，而是允许死锁的发生，只是在发生死锁后消除死锁，使系统继续运行，这是一种善后措施。

1. 死锁的预防

我们先给出一个预防死锁的模型。由 Coffman 给出的产生死锁的必要条件可知：

$D \rightarrow C_1 \land C_2 \land C_3 \land C_4$

其中，D—Deadlock 死锁，C_i—Condition 条件，则有：$\neg C_1 \lor \neg C_2 \lor \neg C_3 \lor \neg C_4 \rightarrow \neg D$。

由此可见，只要保证系统中有一个必要条件不成立，就能保证系统中不会出现死锁，死锁的预防正是按这种方式进行的。

（1）破坏互斥条件：常用共享使用法，即允许一个资源可以由多个进程“同时”使用。这种方法在早期曾用过，但实践证明这种方法对有些资源是行不通的。例如，以前的宽行打印就是由各个作业“同时”使用一个资源，结果在打印纸上交替出现了不同作业的不同信息，从而给用户带来了很大的不便，因此以后对这类资源一般都采用独占方式。

（2）破坏占有等待条件：常用的方法是预先静态分配法，即在作业调度选择作业时，仅当作业所需要的全部资源都能满足时，才调度它进入内存运行。或者说，在作业尚处于运行前的静态情况下，就为它分配足够所需要的全部资源。这种方法简单而安全，但资源利用率很低。例如，某程序需运行几十个小时，在结束前需要打印结果，但打印机在程序开始运行前就分配给这个程序了。因此，常采用部分资源静态分配，大部分资源动态分配。

（3）破坏非剥夺条件：常采用剥夺调度法，根据申请资源的优点级别高低来剥夺占用的资源。该方法目前主要用在处理机和存储器资源调度上，而对有些设备就不合适，如对打印机采用剥夺法就会使各个用户输出的信息混杂在一起。

（4）破坏循环等待条件：常采用有序资源使用方法，即将资源按类型赋予一个唯一的代号。如令输入机=1，打印机=2 ，穿孔机=3，磁盘=4 等，所有进程对资源的请求必须严格按照序号递增次序进行，并且要求在前一要求得到满足的前提下，才能做进一步请求。

这样，进程与资源请求不会产生循环等待问题，即不会出现环路。该方式提高了资源利用率，对比较贵重或稀少的资源安排为较高的序号，但有可能出现资源空闲等待的浪费现象。必须注意，输入设备的编号应小于输出设备的编号。

2. 死锁的避免

死锁的避免是在运行期间实施的，这种方法允许动态地、部分地分配，这样做比较好地利用了资源，但有死锁的可能。

这里介绍一种银行家（banker）算法，这是 1965 年 E.W.Dijkstra 为它设计 THE 系统提出来的，它把操作系统比作一个银行家，它占有有限的资源，而要求资源的进程好比要贷款的顾客。下面先看银行家问题。

假设有 3 个顾客 P、Q、R，分别需要贷款数为 8 万元、3 万元、9 万元，银行所有的资金数为 10 万元。其贷款有关系式为：

顾客剩余申请额=最大申请量-已贷款额

银行库存现金=资金总额-各顾客已贷款额之和

假若第一次顾客请求资金为：P 为 4 万元，Q 为 2 万元，R 为 2 万元，银行还剩 2 万元；第二次 Q 又请求 1 万元，于是 Q 所需资金全部满足了，因此，经过一段时间后 Q 就将资金归还给银行，于是银行就有 4 万元了；第三次 P 再请求 4 万元，于是 P 所需资金也全部满足了，同样，经过一段时间 P 将资金归还银行；第四次 R 再请求 7 万元，这样，R 也满足了所需资金。这一过程我们用图 2-26 来表示。

以上的状态是安全状态，即能保证银行与顾客在有限时间内成交。

假如有另一种贷款方式，如图 2-27 所示，于是 P、Q 都陷入死锁状态。

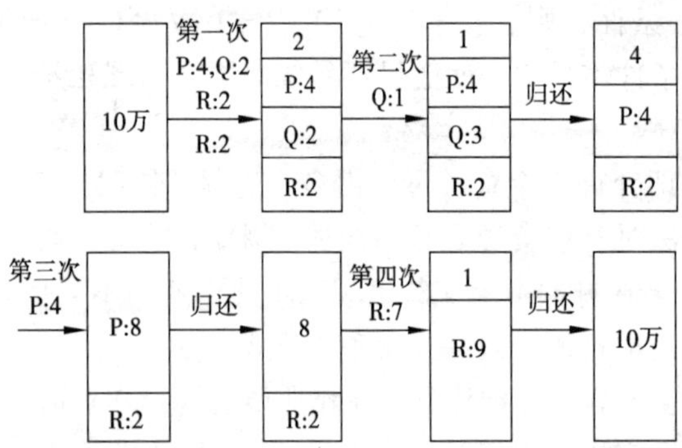

图 2-26　银行算法：安全状态

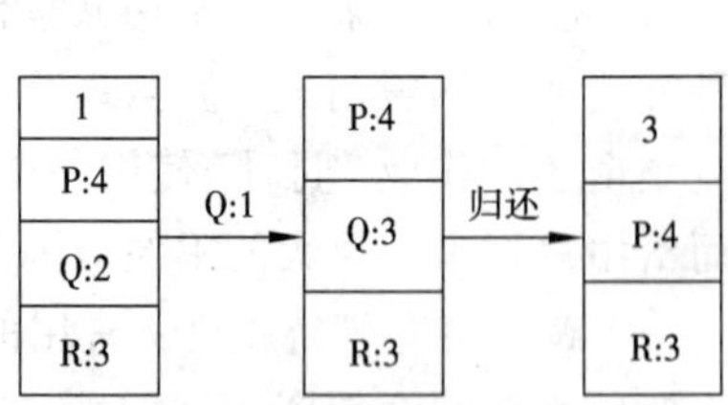

图 2-27　银行算法：不安全状态

从上面的例子中可以看出，死锁避免正是通过确保系统随时处于安全状态来保证系统无死锁的。下面我们先给出安全状态的定义：

设系统中有 n 个进程，若存在一个序列：$(P_1,P_2,P_3,\cdots,P_n)$，使得 $P_i(i=1,2,\cdots,n)$以后还需要的资源可以通过系统现有资源加上所有 P_j（$j<i$ = 占有的资源来满足，则称这个系统是安全的。序列（$P_1,P_2,\cdots,P_n$）称为安全序列。

在银行家贷款一例中，当 P 第一次申请资金 4 万元时，安全序列为：（Q,P,R）或（P,Q,R）或（P,R,Q）；当 Q 申请资金为 2 万元时，安全序列为（Q,P,R）或（P,Q,R），若这时 R 申请资金 3 万元时，则不存在安全序列了，但是若 R 申请资金为 2 万元时，则安全序列为（Q,P,R）。

这里我们给出银行家算法。先介绍算法所需的数据结构：

设 n 为系统中的进程个数，m 为系统中的资源类数。

Available(l:m)：现有资源向量，Avaliable(j)=k 表示第 j 类资源中有 k 个还没有分。

max(n,m)：资源最大申请量矩阵，max(i,j)=k 表示第 i 个进程对第 j 类资源的最大申请量为 k。

Allocation(n,m)：资源分配矩阵，Allocation(i,j)=k 表示第 i 个进程已占有 k 个第 j 类资源。

Need(n,m)=max-Allaction：指还需要的分配矩阵。

设 Request[i]表示第 i 个进程请求资源的向量，Need[i]表示第 i 个进程需要的资源向量。则：资源分配程序的工作过程为：

（1）Request[i] > Need[i]→报错，返回。

（2）Request[i] > Available→进程 i 等待，返回。

（3）假设进程 i 的请求已获得，则修改状态。

```
Available-Request[I]=>Available
Allocation[i]+Request[i]=>Allocation[i]
Need[i]-request[i]=>Need[i]
```

（4）调用“安全检查算法”。

（5）系统处于安全状态→将进程 i 请求的资源分配给进程 i，返回。

（6）系统处于不安全状态→进程 i 等待。（恢复系统状态）

```
Available+Request[i]=>Available
Allocation[i]-Request[i]=>Allocation[i]
Need[i]+Request[i]=>Need[i]
```

返回。

安全性检查算法如下：

设 Work(m)临时工作单元向量。

初始：work=Available

N= { 1,2,⋯,n }

算法过程为：

（1）查找 $i \in N$ 使其满足 Needi ≤ work。

若不存在这样的 i 则转（3）。

（2）work+Allocation=>work,

N- { i } ⇒N，转（1）

（3）如果 N= ϕ（系统安全），否则，返回（系统不安全）。

需要说明的是，该算法的时间复杂度为 O(m,n2)，当然，可借助于图论将算法复杂度降为 O (n2)；银行算法的死锁避免要求用户提交作业前说明对各类资源请求的最大量，即 maxi，这对用户是不方便的；另外，系统处于不安全状态并不一定会进入死锁，只是有死锁的可能。

3．死锁的恢复

死锁恢复是指当检测系统中存在死锁时如何使系统恢复到非死锁状态并继续运行的一种善后措施。

目前常用的方法有两种：撤销法和剥夺法。

撤销法是按照一定的次序逐渐地撤销已死锁的进程，直到获得为消除死锁所需要的足够资源为止。其中存在着按什么原则进行撤销的问题，如程序的优先级、作业类的外部代价、运行代价等，一般是撤销最小代价者。

剥夺法是从一些进程那里剥夺足够数量的资源，并分给死锁的进程，以便足以解死锁。对于被剥夺资源的那些进程，以请求被剥夺资源的方式保护它们，以便将来恢复它们继续运行。

4．处理死锁的综合措施

Howard在1973年提出将解决死锁的基本方法组合起来，并对由不同类资源竞争所引起的死锁采用对它来说是最佳的方法来解决，以此来全面解决死锁问题。这一思想是基于以下事实：系统内的全部资源可按层次分成若干类，对于每一类，可以使用最适合它的办法来解决死锁问题。由于使用了资源分层技术，在一个死锁环中，通常只包含某一层次的资源，每一个层次可以使用一种基本的方法。因此，整个系统就不会受控于死锁了。

（1）资源分类。资源可分为如下几类：

- 内部资源：由系统本身使用的资源，例如，进程控制块PCB。
- 主存储器：主要指用户态程序空间。
- 作业资源：可分配的设备（如磁带机）和文件。
- 交换空间：存放用户作业的后援存储器空间。

（2）解决死锁的综合措施。对内部资源通过破坏“循环等待”条件，即给资源以线性编序的方法预防死锁；对主存储器通过剥夺资源的办法以防止死锁的产生。因为一个进程总是可以被对换出去的，并且主存储器空间本质上是可以被剥夺的；对作业资源使用死锁避免算法，关于作业要求多少资源的信息可以从作业控制卡中获得；对交换空间可以采用预分配措施。因为存储空间的最大需求量通常是知道的。

本章小结

处理机管理是整个操作系统的重心所在，操作系统中并发活动的管理和控制是在处理机管理中实现的。处理机管理的功能是组织和协调用户对处理机的争夺使用，把处理机分配给进程，对进程进行管理和控制，以最大限度发挥处理机的作用。

我们用静态的观点看操作系统是一组程序和表格的集合，用动态的观点看操作系统是进程的动态和并发执行。程序就是指令或语句序列，它体现了某种算法。程序除了可以顺序执行，还可以并发执行。并发程序具有并发性、程序结果的不可再现性、在并发环境下程序的执行具有间断性、开放性、独立性、制约性、程序和计算不再一一对应等特征。进程是程序在一个数据集合上的运行过程，是系统进行资源分配和调度的一个独立单位。进程具有动态性、并发性、独立性、交互性和异步性等特征。在管态下执行的进程称为系统进程；在目态下执行的进程称为用户进程。系统或用户首先创建的进程称为父进程；在父进程下面的进程称为子进程。

在操作系统中，进程至少要有三个基本状态：运行状态、就绪状态和等待状态。进程的各种调度状态可依据一定的原因和条件发生变化。根据对进程的描述，通常把进程看做由三个部分组成：程序、数据集合和进程控制块（PCB）。PCB是能标识进程的存在，又能刻画进程瞬间特征的数据结构。

进程控制的任务就是系统使用一些具有特定功能的程序段来创建、撤销进程及完成进程各状态间的转换，从而达到多进程高效率并发执行和协调、实现资源共享的目的。把进程控制用的程序段做成原语，用于进程控制的原语有：创建原语、撤销原语、阻塞原语、唤醒原语等。

进程调度（也称 CPU 调度）是指按照某种调度算法（或原则）从就绪队列中选取进程分配 CPU，主要是协调进程对 CPU 的争夺使用。完成进程调度功能的程序称为进程调度程序。进程调度算法的选择直接影响到系统的设计目标和工作效率。进程调度方式通常有两种：剥夺调度和非剥夺调度。剥夺调度是进程处于就绪状态中只要出现更为“紧迫或重要”的进程时，则立即停止正在运行的进程（即将其改为就绪状态），而把 CPU 分配给当前优先权高的进程。非剥夺调度是指一旦某个进程被选中运行，则该进程就一直运行下去（不管有没有“紧迫或重要的”的进程），直至该进程完成，或者因为某些事件（如等待 I/O）自动放弃 CPU 进入相应的等待状态时，才把 CPU 分配给其他进程。进程调度算法主要有先来先服务（FCFS）、轮转法（RR）和优先数法等。

进程的同步与互斥是并发进程活动中经常发生的问题，也是操作系统对进程实施控制的基本内容。进程的互斥关系是间接制约关系。由于各进程要求共享资源，而有些资源需要互斥使用，因此各进程间竞争使用这些资源，进程的这种关系为进程的互斥。进程的同步关系是直接制约关系。指系统中多个进程中发生的事件存在某种时序关系，需要相互合作，共同完成一项任务。一次只允许一个进程使用的资源称为临界资源。在进程中涉及到临界资源的程序段叫临界区。实现互斥的方法主要有：用禁止中断、用锁操作原语、用信号量及 P、V 操作原语等。通常用 P、V 操作原语来实现进程的同步。

进程通信是指进程之间的信息交换。分为低级进程通信和高级进程通信，低级进程通信的信息交换量少；高级进程通信要交换大量的信息。常引进共享存储器和消息系统等技术。

共享存储器的基本思想是相互通信的进程间设有公共内存，一组进程向该公共内存中写，另一组进程从公共内存中读，通过这种方式实现两组进程间的信息交换；消息系统称消息缓冲，消息缓冲区作为存放通信消息的基本单位。

死锁是两个或两个以上的进程中的每一个都在等待其中另一个进程释放资源而被封锁，它们都无法向前推进，这种现象称为死锁。产生死锁的原因主要是两个方面：系统资源不足和与进程推进顺序有关。产生死锁的 4 个必要条件是：互斥条件、占有等待条件、非剥夺条件和循环等待条件。解决死锁的方法一般可分为预防、避免、恢复等三种。

[阅读材料]

下面是一个非常小的内核源代码，虽然它的功能非常有限，但是它演示了进程调度的一些基本思想。

```
#include<stdlib.h>
#define MAXTASK 64
#define NORMAL_EXIT 1
typedef void (* FPTR)(void);        // POINTER TO TIMER INTERRUPT HANDLER
typedef void (* VPTR)(void *);      // POINTER TO TIMER FUNCTION
typedef void (* TPTR)(unsigned int *,void *); // Pointer to task
typedef struct
{
```

```
    unsigned int * status;  // Scheduler checks contents by this pointer
    TPTR         code;           // Task code
    void        * data;          // Task data for use same code for
                                 // multiple logical streams
    unsigned int   priority;     // Priority of this task
    unsigned long  id;           // Task ID
    unsigned int   status_mode;//How to check status value (used as bit set)
    unsigned int   prev_status;  // Prevoious value of status. Used in
                                 // "polling-for-change"
    unsigned int   time_to_live; // Time (in tens of mS) to be in task
} SCELL;
SCELL        task[MAXTASK];      // Array of task description cells
int          max_task;           // Quantity of currently running tasks
FPTR         wakeup_handler;     // Pointer to wake up function
FPTR         sleep_mode_handler; // pointer to deactivation procedure
unsigned long sleep_mode_count;  // maximum of void loops till sleep
unsigned long void_loops;        // void loops counter
unsigned char enable_sleep;      // flag to enable/disable sleep mode
unsigned long last_id;           // last ID issued
unsigned int  time_to_be_in_task; // value will be decremented in timer
                                 // interrupt handler
void init_scheduler(void)
{
    int i;
    for(i=0;i<MAXTASK;i++)
    {
        task[i].status=NULL;
        task[i].code=NULL;
        task[i].data=NULL;
        task[i].priority=~0;         // 0xFFFF;
        task[i].status_mode=0;       // Not used in this version
        task[i].prev_status=0;
        tast[i].id= 0;               // 0 is not vaild ID
    }
max_tast=0;
last_id=0;
time_to_be_in_tast=oxFFFF;
}
void sort_tasks_according_to_priotity(void)
{
  int no_changes;
  int i;
  SCELL tmp;
  If(max_task<2)return; // No tasks or only one---nothing to sort ;--)
  no_changes=0;                    // For loop entry
  while(!no_changes)               // While all task list was not passed
  {                                // without any modifications
      no_changes=1;
      for(i=0;i<max_task-1;i++)
      {
          If(task[i].priority>task[i+1].priority)
```

```
        {   // Task with higher priority located after low priority task
            // Swap it and mark no_changes for next check
            // copy current tast to tmp
            memcpy(&.tmp,&.task[i],sizeof(SCELL));
            // Move high priority task up
            memcpy(&.task[i],&.task[i+1],sizeof(SCELL));
            // Move low priority task down
            memcpy(&.task[i+1],&.tmp,sizeof(SCELL));
            no_changes=0;
        }
    }
  }
  // Remove all empty tasks
  while(task[max_task-1].status==NULL)max_task --;
}
unsigned long install_task(void*ttstatus,
TPTP    tcode,
void     * tdata,
unsigned int   tpriority,
unsigned int   task_mode,
unsigned int   time_to_live)
{
  unsigned int *status=(unsigned int * ) ttstatus;
  If(max_task>=MAXTASK)
  {
    // OS_ERROR
    return 0;
  }
  task[max_task].status=tstatus;
  task[max_task].code=tcode;
  task[max_task].data=tdata;
  task[max_task]..priority=tpriority;
  task[max_task].id=++last_id;
  task[max_task].status_mode=task_mode;
  task[max_task].time_to_live=time_to_live;
  max_task++;
  /* More than 4,294,967,295 tasks was installed(and removed,
  * probably).But something goes wrong. */
  if(!Last_id)/* os_error() */;
    sort_tasks_according_to_priority();
  return last_id;
}
unsigned int find_task(unsigned long id)
{
  unsigned int I;
  for(i=0;i<max_task;i++)
  {
      if(task[i].id==id)return i;
  }
  return oxFFFF;
}
```

```
void remove_task(unsigned long id)
{
   unsigned int tmp;
   tmp=find_task(id);
   if(tmp!=oxFFFF)                  // task is in the list.remove it
   {
     task[tmp].status=NULL;         // never will be called by scheduler
     task[tmp].priority= oxFFFF;    // move to the end of list
     sort_task_according_to_priority();
                                    // max_task--;
  }
}
void uninstall_task(void*ttstatus,
                  TPTR          tcode,
                  void          * tdata)
{
    unsigned int i;
    for(i=0; i<max_task; i++)
    {
      // This 3 parameters identifies the task
      // Each one can be used with different data but together we never kill
      // wrong task
       if(task[i].status==ttstatus &&
           task[i].code==tcode &&
           task[i].data==tdata)
       {
         task[i].status=NULL;       // Never will be called by scheduler
         task[i].priority=0xFFFF;   // Move to the end of list
         sort_tasks_according_to_priority();
         return;
       }
    }
}

void change_task_priority(unsigned long id,unsigned int p)
{
    unsigned int tmp;
    tmp=find_task(id);
    if(tmp!=0xFFFF)                 // Task is in the list.
    {
       task[tmp].priority=p;        // Change priority
       sort_tasks_according_to_priority();  // Arrange list
    }
}

int stop_scheduler;
void scheduler(void)
{
    int current_task;
    stop_scheduler=0;
    current_task=0;
```

```
    while(!stop_scheduler)
    {
        if(*task[current_task].status)
        {
          //-------------------TASK ENTRY POINT
           (task[current_task].code)(task[current_task].status,
                                   task[current_task].data);
            current_task=0; // Restart from task with lowest priority
        }
        else if(++current_task>=max_task)
        {
            current_task=0;
        }
    }
}

void os_shutdown(int code)
{
    stop_scheduler=code;
}

#define CRTK_TASK(x) void x(unsigned int * task_status,void * task_data)

void hardware_init(void)
{
    // turn on your whistles here
}

void os_init(void)
{
    // A lot of stuff and
    init_scheduler();
}

void os_finish(void)
{

//…
}

void application_finish(void)
{
  //…
}


// Actually this 3 functions are in different module

unsigned int  task_flag;                    // increment it in interrupt
unsigned long task_counter;
```

```
unsigned int  run_always;

CRTK_TASK(just_dummy_task)
{
    unsigned int * flag=(unsigned int *) task_status;
    unsigned long * count=(unsigned long *) task_data;

    *flag=0;
    (*count)++;

}
CRTK_TASK(read_keyboard)
{
    unsigned int *flag=(unsigned int *) task_status;

    if(kbhit()) *flag=getch();
    if(*flag==0x1B) os_shutdown(NORMAL_EXIT);
}


void application_init(void)
{
    install_task(&task_flag,           // if this integer not zero
                 just_dummy_task,      // Call this function
                &task_counter,         // With pointer to this structure
                0x1000,                // Task priority
                0,0);                  // Not used in public version

    run_always=0xFFFF;

    install_task(&run_always,          // if this integer not zero
                 read_keyboard,        // Call this function
                 NULL,                 // With pointer to this structure
                0xFFFF,                // Task priority
                0,0);                  // Not used in public version

}


void main(void)                        // Here is a C program start point
{
   void far * memory;
   hardware_init();                    // User must write this function.
                                       // It is specific to user's hardware

   os_init();                          // Init all kernel's stuff

   application_init();                 // User must write this function.
                                       // It is specific to user's
                                       // application
```

```
    scheduler();                    // Let it go!!!!

    application_finish();           // Finish all application activity
                                    // and clear all allocated buffers

    os_finish();                    // Now this code has meaning for
                                    // PC_EMULATION only. If program
                                    // runs on the board, this code is
                                    // unreachable

}
```

习 题 二

1. 什么叫顺序程序？其基本特征有哪些？
2. 程序的并行执行具有哪些特征？
3. 什么叫进程？操作系统中为什么要引入进程的概念？
4. 进程与程序的主要差别是什么？
5. 进程具有哪些基本特征？
6. 什么叫系统进程？什么叫用户进程？它们之间有什么区别？
7. 什么叫父进程？什么叫子进程？二者之间存在什么关系？
8. 进程一般由哪 3 部分组成？
9. 什么叫 PCB？它一般包含哪些信息？
10. PCB 的组织方式主要有哪两种？各有什么特点？
11. 在操作系统中，进程至少有哪 3 种基本状态？这 3 种基本状态如何转换？
12. 什么叫原语？试说明一种实现原语的手段。
13. 创建进程的主要工作有哪些？如何描述？
14. 删除进程有哪两种情形？其主要工作有哪些？
15. 试用某种类高级语言描述挂起指定标识符的进程的工作。
16. 激活进程的含义是什么？其应完成的主要工作有哪些？
17. “睡眠”与“挂起”原语的主要区别是什么？睡眠进程应完成的主要工作有哪些？
18. 试用某种类高级语言描述唤醒指定标识符的进程的工作。
19. 什么叫进程调度？衡量进程调度算法的性能指标主要有几种？
20. 试述剥夺调度和非剥夺调试方式的基本思想。
21. 试述优先数法和时间片轮转法的基本思想。
22. 假设在单处理机上有如下进程运行：

进程	运行时间
1	10
2	1
3	2
4	1
5	5

进程执行到达次序为 1，2，3，4，5。试按 FCFS、SPF、时间片轮转法（时间片分别为 2，5）分别求出进程调度顺序，计算平均等待时间。

23. 对于如下 5 个进程，试分别按剥夺优先法和非剥优先法求出进程调度顺序，并计算周转时间（指从到达至结束）和平均等待时间（优先级高的优先）。

进程	到达时间	运行时间	优先级
1	8:00	3:00	2
2	9:00	1:00	4
3	10:00	2:00	2
4	11:00	1:00	1
5	12:00	4:00	3

24. 什么是进程的同步与互斥？
25. 什么叫临界资源？什么叫临界区？试举例说明。
26. 试述进程进入临界区的调度原则。
27. 假设有 n 个进程，m 台打印机，且 n > m，每个进程并发执行都要使用打印机，系统能正常执行吗？若不能，请说出进入临界区的条件，信号量 S 的初值如何设置？
28. 如图 2-28 所示，get、copy、put 这三个进程共用两个缓冲区 s、t（其大小为每次存放一个记录）。get 进程负责不断地把输入记录送入缓冲区 s 中，copy 进程负责从缓冲区 s 中取出记录复制到缓冲区 t 中，put 进程负责把记录从缓冲区 t 中取出打印。试用 P、V 操作实现这三个进程之间的同步，并写出程序描述。

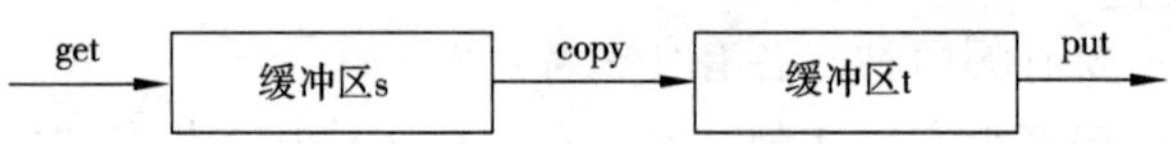

图 2-28　3 个进程描述

29. 有一个阅览室，读者进入时必须先在一张登记表上进行登记，该表为每一座位列表目，包括座号和读者姓名，读者离开时要消掉登记信息。阅览室中共有 300 个座位。试用 P、V 操作写出这些进程间的同步算法。
30. 考虑有 8 个协作的并行程序 A、B、C、D、E、F、G 和 H 分别完成各项任务。它们满足下列条件：程序 A 必须先于程序 B、C 和 E 执行，程序 E 和 D 必须先于程序 F 执行，程序 B 和 C 必须先于程序 D 执行，而程序 F 必须先于程序 G 和 H 执行。试写出并行程序，使得这 8 个程序都能正确工作。
31. 什么叫进程通信？其作用是什么？
32. 什么叫直接通信？什么叫间接通信？在间接通信方式中，通信链应具有什么属性？
33. 什么叫死锁？试举例说明。
34. 试述产生死锁的原因和必要条件。
35. 下列并行程序中，可能产生死锁，试具体分析。

```
…
S:=1;S1=n-1;S2=0;
cobegin
procedure producer:
…
L1: P(S);
```

```
P(S1);
生产产品;
V(S2);
V(S);
goto L1;
end;
     procedure cust omer:
       …
     L2: P(S2);

P(S);
消费产品;
V(S1);
V(S);
goto L2;
…
end;
   coend;
```

36. 考虑由 4 个相同类型资源组成的系统，并由 3 个进程所共享，每个进程最多需要 2 个资源。请说明该系统是否会产生死锁？为什么？
37. 试述防止死锁的方法。
38. 设系统中只有一台打印机，有两个用户的程序在执行过程中都要使用打印机输出计算结果。设每个用户程序对应一个进程。问：这两个进程间有什么样的制约关系？试用 P、V 操作写出这两个进程使用打印机的算法。
39. 设 P1、P2 两进程共用一个缓冲区 F，P1 向 F 写入信息，P2 则从 F 中读出信息。问这两个进程间是什么样的制约关系？试用 P、V 操作写出这两个进程读/写缓冲区的算法。
40. 设 A1、A2 为两个并发进程，它们共享一临界资源，其临界区代码分别为 CS1、CS2。问这两个进程间是什么样的制约关系？试用 P、V 操作写出这两个进程共享临界资源的算法。
41. 设有一台计算机，有一条 I/O 通道，接一台卡片输入机，卡片机把一叠卡片逐一输入到缓冲区 Q1 中，计算机从缓冲区 Q1 中取出数据再进行加工处理。假设系统中设一个输入进程 Pr 和一个计算进程 Pc 来完成这个任务。问这两个进程间有什么样的制约关系？请用 P、V 操作写出这些进程的算法。

第3章 存储管理

存储管理主要是内存管理，也包括内外存交换信息的管理。随着现代计算机技术的发展，主存容量越来越大，但它仍然是一个关键性的、紧缺的资源，尤其是在多道程序环境中，多个作业需共享主存资源，主存紧张的问题依然突出。能否合理有效地利用主存在很大程度上影响着整个计算机的性能，所以，存储管理是操作系统一个非常重要的组成部分。本章主要讨论存储管理的相关技术。

3.1 概 述

存储器是计算机中最重要的资源之一，是用来存放程序和数据的部件。现代的计算机系统一般采用多级存储器体系，包括高速缓冲存储器（简称高速缓存），主存储器（也称物理存储器，简称主存或内存）和辅助存储器（简称辅存或外存）。高速缓存的存取速度与中央处理器速度相适应，速度较快，但成本较高，容量较小（现在一般为几千位到几百千位），主要用来存放使用频度较高的少量信息；主存储器一般用来存放用户正在执行的程序和数据，中央处理器可以直接访问，随机存取其中的数据，其存取速度比高速缓存慢，但容量较大（现在一般为几十兆位到几百兆位）；辅助存储器一般用来存放大量的、暂时不用的数据信息，中央处理器不能直接访问，其中的程序和数据需移到主存才能运行，其存取速度较低，成本也较低，但容量很大（现在一般为几百兆位到几十千兆位）。三种存储器由高速缓存到辅助存储器，容量是递增的，存取速度是递减的。

计算机系统中存储器一般分为主存储器和辅助存储器两级。主存储器简称主存，又称为内存，由自然数顺序编址的单元（通常为字或字节）组成，是处理机直接存取指令和数据的存储器，其速度快，但容量有限。辅助存储器简称辅存，又称为外存，由顺序编址的“块”组成，每块包含若干个单元，寻址与交换以块为单位进行，处理机不能直接访问它，必须经过外存与内存交换信息，其存取速度较慢，但容量远大于内存。实际上，现代计算机系统中用户的数据（或信息）都保存在外存上。

3.1.1 存储管理的功能

存储管理主要是对主存的管理，同时也涉及到主存和辅存的信息交换管理。主存可分为只读存储器和随机存储器两种。因为只读存储器为系统固定占用，随机存储器是可以供用户使用的，所以，实际上存储管理是指对随机存储器的管理。

存储管理的功能主要有：

1. 主存分配

主存分配是多道程序共享主存的基础，它要解决的是如何为多个程序划分主存空间，使各个程序在指定的那一部分主存空间里运行。因此，主存分配要记住主存的使用状态，记录哪些是已分配的，哪些是未分配的；在系统程序或用户作业提出申请时，按照某种分配策略（算法）实施分配，并确定分配区域，记录分配情况；接受系统或用户释放的存储区，或者主动回收不再使用的存储区，并相应地修改分配记录表。

2. 地址映射

在多道程序环境下，由于由操作系统统一实施主存分配，用户就不必关心主存的具体分配情况，各个作业由用户独立编程、汇编或编译，而且各作业装入内存都是随机的。因此，用户之间无法预先协调主存分配问题，用户也就不能直接使用主存中的物理地址来编程，使用的只是逻辑地址。地址映射就是把逻辑地址转换成物理地址的过程，并能使多道程序动态地共享主存及主存中的有关信息。

3. 主存扩充

主存容量是有限的。为了既满足大作业的需求，又保证多个作业在主存中能够并发运行，可借助虚拟存储器或自动覆盖技术来“扩充”主存容量，即为用户提供比实际的主存储空间要大得多的地址空间。

4. 存储保护

保证多道程序或信息区不发生互相干扰的错误，特别是防止破坏系统程序。存储保护一般由硬件和软件配合实现。

由此，在存储管理中提出了多种存储管理的方案，有的功能较强，有的只满足一般的应用。功能越强，给用户带来的灵活性就越大，主存的利用率就越高，但软件复杂，研制周期长，而且是以 CPU 时间和增加硬设备为代价换来的。一般要求存储管理软件简单，灵活性大，资源利用率高，所花成本低。

3.1.2 内存的分配与回收

在多道程序设计环境中，当有作业进入计算机系统时，存储管理模块应能根据当时的内存分配状况，按作业要求分配给它适当的内存。当某个作业完成而不再使用该内存时，应回收其占用的内存空间，以便供其他用户使用。

内存分配按分配时机的不同，可分为两种方式：

（1）静态存储分配：内存分配是在作业运行之前各目标模块连接后，把整个作业一次性全部装入内存，在作业的整个运行过程中不允许作业再申请其他内存或在内存中移动位置。也就是说，内存分配是在作业运行前一次性完成的。

（2）动态存储分配：作业要求的基本内存空间是在目标模块装入内存时分配的，在作业的运行过程中允许作业申请附加的内存空间或是在内存中移动，即分配工作可以在作业运行前及运行过程中逐步完成。

显然，动态存储分配具有较大的灵活性。它并不要求一个作业把全部信息装入内存后才开始运行，而是在作业运行期间需要某些信息时，才将其自动调入内存，作业中暂不使用的信息可放在辅存中，不必进入内存，从而大大提高了内存的利用率。

内存分配与回收时，设计者应考虑如下几个问题：

（1）作业调入内存时，如有多个空闲区，应将其放置在什么位置？即如何选择内存中空闲区的问题。

（2）作业调入内存时，若内存中现在没有足够的空闲区，应考虑把那些暂时不用的信息从内存中移走让出内存空间的问题，即所谓的置换问题。

（3）当作业完成后，应如何将作业占用的内存进行回收，即所谓的回收问题。

内存中所有空闲区和已分配的区域应该合理地进行组织，通常使用分区说明表、空闲区链表及存储分块表等组织形式。这样，当作业进入内存时，可适当地按要求分配内存，而当作业退出时，可及时回收释放的内存。

3.1.3 地址重定位

重定位是多道程序系统中最基本的概念。为了理解什么是重定位，首先要理解相对地址、绝对地址和逻辑地址空间、物理空间的概念。

1. 逻辑地址空间

在多道程序环境下，各个作业由用户独立编程、编译，作业被装入系统的时间也不相同。因而，在各作业进入计算机系统之前不可能很好地协调存储分配问题。为了保证程序的独立性，用户在编程或编辑源程序时，不考虑作业之间的存储空间分配，而是将其源程序存于程序员建立的符号名字空间（简称名空间）内，如图 3-1 所示。当对源程序进行编译时，把语言的符号元素转换成由计算机的指令和数据串组成的目标程序，并用地址代码替换符号地址。编译后一个目标程序所限定的地址范围称为该作业的逻辑地址空间。换句话说，地址空间仅仅是指程序用来访问信息所用的一系列地址单元的集合。这些单元的编号称为逻辑地址。

通常，编译程序在对一个源程序进行编译时总是从零号单元开始为其分配地址，如图 3-1 所示。地址空间中的所有地址都是相对起始地址“0”而言的，因而也称逻辑地址为相对地址。

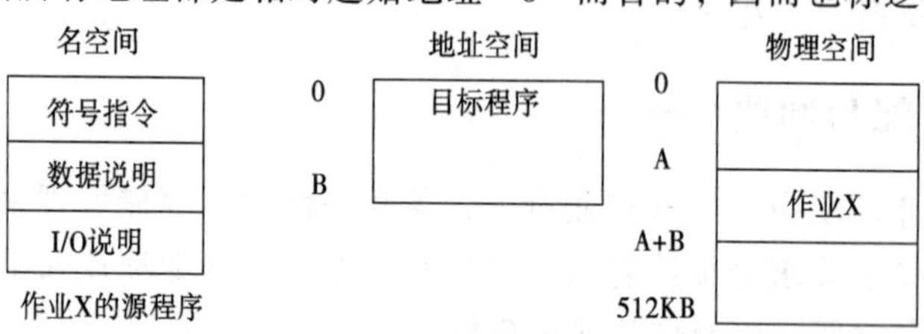

图 3-1 名空间、地址空间、物理空间

2. 物理空间

所谓物理空间（也称存储空间）是指主存中物理单元的集合。这些单元的编号称为物理地址或绝对地址。因此，物理空间的大小，是由主存的实际容量决定的，如图 3-2 所示。

简单地说，地址空间是逻辑地址的集合；存储空间是物理地址的集合。一个是“虚”的概念，一个是“实”的物体。一个编译后的目标程序存在于它自己的地址空间中，运行时才把它装入存储空间。图 3-2 说明了一个作业在编译、装入前后存在于不同空间的情况。

3．地址重定位

通过前面的内容可以知道，在多道程序环境下，用户不能决定自己使用的主存区，因而在编程序时不能使用物理地址。这样，当程序装入主存运行时必须把程序中的逻辑地址变成实际的物理地址才能正确执行。

图 3-2（a）是一个简单的程序段。第一条指令是把数据 X（放在相对地址 6 中）取到 1 号寄存器中，第二条指令是把数据 Y（放在相对地址 8 中）同 1 号寄存器中的内容相加，结果放在 1 号寄存器中，第三条指令是把 1 号寄存器的内容送入相对地址 10 中去。如果这个程序原封不动地装入主存储器自 1000 号单元起地存储区中，如图 3-2（b），就无法正确执行。因为第一条指令的含义是把相对地址为 6 的单元中的内容取到 1 号寄存器，而不是把 1006 号单元的 X 取来。其他两条指令也有同样的问题，因此，要使程序装入主存后能正确执行就必须修改程序中所有与地址有关的项。这种由于一个作业装入到与其地址空间不一致的存储空间所引起的，对有关地址部分的调整过程称为地址的重定位。这个调整过程就是把作业地址空间中使用的逻辑地址变换成主存中的物理地址的过程。这种地址变换也称为地址映射。

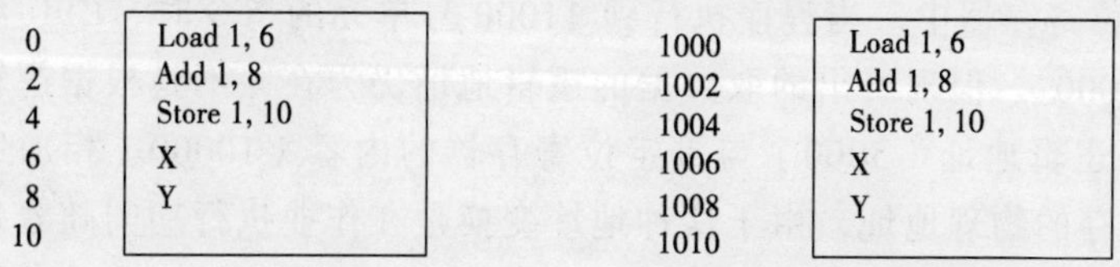

（a）程序段　　（b）程序装入主存储器

图 3-2　程序装入

4．重定位的类型

根据对地址变换进行的时间及采用的技术手段的不同，可以把地址重定位分为静态重定位和动态重定位两类。作业在装入过程中随机进行地址变换的方式，称为静态重定位。在作业执行过程中，当访问主存单元时才进行地址变换的方式，称为动态重定位。

（1）静态重定位：静态重定位是在程序运行之前由装配程序完成的。当操作系统为目标程序分配了一个以 B 为起始地址的存储空间后，重定位过程就是把每个与地址有关的项都加上 B。例如，图 3-3（a）中的情况，只需将与地址有关的项都加上 1000 就可以了。这种重定位之所以称为静态重定位，是因为地址变换是在作业执行前集中完成的。它的主要优点是无须增加硬件地址变换机构，因而可以在一般的计算机上实现。

它的主要缺点如下：

① 要求给每个作业分配一个连续的存储空间，且在作业的整个执行期间不能再移动，因而也就不能实现重新分配主存。不利于主存空间的充分利用。

② 用户必须事先确定所需的存储量，若所需的存储量超过可用存储空间时，用户必须考虑覆盖结构。

③ 用户之间难以共享主存中的同一程序副本。

（2）动态重定位：动态重定位是在程序执行过程中由硬件地址变换机构实现的。最简单的办法是利用一个重定位寄存器。该寄存器的值由调度程序根据作业分配到的存储空间的起始地址来设定。在具有这种地址变换机构的计算机系统中，作业执行时不是根据 CPU 给出的逻辑地址去访问主存，而是将逻辑地址与重定位寄存器中的内容相加后得到的地址作为访问主存的地址。其地址变换过程如图 3-3（b）所示。

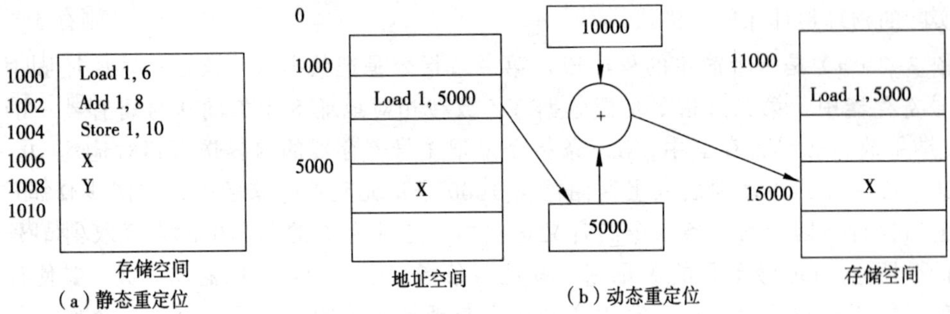

图 3-3 重定位类型

首先将用户按相对地址编址的目标程序直接装入到 10000 号单元开始的存储空间中；当该用户程序被调度到处理机上执行时，操作系统自动将用户作业在主存的起始地址 10000 送入重定位寄存器中。当程序执行到 11000 号单元的指令时，CPU 给出的取数据的逻辑地址仍为 5000 。但现给出的取数据的逻辑地址仍为在并不是根据逻辑地址去相加访问主存，而是将逻辑地址（5000）与重定位寄存器的内容（10000）相加后得到的 15000 地址作为访问主存的物理地址。由于这种地址变换是在作业执行期间随着每条指令的数据访问自动的、连续的进行的，所以称之为动态重定位。因此，设置这种地址变换机构的计算机系统可以采用动态存储分配策略。

动态重定位的主要优点有：

① 用户作业不要求分配连续的存储空间。

② 用户作业在执行过程中，可以动态申请存储空间和在主存中移动。

③ 有利于程序段的共享。

动态重定位的主要缺点有：

① 需要附加的硬件支持。

② 实现存储管理的软件算法比较复杂。

与静态重定位相比，动态重定位的优点是非常明显的，现在的计算机一般都在不同程度上提供了动态重定位所需的硬件支持，因此动态重定位方法得到了普遍应用。

3.1.4 虚拟存储器

由于计算机的应用领域越来越广泛，需要用计算机解决的问题也越来越复杂，有许多作业的大小超出了内存的实际容量。在现代计算机技术的支持下，尽管人们对内存的实际容量进行了不断的扩充，但大作业、小内存的矛盾依然普遍存在，特别是在多道程序环境中，多道程序对内存的共享使得内存更加紧张。因此，要求操作系统能对内存进行逻辑意义上的扩充，这也是存储管理的一个重要功能。

现在普遍采用虚拟存储管理技术对内存进行逻辑上的扩充。虚拟存储不是一个新概念，早在 1961 年，就由英国曼彻斯特大学提出并在 Atlas 计算机系统上实现，但直到 20 世纪 70 年代以后，这一技术才被广泛采用。

虚拟存储技术的基本思想是将有限的内存空间与大容量的外存进行统一管理，构成一个远大于实际内存的、虚拟的存储器。此时，外存是作为内存的直接延伸，用户并不会感觉到内、外存的区别，即把两级存储器当作一级存储器来看待。一个作业在运行时将其全部信息装入虚拟存储器，实际上可能只有当前运行的必需的一部分信息存入内存，其他则存于外存，当所访问的信息不在内存时，系统自动将其从外存调入内存。当然，内存中暂时不用的信息也可调至外存，以腾出内存空间供必需之用。这些操作都由存储管理系统自动实现，不需要用户的干预。对用户而言，感觉系统提供了一个大容量的内存供用户使用，但实际上这样大容量的内存并不存在，而是虚拟的，因此把具有这种功能的存储管理技术称为虚拟存储管理。

请求式分页存储管理和请求式分段存储管理都是利用虚拟存储管理技术实现内存扩充的例子。后面会进行详细介绍。

3.2 简单的存储管理

3.2.1 固定分区存储管理

固定分区存储管理是实现多道程序设计的最简单的一种存储管理技术。其基本思想是，在作业未进入内存之前，就由操作员或操作系统把内存可用空间划分成若干个固定大小的存储区，除操作系统占用一个区域外，其余区域为系统中多个用户共享。因为在系统运行期间，分区大小、数目都不变，所以固定式分区也称为静态分区。

在固定分区存储管理系统中，每一个用户作业运行时可分配到一块足够大的区域，用户作业一次性整体装入到分配区，并限制其只能在这个分区中运行。由于分区一般不会刚好等于作业大小，所以分区中常会有分配给某作业，却没有被该作业使用的空闲部分，我们称这一部分为分区的内部碎片。

假设某系统有 256KB 内存，刚开始运行时，内存分区划分如图 3-4（a）所示。除操作系统占用一个低址分区 40KB 以外，其余的内存空间 256KB 划分成 4 个不等的分区。为简单起见，分区大小由小到大排列。第 1 分区为 8KB，第二分区为 32KB，第 3 分区为 64KB，第四分区为 112KB。

为了进行分区的分配和回收，在固定分区存储管理系统中，应有一张记录内存分区使用情况的分区说明表，如图 3-4（b）所示。分区说明表用来记录各分区的起始地址、分区大小和分区的分配状态。若分配状态为 0，则表示该分区未分配；若分配状态为 1，则表示该分区已分配。假设现在分区 4 已分配给作业 1，分区 1、2 和 3 尚未分配，是空闲分区。

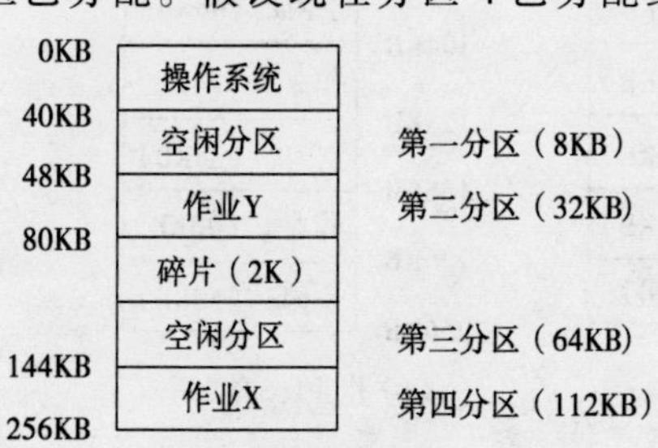

（a）内存分配示意图

分区号	起始地址	分区大小	状态
1	40KB	8KB	0
2	48KB	32KB	1
3	80KB	64KB	0
4	144KB	112KB	1

（b）固定式分区说明

图 3-4 固定分区存储管理

固定式分区的内存分配与回收比较简单。当某个作业，例如作业 2，大小为 30KB，要求装入内存运行时，系统首先按从头到尾的顺序查询分区说明表，从中找到一个满足作业要求的空闲分区，此时找到分区 2，将相应表目的状态位置为 1，然后向用户返回分区号或分区起始地址，完成内存的分配工作；若无满足作业要求的空闲区，则无法分配。当一个用户作业完成后，释放其占用的内存分区，系统根据分区号或起始地址找到分区说明表相应表目，将其状态置为 0，表示该分区已空闲，可供其他作业使用。

固定分区的地址重定位一般可由重定位装入程序来完成，即采取静态地址重定位方法，固定分区的存储保护可采用上、下界寄存器保护方式。

固定分区存储管理的最大优点是简单，要求的硬件支持少，软件算法也简单，缺点是容易产生内部碎片。如图 3-4（a）所示，第二分区共 32KB 分配给作业 2，因作业 2 只有 30KB，故产生 2KB 大小的碎片，主存的利用率不高。早期 IBM 公司的 OS/360MFT（具有固定任务数的多道程序系统）采用的就是固定式分区存储管理方法。

3.2.2 可变式分区存储管理

固定式分区在作业未装入时，分区的大小、数目已定，容易产生分区的内部碎片问题，为此，人们提出了可变式分区的概念。可变式分区是指在作业装入时，根据它对内存空间实际的需求量来划分主存的分区，因此，每个分区的尺寸与进入它的作业大小相同。它能有效解决固定式分区的内部碎片问题，是一种较为实用的存储管理方法。因为在系统运行过程中，内存中分区的数目和大小都是可变的，所以这种可变式分区也称为动态分区。

如图 3-5 所示，假设某系统采用可变式分区存储管理，在系统运行的开始，存储器被分为操作系统分区（56KB）和可分给用户的空闲区（200KB）。当作业 1（48KB）进入内存后，分给作业 1（48KB），随着作业 2、3、4 的进入，分别分配 24KB、38KB、40KB，经过一段时间的运行后，作业 1、3 运行完毕，释放所占内存。此时，作业 5 进入系统，要求分配 16KB 内存，如何为作业 5 分配内存呢？

如图 3-5（c）所示，此时，有三种方法可给作业 5 分配内存：（1）从作业 1 释放的 48KB 中，分 16KB 给作业 5，即分配空闲区 1；（2）从作业 3 释放的 38KB 中，分 16KB 给作业 5，即分配空闲区 2；（3）从空闲 50KB 中，分 16KB 给作业 5，即分配空闲区 3。到底采用哪种分配方法呢？这时，应考虑空闲分区的组织形式和采用的内存分配算法。

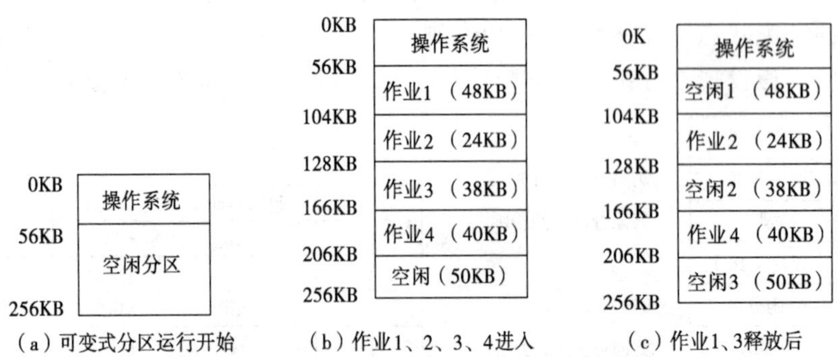

（a）可变式分区运行开始　（b）作业1、2、3、4进入　（c）作业1、3释放后

图 3-5　可变式分区内存使用情况示意图

1．空闲分区的组织形式

在可变式分区存储管理中，常把空闲区组成空闲分区表或空闲分区链表的形式。空闲分区表的组织类似于固定分区的分区说明表，包含空闲分区的起始位置和大小，因分区数目不定，故空闲分区表长度不定。采用空闲分区表要占用一定数量的存储单元来存放表，这增加了系统的开销，所以使用比较广泛的是空闲分区的链表组织形式。

空闲分区链表的组织是这样的：在每个空闲分区的起始部分开辟出一个单元，存放一个链表指针和该分区的大小，链表指针指向下一个空闲分区。系统中用一个固定单元作为空闲分区链表的链表头指针，指向第一块空闲分区首地址，最后一块空闲分区的链表指针存放链尾标志。采用空闲分区链表组织时，空闲区的信息存放在空闲区内，因此不会额外增加系统的开销。

2．内存的分配与回收

在可变式分区存储管理中，当作业要求一个 XKB 大小的存储空间时，系统从链表头指针开始依次检索空闲区，直到找到第一个大于等于 XKB 的空闲区。若系统中所有空闲区都小于 XKB，则无法分配。若有空闲区等于 XKB 大小，则修改链表指针，取消该空闲区，并向用户返回该空闲区首地址。若该空闲区大于 XKB，则将空闲区一分为二，一个为 XKB，分给用户，另一个为余下部分，仍留在空闲区链表中，但要修改相应链表指针所指向的地址和空闲区大小。

当某一个用户作业完成并释放所占分区时，系统应进行回收。在可变式分区中，应该检查回收区与内存中前后空闲区是否相邻，若相邻，则合并成一个较大的空闲区，并对相应的链表指针进行修改：若不相邻，应将空闲区插入到空闲区链表的适当位置。

3．常用的算法

在可变式分区中，空闲区链表采用的组织形式不同，对应的分配和回收算法就不同。常用的分配算法有以下三种。

（1）首次适应算法：这种算法把空闲分区按其在存储空间中地址递增的顺序链接在一起。当用户申请一个内存空间时，从空闲区链表的头指针开始查找，选择第一个满足要求的空闲分区。如果它不等于作业大小，将其分成两部分，一部分给作业，另一部分仍留在空闲区链表中。

首次适应算法的优点是分配和回收算法都比较简单，查找速度快，因为这个算法总是从低地址开始查找，所以留在高地址部分的大空闲区被划分机会很少，在大作业到来时容易满足。

（2）最佳适应算法：这种算法将空闲分区链表按分区大小由小到大进行组织。当有作业申请内存时，总是首先找到满足要求的最接近作业大小的空闲分区。由于分区大小与作业相近，从而避免将较大的分区分成两部分，当有较大的作业要求分配内存时，容易得到满足。

（3）最差适应算法：这种算法要求把空闲区按大小递减的顺序组织成空闲区链表。当用户申请一个存储区时，总是检查空闲区链表的第一个空闲区是否满足要求，若不满足，则分配失败；若满足，则将该空闲区分配给用户，然后修改和调整空闲区链表。

最差适应算法的优点是查询简单，而且每次分配的总是最大的空闲区，除了用户已使用的，还可能有相当大的剩余空闲区，还能装入较大的程序，但缺点也在于此，由于每次都从最大的空闲分区开始分配，当有大作业到来时，往往不能满足其存储分配申请。

4．分区管理的地址重定位和存储器保护

（1）地址重定位：通常固定分区采用静态重定位。进程运行时，使用主存绝对地址。而对于可变式分区，则采用动态重定位。如何实现地址重定位呢？为此，系统设置一个基址（或重定位）寄存器，存放运行进程分配的主存区起始地址。在进程运行时，给出的是程序的相对地址，将该地址与基址（或重定位）寄存器的内容相加，便得到访问主存的物理地址。

（2）存储器保护：在多道程序和多用户系统中，不允许一个进程读/写属于其他用户或系统的存储空间，更不允许读/写操作系统区的代码和数据。分区管理如何解决存储器保护问题呢？为了实现存储器保护，系统可以增设一个限长寄存器，用来存放运行程序的大小。当一个进程被调度运行时，除将进程分配的分区首地址装入基址（或重定位）寄存器外，同时将运行程序的大小装入限长寄存器。每当产生一个访问存储器的相对地址时，硬件先将该地址与限长寄存器的内容进行比较，若其小于限长寄存器内容，再将它与基址寄存器的内容相加，形成实际的物理地址；否则产生地址越界中断，终止程序运行。从而保证运行程序只能限制在其分配的区域内，保护其他进程和操作系统不被破坏。

对于静态重定位，系统通常设置两个寄存器，以实现保护。上界为进程在主存区的最高地址，下界为进程在主存区的起始地址。CPU 形成的访问每个存储器的地址应满足：下界寄存器的内容不大于访存地址，而访存地址则不大于上界寄存器的内容。否则，会产生地址越界错误，终止进程的运行。负责检查和映射地址的硬件称为存储器管理部件（Memory Management Unit，MMU），显然，存储器保护是由硬件完成的。

5．分区管理的优缺点

分区管理的主要优点如下：

（1）实现了多道程序共享主存。

（2）系统设计相对简单，不需要更多的软、硬件开销。

（3）存储保护的手段比较简单。

分区管理的主要缺点如下：

（1）主存利用不够充分。系统中总有一部分存储空间得不到利用，这部分被浪费的空间称为零头（或碎片）。若要减少碎片，可以采用拼接技术，将已分配区的信息移动，使空闲区合并起来，但这将花费大量额外开销，而且无法实现多进程共享存储器。

（2）没有实现主存的扩充。当进程的地址空间大于存储空间时，进程无法运行，即进程的地址空间受实际存储空间的限制。

3.2.3 覆盖与交换技术

采用单一连续区和分区管理时，系统将进程的全部信息一次装入主存，直至运行结束。当进程的大小大于主存可用空间时，就无法运行。这些管理方案限制了在计算机系统上开发较大程序的可能性。覆盖与交换是解决大进程与小主存矛盾的两种存储器管理技术，它们实质上是对主存进行逻辑扩充。

1. 覆盖（overlay）

所谓覆盖，是指同一主存区可以被不同的程序段重复使用。通常一个进程由若干个功能上相互独立的程序段组成，进程在一次运行时只用到其中的几段。利用这样一个事实，可以让那些不会同时执行的程序段公用同一个主存区。由此，把可以相互覆盖的程序段叫做覆盖段，而把可共享的主存区叫做覆盖区。覆盖段与覆盖区一一对应。

覆盖的基本原理可用图 3-6 所示的例子说明。一个用户程序由六段组成，图 3-6（a）给出了各段之间的调用关系。由图看出，主程序是一个独立的段，它调用子程序 1 和子程序 2 且子程序 1 与子程序 2 是互斥被调用的两个段。在子程序 1 执行过程中，它调用子程序 11 而子程序 2 执行过程中它又可能调用子程序 21 或子程序 22，显然子程序 21 和子程序 22 也是互斥被调用的。因此可以为该程序建立如图 3-6（b）所示的覆盖结构：主程序段是常驻段，而其余部分组成两个覆盖段。根据上述分析，子程序 1 和子程序 2 组成覆盖段 0，子程序 11、子程序 21 和子程序 22 组成覆盖段 1。为了实现真正覆盖，相应的覆盖区应为每个覆盖段中最大覆盖的大小，于是形成如图 3-6（b）所示的主存分配。

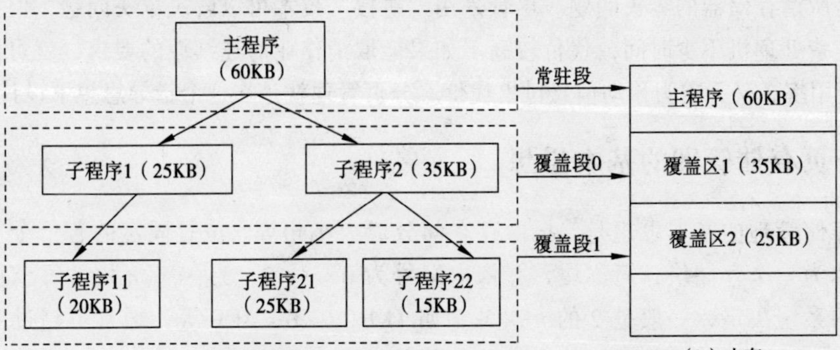

图 3-6 用户程序的覆盖结构

为了实现覆盖管理，系统必须提供相应的覆盖管理控制程序。当进程装入运行时，由系统根据用户提供的覆盖结构进行覆盖处理。当程序中引用当前尚未装入覆盖区的例程时，则调用覆盖管理控制程序，请求将所需的覆盖装入覆盖区中。系统响应请求，并自动将所需覆盖装入主存运行。

覆盖技术的关键是提供正确的覆盖结构。通常，编程人员要事先给出一个进程的覆盖结构。对于一个规模较大或比较复杂的程序来说，难以分析和建立它的覆盖结构。因此，覆盖技术主要用于系统程序的主存管理上。例如，磁盘操作系统分为两部分，一部分是操作系统中经常用到的基本部分，它们常驻主存且占有固定区域；另一部分是不经常用的部分，它们放在磁盘上，当调用时才被装入主存覆盖区中运行。覆盖技术的主要特点是打破了必须将一个进程的全部信息装入主存后才能运行的限制，这在一定程度上解决了小主存运行大进程的矛盾，在逻辑上扩充了主存，但当同时运行的代码量大于主存时进程仍不能运行。

2. 交换（swapping）

交换技术被广泛地运用于早期的小型分时系统的存储器管理中。其目的是：一方面解决主存容量不够大的矛盾，另一方面能使各分时用户保证合理的响应时间。所谓交换，就是系统根据需要把主存中暂时不运行的某个（或某些）进程中的部分或全部信息移到外存，而把外存中的某个（或某些）进程移到相应的主存区，并使其投入运行。

交换通常在以下情况下发生：

（1）进程用完分配的时间片或等待输入/输出时。

（2）进程要求扩充其占用的存储区却得不到满足时。

利用这种反复的换进换出技术，既可实现小容量主存运行多个用户进程，也可以使各用户进程在有限的时间内得到及时响应。

由于这种交换系统只保留一个运行进程的完整信息在主存中，它不能使主存得到充分利用，也不能保证分时用户的合理响应时间。交换系统进一步发展，将交换技术与多道程序技术结合起来，使主存同时保留多个进程，每个进程占用一个分区，这样就减少了交换次数。

3.3 分页存储管理

在分区存储管理中，都要求把一个作业的地址空间装入连续的存储空间内，因此，在动态分区的存储空间中，常常由于存在着一些不足以装入任何作业的小的分区而浪费掉部分存储空间，这就是所谓存储器的零头问题。尽管采用“拼接”技术可以解决零头问题，但为了移动大量信息会花费处理机不少时间，代价较高。如果能取消作业对连续性的要求，就可以进一步提高主存的利用率，又无需为移动信息付出代价。分页管理就是在这个指导思想下设计出来的。

3.3.1 分页存储管理的基本思想

分页存储管理的基本思想是，把内存空间分成大小相等、位置固定的若干个小分区，每个小分区称为一个存储块，简称块，并依次编号为 0，1，2，3，…，n 块，每个存储块的大小由不同的系统决定，一般是 2 的 n 次幂，如 1KB，2KB，4KB 等，通常不超过 4KB。而把用户的逻辑地址空间分成与存储块大小相等的若干页，依次为 0，1，2，3，…，m 页。当作业提出存储分配请求时，系统首先根据存储块大小把作业分成若干页。每一页可存储在内存的任意一个空白块内。此时，只要建立起程序的逻辑页和内存的存储块之间的对应关系，借助动态地址变换，原本连续的用户作业在分散的不连续存储块中也能够正常投入运行。

如果一个作业的所有页面一次全部装入到内存块中，这种分页称之为简单分页存储管理。如果作业的所有页面并不是一次全部装入，而是根据作业运行时的实际要求装入，这种分页称为请求式分页存储管理。本节首先介绍简单分页存储管理。

3.3.2 主存分配原则

分页情况下，系统以存储块为单位把主存分给作业或进程，并且分给一个作业的各存储块，不一定是相邻和连续的。进程或作业的一个页面装入系统分给的某个存储块中，所以页面与存储块对应。一个作业的几个连续页面，可被装入主存中不相邻的存储块中。

3.3.3 页表和页表地址寄存器

在分页系统中，作业的一页可以分配到主存空间中任何一个可用的存储块。存储分配问题比较简单。但是，系统怎么知道作业的哪一页分配到哪一存储块内？作业的地址空间本来是连续的，现在把它分页后装入到不相邻的存储块内，如何保证它仍能正确运行？也就是说，如何以及何时把作业的逻辑地址变换为主存的物理地址。一个可行的办法是采用动态重定位技术，即在执行每条指令时进行这种地址变换。现在是以页为单位分配的，故实现地址变换的机构要求为每页设置一个重定位寄存器。这些寄存器组成一组，通常称为页表。

在实际的系统中，为了简少硬件成本，常采用的办法是，将页表放在主存被保护的系统区内。为了便于管理和保护，系统为每个装入主存的作业建立一张相应的表，如图3-7所示。它的起始地址及大小保存在该作业中。一旦这个作业被调度执行，即把它的页表始址及大小装入特定页表寄存器中。

页　号	块　号	存取控制
0	2	
1	3	
2	5	

图3-7　页表

3.3.4　简单分页存储管理

简单分页管理方法在作业或进程开始执行之前，把该作业或进程的程序段和数据全部装入主存的各个空闲块中，并通过页表和硬件地址变换机构实现虚拟地址到主存物理地址的地址映射。

1．主存的分配与回收

为了实现分页存储管理，在软件方面应建立页表和存储分块表，并由操作系统实施管理。

页表：每个作业一张表，用于该作业的地址变换，该作业有多少页面就有多少表目，如图3-7所示。

存储分块表：整个系统一张表。该表中每一表目对应一个存储块，记录了该块的状态：已分配或空闲。

2．分配算法

当进程或作业要求分配主存块时，首先检查是否有足够的空闲块，如果没有，则本次无法分配。如果有则首先分配设置页表，将分到的主存块号添入页表中。

3．地址变换

简单分页存储管理中的地址变换是非常重要的，要使不连续的、分散的用户程序能正常运行，须采用动态地址重定位。此时，可采用重定位寄存器方式，如分页太多，则重定位寄存器用得也很多。通常可在内存中为每个作业开辟一块特定区域，建立起作业的逻辑页与存储块之间的对应表格关系，这种表常称为页面映像表，简称页表。最简单的页表只包含页号、块号两个内容。页表的起始地址、长度，放在该作业的进程控制块PCB中。当前运行作业的页表由一个专用的控制寄存器——页表始址寄存器来指向。每当运行一个新作业就将该作业的页表首址、长度从进程控制块中取出。

当调度一个作业执行时，首先将页表始址及大小装入页表寄存器。作业执行过程中CPU产生的每一个逻辑地址都由硬件地址变换机构自动将其分成两部分：一部分为页号；另一部分是页内位移量。这个页号先与页表寄存器中的当前页表大小进行比较。如果页号太大，表示访问越界，系统产生相应的中断。如果页访问是合法的，则由页表始址和页号计算出所对应的物理块号；然后，取出其存取控制字段，作存取控制验证，若合法则将物理块号与逻辑地址中的位移量拼接，形成最终访问的物理地址。否则，产生相应访问非法中断。

下面从两个例子来说明地址变换过程。

例如，假设一个3页长的进程具有页号0，1，2，分到的主存块号为2，3，5，页的大小为1KB,指令LOAD1,2500的虚地址为100。

系统首先将该进程的页表始址和长度置入控制寄存器中。然后，由控制器中的页表始址，找到页表所在位置。并由虚地址 100 可知，指令 LOAD 1, 2500 在第 0 页的 100 单元中。由于第 0 页在主存的第二块中，因此，该指令在主存的地址为 2048+100=2148。

当 CPU 执行到第 2148 单元的指令时，CPU 要从虚地址 2500 中取数据放入 1 号寄存器中。为了找出 2500 对应的实际物理地址，地址变换机构首先将 2500 转换为页号与页内地址两部分，即 P=2，W=452。

由页表可知第二页所对应的主存块为 5。将块号 5 与页内地址 452 相连，得到待访问的主存物理地址为 5×1024+452=5572。其地址变换过程如图 3-8 所示。

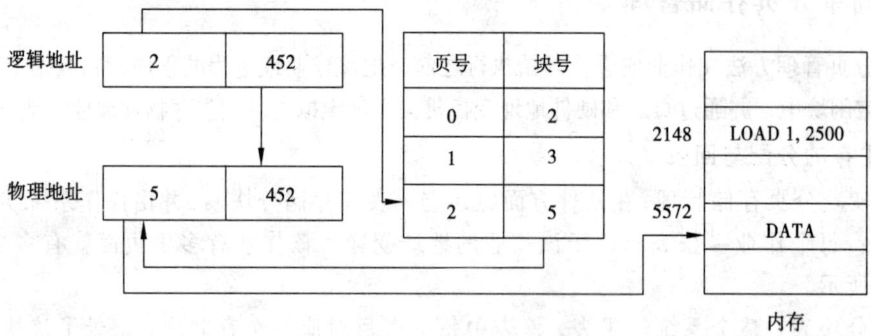

图 3-8　分页动态地址变换

下面让我们再看一个例子：现有一个系统，内存容量共有 256KB，存储块的大小为 1KB，共有 256 块，编号为 0～255。第 0～4 块为操作系统所使用。现有 2 个用户作业，作业 1 和作业 2，其逻辑地址空间分别占 2KB 和 2.5KB，进入系统后，按块的大小划分分别占 2 页和 3 页（因内存是以块为单位分配的），它们的分页情况如图 3-9 所示。

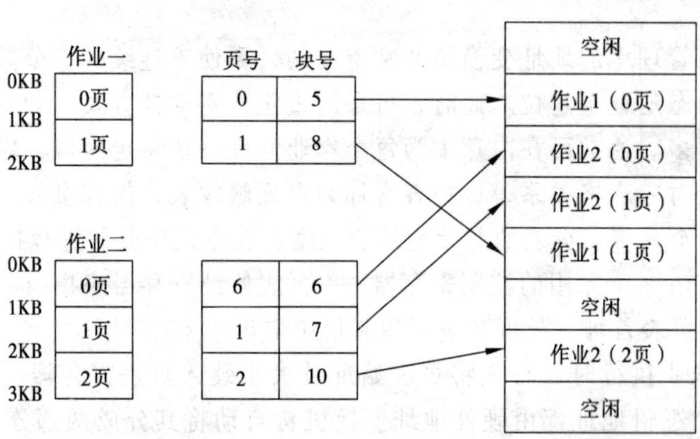

图 3-9　简单分页存储管理示意图

图 3-9 中的页表反映了作业 1 和作业 2 的各页在内存中相应的存储块号。假设作业 2 正在运行，在第 0 页某单元处有一条指令 MOV R1,[2500]，因每页长度为 1KB，所以由逻辑地址的低 10 位构成页内地址，2500 为十进制数，转化为十六进制为 09C4H，取低十位为 1C4H，为页内地址 w；高 6 位为 2，行成页号 p，查页表知第 2 页在内存第 10 块，得到内存地址的块号 b，逻辑地址的页内地址作为块内地址 w，一起构成新的物理地址为 29C4H 单元访问该单元，把其中的数据 026815 送入 R1 寄存器，具体实现过程如图 3-10 所示。

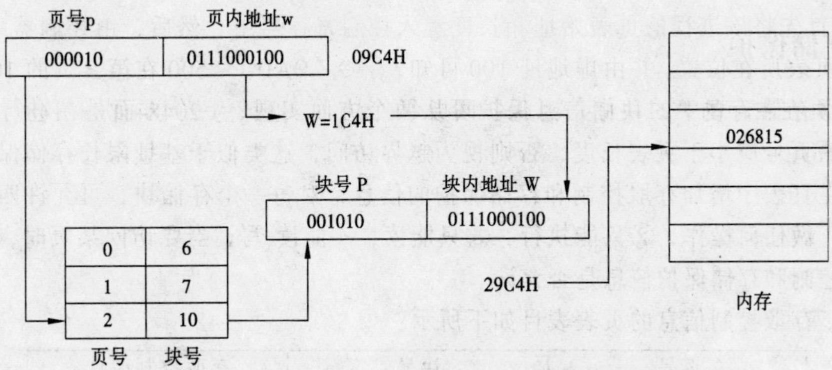

图 3-10　简单分页存储管理地址转换实现过程

3.3.5　联想存储器

从上面介绍的地址变换过程可以看出：如果把页表全部放在内存，那么存取一个数据时，至少要访问两次内存。一次是访问页表，形成实际内存地址；另一次是根据形成的内存地址存取数据。显然，这比通常执行指令的速度要慢，使计算机的运行速度几乎降低了一半。为了提高查表的速度，人们在分页地址变换机构中加入一组高速缓冲存储器，用来存放当前作业最常用的页号和与之相应的物理块号。通常称这样的寄存器组为快表或联想存储器。联想存储器因硬件成本较高，所以个数不宜太多，一般由 8～16 个单元组成，用来存放页表最常用部分的内容，并具有和页表并行查找能力。

当处理机给出逻辑地址（p,w）时，分页机构一方面取出页号 p，并根据页号 p 从页表中查找相应的内存块号 b；另一方面自动把页号 p 送入联想存储器，并和联想存储器各单元进行比较，如与某单元页号相符，则输出对应块号 b，并与页内地址形成物理地址 w 块号进行访问。同时停止前面查找页表的工作，由于联想存储器采用的是高速缓存，其访问速度比访问页表要快得多。如果在联想存储器中查不到，仍继续在页表中查找，并把查找到的页号 p 和块号 b 放到联想存储器的空闲单元中，以备下次使用。如无空闲单元，则把最先装入的那个页号淘汰，以腾出位置。采用联想存储器和内存中页表相结合的分页地址变换过程如图 3-11 所示。

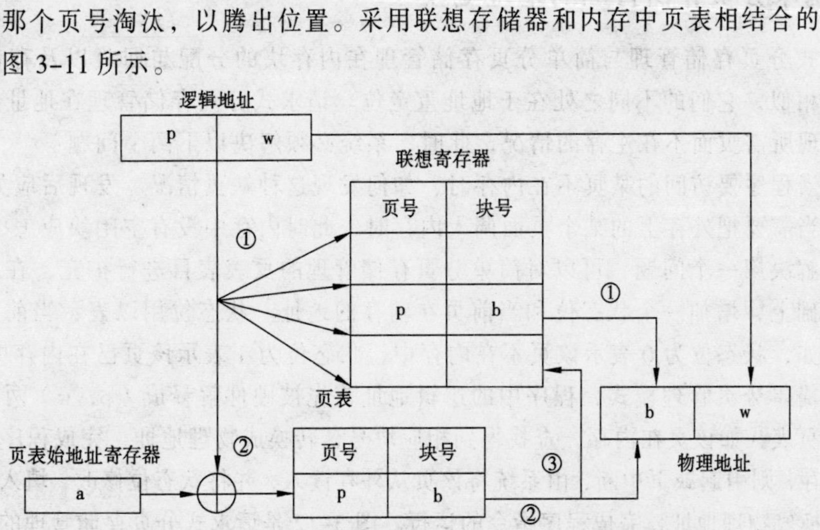

图 3-11　采用快表和页表相结合的分页地址变换过程示意图

3.3.6 存储保护

纯分页存储管理中的存储信息保护可从两个方面实现，一个方面是在进行地址变换时，产生的页号应小于页表长度，否则视为越界访问，这类似于基址限长存储保护；另一方面，可在页表中增加存取控制和存储保护的信息，对每一个存储块，可允许四种保护方式：①禁止做任何操作，②只能执行，③只能读，④能读/写，当要访问某页时，先判断该页的存取控制和存储保护信息是否允许。

添加了存取控制信息的页表表目如下所示：

页号	块号	存取控制信息

3.3.7 简单分页存储管理的优缺点

简单分页存储管理解决了分区管理时的碎片问题。但是，由于它要求必须将进程或作业的所有页一次全部装入到主存；如果当时主存不足，则该进程或作业必须等待。而且，作业或进程的大小仍受主存可用块数的限制。所以，简单分页存储管理的最大优点是有效解决碎片问题，主存利用率高，内存分配与回收算法也比较简单，缺点是采用动态地址变换机构增加了硬件成本，也降低了处理机速度。

3.4 请求分页存储管理

请求式分页存储管理是在简单分页存储管理的基础上发展起来的。也就是说，先把内存空间划分成大小相等的块，将用户逻辑地址空间划分成与块相等的页，每页可装入到内存中任一块中，这都类似于简单分页式存储管理。但是一个作业运行时，不要求把它的全部信息装入内存，而只装入目前运行所需要的几页，其余的仍保存在辅存中，等到需要时再请求系统调入，这也就是请求式分页存储管理名称的由来。

3.4.1 请求分页存储管理的地址变换

请求式分页存储管理与简单分页存储管理在内存块的分配与回收以及存储保护等方面都十分相似，它们的不同之处在于地址重定位。请求式分页存储管理在地址重定位时，可能会出现所需页面不在主存的情况，此时，系统必须解决以下两个问题：

（1）当程序要访问的某页不在内存时，如何发现这种缺页情况。发现后应如何处理。

（2）当需要把外存上的某个页面调入内存时，此时内存中没有空闲块应怎么办。

为了解决第一个问题，可以对简单分页存储管理的页表表目进行扩充，在原有页号和块号的基础上，增加一个状态位和当前页在辅存的地址。状态位用以表示当前页是否在内存中。譬如，状态位为 0 表示该页不在内存中，状态位为 1 表示该页已在内存中。

按照简单分页管理模式，程序中的逻辑地址首先被硬件解释成（p，w）两部分，根据页号可查页表，如该页在内存，查找得到相应块号，转换成物理地址，完成程序指令。如该页不在内存，则引起缺页中断，由系统将该页从外存读入，并将状态位修改，填入实际内存块号，再转换成物理地址，完成程序指令的运行。图 3-12 是请求式分页存储管理的存储映像。

为简单起见，可为每个作业事先分配一个固定数目的主存块数。在图 3-12 中，我们假设作业 1 分得的固定块数为 3。

由图 3-12 可以看出，作业 1 的第 0 页、1 页和 3 页已分别装到主存 2、4、6 块中。当程序执行到 Move R1, [2500]这条指令时，2500 这个逻辑地址，由硬件分页后得到页号 p=2，查页表知第 2 页对应的表目中状态位为 0，该页不在内存，发生缺页中断，由操作系统通过软件中断来处理。若主存中该作业尚未占满所分得的内存块，直接调入需要页面，修改页表，完成中断，返回指令被中止处继续执行。而现在作业 1 分得的固定块数已用完，为使程序执行，必须置换掉已在主存中的某页，然后再将需要的页面调入。

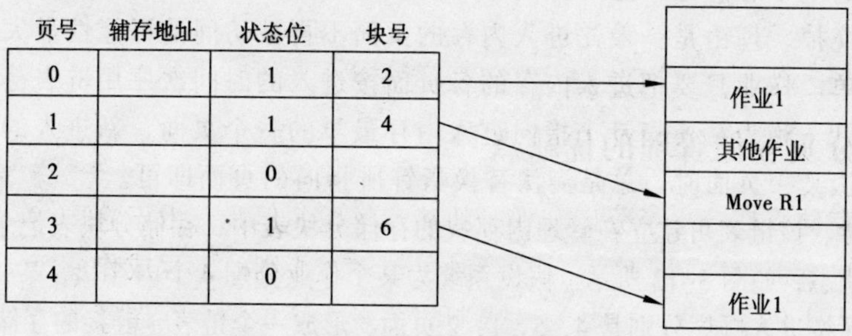

图 3-12　请求式分页存储管理示意图

再来解决第二个问题，即页面置换问题。发生页面置换时，被置换出内存的页面是否需再写到外存呢？这要看被置换的页在进入内存后是否作修改过。若在程序执行过程中已作修改，则应写回到外存中，否则，就不必写回外存。为此，在页表中还应增加改变位，以标志该页在内存中是否被修改过。

另外，为了帮助操作系统对要置换出内存的页面进行选择，在页表中还可以增加一个引用位，以反映该页最近的使用情况。

一般来说，一个页表的表目包括如下的数据内容：

页号	内存块号	状态位	改变位	引用位	辅存地址	存取控制	其他

3.4.2　页面置换算法

前面已经指出，当发生缺页中断时，如果内存已无空闲块，就要把内存中的一些页面置换出去。所谓页面置换算法，就是为了淘汰掉内存中的某些页为必须进入内存的那些页面腾出空间所采取的一种策略。这一直是人们十分重视的一个问题，因为页面置换算法的优劣直接影响到系统效率。如果置换算法不当，就有可能出现某些页刚被置换出去又要马上被访问的情况，从而又要将其调回，而调回后不久又要被置换出去。这样不断的反复，以致处理机的大部分时间都消耗在频繁的页面置换上，结果系统性能急剧下降。我们把这种现象称为系统抖动。尽量减少和排除抖动现象的发生，是人们一直追求的目标。

在讨论页面置换算法时，还存在一个范围问题，即当需要进行页面置换时，是从整个内存中选取置换掉的页面，还是仅局限于从本作业所占用的内存块中进行置换。在实际系统中，两种方法都是可行的，为了简单和容易准确评估起见，本书只讨论局部范围内的置换算法，即系统为每个作业规定最大的内存占有块数，当已占满规定的内存块数而又有新页要调入时，就从自身空间中置换出一个页面，不允许置换别的作业的页面。下面介绍 4 种常见的页面置换算法。

1. 最优算法（OPT 算法）

最理想的页面置换算法是：从内存中移出以后不再使用的页面；如无这样的页面，则选择以后最长时间内不需要访问的页面。这就是最优算法的思想。

这种算法本身不是一种实际的方法，因为页面访问的顺序是很难预知的。但是，可以把它作为一种评价标准，用来比较其他实用方法的优劣。所以，最优算法只具有理论上的意义。

2. 先进先出算法（FIFO 算法）

这种算法的基本思想是：总是先淘汰那些驻留在内存时间最长的页面，即先进入内存的页面先被置换掉。理由是：最先进入内存的页面不再被访问的可能性最大。这种算法实现起来比较简单。作业只要把进入内存的各页面按进入的时间次序用链表链接起来，设定一个链表首指针（称为替换指针）指向进入内存最早的一个页面，新进入的页面放在链表尾部，需要淘汰某一页面时，总是淘汰替换指针所指向的页面即可。

实际实现时，该链表可建立在管理内存块的存储分块表中，存储分块表记录内存中各存储块当前的使用状态，如图 3-13 所示。假设系统为某个作业分配 4 个内存块，某一时刻调入内存的 4 个逻辑页面按进入顺序分别是 4，5，1，2 页面，形成一个链表，链接的存储块号顺序是 2，6，7，4，替换指针指向最早调入的页面 4 所在的 2 号存储块，如现在需调入一个新的页面 3，因分配给该作业的 4 个内存块已用完，则淘汰掉替换指针指向的页面 4，将页面 3 调入，替换指针指向下一个最老的页面，即页面 5 所在的存储块号 6 链接的存储块号依次是：6，7，4，2。

块号	页号	指针
0		
1		
2	4	6
3		
4	2	^
5		
6	5	7
7	1	4

替换指针：2

（a）替换之前

块号	页号	指针
0		
1		
2	3	^
3		
4	2	2
5		
6	5	7
7	1	4

替换指针：6

（b）替换之后

图 3-13 先进先出算法存储分块表构造

先进先出算法在程序按线性顺序访问逻辑地址空间时比较理想；否则，效率不高。特别是遇到循环执行的程序段时，往往会把频繁访问的页面，因其在内存驻留时间长，而周期性的淘汰。所以，先进先出算法往往不单独使用，而是作为其他算法的一种辅助策略使用。

3. 最久未使用页面置换算法（LRU 算法）

这种算法的基本思想是，如果某一页面被访问了，那么它很可能马上又被访问；反之，如果某一页面很长时间没有被访问，那么最近也不太可能会被访问。这种算法考虑了程序设计的局部性原理。其实质是，当需要置换一页面时，选择在最近一段时间最久未使用的页面予以淘汰。

实现这种算法可通过周期性地对“引用位”进行检查，并利用它来记录一页面自上次被访问以来所经历的时间，淘汰时选择最大的页面。

这种算法能够比较普遍地适用于各种类型的程序，但是实现起来比较困难，因为要对以前的访问历史时间加以记录和更新。如果这种连续的修改完全由软件来实现，则系统开销较大。如果由硬件完成，则会增加计算机成本。

4. LRU 算法

LRU 算法是在实际应用中使用最广泛的一种简单而有效的近似算法。

这种算法只要在存储分块表（或页表）中设一个“引用位”，当存储分块表中的某一页面被访问时，该位由硬件自动置 1，并由页面管理软件周期性把所有引用位置 0。这样，在一个时间周期 T 内，某些被访问过的页面其引用位为 1，而未被访问过的页面其引用位为 0。因此，可根据引用位的状态来判别各页面最近的使用情况。当需要置换一页面时，选择其引用位为 0 的页面。

图 3-14 是这种近似算法的一个例子。我们仍以上题为例，替换指针在 LRU 算法中，总是指向最近被替换的页面所在的存储块，链表按存储块的物理顺序组织成循环链表形式。逻辑页面按调入顺序为 4，5，1，2，替换针指向最近被调入的页面 2，当第 3 页面需要调入内存时，发生缺页中断需要置换出某页面，从替换指针所指的下一存储块，开始查询引用位，若引用位为 1，则置 0，继续查询，直到发现第一个引用位为 0 的页面为止。图 3-14（a）中，替换指针指向最近被调入的第 4 块中的第 2 页面，从第 4 块开始进行查找，第 6 块引用位为 1，将其置为 0，继续查找，第 7 块中引用位为 0，选择第 7 块中的页面 1 淘汰，装入页面 3。替换指针指向新装入的页面 3 所在的存储块 7。图 3-14（b）为置换后的情况。

块号	页号	引用位	指针
0			
1			
2	4	1	4
3			
4	2	1	6
5			
6	5	1	7
7	1	0	2

替换指针：4

（a）置换之前

块号	页号	引用位	指针
0			
1			
2	4	1	4
3			
4	2	1	6
5			
6	5	0	7
7	1	1	2

替换指针：7

（b）置换之后

图 3-14　LRU 近似算法举例

LRU 算法比较简单，易于实现。其缺点是：将所有存储块的引用位为 0 的周期 T 的大小不易确定，T 太大会使得所有的引用位都为 1，无法确定哪一页面是最近未用的页面；T 太小引用位为 0 的块可能相当多，因而所选择的页面未必是最久未用的页面。另外，如果缺页中断刚好发生在系统对所有引用位重置 0 后，所有块的引用位为 0，因而也有可能把常用的页淘汰出去。

3.4.3　请求页式存储管理的特点

1. 请求页式管理的优点

（1）由于它不要求作业或进程的程序段和数据在主存中连续存放，从而有效地解决了碎片问题。

（2）请求分页管理提供了虚拟存储器。提高了主存的利用率，有利于多道程序的运行和方便用户，特别是大作业用户。

2. 请求页式管理的缺点

（1）必须有相应的硬件支持。例如，地址变换机构，缺页中断的产生和选择淘汰页面等，都要求有相应的硬件支持。这增加了机器成本。

（2）为处理缺页中断，增加了处理机时间的开销，即请求分页系统是用时间的代价换取了空间的扩大。

（3）可能因作业地址空间的过大或多道程序的道数过多，以及其他原因而造成系统抖动，为防止系统抖动所采取的各种措施会增加系统的复杂性。

（4）虽然消除了碎片，但每个作业或进程的最后一页内存总还有一部分空间得不到利用。

3.5 分段存储管理

一个作业通常是由多个程序段和数据段组成的，这就要求链接装配程序将它们按一维线性地址排列，这样会使程序和数据的共享产生问题。一般情况下，用户希望按逻辑关系对作业分段，并能根据名字来访问程序段和数据段。分段存储管理能够较好的解决程序和数据的共享以及程序动态链接等问题。

1. 分段管理的基本思想

在分段存储管理中，作业的地址空间由若干个逻辑分段组成，每一分段是一组逻辑意义完整的信息集合，并有自己的名字（段名）。每一段都是以0开始的连续的一维地址空间，整个作业则构成了二维地址空间。

分段存储管理是以段为基本单位分配内存，且每一段必须在连续的内存空间中，但各段之间不要求连续。由于各段的长度不一样，所以分配的内存空间大小也不一样。分段存储管理的逻辑地址结构如下：

段号 S	段内位移 W

因此，所谓分段管理就是管理由若干段组成的作业，并且按分段来进行存储分配，由于分段管理的作业地址空间是二维的，所以分段存储管理的关键在于如何把分段地址结构变成一维的地址结构。和分页存储管理一样，分段存储管理采用动态重定位技术来进行地址转换。

2. 地址变换

为了实现段的逻辑地址到物理地址的转换，系统为每个作业设置了一张段表SMT。每个表目至少有4个数据项：段号、段长、内存始址和存取控制。其中，段号是段的编号，段长指明段的大小，内存始址指出该段在内存中的位置，存取控制说明对该段访问的限制。此外，系统还设置了段表控制寄存器，用来存放段表的起始地址和段表长度。

进行地址变换时，先将逻辑地址中的段号与段表控制寄存器中的段表长度进行比较，若段号超过段表长度则产生越界中断。否则，系统将根据段号和段表控制寄存器中的段表起始地址计算出该段在段表中的位置。从该位置中将获得该段存放在内存中的起始地址，然后，检查段内位移是否超过该段的段长，若超过则产生越界中断。否则，将该段在内存的起始地址与逻辑地址的段内位移相加就可得到要访问的物理地址。分段存储管理系统的地址变换过程如图 3-15 所示。

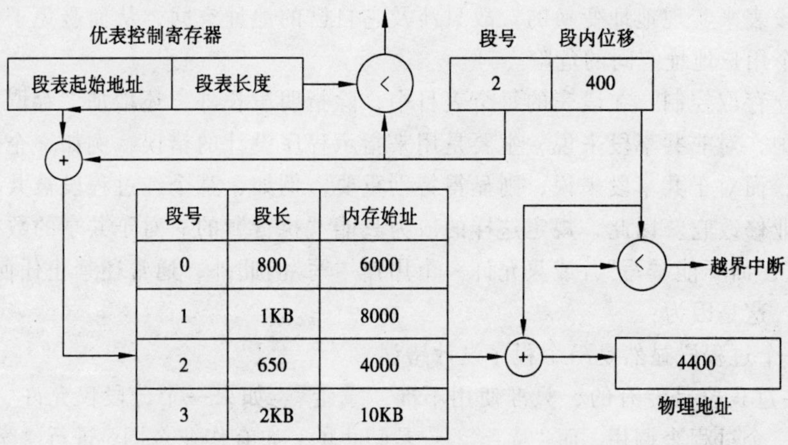

图 3-15　分段存储管理的地址变换示意图

例如，在一个分段存储管理系统中，其段表如表 3-1 所示，求表 3-2 中所示逻辑地址对应的物理地址。

分析：由表 3-1 可知，段号为 0 的段的内存地址起始地址为 210，段长为 500。由表 3-2 知，逻辑地址的段内位移为 430。因为 400<500，所以该逻辑地址是合法的。其对应的物理地址为：210+430=640。

表 3-1　段表

段　号	内存起始地址	段　长
0	210	500
1	2350	20
2	100	90

表 3-2　逻辑地址

段　号	段 内 位 移
0	430
1	10
2	500

由表 3-1 知，段号为 1 的段的内存起始地址为 2350，段长为 20。由表 3-2 知，逻辑地址的段内位移为 10。因为 10<20，所以该逻辑地址是合法的。其对应的物理地址为：2350+10=2360。

由表 3-1 知，段号为 2 的段的内存起始地址为 100，段长为 90。由表 3-2 知，逻辑地址的段内位移为 500。因为 500>90，即逻辑地址的段内位移 500 已经超过了段长 90，所以该逻辑地址是非法的。

3. 段的共享与保护

在分段管理系统中，段的共享是比较容易实现的，如果用户作业或进程需要共享内存中的某段程序或数据，只要用户使用相同的段名，在新的段表中填入已在主存中的段的起始地址，并置以适当的读/写控制权，就可做到共享一个逻辑上完整的段的信息。

分段存储管理系统的保护可采用如下几种措施：

（1）在段表中设置一个段长值，以指明该段的长度。当存储访问时，将段地址的位移量与段长进行比较，如果超过段长，便发出越界中断信号。这样，每个作业被限定在自己的地址空间中运行，这些段表便把各个作业相互“隔开”了。由于一个作业的所有存储访问都是通过段表来实现地址变换的，故只涉及它自己的地址空间，从而避免了一个用户作业破坏另一个用户地址空间的危险。

（2）建立存取控制，在段表的每个表目中，除指明段长外，还增加“存取方式”项。这种段的保护，对非共享段来说，主要是用来指示程序设计的错误，例如，企图修改纯过程段的错误；而对于共享段来说，则显得特别重要。例如，某个纯过程段被共享，则必须禁止任何作业修改它。因此，规定这样的段为只能“执行”的。对于共享的数据段，只允许用户“读”，而不能“写”，或只允许一个用户“写”。此外，通常还禁止任何作业“读”一个过程段，这是因为：

① 读一个过程段显然是一个程序设计错误。

② 有些过程段是专有的，只准使用不准“拿走”。如果一个分段仅允许“执行”，那么只能作为一个过程来调用，而“读、“写”是禁止的；如有作业企图，进行“读”或“写”，则系统发出段保护中断信号。

（3）采用存储保护键。由于 I/O 通道对存储器的访问是不经过段表的，因此，有些机器除段保护外，还采用存储保护键。因为这种保护对 I/O 通道是十分有效的。

在一个段式存储管理系统中，通过在段表中设置段长、存取控制、存储保护等信息。

4．分段与分页的区别

分页与分段存储管理系统虽然有很多地方相似，例如，它们在内存中都是离散的，都要通过地址映射机构将逻辑地址映射到物理内存中。但从概念上讲，两者是完全不同的，它们之间的区别如下：

（1）页是信息的物理单位。分页的目的是实现离散分配，减少内存的外零头，提高内存利用率。段是信息的逻辑单位。每一段在逻辑上是一组相对完整的信息。

（2）分页存储管理的作业地址空间是一维的，而分段存储管理的作业地址空间是二维的。

（3）页的大小固定且由系统确定，是等长的。而段的长度不定，它是由具有相对完整意义的信息长度确定。

（4）分页的优点体现在内存空间的管理上，而分段的优点体现在地址空间的管理上。对于分段和请求分页系统所提供的虚拟存储器的优缺点，有一些截然不同的看法。对分段方法来说，其主要优点是：被置换的是一段有意义的信息。例如，要访问一个 400KB 的分段，那么只要把这 400KB 装入主存就行了；而在分页系统中，则必须装入包含这 400KB 的一页或两页。类似地，如果需要一个 16KB 的数据段，那么，整个数据段可一次装入而无需通过 16 次或 4 次（每页为 1KB 或 4KB）单独的缺页中断来实现。这对于缩短传输时间是大为有利的。但从另一方面来看，管理可变尺寸的分段是虚拟存储器的一个主要问题。因为，在辅存中管理不定长的分段，常常导致复杂的存储分配，并造成浪费。在主存中需要拼接时，也要增加额外的时间开销。此外，一个分段装入有时也为必要。例如，若仅需要某个 128KB 分段中的部分信息，也要把整个分段全部装入，这显然是对主存空间和 I/O 通道时间的一个极大浪费。再则，分段的大小受到主存大小的限制。

5．段式存储管理的优缺点

段式管理的主要优点如下：

（1）便于程序模块化处理和便于处理变换的数据结构。

（2）便于动态连接。

（3）便于共享分段。

（4）可以实现虚拟存储器，使作业的地址空间不受主存容量的限制。

段式管理的主要缺点如下：

（1）和分页管理一样，处理机要为地址变换花费时间；要为表格提供附加的存储空间；这使得操作系统复杂化。

（2）为满足分段的动态增长和减少外零头，要采用拼接手段。

（3）分段的最大尺寸受到主存可用空间的限制。

3.6　段页式存储管理

1．段页式存储管理的基本思想

为了既获得分段在逻辑上的优点又获得分页在管理存储空间方面的优点，兼用分段和分页两种方法，设计出了段页式存储管理技术来实现对存储器的管理。这一技术的基本思想是：

（1）用分段方法来分配和管理虚拟存储器：即按程序的自然逻辑关系把作业的地址空间分成若干段，而每一段有自己的段名。这是段页式存储管理的段式特征。

（2）用分页方法来分配和管理存储器：即把整个主存分成大小相等的存储块。这是段页式存储管理的页式特征。

（3）作业的每一段又采用分页方法：按照主存块的大小把每一段分成若干页。每一段都从零开始为自己段的各页依次编一连续的页号。

图 3-16 为段页式系统中一个作业的地址空间结构，页面尺寸为 8KB。由图可见，该作业有三个分段，第一段为 15KB，占 2 页，最后一页有 1KB 未用；第二段为 8KB，恰好占满 1 页；第三段为 22KB，占 3 页，而最后一页 2KB 未用。和分页系统一样，这些未写满的页，在装入主存空间后，依然存在内零头问题。

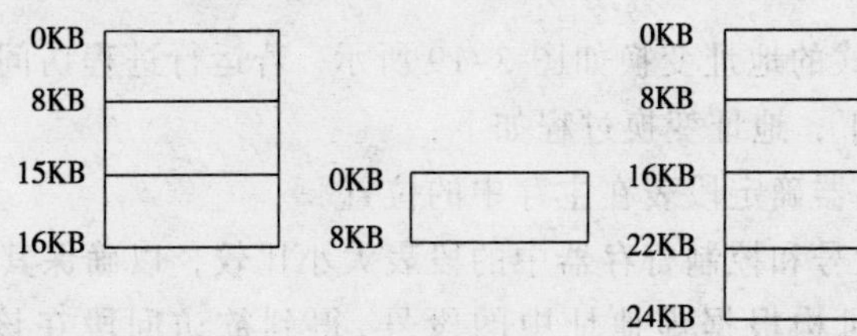

图 3-16　地址空间

（4）逻辑地址结构：一个逻辑地址用 3 个参数表示：段号 s；页号 p；页内地址 d。记为：v=(s,p,d)。这种地址结构如图 3-17 所示。

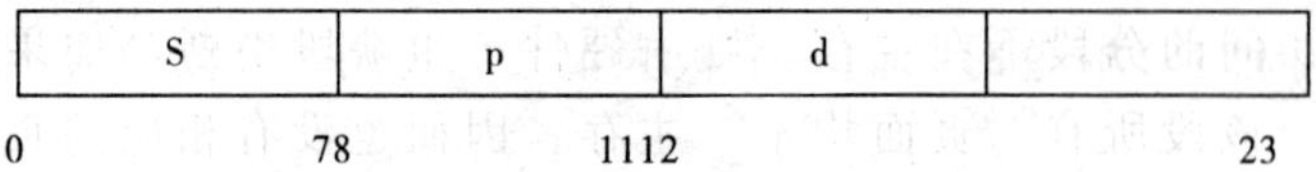

图 3-17 段页式系统中的逻辑地址结构

如前所述，处理机给出的有效地址结构长度确定了一个作业可用的地址空间范围。即它确定了一个虚拟存储管理的容量，而这个具体的地址结构确定了一个作业最多能有多少段，有效的段每段多少页，以及页面的大小。上述的 24 位段号确定了一个作业的地址空间最多容量为 16MB，8 位的段号确定了一个作业的地址空间最多允许有 256 个段，段号为 0～255，每个段最多可有 16 页，页号为 0～15。每页的大小为 4KB。

（5）主存分配：主存以块为单位分配给每个作业。

（6）段表、页表、段表地址寄存器：为了进行地址转换，系统为每个作业建立一个段表，并且要为该作业段表中的每一个段建立一个页表。为指出运行作业的段表地址，系统中有一个段表地址寄存器指出作业的段表起始地址和段表。其关系如图 3-18 所示。各段的页表起始地址由段表给出，并给出该段的段表长度。

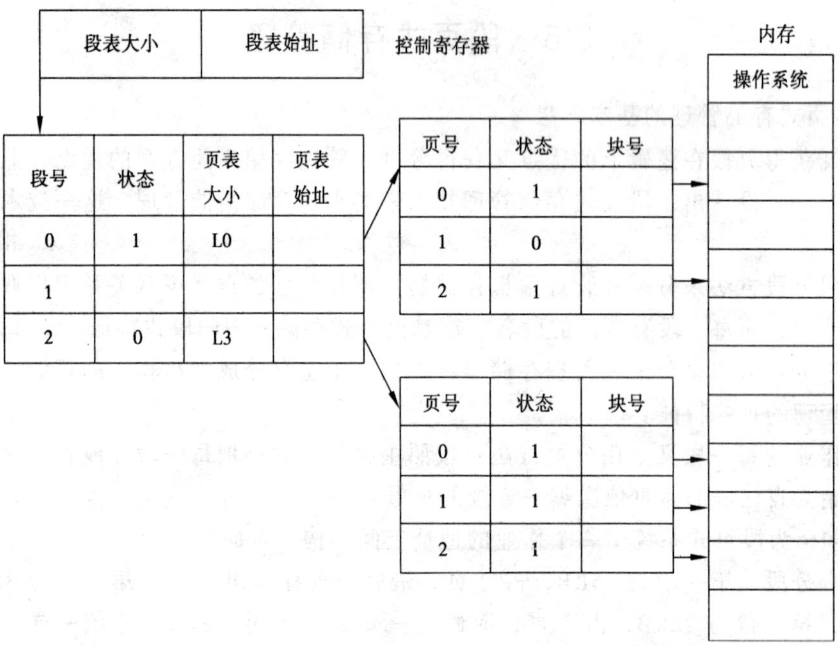

图 3-18 地址变换中所用表格的关系

段页式存储管理方式的地址变换如图 3-19 所示。若运行进程访问虚地址 v=(s,p,d)，在没有联想寄存器的情况下，地址变换过程如下：

① 由段表控制寄存器确定段表在主存中的位置。

② 将虚地址中的段号和控制寄存器中的段表大小比较，以确保其访问的有效性。

③ 硬件地址转换机构根据虚地址中的段号，得到欲访问段在该作业的段表中的表目。并验证存取权限，以确保本次存储访问是允许的。然后，检查分段存在标识（判断状态位），如果访问的段在主存，则通过段表找到该段的页表存放地址，再根据虚地址中的页号 p 查页表，找到该页所对应的内存块号与虚地址中的页内地址 d 相加形

成物理地址；若访问的分段不在主存，则由硬件产生缺段中断。如果一个完整的分段不在主存，则说明该段所有的页面均不在主存，因而也没有相应的页表。操作系统对缺页中断响应后，必须重新构造其页表，并装入一页或多个所需的页面。然后继续执行本次的存储访问。当页表的位置和大小确定后，其存储访问过程如先前描述过的页面系统一样进行。

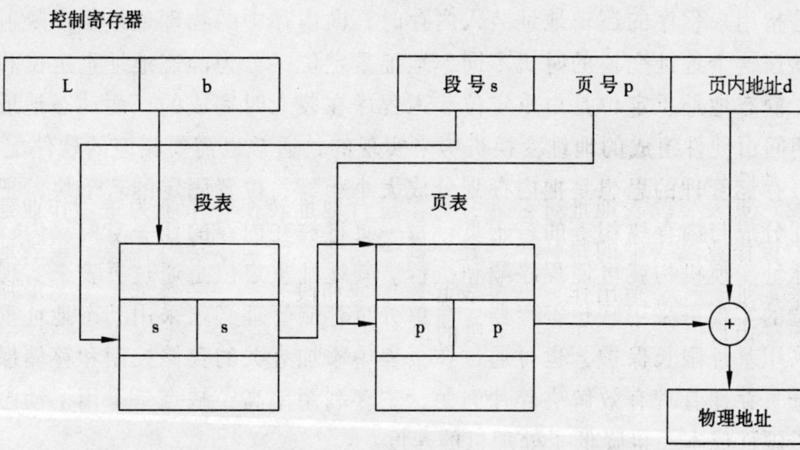

图 3-19　段页式存储管理的地址变换过程

不难看出，要是段表和页表都在主存，那么，要得到访问主存的物理地址，就需要访问主存两次。一次是访问段表，以段号为索引找到页表所在位置。另一次是访问页表，以页号为索引找到该页所在的存储块号。然后，把存储块号和虚地址中的位移量相加形成所需要访问的主存单元物理地址。显然，这样进行虚、实地址的变换，要访问主存中的一条指令或存取数据，至少需要访问三次主存，这将使执行程序的速度大大降低。因此，为了提高速度和减少访问主存的次数，可以在这里引入联想寄存器。

2. 段页式存储管理的优缺点

由于段页式系统是请求分页和分段技术的结合，段页式存储管理方法保留了分段存储管理和请求分页存储管理的全部优点。其主要优点是：它提供了大量的虚拟存储空间，能有效地利用主存，为组织多道程序运行提供了方便。

段页式存储管理的缺点是：增加了系统的复杂性和管理上的开销；系统存在着发生抖动的危险；存在着内碎片，且更为严重；各种表格都要占用主存空间。

但实际表明，这些缺点对一个大型通用系统来说并不是主要的。而且可以在相当程度上予以克服，使这些缺点的影响减至最小。段页式存储管理技术对当前的大、中型计算机系统来说，是最通用、最灵活的一种方法。

本 章 小 结

存储管理的研究对象主要是主存储器，其目的一方面是为了在多道程序环境下，提高主存资源的利用率；另一方面是方便用户对主存储器这一关键性资源的使用。

不同的场合可以使用不同的存储管理方案，人们为此进行了多方面探讨。但无论是哪种方案，都应能实现内存的分配与回收、逻辑地址的重定位、存储信息的保护、虚拟存储器的提供、内存的逻辑扩充等功能。

主存分配按分配时机的不同，可分为静态存储分配和动态存储分配。在早期的多道程序系统中，采用的是静态存储分配；在现代计算机系统中，为了更有效地利用内存，更多地采用了动态存储分配策略。

不管采用静态存储分配还是动态存储分配，都必须考虑地址重定位问题。所谓的地址重定位，就是指用户程序的逻辑地址装入内存时，向内存中的物理地址实现映射的一个地址变换过程。按这个地址变换的时机不同，地址重定位又分为静态地址重定位和动态地址重定位两种。静态地址重定位是由重定位装入程序在装入时完成的，而动态地址重定位是在程序执行期间由硬件组成的地址变换机构来实现的，通常也需要相应的软件配合。

简单分页存储管理的思想是把内存划分成大小相等、位置固定的若干块，把用户的逻辑地址空间划分成与内存块相等的若干页，每一页可放在内存的任一空白块内，这样借助有效的动态地址变换机构就可使程序顺利执行。其地址重定位是通过页表来实现的。为加速地址重定位的实现可采用联想寄存器。简单分页存储管理必须采用动态地址重定位，其存储保护可采用基址限长保护，也可通过在页表中添加有关的存储控制和存储保护信息来实现。简单分页存储管理有效解决碎片问题，主存利用率高，缺点是采用了动态地址变换机构，增加了硬件成本，也降低了处理机的速度。

请求式分页存储管理是实现虚拟存储管理的一种具体方案，其实现原理与简单分页存储管理类似，但只要把一个作业的一部分信息装入内存就可实现运行，其余部分可根据需要随时调入。请求分页存储管理与简单分页存储管理的最大区别就在于动态地址变换上，当运行中遇到不在内存的页面时会发生缺页中断，当需把某缺页调入时内存中可能没有空闲块，此时需进行页面置换。现代计算机系统因需管理的页面众多，还往往采用多级页表结构。常用的页面置换算法有先进先出算法，最久未使用页面置换算法等。请求式分页存储管理的性能可从程序设计的质量、页面的大小、分配的内存块数和页面置换算法的性能等几个角度来考虑。请求式分页存储管理提供了大容量的虚存，更有效地利用了内存，方便了用户。缺点是为了处理缺页中断，增加了处理机开销，而且可能出现抖动问题，降低系统的效率。

分段存储管理考虑了程序的逻辑结构，将程序分成一个个的段，这类似于可变式分区存储管理，但只有少量的段调入内存，其余段可根据需要请求调入。地址变换通过段表实现，与请求分页类似却又不同。请求式分段存储管理具有可提供大容量虚存，允许动态增长段的长度，便于段的动态链接，便于程序段的共享和便于实现存储保护等优点，缺点是实现起来比较复杂，也可能出现抖动问题。

总之，存储管理技术是在不断发展的，随着现代计算机技术的日新月异，大规模、超大规模集成技术的飞跃发展，也随着人们对计算机应用的不断深入，必然会对存储管理提出更多新的要求，存储管理技术也必将在新技术的带动下，得到进一步的发展、完善，为人们更好地、更有效地使用计算机提供帮助。

习 题 三

1. 存储管理的功能及目的是什么？
2. 什么是物理地址？什么是逻辑地址？

3. 什么是地址重定位？为什么要进行地址重定位？
4. 什么是动态地址重定位？试举例说明实现动态地址重定位的过程。
5. 在某系统中，采用固定分区分配管理方式，主存分区（单位字节）情况如图 3-20 所示。现有大小为 1KB、9KB、33KB、121KB 的多个作业要求进入主存，试画出它们进入主存后的空间分配情况，并说明主存浪费有多大。

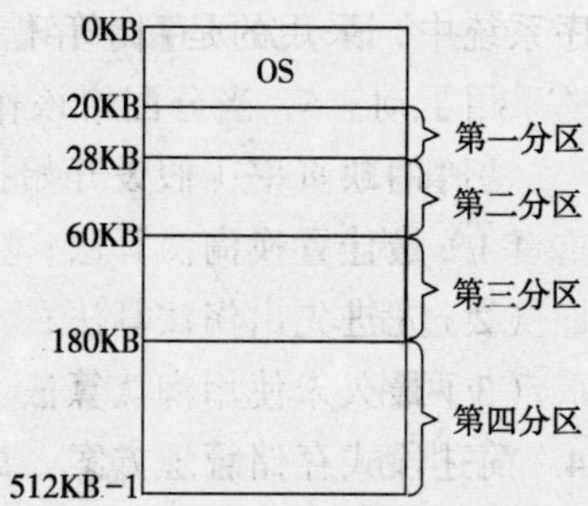

图 3-20　某系统主存分区情况

6. 假设某作业为 3.5KB 大小，在逻辑地址 1000 号单元处有指令 Move R1,[3000]，3000 号单元有数据 5678。采用纯分页存储管理，页面大小为 1KB，该作业进入内存后，其页面 0，1，2，3 被分配到内存的 2，4，6，7 块中，完成下列要求：
（1）画出该作业的页表；
（2）画出当执行指令 Move R1,[3000]时，如何进行地址重定位，将逻辑地址 3000 号单元处理数据 5678 送入 R1 寄存器。
7. 表 3-3 是某系统中的空闲分区表，系统采用可变式分区存储管理策略。现有以下作业序列：96KB、20KB、200KB，若用首次适应算法和最佳适应算法来处理这个作业序列，试问哪一种算法可以满足该作业序列的请求，为什么？

表 3-3　空闲分区表

分　区　号	大　小	起 始 地 址
1	32KB	100KB
2	10KB	150KB
3	5KB	200KB
4	218KB	220KB
5	96KB	530KB

8. 什么叫碎片？如何解决碎片问题？
9. 设有一页式存储管理系统，向用户提供的逻辑地址空间最大为 16 页，每页 2 048B，主存总共有 8 个存储块，试问逻辑地址至少应为多少位？主存空间有多大？
10. 若分页存储管理系统中，某作业的页表如表 3-4 所示。已知页面大小为 1 024B，试将逻辑地址 1011，2148，3000，4000，5012 转化为相应的物理地址。

表 3-4　页表

页　　号	块　　号	页　　号	块　　号
0	2	2	1
1	3	3	6

11. 什么是联想存储器？为什么用联想存储器可以有效提高动态地址转换速度？
12. 已知页面的走向为 1、2、1、3、1、2、4、2、1、3、4，且开始执行时主存中没有页面。若只给该作业分配 2 个物理块，当采用 FIFO 页面淘汰算法时缺页率为多少？假

定现有一种淘汰算法，该算法淘汰页面的策略为当需要淘汰页面时，就把刚使用过的页面作为淘汰对象，试问就相同的页面走向，其缺页率又为多少？

13. 在一个请求分页存储管理系统中，一个作业的页面走向为 4、3、2、1、4、3、5、4、3、2、1、5，当分配给该作业的物理块数分别为 3、4 时，试计算采用下述页面淘汰算法时的缺页率（假设开始执行时主存中没有页面），并比较所得结果。

（1）最佳置换淘汰算法；

（2）先进先出淘汰算法；

（3）最久未使用淘汰算法。

14. 简述段式存储管理方案。试述分页系统与分段系统的主要区别。

15. 在一个段式存储管理系统中，其段表如表 3–5 所示。

表 3-5 段表

段号	主存始址	段长
0	210	500
1	2350	20
2	100	90
3	1350	590
4	1938	95

试求表 3–6 中的逻辑地址对应的物理地址是什么？

表 3-6 逻辑地址

段号	段内位移	段号	段内位移
0	430	3	400
1	10	4	112
2	500	5	32

16. 简述段页式存储管理方案。与其他存储管理方案相比，段页式系统有何优缺点？

第4章 设备管理

设备管理是指对数据传输控制和对计算机系统中除中央处理机、主存储器之外的所有其他设备的管理。操作系统必须向设备发送命令，捕捉中断，处理设备传输中可能出现的各种错误。它还应该提供设备与系统其他部分的简单方便的接口。这个接口形式对所有设备都应相同，这就是所谓的设备独立性。操作系统如何管理 I/O 设备，则是本章的主要内容。

4.1 概　　述

4.1.1 设备的类型和性能

1. 外设的类型

从不同的角度出发，设备可分成不同的类型。

（1）按设备的从属关系分类：一般可分为两类：系统设备和用户设备。系统设备是指在操作系统生成时已经登记在系统中的标准设备。如键盘、显示器、打印机等。用户设备是指操作系统生成时未登记在系统中的非标准设备。如绘图仪、扫描仪等。

（2）按操作特性分类：一般可分为两类：一类是存储设备，另一类是 I/O 设备。存储设备是计算机用来存储信息的设备，如磁盘、光盘、磁带等。I/O 设备包括输入设备和输出设备两类。输入设备是计算机用来“感受”或“接触”外部世界的设备，它将从外部世界来的信息输入给计算机，如键盘、扫描仪、鼠标等。输出设备是计算机用来“影响”或“控制”外部世界的设备，它将计算机加工好的信息输出给外部世界，如显示器、打印机、绘图仪等。此外，还有各种通信设备负责计算机之间的信息传输，如调制解调器、网卡等。

（3）按设备使用性质分类：一般可分为独占设备、共享设备和虚拟设备。独占设备是指在一段时间内只允许一个用户进程访问的设备。系统一旦把这类设备分配给某进程后，便由该进程独占，直至用完释放。多数低速 I/O 设备都属于独占设备，如打印机就是典型的独占设备。共享设备是指允许多个进程同时访问的设备，如磁盘就是典型的共享设备，若干个进程可以交替地从磁盘上读/写信息。虚拟设备是指通过虚拟技术将一台独占设备变换为若干台逻辑设备，供若干个用户进程同时使用，通常把这种经过虚拟技术处理后的设备称为虚拟设备。

（4）按信息交换单位分类：一般可分为两类：以字符为单位发送和接收一连串字符的设备称为字符设备，如键盘、打印机和显示器。信息的传输是以块为单位实现的设备称为块设备，一般块的大小为512B～4KB，如磁盘、磁带等是块设备。

外设的成本在整个计算机系统中占有相当大的比重，所以操作系统必须设法高效地使用这些设备。提高设备利用率，不仅仅要使外设和CPU并行，还要求各种设备之间能充分地并行。要达到这个目标，操作系统必须提供相应的功能，而且还需要硬件提供的通道、中断技术，以及各种外部设备提供的物理性能的支持共同实现多作业及相应进程对各种外设的共享，并方便地完成它们所需进行的传输工作。完成这一功能的程序模块称为I/O管理模块。

2．设备性能

设备管理是操作系统中最庞杂、琐碎的部分，它很难规格化，且有着众多的特殊方法，这是由于系统可根据需要配置使用各种各样、范围极其广泛的外部设备。而每一台设备的特性和操作方法是不相同的，为此，我们有必要研究设备的一些主要性能。

（1）传输速率：在不同的设备之间数据传输速率可能有几个数量级的差别。如键盘输入和光盘输入的速度相差很远。

（2）传送单位：根据使用的外部设备不同，数据传输的单位可以是字符、字、字节、块或记录等。一般慢速字符设备数据传输的单位是字符、字，而磁盘、磁鼓这样的旋转设备的数据传送单位为块或记录。

（3）容许的操作：设备所能完成的操作种类各不相同。如输入和输出之间有着明显的区别，又如磁带能反绕，卡片叠不能倒退。

（4）出错条件：根据所使用的外部设备的不同，数据传输失败可以有各种原因，如奇偶校验错、纸带结束、磁盘的坏扇区等。

尽管上述设备的多样性很难用统一的方法处理，但操作系统仍然要建立一种结构，要求在该结构中与具体设备有关的特性尽可能地分离出来。这样，一方面为用户提供一个使用方便的逻辑设备，另一方面对各种设备的处理也可达到某种程度的一致性。因为I/O管理可以对设备共性的部分统一处理，所以只有最低层的、直接与设备打交道的处理才是与设备特性、设备具体操作有关的。与设备相关的部分由较低层的软件——设备驱动程序完成。

4.1.2 设计目标

1．设备独立性

所谓设备独立性：指用户在编写程序时，无须关心系统具体配置了哪些设备，也无须了解各种设备的使用方法和特性，只需要为所需设备起个逻辑设备名即可。也即用户编制程序时所使用的设备与实际使用的设备无关。运行程序时，操作系统会根据当时设备的使用情况和用户所要求的操作，决定为用户的逻辑设备指派一个具体的物理设备。尽管这些设备差别很大，需要不同的设备驱动程序，但这一事实所带来的问题由操作系统负责处理，不会影响到用户程序的正确运行。这样既可以按照用户的要求控制I/O设备工作，完成用户所希望的 I/O 操作，又可以减轻用户编制程序的负担。

2．并行性

为了提高外部设备的利用率，需要合理地分配各种外部设备，使外部设备与 CPU 之间、各种外部设备之间充分地并行。

3．对共享设备和独占设备的处理

对共享设备，譬如磁盘，多个用户同时在同一磁盘上使用不同文件或相同文件不会引起什么问题。而对独占设备，比如打印机，如果将多个用户的打印信息随机地交织地集中在一台打印机上，就会造成混乱。若对独占设备的使用不正确，就可能导致各种各样的问题，死锁则是很严重的问题。操作系统必须以妥善的方法处理共享的和独占的设备。

4.1.3　设备管理的功能

为了实现上述目标，设备管理应具有以下一些功能：

1．状态跟踪

为了对设备实施分配和控制，系统要在任何时间内都能快速地跟踪设备状态。设备状态信息保留在设备控制表 DCT 中，设备控制表动态地记录设备状态的变化及有关信息。

2．设备分配策略

在多用户环境中，系统必须制定一个策略，以决定哪个用户将获得一台设备、可使用多长时间、何时存取设备等。

3．设备分配

系统将设备分配给要求该设备的一个进程（或作业），在分配设备的同时还要分配相应的控制器和通道，以保证 I/O 设备与 CPU 之间有传递信息的通路。使用完毕时系统将设备及时收回，以备重新分配。实现这一功能的是设备分配程序。

设备分配和回收可以在进程级进行，也可以在作业级进行。在作业级，作业进入系统时进行分配，且分配给作业全部所需的资源，退出系统时就收回全部资源，折中方案称为静态分配。在进程级，当进程需要使用某设备而提出请求时进行分配，使用完毕后立即将该设备收回，这种方案称为动态分配。

4．设备控制

完成这一功能的是设备处理程序。该程序首先根据用户的 I/O 请求构成相应的通道程序，交给通道去执行，然后启动指定的设备进行 I/O 操作，最后要对通道发来的中断请求做出及时的响应和处理。

5．实现其他功能

为提高 CPU 和 I/O 设备之间并行操作程度，减少中断次数，大多数 I/O 操作都涉及到缓冲区，所以，设备管理功能包括对缓冲区的管理功能。另外，为改善系统的可适应性和可扩充性，应使用户程序与实际使用的物理设备无关，也即实现设备独立性。

4.2 缓冲技术

为了进一步解决 CPU 和 I/O 设备间速度不匹配的矛盾，需要提高 CPU 与 I/O 设备的并行程度，引入了缓冲技术。事实上，凡是数据到来的速度与数据离去的速度不同的地方都可以使用缓冲。缓冲是用来在两种不同速度的设备之间传输信息时平滑传输过程的常用手段。

缓冲的实现方法有两种：一种是采用硬件缓冲器实现，它容量较小，是用来暂时存放数据的一种存储装置。由于成本太高，除一些关键部位外，一般情况下不采用硬件缓冲器。另一种是采用软件缓冲方法，即在主存划出一块存储区，专门用来临时存放输入/输出数据，这个区域称为缓冲区。

我们来看看缓冲是如何工作的。当用户要求在某个设备上进行读操作时，从系统中获得一个空的缓冲区，并将一个物理记录读到缓冲区。当用户要求使用这些数据时，系统将依据逻辑记录特性从缓冲区中提取并发送到用户进程存储区中。当缓冲区空而进程又要从中取用数据时，该进程被迫等待，此时，操作系统需要重新送数据填满缓冲区，进程则从中取数据继续运行。当用户要求写操作时，先从系统获得一个空缓冲区，并将一个逻辑记录从用户的进程存储区传送到缓冲区中。若为顺序写请求，则把数据写到缓冲区中，直到它完全装满为止，然后系统将缓冲区的内容作为物理记录文件写到设备上，使缓冲区再次为空。只有在系统还来不及腾空缓冲区之前，进程又企图输出信息时，它才需要等待。

我们再来看看缓冲是如何改善 CPU 和 I/O 设备之间速度不匹配的情况的。假设有一个用户作业前期有大量的输出信息交给打印机打印，然后又进行长时间的计算而不需使用打印机，那么在大量输出信息时，由于打印机速度慢，CPU 不得不空闲等待；而后期计算期间打印机又空闲无事。若采用缓冲技术，则可解决这一矛盾。当作业进程输出信息时，写入缓冲区，然后进程可以继续其后的计算工作，而打印机则可从缓冲区获得输出信息进行打印。

根据系统设置的缓冲区个数，可以将缓冲技术分为很多种类型，下面分别进行介绍。

4.2.1 单缓冲和双缓冲

单缓冲是在设备和 CPU 之间设置一个缓冲。设备和 CPU 交换数据时，先把被交换数据写入缓冲区，然后，需要数据的设备或 CPU 从缓冲区取走数据。由于只设置了一个缓冲区，因而设备与 CPU 对缓冲区的操作是串行的。

引入双缓冲，可以提高 CPU 与设备的并行操作程度。例如，在设备输入时，输入设备先将第一个缓冲区 buf_1 装满数据，在输入设备装填第二个缓冲区 buf_2 的同时，CPU 可从 buf_1 中取出数据供用户进程进行处理；当 buf_1 中的数据处理完后，若 buf_2 已填满，则 CPU 又可从 buf_2 中取出数据进行处理，而输入设备又可装填 buf_1。显然，双缓冲的使用提高了 CPU 和输入设备并行操作的程度。只有当两个缓冲区都为空，进程还要提取数据时，该进程被迫等待。

下面通过举例说明使用双缓冲可以提高 I/O 的效率。假设要把一叠卡片从卡片输入机读入并从行式打印机输出。读卡机的标定速度 1 000 卡/分，打印机的标定速度为 1 000 行/分钟。为此，系统设置两个缓冲区（buf_1，buf_2），它们的作用是接收从卡片输入机读入的数据，并提供给打印机输出。先将一张卡片读入 buf_1，然后，在打印 buf_1 内容时，把下一张卡片读入 buf_2；当打印完 buf_1 中内容时，若 buf_2 已装满，则打印 buf_2 中的内容，同时再启动读卡机把下一张卡片读到 buf_1 并重复上述过程，如图 4-1 所示。可见，卡片输入机和打印机并行操作的程度大大提高，I/O 设备得到了较好的利用。

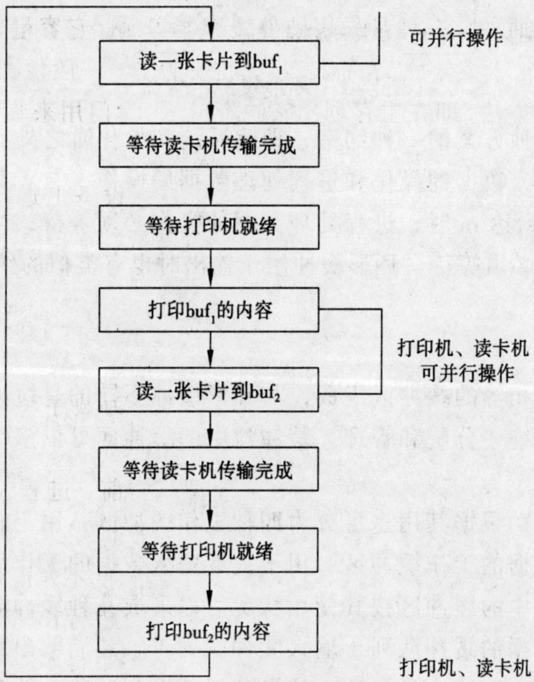

图 4-1 双缓冲应用举例

4.2.2 环形缓冲

环形缓冲中包含多个大小相等的缓冲区，每个缓冲区中有一个链接指针指向下一个缓冲区，最后一个缓冲区指针指向第一个缓冲区，这样多个缓冲区构成一个环形，如图 4-2 所示。

设置一个链首指针 start 指向环形缓冲中的第一个缓冲区。当环形缓冲用于输入/输出时，还需要设置两个指针：in 和 out。in 指针指向可以输入数据的第一个空缓冲区，out 指针指向可以提取数据的第一个满缓冲区。系统初始化时，指针被初始化为 start=in=out。

对于输入而言，从输入设备接收数据送入 in 指针指向的缓冲区中，数据输入完毕，in 指针指向下一个可用的空缓冲区（若 in 指针原本已到达最后一个缓冲区，则它将指向 start 所指的缓冲区）；当运行程序需要数据时，可以从 out 指针指向的缓冲区中提取数据，数据提取完毕，out 指针指向下一个满缓冲区。显然，对输出而言正好相反，进程将处理过的需要输出的数据送到空缓冲区中，当输出设备空闲时，可从满缓冲区中提取数据输出。

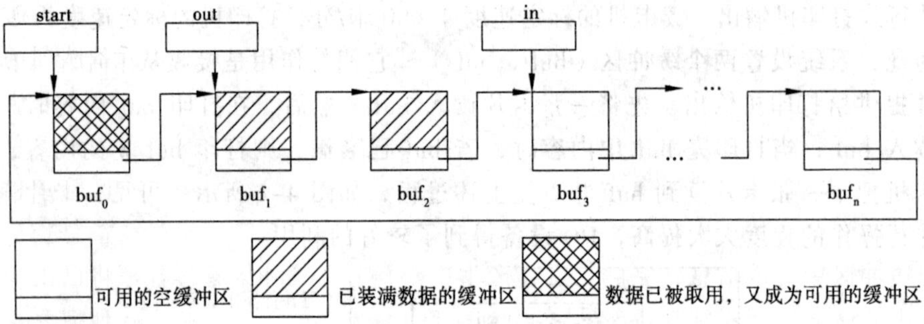

图 4-2　环形缓冲结构图

系统必须考虑到这种方案的一种约束，即除系统初始化时之外，其他任何时候都应该满足 in≠out。从设备输入数据的操作和进程处理数据的操作，二者共用环形缓冲时有一定的同步关系。当 out 要到达 in 时，进程处理数据的操作必须等待；当 in 要到达 out 时，从设备输入数据的操作也必须等待。环形缓冲用于输出时也有类似的约束。

4.2.3　缓冲池

缓冲池由多个大小相等的缓冲区组成，与环形缓冲不同的是缓冲池中的缓冲区是系统公用资源，由系统进行统一分配和管理。缓冲池中的缓冲区可供多个进程共享，且既能用于输入，又能用于输出。

缓冲池中的缓冲区，根据其用途可分为四种工作缓冲区：用于收容输入数据的工作缓冲区、用于提取输出数据的工作缓冲区、用于提取输入数据的工作缓冲区和用于收容输出数据的工作缓冲区。池中的缓冲区按其使用状况可以形成几种缓冲队列：空缓冲队列（后备队列）、装满输入数据的缓冲队列（输入文件队列）、装满输出数据的缓冲队列（输出文件队列）、等待或正在由输入设备装入信息的缓冲队列（装入队列）和等待或正在由输出设备出空信息的缓冲队列（出空队列）。

为了管理各种缓冲区队列，实施各种操作，必须设计专门的软件程序，这就形成了缓冲区自动管理系统，如图 4-3 所示。

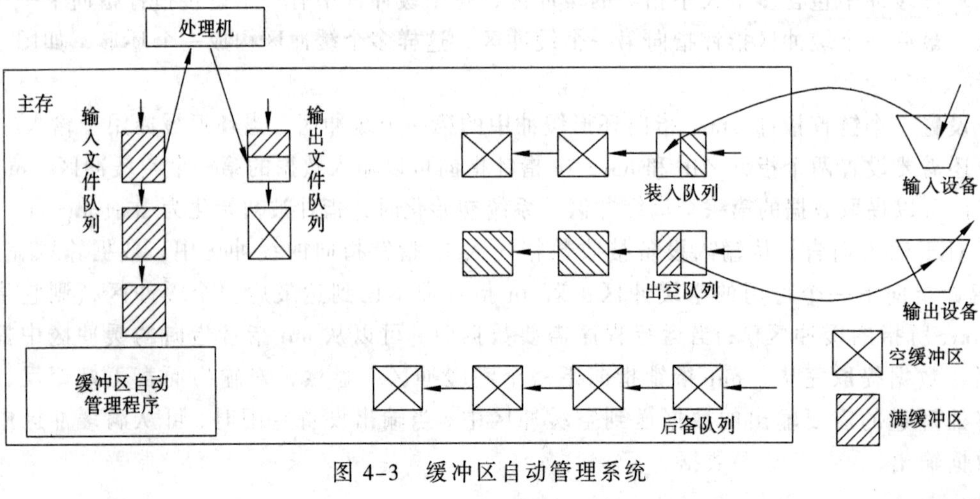

图 4-3　缓冲区自动管理系统

当计算进程需要输入数据时，总是从输入文件队列队首的缓冲区中提取数据进行处理，完成之后，缓冲区管理程序把该缓冲区从输入文件队列摘下，挂在后备队列的队尾；当计算进程需要输出数据时，总是将数据装入输出文件队列队首的缓冲区中，装满后，缓冲区管理程序把该缓冲区从输出文件队列摘下，挂在出空队列的队尾；输入设备总是将输入信息装入队列队首的缓冲区中，当输入完成时会产生中断，以调用缓冲区管理程序，将已装满信息的缓冲区从装入队列摘下，挂在输入文件队列的队尾；输出设备总是从出空队列队首的缓冲区中提取信息，完成之后，产生中断信号，缓冲区管理程序将已出空信息的缓冲区从出空队列摘下，挂在后备队列的队尾。当输出文件队列或装入队列需要空缓冲区时，可以从后备队列中提取空缓冲区。

4.3 通道技术

4.3.1 设备控制器

I/O 设备一般由机械和电子两部分组成，通常可以将这两部分分开处理，以提供更加模块化、更加通用性的设计。电子部分称为设备控制器或适配器。在小型和微型机中，一般采用印刷电路卡插入计算机中。机械部分是设备本身。控制器卡通常有一个或数个插座，通过电缆与设备相连。有些控制器可以连接 2 个、4 个、甚至 8 个相同的设备。控制器和设备之间的接口是标准的，符合 ANSI（美国国家标准学会）、IEEE（国际电子电气化工程师协会）或 ISO（国际标准化组织）之类的国际标准。

研究控制器与设备之间的这种差别，是因为操作系统侧重研究控制器而不研究设备。几乎所有的微型机和小型机都采用如图 4-4 所示的单总线模型，实现 CPU 与控制器之间的通信。而中、大型机往往采用不同的模型，采用多总线或使用专门负责 I/O 工作的处理机；这样的处理机称为通道。

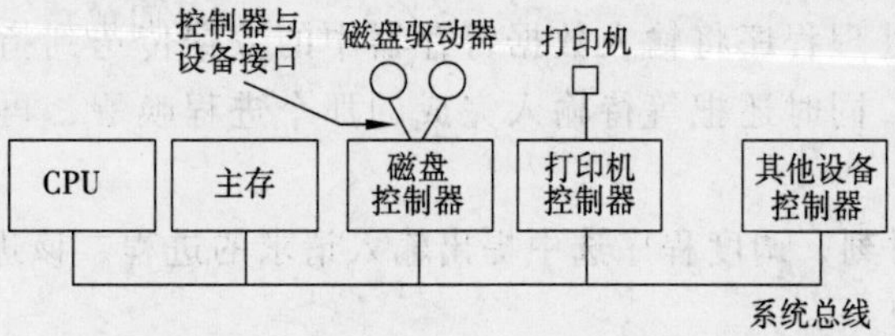

图 4-4 一个连接 CPU、主存、控制器和 I/O 设备的单总线模型

从图 4-4 可见，设备控制器处于 CPU 与 I/O 设备之间，它接收 CPU 发来的命令，并去控制 I/O 设备工作，以此解脱 CPU。设备控制器是一个可编址设备，如控制一个设备，则只有一个设备地址；如控制多个设备，则具有多个设备地址，一个地址对应一个设备。设备控制器接收来自 CPU 的命令，实现 CPU 与控制器、控制器与设备之间的数据交换，记录设备的状态供 CPU 查询，还能识别它所控制的每个设备的地址。每个控制器都设置有几个寄存器用于与 CPU 进行通信。其中“控制寄存器”用于存放接收的命令及参数，“数据寄存器”用于存放传输的数据，“状态寄存器”用于记录设备状态。当控制器接收到一条命令后，能独立于 CPU 完成命令指定的操作，而 CPU 可转去执行其他运算。当命令完成

时，控制器产生一个中断，以便让操作系统获得 CPU 的控制，并测试操作结果。CPU 通过读控制器中寄存器的一个或多个字节的信息，获得操作的结果和设备的状态。

4.3.2 I/O 控制方式的演变

1. 程序直接控制方式

在早期的计算机系统中，没有中断机构，CPU 对 I/O 设备的控制采用程序直接控制方式。其方式为：

（1）当用户需要输入数据时，CPU 向设备控制器发出 I/O 指令启动设备进行输入，在输入数据期间，CPU 通过循环测试设备状态寄存器，当状态表示设备输入完成时，CPU 将数据寄存器的数据送入主存指定单元，然后再启动设备读下一个数据。

（2）当用户需要向设备输出数据时，同样由命令启动设备输出并等待输出操作完成。这个过程均由用户程序描述，且均由 CPU 控制。CPU 的利用率低，在循环测试中浪费了大量的 CPU 处理时间。

执行指令的速度高出 I/O 设备几个数量级。所以在循环测试中浪费了大量的 CPU 处理时间。

2. 中断控制方式

在现代计算机系统中，对 I/O 设备的控制广泛采用中断控制方式。这种方式要求 CPU 与设备之间有相应的中断请求线，且要求在状态寄存器中有中断允许位。

在 I/O 中断方式下，数据的输入按如下步骤操作：

（1）首先，需要数据的进程通过 CPU 发出指令启动外设输入数据。该指令同时还将状态寄存器中的中断允许位打开。

（2）在进程发出指令启动设备之后，该进程放弃 CPU，等待输入。从而，进程调度程序调度其他就绪进程占据 CPU。

（3）当输入完成，I/O 控制器向 CPU 发中断信号，CPU 根据中断信号，转向设备中断处理程序。设备中断处理程序将输入数据寄存器中的数据传送到指定主存单元，以便供要求输入的进程使用。同时还把等待输入完成的那个进程唤醒，再返回被中断的进程继续执行。

（4）在以后某个时刻，调度程序选中提出输入请求的进程，该进程从约定的主存单元取出数据做进一步处理。

与程序直接控制方式相比，中断方式使 CPU 的利用率大大提高。但这种控制方式仍然存在问题，如每台设备每输入/输出一个数据都要中断 CPU，这样在一次数据传送过程，中断发生的次数较多，耗去大量 CPU 处理时间。

3. 直接存储器存取（DMA）方式

许多控制器，特别是块设备的控制器支持直接存储器存取，即 DMA（Direct Memory Access）。在 DMA 方式中，I/O 控制器具有更强的功能。它除了具有上述中断功能外，还有一个 DMA 控制机构。在 DMA 控制器控制下，设备和主存之间可以成批地进行数据交换，而不用 CPU 干预。这样既大大减轻 CPU 的负担，又使输入/输出的数据传送速度大大提高。这种方式应用于块设备的数据传输。

DMA 方式下进行数据输入的过程如下：

（1）当进程要求输入一批数据时，CPU 将准备存放输入数据的主存始址以及要传动的字节数送入 DMA 控制器的主存地址寄存器和传送字节数计数器中，还要将中断位和启动位置为 1，以启动设备开始数据输入并允许中断。

（2）发出输入数据要求的进程进入等待状态,进程调度程序调度其他就绪进程占用 CPU。

（3）在 DMA 控制器控制下，将来自输入设备的数据不断地写入主存，直到所要求的字节全部传送完毕。

（4）DMA 控制器传送字节数完成时，通过中断请求线发中断信号，CPU 收到中断信号后转中断处理程序，唤醒等待输入完成的进程，该进程从指定的主存始址取出数据做进一步处理。

（5）在以后某个时刻，进程调度程序选中提出请求输入的进程，该进程从指定的主存始址取出数据做进一步处理。

DMA 方式与中断方式的主要区别是：中断方式在每个数据传送完成后中断 CPU，而 DMA 方式则是在一批数据全部传送结束时中断 CPU；中断方式的数据传送是在中断处理时由 CPU 控制完成，而 DMA 方式则是在 DMA 控制器的控制下完成。不过 DMA 方式仍存在一定局限性。如数据传送的方向、存放数据的主存始址及传送数据的长度等都由 CPU 控制，并且每台设备需要一个 DMA 控制器。当设备增加时，多个 DMA 控制器的使用也不经济。

4．通道控制方式

在大、中型计算机和超级小型计算机中，通常采用 I/O 通道控制 I/O 设备的各种操作。与 DMA 方式类似，通道控制方式也是一种以主存为中心，实现设备与主存直接交换数据。与 DMA 方式相比，通道有更强的 I/O 处理能力，需要 CPU 的干预更少，更加减轻了 CPU 的负担。

在通道控制方式中，CPU 只需发出启动指令，指出通道要执行的操作和所用 I/O 设备，启动通道并调出相应的通道程序。由通道程序独立管理和控制 I/O 操作，实现主存与 I/O 设备之间的成批数据传送。当通道完成 I/O 任务后，发出中断信号，请求 CPU 处理。这使 CPU 避免了 I/O 控制，提高了 CPU 与 I/O 设备的并行程度。

通道控制方式的数据输入过程如下。

当进程要求输入数据时，CPU 发出启动指令、指明 I/O 操作、设备号和对应通道。

对应通道收到 CPU 的启动指令后，读出存放在主存中的通道指令程序，并执行通道程序，控制设备将数据传送到主存中指定的区域。

当数据传送结束，则向 CPU 发出中断信号。CPU 收到后转中断处理程序，唤醒等待输入完成的进程，并返回被中断程序。

在以后的某个时刻，调度程序选中进程 P，该进程从指定的主存始址取出数据做进一步处理。

4.3.3 通道的类型

通道指专门用于负责 I/O 工作的处理机。按照信息的交换方式和控制设备的种类，通道可以分为 3 种类型。

1. 字节多路通道

字节多路通道以字节为单位传输信息。该通道有多个非分配型子通道，每个子通道连接一台 I/O 设备。这些通道按时间片轮转方式共享主通道。当一个子通道控制其 I/O 设备交换完一个字节后，立即让出主通道，以便让另一个子通道使用。字节多路通道主要用于连接大量慢速的 I/O 设备，如打印机、终端、读卡机等，且一个字节多路通道可以连接多台这样的设备。在 IBM 370 系统中，这样的通道可以连接 256 台设备。

2. 数据选择通道

由于字节多路通道主要是以字节为单位交换数据，因此 I/O 设备和主存之间数据交换的速度很低，不适合连接高速外设，于是引进选择通道。数据选择通道是以成组方式进行数据传输的，即每次传输一批数据，传输的速率很高。该通道主要用于连接高速 I/O 设备，如磁盘、磁带等。由于数据选择通道只有一个分配型子通道（所谓分配型子通道是指：一个子通道可以连接多台 I/O 设备，但在一段时间内只能执行一道通道程序，即只允许一台设备进行数据传送操作），那么当某台设备占用了该通道时，便一直由它独占，直至该设备传送完毕释放该通道为止。可见这种通道的利用率很低。

3. 数组多路通道

有些设备，虽然传输数据的速度较快，但数据定位所花的时间很长，比如活动头磁盘移动臂定位到指定柱面。如果这类设备连接在字节多路通道上，由于其传输速度快，通道很难承受这样高的速度，会使信息丢失；如果将这类设备连接在数据选择通道上，则当它执行定位操作时，由于定位时间较长，浪费了通道的时间（此时通道只能空闲等待）。数组多路通道可以解决这个矛盾。它结合了数据选择通道传送速度高和字节多路通道能进行分时并行操作的优点，使得这种通道既具有很高的数据传送速率，又能获得满意的通道利用率。因此它被广泛地用来连接高、中速 I/O 设备。数组多路通道有多个非分配型子通道，它可连接多台高速 I/O 设备，数据传送按成组方式进行，几个通道程序分时并行工作。相应地，几台高速 I/O 设备也可以并行操作。

现代大、中型计算机都采用多总线多通道模型，如图 4-5 所示。

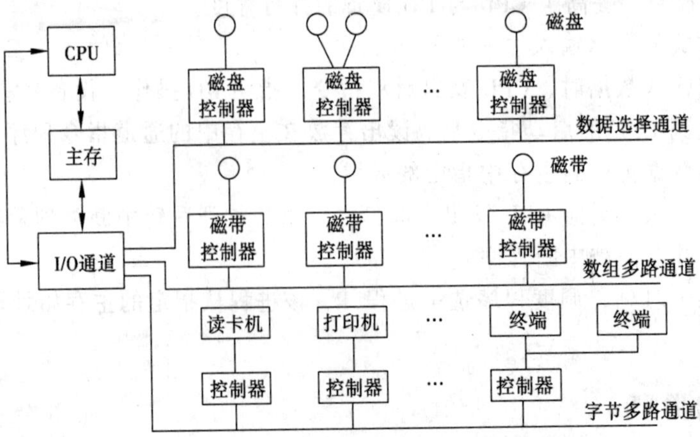

图 4-5 多总线多通道的系统组织

4.3.4　并行操作

通道的引入除了能使上述的 I/O 设备之间并行操作外，还可以实现以下两种并行操作。

1. CPU 与通道并行操作

CPU 在运行程序时，若需使用某台 I/O 设备，要完成如下操作：

（1）首先为 I/O 操作准备好各种必要信息后进入管理程序。

（2）操作系统分析 I/O 条件。

（3）分配 I/O 设备和可用通道。

（4）为 I/O 操作准备好通道程序。

（5）最后向通道发出启动 I/O 设备指令。

一旦启动成功，CPU 马上就可回到算题程序。与此同时，通道执行相应的通道程序，独立地对 I/O 设备进行控制，直接与主存交换信息。当数据传送完毕时，设备发出中断信号，CPU 响应中断后重新进入管理程序，操作系统分析本次中断的原因，转去执行相应的中断处理程序，然后又返回到算题程序。

由此可见，CPU 仅在 I/O 操作的开始和结束时，花费两次极短的时间参与控制管理工作，而在其他绝大部分时间里，都在处理正常程序，这就实现了 CPU 与通道的并行操作，从而提高了机器的利用率。

2. 通道与通道间的并行操作

CPU 在运行程序时，若需使用某台慢速的 I/O 设备，可通过字节多路通道去启动该 I/O 设备。若启动成功，该 I/O 设备便在字节多路通道的控制下进行逐个字节的数据交换。若 CPU 在运行程序中又需使用高速外存交换一批数据，CPU 可通过数组多路通道或数据选择通道去启动该高速外存，启动成功后，在数组多路通道或数据选择通道的控制下，高速外存和主存之间进行成组数据交换，这样就同时实现了 CPU 和通道、通道和通道之间的并行操作。

4.3.5　"瓶颈"问题

通道设备的成本很高，因此通道的数量远比 I/O 设备少，这就会导致通道因数量不足而成为影响系统吞吐率的"瓶颈"。如图 4-6 所示，假设磁鼓 2 正在进行 I/O 操作占用了选择通道 1，而此时恰好又需要启动磁鼓 4，因为要用到通道 1 和磁鼓控制器 2，而通道 1 此时不空闲，使得启动磁鼓 4 操作无法进行。

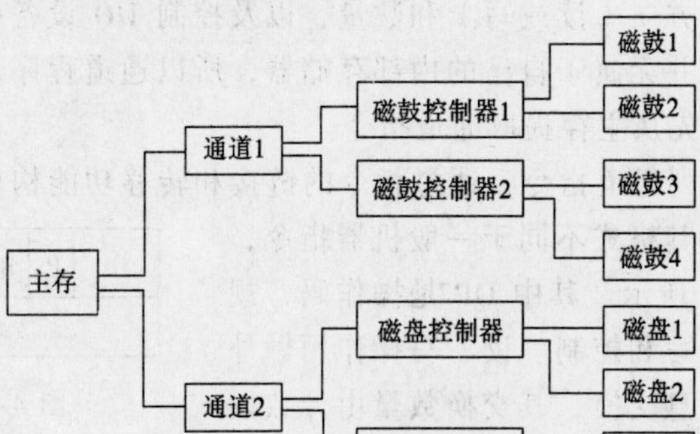

图 4-6　单通路 I/O 系统

解决通道不足问题的最简单的方法是配置足够的通道和控制器，但这样的解决方案会大大增加系统成本。下面我们介绍两种更为经济的方法。

1．增加 I/O 设备的独立性

为增加 I/O 设备的独立性，可采取很多方法，其中最常用的方法是由 I/O 设备或控制器提供缓冲，以减少 I/O 操作占用通道的时间。例如卡片输入机每把一张卡片的内容输入到内存，大约占用通道 60ms 的时间。若设置一个 80B 的硬件缓冲器后，卡片机就可预先把数据送入缓冲区。当通道请求读卡时，便直接把缓冲区的内容高速地传送至主存，此时仅须 100μs 的通道时间，接着又启动卡片机把下一张卡片的数据送到缓冲区。卡片输入机、卡片输出机、行式打印机等经常采用缓冲的方法来减少对通道的占用时间。

2．增加通路

我们没有这样的限制，即一个 I/O 设备只能连接到一个控制器上，一个控制器只能连接到一个通道上。也就是说，一个 I/O 设备可连接到几个相匹配的控制器上，也可采用多条通路将一个控制器分别连接到几个通道上，以提高通道的灵活性。如图 4-7 所示，这是一个具有多通路的 I/O 系统，I/O 设备 1、2、3、4 都有 4 条到主存的通路。例如，I/O 设备 1 的 4 条通路为：通道 1，控制器 1；通道 1，控制器 2；通道 2，控制器 1；通道 2，控制器 2。此时，如果发生某一通道或控制器被占用，而阻碍另一 I/O 设备与主存交换数据的可能性大大降低，只有在两个通道或者两个控制器都被占用时，才会阻塞另一设备与主存的信息交换。

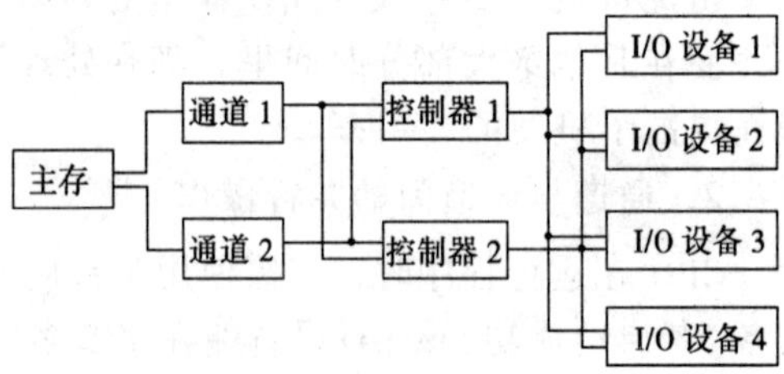

图 4-7　多通路 I/O 系统

多通路 I/O 配置方法除可提供通道的灵活性外，还增加了系统的可靠性。例如，尽管通道 1 或控制器 1 发生了故障，也不会严重影响 I/O 设备的数据交换，换言之，多通路给 I/O 系统提供了容错能力。

4.3.6　通道指令和通道程序

通道是通过执行通道程序对 I/O 设备实行控制的。通道程序规定了被交换信息在主存中应占据的位置、传送方向（读或写）和数量，以及控制 I/O 设备所需的信息。由于通道除了含有少量寄存器外并无属于自己的内部存储器，所以通道程序只能存放在主存。每当要执行通道程序时，应先从主存提取通道指令。

通道程序是由一系列通道指令，通过指令的链接和转移功能构成的，通道指令又常称做通道命令和控制字，其格式不同于一般机器指令，通道指令格式如图 4-8 所示。其中 OP 是操作码，规定只有 3 种操作：读、写和控制。读、写操作用做外部设备和主存之间的信息交换，其交换数量由计数段确定。地址段用以标明字符送入内存（读操作）或从内存取出（写操作）的主存首址。P 为程序结束标志，P=0 表示通道程序尚未结束，仅在通道程序的最后一条指令中才有 P=1。

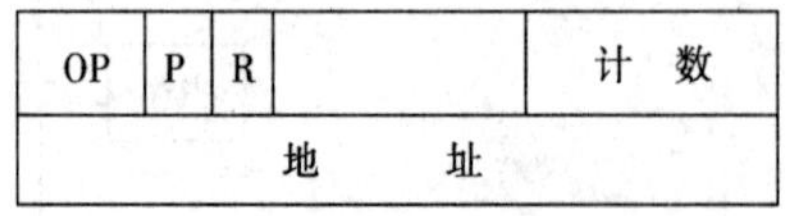

图 4-8　通道指令格式

R 为记录结束标志，R=0 表示本通道指令与下一条通道指令处理同一记录，R=1 则表示本通道指令所处理之记录结束。

若还有下一条通道指令，则它所处理的将是下一个记录。下面是由 6 条写指令构成的通道程序例子，如表 4-1 所示。

表 4-1　通道程序例子

操　作	P	R	计　数	地　址
WRITE	0	0	20	813
WRITE	0	0	40	1034
WRITE	0	1	10	5830
WRITE	0	1	300	2000
WRITE	0	0	250	1850
WRITE	1	1	250	720

该通道程序用来写 3 个记录，前 3 条指令是分别把存于主存 3 个不同地址的数据写成 1 个具有 70 个字符的记录，其中第 1 条指令用于写主存 813～832 单元中的 20 个字符，第 2 条和第 3 条指令分别写 1034～1073 单元中的 40 个字符和 5830～5839 单元中的 10 个字符；第 4 条指令单独把 2000～2299 单元中的 300 个字符写成一个记录；第 5 条和第 6 条指令把主存 1850～2099 单元中的 250 个字符和 720～969 单元中的 250 个字符写成一个具有 500 个字符的记录。

控制指令用做把控制信息传送给控制器，所传送信息的含义与被寻址的设备有关。例如，磁带机把地址码 4 翻译为反走一个记录，将地址码 3 翻译为反绕。下面是另一个通道程序的例子，如表 4-2 所示。

表 4-2　另一个通道程序例子

操　作	P	R	计　数	地　址
CONTROL	0	0	0	4
READ	0	1	1 000	5050
CONTROL	1	0	0	3

当磁带机接到控制命令后，将完成磁带机反走一个记录的控制、读 1 000 个字符到主存首址为 5050 的一片存储单元中去、然后反绕磁带。

4.4　设备分配与设备处理

现代计算机系统可以同时运行多个用户的程序，每个程序都可能需要使用外部设备。设备管理必须具备的功能就是为计算机系统接纳的每个程序分配它们所需要的外部设备，并启动相应的设备，实施实际的 I/O 操作。当进程提出 I/O 请求之后，设备分配程序将按照一定的分配策略为其分配所需的设备，同时还需要分配相应的控制器和通道，以确保 CPU 与设备之间的通信。设备处理程序负责在一个进程获得了进行输入/输出所需要的全部资源后，去启动设备，从而实现真正的信息传送。

4.4.1 设备管理中的数据结构

为了实现设备管理，系统必须建立和管理若干表格，对每台设备、控制器和通道的情况进行登记。下面我们仅对其中比较重要的表格加以介绍。

1. 设备控制表

系统中每个设备都配置了一张用以记录本设备情况的设备控制表（Device Control Table，DCT），如图 4-9 所示。

图 4-9 设备控制表 DCT

DCT 中包括：设备类型、设备标识符、设备状态、设备等待队列指针、COCT 指针等。其中：

（1）设备状态用来指示设备是忙还是闲。

（2）凡因请求某设备而未被满足的进程，系统将其 PCB 按一定策略排成一个队列，该队列称为设备等待队列。设备等待队列指针则指向该队列队首。

（3）若设备与主存之间仅有一条通道，此时设备仅连接一个控制器，COCT 指针则为该控制器的 COCT 的首址。若设备与主存之间设置了多条通路，此时设备连接了多个控制器，则 COCT 指针项应填上相应的多个控制器的 COCT 的首址。

2. 控制器控制表

每个控制器一张控制器控制表（Controller Control Table，COCT），用以记录本控制器的使用状态以及和通道的连接情况等，如图 4-10 所示。

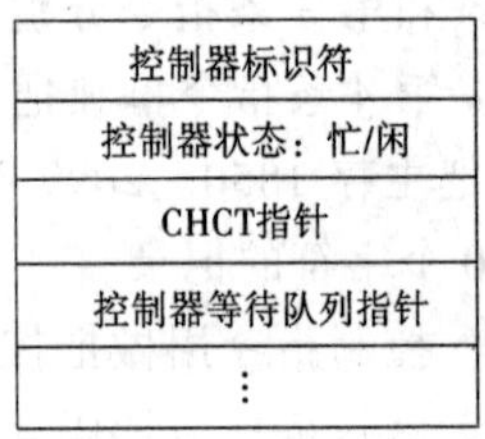

图 4-10 控制器控制表 COCT

3. 通道控制表

每个通道一张通道控制表（Channel Control Table，CHCT），用以记录本通道的使用状态以及和控制器的连接情况等，如图 4-11 所示。

4. 系统设备表

整个系统一张系统设备表（System Device Table，SDT），记录了系统所拥有的全部 I/O 设备，每个设备占一个表目，每个表目又包含若干项。如图 4-12 所示。其中，DCT 指针指向该设备对应的设备控制表；进程标识符为获得该设备的进程的标识符。

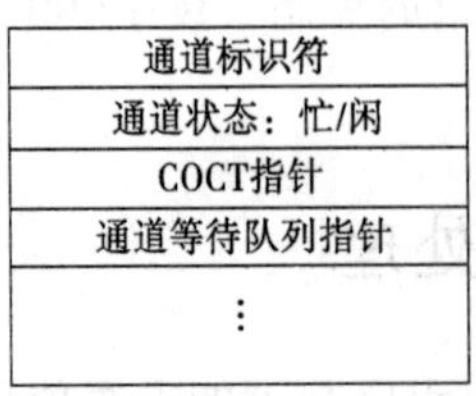

图 4-11 通道控制表 CHCT

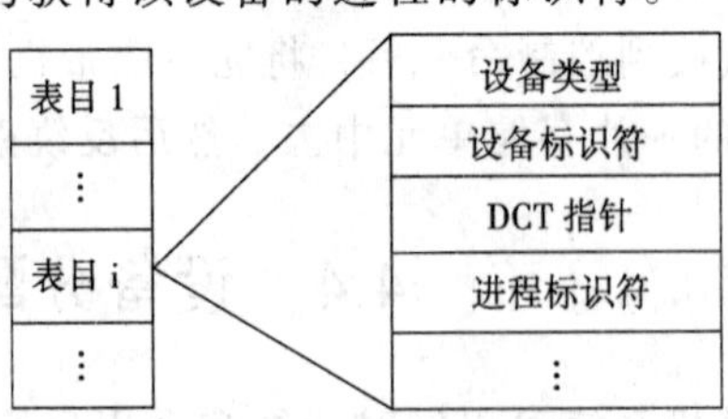

图 4-12 系统设备表 SDT

4.4.2 设备分配原则

在多进程系统中，由于进程数多于设备数，就必然引起进程对设备的竞争。为了使系统能有条不紊地工作，使用户能方便地使用外部设备，系统必须具有一个合理的分配原则。在确定分配原则时，有以下四个因素应考虑。

1. 设备的使用性质

有些外设，比如打印机，往往只能让一个作业独占使用，若让几个作业共享使用，就会产生混乱的情况，这类设备是独占设备；还有些外设，比如磁盘，往往是被多个作业共同使用，并且不会产生不利的后果，这类设备是共享设备。按照设备自身的使用性质，可以采用三种不同的分配技术。

（1）独享分配：独占设备应采用独享分配方式，也称静态分配方式，在作业一级实施，即在一个作业运行前，将它所需要的这类设备分配给它，之后便一直由它独占使用，直至该作业完成并释放它后，其他作业方能使用。事实上，大多数低速设备都是独占设备，都适合采用这种分配方式。独享分配方式实现简单，肯定不会发生死锁，但 I/O 设备通常都得不到充分的利用。

（2）共享分配：对于共享设备，可将它分配给若干进程共同使用，即采用共享分配方式。共享设备的分配是在进程一级实施的动态分配，当进程在运行过程中，需要使用某台设备进行 I/O 传输时，向系统提出请求，系统根据设备情况和分配策略实施分配，一旦 I/O 传输完成，进程马上就释放该设备。这样可使一台设备交替地为多个进程服务。共享分配方式显著提高了设备的利用率，但却使设备管理工作变得很复杂。

（3）虚拟分配：独占设备的分配通常是采用独享分配方式，使得这类设备的利用率很低，从而影响了整个计算机系统的效率。为了克服独占设备的这一缺点，引入了脱机输入/输出方式和 SPOOLing 技术。SPOOLing 技术又称为假脱机输入/输出方式，当低速输入设备要输入信息时，便输入到高速辅存（磁盘或磁带）的输入井中，运行进程从输入井中提取信息加以处理；当运行进程要输出信息时，便输出到高速辅存的输出井中，当输出设备空闲时，便从输出井中提取信息输出。这样，就可以使输入设备和输出设备连续不断地工作。由于一台设备可以和辅存中的若干个存储区域相对应，所以在形式上就好像把一台 I/O 设备变成了许多虚拟的 I/O 设备。也就是说，把一台不能共享的 I/O 设备转换成了一台可共享的缓冲 I/O 设备，如图 4-13 所示。这不仅提高了系统的工作效率和 I/O 设备的利用率，而且可以节约大量的 I/O 设备。

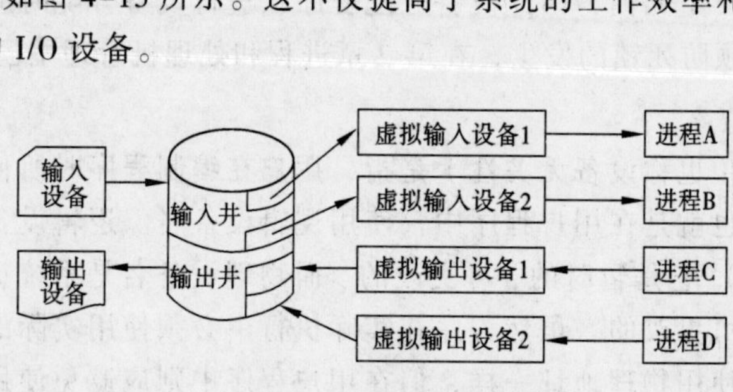

图 4-13 虚拟设备

虚拟分配是针对上述虚拟设备而言的，其实现过程是：当进程申请独占设备时，系统给它分配共享设备上的一部分存储空间；当进程要与设备交换信息时，系统就把要交换的信息存放在这部分存储空间中；在适当的时候，将设备上的信息传输到存储空间或将存储空间中的信息传送到设备。

2. 设备分配算法

设备的分配不仅与设备的固有属性有关，还与系统采用的分配算法有关。I/O 设备的分配与进程调度很相似，主要采用以下两种方法。

（1）先请求先服务：当有多个进程对同一设备提出 I/O 请求时，该算法根据这些进程发出请求的先后次序，将这些进程排成一个设备等待队列，该设备的 DCT 中的设备等待队列指针指向该队列的队首。设备分配程序总是将设备分配给该队列中的队首进程。

（2）优先级最高者优先：该算法根据提出 I/O 请求的各进程的优先级的高低，将这些进程排成一个设备等待队列，对优先级相同的进程，则按上述先请求先服务的算法排队。也即优先级高的进程，它的 I/O 请求也有高的优先级，会优先得到服务。显然，这样有助于高优先级进程尽快完成，从而尽早释放它所占用的资源。如果系统本身也希望使用某 I/O 设备而提出 I/O 请求时，它应比用户 I/O 请求具有更高优先级。

3. 设备分配的安全性

所谓设备分配的安全性是指在设备分配中应防止发生进程的死锁。

采用静态分配方式，因为作业在运行前就已获得所需的全部设备、控制器和通道，并在整个运行期间一直独占，直到该作业被撤销时才释放，所以这种分配方式不会产生死锁，但设备利用率太低。

采用动态分配方式，有两种情形。在某些系统中，每当进程发出 I/O 请求后便立即进入阻塞状态，直到所提出的 I/O 请求完成时才被唤醒。此时，一个进程只能提出一个 I/O 请求，因而它不可能同时去操作多个外部设备。在这种情况下，死锁发生的必要条件不具备，设备分配是安全的，而且程序的编制也更为方便，例如，某程序发出一条命令要求把一张卡片的内容读取到指定位置，则在下一条指令中就可以认为卡片上的数据已经到达了指定位置。但这种分配方式使得进程推进缓慢。在有些系统中，允许进程发出 I/O 请求后仍继续运行，且在需要时又可发出第二个 I/O 请求，第三个 I/O 请求，…，仅当进程所请求的设备已被另一进程占用时才进入阻塞状态。这样，一个进程有可能同时操作多个外部设备，从而使进程推进迅速。而且也只有在这种系统中，才可以采用前述的缓冲技术。但这种分配方式有可能产生死锁，因此设备分配程序在进行设备分配时应该设法保证不发生进程死锁。至于如何预防死锁的发生，在第 2 章进程和处理机管理中已作了详细的介绍。

4. 设备独立性

所谓设备独立性（也称设备无关性）是指，用户在编制程序时所使用的设备与实际使用的物理设备无关，也就是在用户程序中仅使用逻辑设备名。逻辑设备名是用户自己指定的设备名（或设备号），它是暂时的、可更改的。而物理设备名是系统提供的设备的标准名称，它是永久的、不可更改的。虽然程序在实际执行中必须使用实际的物理设备，就好像程序在主存中一定要使用物理地址一样，但在用户程序中则应避免使用实际的物理名，而采用逻辑设备名。这样做的道理就和用户程序中要使用逻辑地址而不使用物理地址的道理一样。设备管理的任务之一就是把逻辑设备名转换成物理设备名。

用户编程时使用逻辑设备名，使该程序在运行时可以利用该类设备中的任一台物理设备，而不必局限于使用某一个。这不仅对改善资源的利用率大有好处，而且对提高系统的可适应性和可扩展性都大有好处。例如，当某一进程用物理设备名申请一台打印机时，若该打印机已被占用，那么即使系统还有其他空闲的打印机，该进程也仍将被阻塞。但若该进程是用逻辑设备名申请一台打印机，则系统可以分配给它任意一台空闲的打印机，只有当所有的打印机都不空闲时，该进程才会被阻塞。又比如有一个以物理设备名申请 I/O 设备的旧程序，虽然系统中又增加了若干台该类新设备，这个旧程序也无法利用，特别是当旧程序所调用的那台设备已经坏掉，则该程序便根本无法运行。通过这两个例子，充分说明了设备独立性的好处。

为实现设备独立性，系统中有一张联系逻辑设备名和物理设备名的映像表，我们称它为进程连接表（Process Attachment Table，PAT），它类似于页式存储管理中所用的页表。若某逻辑设备已连接到相应的物理设备上，则 PAT 中的该物理设备表目将由逻辑设备名和相应的物理设备名组成。在进行设备分配时，通常是先将系统所拥有的物理设备分配给要求该设备的进程，然后再把进程提出 I/O 请求时所用的逻辑设备名填入 PAT 的该物理设备表目中。此时便可认为“逻辑设备已连接到相应的物理设备上”。

4.4.3　设备分配

当系统已经设置好前述的数据结构，又确定了分配原则，则系统的分配程序可按下述步骤进行设备分配。

1. 分配设备

根据申请 I/O 服务的进程提出的设备类型，查找系统设备表 SDT，从中找到该类第一个物理设备的设备控制表 DCT，查看 DCT 中的设备状态信息，若该设备处于忙状态，接着查看同类第二个物理设备的 DCT。若已经查看了该类型的全部 n 个设备的 DCT 且都处于忙状态，表明此次 I/O 申请无法满足，则将该进程插入该类设备的等待队列中。只要有一个空闲可用的设备，系统便按照一定的算法来计算分配该设备的安全性，若分配不会导致死锁，则进行分配，否则仍将该进程插入设备等待队列等待。

2. 分配控制器

当系统把第 i 个设备分配给要求它的进程后，便可通过查看与此设备连接的第一个控制器的控制表 COCT，得知该控制器是否空闲。若忙，再查看第二个控制器的 COCT，若与设备 i 连接的所有 m 个控制器都忙，表明无控制器可分配给设备 i，则将该进程插入控制器等待队列。若找到一个空闲的控制器，则将该控制器分配给该进程。

3. 分配通道

当系统把第 j 个控制器分配给进程后，便可进一步查看与此控制器 j 相连接的第一个通道的通道控制表 CHCT，得知该通道是否空闲。若忙，再查看第二个通道的 CHCT，若与控制器 j 连接的全部通道都忙，表明无通道可分配给控制器 j，则将该进程插入通道等待队列。若有空闲通道可供使用，则此次设备分配成功，将相应的设备、控制器和通道分配给此次申请 I/O 服务的进程，接着便可由设备处理程序去启动 I/O 设备，实现真正的信息传送。

4.4.4　设备处理

1. 设备处理程序的功能

（1）按 CPU 发出的 I/O 指令去启动指定设备进行 I/O 操作。

（2）当 I/O 操作完成或发生某事件时，I/O 设备将向 CPU 发出中断请求，因此 I/O 设备处理程序应具备处理来自设备中断的功能。

（3）在设有通道的计算机系统中，I/O 操作是由通道程序来完成的，而且对于不同的设备和 I/O 请求，应执行不同的通道程序。因此，在这种情况下，设备处理程序应具有根据不同的 I/O 请求构成相应的通道程序的功能。

2. 设备处理方式

在不同的操作系统中，设备处理所采用的方式也不一样。有的系统为每种类型的设备编制一个设备驱动程序，供用户程序或系统进程调用；有的系统专门设置一个系统进程，它负责整个系统中所有 I/O 设备和通道的管理，处理来自各个 I/O 任务的中断，以及诸进程提出的 I/O 请求，该系统进程被称为 I/O 进程。I/O 进程被赋予最高优先级。

（1）设备驱动程序：每一个设备控制器都设有一个或几个控制寄存器，用来存放向设备发送的命令和参数。设备驱动程序负责发放这些命令，并监督它们正确执行。通常，设备驱动程序的任务是接收来自与设备无关的上层软件的抽象请求，并执行这个请求。如果请求到来时，驱动程序的进程空闲，它立即开始执行这个请求；若驱动程序的进程正在执行一个请求，这时它将新到来的请求排到一个等待处理的 I/O 请求队列中，待正执行的请求完成后，再依次从 I/O 请求队列中取出一个个 I/O 请求，逐个处理。设备驱动程序必须决定需要控制器进行哪些操作，以及按照什么次序实现。一旦明确应向控制器发送哪些命令，它就向控制器的控制寄存器写入命令和一些必要的参数，由设备控制器控制设备完成命令的要求。有些控制器一次只能接收一条命令（如 DMA 方式下），有一些控制器则接收一个命令链表（通道方式下），然后自行控制执行，不再求助于操作系统。

在设备驱动程序的进程发放一条或多条命令后，系统有两种处理方式，多数情况下，设备驱动程序的进程必须等待命令完成。这样，在命令开始执行后，它阻塞自己，直到中断处理时将它解除阻塞为止。而在其他情况下，命令执行不必延迟就很快完成。上述两种处理方式，在操作完成后，都必须检查数据传输是否有错误。若有错误，则它返回一些错误状态信息给调用者；若无错误，设备驱动程序还负责将数据传送到设备无关的软件层。若还有未完成的请求在排队，则再选择一个请求个启动执行。若没有未完成的请求，则该驱动程序进程等待下一个请求的到来。

（2）I/O 进程：通常 I/O 进程处于阻塞状态，仅当有 I/O 请求或 I/O 中断时才被唤醒。一旦 I/O 进程被唤醒，由于它有最高优先级，所以系统立即剥夺现行进程的 CPU，将 I/O 进程投入运行。

I/O 进程被唤醒后，首先关中断，再调用 collect 原语去收集发来的消息，根据此消息分析被唤醒的原因。若是因中断请求而被唤醒，则进一步判断是因为 I/O 任务正常完成还是由于异常情况的出现而发出的中断。如为前者，I/O 进程只需确定提出该 I/O 请求的是哪一个进程并将其唤醒即可；若是后者，则转入相应的出错处理程序去处理。若是因某用户进程的 I/O 请求，I/O 进程就根据它发来的消息编制出相应的通道程序，然后发出启动 I/O 指令（Start I/O，SIO），启动成功后，通道便开始执行通道程序。每当一个 I/O 任务完成时，将会释放出它占用的设备和通道。完成上述处理后，I/O 进程返回起始处去收集消息，若无消息，则开放中断将自己阻塞起来。若又有 I/O 请求或 I/O 中断将它唤醒，则将以上过程再重复一次，就这样连续不断地循环。

4.5　磁 盘 管 理

现代计算机系统的大部分处理都集中在磁盘系统。磁盘是程序和数据信息所使用的最主要的联机存储器。事实上，系统的大部分文件和几乎所有的用户文件，在装入主存运行或处理前都存储在磁盘上。因此，正确地管理磁盘存储器是操作系统非常重要的任务之一。

4.5.1　磁盘的物理性能

现在常用的磁盘有硬盘、软盘和可移动磁盘，因为硬盘有容量大、速度快的特点，现代计算机都将硬盘用做存储信息的主要设备。以下主要介绍硬盘的物理性能。

磁盘是表面上覆盖着磁性材料的圆形盘片，信息就记录在盘片的表面上。磁盘的表面逻辑上划分成一组同心圆，每一个同心圆称为一个磁道（track）；每一个磁道又可划分为若干大小相等的扇区（sector）。通常可以采用将多个盘片叠在一起的方式扩充磁盘存储容量。若磁盘存储器是由磁盘叠组成，则还会为每张盘片编制一个盘面号。

当使用磁盘时，驱动电机带动盘高速旋转（通常，旋转速度为 3600r/min 左右），磁盘的表面设置有读/写磁头，信息通过读/写磁头可从磁盘读出数据或将数据写入到磁盘上。

磁盘可分为固定头盘和活动头盘两种。固定头盘的每个磁道上都有一个读/写磁头，其好处是磁道间的转换非常迅速，但它需要大量的磁头，使得设备成本很高。活动头磁盘是在一个磁盘表面仅安装一个读/写磁头，通过移动磁头，就可以方便地存取不同磁道上的信息。但这种活动头磁盘要求专门的硬件装置来移动读/写磁头。由于活动头磁盘只需一个读/写磁头，所以设备成本大大降低，现在广泛采用的是这种磁盘。

磁盘系统硬件可分为两大部分：磁盘驱动器和磁盘控制器。磁盘驱动器是机械部分，包括马达、读/写磁头及附带的逻辑电路。磁盘控制器是磁盘与计算机的逻辑接口。磁盘控制器接收来自 CPU 的指令，并命令磁盘驱动器执行指令。一个磁盘控制器可以控制多个磁盘驱动器工作。

磁盘上的信息是通过多重编址定位的，其定位信息包括：驱动器号、盘面号、磁道号及扇区号。信息是按块（也即扇区）存储的。

为了存取磁盘上的一个扇区，磁盘的速度由三部分组成。首先，系统必须移动磁头至相应的磁道上，这叫做寻道（seek）时间；一旦磁头到达指定磁道，必须等待所需的扇区旋转到读/写磁头下。这个时间叫做旋转（latency）时间；最后，数据在磁盘与主存之间实现的数据传输所用时间叫传输（transfer）时间。完成一个磁盘请求的总时间是上述三者（寻道时间、旋转时间、传输时间）之和。

对于大多数作业来讲，为了装入系统文件和输入、输出文件，都需要频繁地对磁盘进行操作。为了加快磁盘的服务速度，操作系统采用各种调度算法，对磁盘的存取请求进行调度。

4.5.2　磁盘调度算法

1. 先来先服务调度

根据进程请求访问磁盘的时间顺序，先请求先服务。先来先服务算法（FCFS）是磁盘调度的最简单的一种形式，它既容易实现，又公平合理，但它不一定能提供最好的服务。

例如，有如下的一个磁盘请求序列，其磁道号依次为：

98，185，37，122，14，124，65，67

假设读/写磁头起初位于 53 号磁道。为了满足这一请求序列，磁头首先从 53 移到 98，再移到 185，…，最后到达 67。这样，磁头总共要移动 644 个磁道，如图 4-14 所示。这种调度方式的缺点是完全不考虑队列中各个请求的情况，致使磁头有最大的移动距离。从图 4-14 中，很容易便能看出，如果磁头移动到 37 号磁道处理完毕，能随后便为 14 号磁道的请求服务，那么就能节省下很多移动时间，从而缩短了其后每一个请求的处理时间，改善了磁盘的吞吐量。

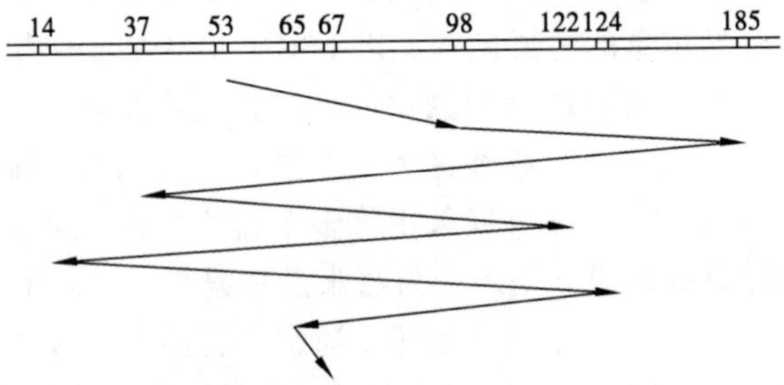

图 4-14　先来先服务的磁盘调度

2．最短寻道时间优先算法

最短寻道时间优先（shortest seek time first）是指在将磁头移向下一请求磁道时，总是选择移动距离最小的磁道的一种方法，简称 SSTF 算法。

对上述的磁盘请求序列，采用 SSTF 算法时，最接近磁头所在位置（53）的请求是第 65 号磁道，一旦磁头移动到 65 号磁道，下一个最接近的是 67 号磁道，之后至 37 号磁道，接下去的服务顺序是 14，98，122，124，最后是 185。这个处理过程如图 4-15 所示。这种算法使得磁头移动距离的总和只有 238 个磁道，约为 FCFS 算法的三分之一。

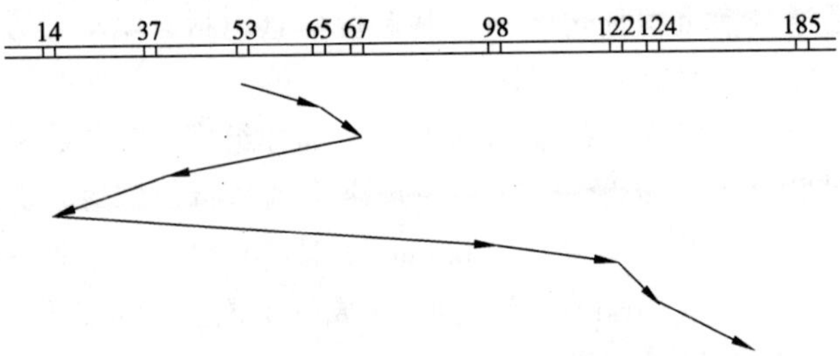

图 4-15　最短寻道时间优先的磁盘调度

SSTF 算法虽然比 FCFS 算法优越，但它也不是最好的。例如，若将磁头由 53 号磁道先移至 37 号磁道（虽然它不是最近的），再移到 14 磁道号，然后移到 65，67，98，122，124 及 185 号磁道，这样可将总的移动距离减少到 210 个磁道，大大加快了处理服务请求的速度。

3．扫描法

扫描算法（SCAN）是指读/写磁头在开始由磁盘的外磁道向内磁道方向移动时，随时处理所到达的任何磁道上的服务请求，直到移到磁盘的内磁道为止。在磁盘的内磁道，磁头的方向反转，又开始向外磁道方向移动，继续处理各磁道上的服务请求。这样，磁头总是连续不断地在磁盘的外磁道和内磁道之间移动。常形象地把 SCAN 算法称为电梯算法。

仍以上述的磁盘请求序列为例，在使用 SCAN 算法之前，不仅要知道磁头移动的最后位置，而且还需要知道磁头移动的方向。如果此时磁头向 0 号磁道方向移动，那么当磁头向 0 号磁道移动时，先处理 37 号和 14 号磁道上的服务请求，再移至 0 号磁道。在 0 号磁道上，磁头反向，并在将磁头移向磁盘另一端时，依次处理 65，67，98，122，124 及 185 号磁道上的请求。如图 4-16 所示。该算法处理完所有服务请求共需移动 238 个磁道。而且该算法与磁盘服务请求到来的时间关系很大。如果正好有一个请求在磁头前进方向上到达，那么，这个请求将会立即得到处理；然而，如果一个请求在磁头刚刚移动过后到达，那么它只能等到磁头反方向移到时才能得到处理。

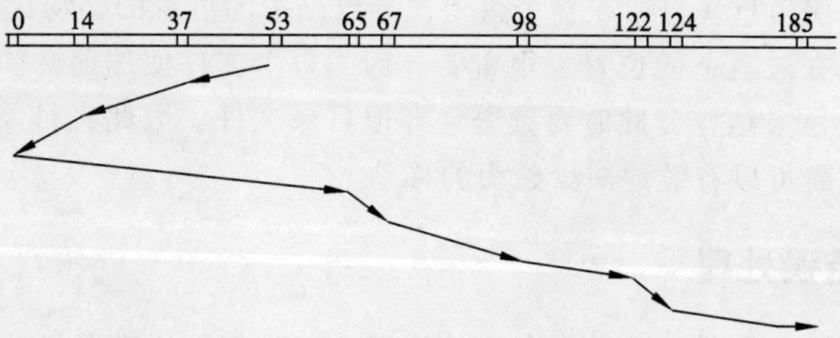

图 4-16　SCAN 磁盘调度

假定对磁道的请求是均匀分布的，考虑对磁道的请求密度，当磁头达到一端并反向时，落在磁头之后的请求相对较少，这是由于这些磁道刚刚被处理、而磁盘另一端的请求密度相当高，而且这些请求等待的时间较长。为了解决这种情况，可以采用循环扫描（Circular-SCAN，C-SCAN）算法，以提供比较均衡的等待时间。C-SCAN 与 SCAN 算法类似，也是在将磁头从一端移向另一端时，随时处理到达的请求。但是，当它已到达另一端时，磁头立即返回到开始处。也即回程时，不处理任何请求。循环扫描法将磁盘视为一个圆，最后一个磁道与第一个磁道紧密相接，以此达到对磁道上请求的均衡服务。

扫描法和循环扫描法都是将磁头由磁盘的一端移向另一端再反向，这在大多数情况下都是不必要的，会无谓地浪费时间，因此，实际上没有一个算法是这样实现的。通常，磁头在向任何方向移动时，都只移动到最远的一个请求磁道上。一旦在前进的方向上没有请求到达，磁头就反向移动，这种方式的扫描及循环扫描称之为查询（LOOK）及循环查询（C-LOOK）（即在将磁头向前移动之前，先查询有无请求），如图 4-17 所示。

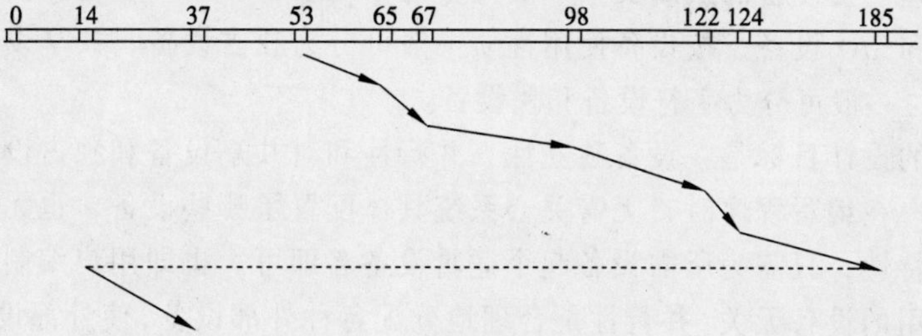

图 4-17　C-LOOK 磁盘调度

4.5.3 对磁盘的服务请求产生影响的几个因素

一般情况下，磁盘调度算法会对磁盘的服务请求产生影响。SSTF 算法是公认的、最具吸引力的算法，FCFS 算法实现简单，SCAN 和 C-SCAN 算法对于磁盘负载较重的系统更为合适。然而，任何调度算法性能优劣都是与进程对磁盘的请求数量和方式紧密相关的。当磁盘等待队列中的请求数量很少超过一个时，所有的算法都是等效的。在这种情况下，最好采用 FCFS 算法。

事实上，文件的组织方式将大大地影响对磁盘的服务请求。当一个程序读磁盘上的一个大的连续文件时，尽管请求读盘的要求很多，但由于各信息块连在一起，磁头的移动距离却很小。若程序读的是一个链接文件或索引文件，尽管这种文件组织方式可充分利用磁盘空间，但却可能使信息块分布在整个盘上，导致磁头的可观的移动代价。

目录及索引块在磁盘上的位置也很重要。因为每个文件使用前必须打开，在打开一个文件时，必须检查目录结构，此时要频繁地存取目录文件。因此将目录文件放在磁盘的中间，而不是两端，就可以有效地减少磁头的移动。

4.5.4 磁盘的错误处理

磁盘在运转过程中容易出现各种各样的错误。一些常见的错误如下：

- 程序性的错误（例如，申请不存在的扇区）；
- 瞬时检查和错误（例如，磁头上有灰尘）；
- 永久性的检查和错误（磁盘块物理损坏）；
- 寻道错误（例如，寻找磁道 6，磁臂却定位到磁道 7）；
- 控制器错误（控制器拒绝接受命令）。
- 这些错误都由磁盘驱动程序进行处理。

现代大多数计算机系统中，磁盘设备是计算机外存的主要 I/O 设备。对磁盘的 I/O 请求主要来源于文件系统和虚拟存储器系统。如何高效地使用磁盘，是操作系统的设计者应高度重视的问题。

本 章 小 结

设备管理是指对数据传输控制和对计算机系统中除中央处理机、主存储器之外的所有其他设备的管理。按设备的从属关系一般可分为系统设备和用户设备；按操作特性一般可分为存储设备和 I/O 设备；按设备使用性质一般可分为独占设备、共享设备和虚拟设备；按信息交换单位一般可分为字符设备和块设备。

设备管理的设计目标是：设备独立性、并行性和对共享设备和独占设备的处理。设备独立性是指用户在编写程序时，无需关心系统具体配置了哪些设备，也无需了解各种设备的使用方法和特性，只需为所需设备起个逻辑设备名即可。也即用户编制程序时所使用的设备与实际使用的设备无关。并行性是合理地分配各种外部设备，使外部设备与 CPU 之间、各种外部设备之间充分地并行。

设备管理具有以下功能：状态跟踪、设备分配策略、设备分配、设备控制、对缓冲区的管理及实现设备独立性等。

缓冲是用来在两种不同速度的设备之间传输信息时平滑传输过程的常用手段。缓冲的实现方法有两种：一种是采用硬件缓冲器实现，另一种是采用软件缓冲方法。根据系统设置的缓冲区个数，可以将缓冲技术分为：单缓冲、双缓冲、环形缓冲和缓冲池。

通道是采用多总线和承接主 CPU 一些负载的专门用于负责 I/O 工作的部件。I/O 控制方式经过了程序直接控制方式、中断控制方式、直接存储器存取（DMA）方式和通道控制方式。按照信息的交换方式和控制设备的种类，通道可以分为字节多路通道、数据选择通道和数组多路通道。现代大、中型计算机都采用多总线多通道模型。通道除了能完成 I/O 设备之间并行操作外，还可以实现 CPU 与通道并行操作和通道与通道间的并行操作。解决通道“瓶颈”问题的方法是增加 I/O 设备的独立性和增加通路。通道是通过执行通道程序来对 I/O 设备实施控制的。

设备分配程序将按照一定的分配策略为其分配所需的设备，同时还需要分配相应的控制器和通道，以确保 CPU 与设备之间的通信。设备处理程序负责在一个进程获得了进行输入/输出所需要全部资源后，去启动设备实现真正的信息传送。系统中每一设备都配置了一张用以记录本设备情况的设备控制表 DCT，每个控制器一张用以记录本控制器的使用状态以及和通道的连接情况等的控制器控制表 COCT，每个通道一张用以记录本通道的使用状态以及和控制器的连接情况等的通道控制表 CHCT，整个系统一张记录了系统所拥有的全部 I/O 设备的系统设备表 SDT。在确定分配原则时，应考虑四个因素：设备的使用性质、设备分配算法、设备分配的安全性和设备独立性。系统的分配程序可按下述步骤进行设备分配：分配设备、分配控制器和分配通道。设备处理程序的功能包括：按 CPU 发出的 I/O 指令去启动指定设备进行 I/O 操作；当 I/O 操作完成或发生某事件时，I/O 设备将向 CPU 发出中断请求；在设有通道的计算机系统中，I/O 操作是由通道程序来完成的，而且对于不同的设备和 I/O 请求，应执行不同的通道程序。有的系统为每种类型的设备编制一个设备驱动程序，供用户程序或系统进程调用；有的系统专门设置一个系统进程，它负责整个系统中所有 I/O 设备和通道的管理，处理来自各个 I/O 任务的中断，以及诸进程提出的 I/O 请求，该系统进程被称为 I/O 进程。

现代计算机都将硬盘用做存储信息的主要设备。为了加快磁盘的服务速度，操作系统采用各种调度算法，对磁盘的存取请求进行调度。磁盘调度算法主要有：先来先服务调度（FCFS）、最短寻道时间优先算法（SSTF）和扫描法（SCAN）等。

习 题 四

1. 设备管理的主要目的和功能是什么？
2. 有几种 I/O 控制方式？各有什么特点？
3. 从分配角度看，可将设备分成哪些类型？各类设备的物理特性是什么？
4. 什么是缓冲？为什么要引入缓冲？
5. 常用的缓冲技术有哪几种？试举一例说明采用缓冲技术可以提高设备并行操作能力。
6. 在某系统中，从磁盘将一块数据输入到缓冲区需要花费的时间为 T，CPU 对一块数据进行处理的时间为 C，将缓冲区的数据传送到用户区所用时间为 M。那么在单缓冲和双缓冲情况下，系统处理大量数据时，一块数据的处理时间为多少？

7. 通道有几种类型？它们之间的区别是什么？
8. 系统在进行设备分配时，应考虑哪几个因素？设备分配程序的功能是什么？
9. 简述常用的两种设备处理方式。
10. 简述用户进程调使用外部设备的过程。
11. 什么是磁道？什么是扇区？
12. 磁盘的存取速度由哪几部分组成？
13. 假设移动头磁盘有 200 个磁道（从 0 号到 199 号）。目前正在处理 143 号磁道上的请求，而刚刚处理结束的请求是 125 号，如果下面给出的顺序是按 FIFO 排成的等待服务队列顺序：

    86，147，91，177，94，150，102，175，130

    那么，用下列各种磁盘调度算法来满足这些请求所需的总磁头移动量是多少？

    （1）FCFS （2）SSTF （3）SCAN （4）LOOK （5）C-SCAN
14. 对于请求分布均匀时，下列各调度算法有何不同？

    （1）FCFS （2）SSTF （3）SCAN （4）LOOK （5）C-SCAN

第 5 章 文件系统

对于系统用户而言，文件系统是操作系统中最直观的部分，它为计算机系统的用户和操作系统提供了在线的数据、程序存储和获取的机制，即用户通过文件直接与操作系统交互。操作系统必须为计算机提供数据计算、数据存储的功能，而计算机处理的数据就是通过文件系统存储在介质上，例如硬盘或光盘等，而操作系统按照自己的数据格式管理这些文件。文件系统是计算机组织、存取和保存信息的重要手段，因此文件系统是现代操作系统中的重要组成部分。文件系统包含两个主要部分：一个是文件集合，其中的每个文件存储相关的数据；一个是目录结构，它组织和提供系统中所有文件的有关信息。本章将主要讨论文件结构和存取方法、文件存储空间管理、文件目录管理、文件共享与维护以及文件的使用等问题。

5.1 文件系统的概念

5.1.1 文件和文件系统

为了便于计算机系统的运转和使用，操作系统提供了信息存储的统一的逻辑视图。文件实质上是操作系统对存储设备的物理特性进行抽象而定义的一个逻辑存储单元。文件通过操作系统与物理设备建立起映射关系，保存在物理设备上的文件内容是持久的，即使电源关闭或者系统重新启动，这些文件信息也不会消失。从逻辑结构上看，文件是具有标识符（文件名）的一组相关信息的集合。一个命名的源程序、数据集合、可执行程序等都可以作为一个单独的文件。而日常工作中的职工工作表、人事档案表、材料设备表以及各种系统程序和过程等，给予适当命名后均可以作为文件。

文本文件是以行或者页组织的一序列的字符。源文件是一系列的子程序和函数的集合，每一个子程序或函数都有可执行条件声明。目标文件是系统链接器可以识别的组织成数据块的字节流。可执行文件是可以被系统载入内存并执行的一系列代码段。

文件系统是文件管理系统的简称，是操作系统中实现文件统一管理的一组软件、被管理的文件以及为实施文件管理所需要的一些数据结构的总称（是操作系统中负责存取和管理文件信息的机构）。

从系统角度来看，文件系统是对文件存储器的存储空间进行组织、分配和回收，负责文件的存储、检索、共享和保护。

从用户角度来看，文件系统主要是实现"按名存取"，文件系统的用户只要知道所需文件的文件名，就可存取文件中的信息，而无须知道这些文件究竟如何存储以及存放在什么地方。

5.1.2 文件的分类

对文件的划分通常有以下几种方式：

1. 按用途分类

（1）系统文件：有关操作系统及其他系统程序的信息所组成的文件。这类文件不允许用户直接对其进行读/写和修改，只能通过操作系统的调用来实现服务的功能。这些文件主要由操作系统核心和各种系统应用程序或实用工具程序和数据组成。例如，msdos.sys、io.sys及 UNIX 系统下的核心文件 /unix。

（2）库文件：由标准子程序及常用的某些应用程序组成的文件。这类文件允许用户调用，但不允许用户修改。例如，Windows 系统下的动态库文件*.dll、C 语言中的库文件*.lib、UNIX 系统下的/lib、/usr/lib 目录下的文件。

（3）用户文件：由用户的信息（程序或数据）所组成的，委托给操作系统保存的文件。这类文件主要有源程序、目标程序、原始数据、用户数据库等。

2. 按照对文件实施的保护级别分类

（1）只读文件：只允许文件主及被核准的用户去读文件，而不允许写文件。

（2）可读/写文件：允许文件主及被核准的用户去读和写文件。

（3）可执行文件：允许文件主及被核准的用户去调用执行文件而不允许读和写文件。

（4）不保护文件：没有任何访问限制的文件。

3. 按使用情况分类

（1）临时文件：系统在工作过程中产生的中间文件，一般有暂存的目录，例如\temp、/tmp、/temporary file。正常情况下，工作完毕后会自动删除。异常中断时可能会残留一些临时文件。另外，在使用浏览器浏览网页时，也会有一些临时文件。

（2）永久文件：永久文件指受系统管理的各种系统文件和用户文件，经过安装、编辑、编译生成的文件，存放在软盘、硬盘、光盘等外部设备上。

（3）档案文件：系统或一些使用工具软件包在工作过程中记录在案的文档资料文件，以便查阅历史档案。例如，*.hst、*.log、*.chk 等。另外，安装的应用程序被卸载以后，也会留下一些档案文件。

4. 从用户的观点分类（UNIX 或 Linux 操作系统）

（1）普通文件（常规文件）：普通文件是系统中最一般的组织格式的文件，用 ls –l 命令列文件清单时，首项特征为"–"，例如，-rwx-rx--xx。普通文件包含系统文件、用户文件和库函数文件、实用程序文件等。

（2）目录文件：目录文件是由文件的目录信息构成的特殊文件，操作系统将目录也称为文件，便于统一管理。这类文件包含两类信息，文件名和结点码（i-node），用 ls –l 命令列文件清单时，首项特征为"d"，例如 drwx-rx-rx。

（3）特殊文件（设备驱动程序）：在 UNIX 或 Linux 中所有的 I/O 设备都被看成特殊文件，通过链接方式，它与设备驱动程序紧密相连。用 ls –l 命令列文件清单时，首项特征为“c”（字符型）或“b”（块型）。

5．按存取的物理结构分类

（1）顺序（连续）文件：文件中的记录，顺序地存储到连续的物理块中，顺序文件中记录的次序，与它们存储在物理介质上存放的顺序是一致的，并且是连续存放的。例如，存放在磁带上的文件。

（2）链接文件：文件中的记录可存放在并不相邻的各个物理块中，通过物理块中的链接指针组成一个链表管理，形成一个完整的文件。此文件又称为直接存取文件或指针串联文件。

（3）索引文件：文件的记录可存储在并不相邻的各个物理块中，记录和物理块之间通过索引表项按关键字存取文件，通过物理块中的索引表的管理，形成一个完整的文件。

6．按文件的逻辑存储结构分类

（1）有结构的记录式文件：有结构的记录式文件是由若干个记录所构成的文件，根据记录的长度特点又可分为定长记录文件和可变长记录文件。例如，目前常用的数据库文件大都是定长记录文件。

（2）无结构的流式文件：直接由字符序列所构成的文件。一般来说，操作系统就是这种文件结构。也可以把流式文件看成是记录文件的特例，即其中每个记录只含有一个字符。

7．按文件中信息的流向分类

（1）输入文件：输入文件指从输入设备上输入的文件。例如，读卡机或纸带输入机上的文件，只能读入，所以它们都是输入文件。

（2）输出文件：输出文件指从输出设备上输出的文件。例如，打印机、穿卡机等文件只能写，所以它们都是输出文件。

（3）输入/输出文件：输入/输出文件指既能输入又可输出的文件。例如，在磁盘、磁鼓、磁带上的文件，既可读，又可写，这些属于输入/输出文件。

8．按文件中的数据形式分类

（1）源文件：源文件是指源程序和数据构成的文本文件。一般由 ASCII 码、EBCD 码或汉字编码组成。

（2）目标文件：目标文件由源程序经过相应的计算机编译程序编译，但尚未经过链接程序链接的目标代码所形成的文件，它属于二进制文件，内部地址为相对地址。通常目标文件为*.obj（DOS）、*.o（UNIX）。

（3）执行文件：目标文件经过与计算机系统提供的库函数及相关的子程序链接后形成的文件。它是二进制文件，可在操作系统的支持下运行以完成特定的任务。

5.1.3 文件系统的功能

文件系统既要负责对用户的私人专用存储器上的信息进行访问，也要负责提供给用户以有控制的方式访问共享的信息。因此，文件系统作为一个统一的信息管理机制，应具有下述功能：

1．实现文件存储空间管理

统一管理文件存储空间（即外存），以实现存储空间的分配与回收。其追求的主要目标是提高存储空间的利用率，实现对文件高效率的访问。

2．实现文件从名字空间到外存地址空间的映射

即实现文件的按名存取，用户不必了解文件存放的物理位置和查找方法，只需通过文件名就可以对相应的文件进行相关操作。这种映射是通过在文件说明部分中记载文件内容存放的物理地址来实现的。

3．实现对文件的操作管理

有效实现对文件的各种控制操作（如建立、撤销、打开、关闭文件等）和存取操作（如读、写、修改、复制、转储等）。其中文件转储是为了防止硬件或软件的损坏或错误而对文件系统造成破坏，而定期地保存一些重要文件的多个副本，包括全量转储和增量转储。

4．实现文件信息的共享和安全措施

实现多个用户可以访问同一个文件，并且提供可靠的文件保密和保护措施。通常，采用多级保护措施来实现文件的共享和安全。系统中常用的分级安全体系包括系统级安全、用户级安全、目录级安全和文件级安全。

5、提供用户接口

用户通过用户接口向系统发出请求或提供数据，计算机将处理后的数据又通过用户接口返回给用户，以此实现用户和系统之间的数据交互传送。

一个文件系统至少要提供以下的文件操作功能：

（1）对整体文件而言

- 打开（OPEN）文件：以准备对该文件进行访问。
- 关闭（CLOSE）文件：结束对该文件的访问。
- 创建（CREATE）文件：构造一个新文件。
- 删除（DELETE）文件：删除一个已有的文件。
- 复制（COPY）文件：创建已有的文件的新的拷贝。
- 重命名（RENAME）：对文件改变其文件名。
- 打印或显示文件内容（DISPLAY）。

（2）对文件中的数据项而言

- 读（READ）操作：把文件中的数据项输入给某个进程。
- 写（WRITE）操作：进程输出数据项到某个文件中。
- 修改（UPDATE）操作：修改文件中的某个数据项。
- 插入（INSERT）操作：向文件中添加新的数据项。
- 删除（DELETE）操作：从文件中删除某个（些）数据项。

5.2 文件结构及存取方法

文件结构是指文件的组织形式，文件类型在一定程度上表示了文件的内部结构。如前所述，源文件和目标文件需要有合理的结构以便应用程序能够正确地对其进行读操作。特定的文件都要求有标准的结构以便操作系统能够理解，例如，对于可执行文件，需要有特殊的结构以便于确定在系统何处载入文件以及第一条指令的位置所在。文件系统的设计者应该从两种不同的观点去研究和设计文件的结构和存取方法：

（1）用户观点：研究用户思维中的抽象文件，即逻辑文件。其目的是为用户提供一种结构清晰、使用简便的逻辑文件形式。用户将按照这种形式去存储、检索和加工有关文件的信息。

（2）系统观点：研究存储在外部物理介质上的实际文件，即物理文件。其目的是选择一些工作性能良好、设备利用率高的物理文件结构。系统将按照这种形式和文件存储设备发生联系，以控制信息的传输。文件系统的主要作用之一，就是在用户的逻辑文件和相应存储设备上的物理文件之间建立映射关系。文件存取方法是由文件的性质和用户使用文件的情况来决定的，因此在设计文件系统时，要同时考虑文件的逻辑结构和物理结构。

5.2.1　文件的逻辑结构

文件的逻辑结构是用户所观察到的文件组织形式，是用户可以直接处理的数据及结构，它独立于物理特性，又称为文件组织。文件的逻辑结构可分为两大类：无结构的流式文件和有结构的记录式文件。

1．有结构的记录式文件

在记录式文件中，所有的记录通常都是描述一个实体集的，有着相同或不相同的数据项。如果文件中所有记录的长度都相同，则称这种文件为定长记录文件，文件的长度由记录长度和记录个数确定。例如，目前常用的数据库文件大都是定长记录文件。如果在一个记录式文件中每个记录长度可以不同，则称为变长记录文件，文件长度为各记录长度之和。

有结构的记录文件示例如图 5-1 所示的学生信息管理文件中的部分内容。每个记录表示一个学生的有关信息，包括学号、姓名、性别等多个数据项，每个数据项表示某个记录的某种属性。记录式文件中的每个记录至少包含一个特殊的数据项，用来区分同一文件中的不同记录，这个用来唯一标识某个记录的数据项称为记录的主键，如 图 5-1 中的“学号”是主键。由于可能存在同名同姓者，所以“姓名”不能作为主键。要存取一个指定的记录时，只要按主键去查找就可以找到该记录。图 5-1 表示的是定长记录文件的内容，由于定长记录处理方便，开销小，因此是目前较常用的一种记录格式，被广泛用于数据处理中。

学号	姓名	性别	生日	民族	籍贯	专业编号
0502010002	洪诚佳	女	1987/07/24	回族	北京市	0201
0502010004	郭振华	男	1988/08/15	汉族	湖北省	0201
0508040001	庞先	男	1988/05/28	汉族	湖南省	0804
0508040002	赵春全	男	1987/11/03	汉族	四川省	0804
0508040003	金小威	男	1988/01/02	满族	天津市	0804

图 5-1　有结构的记录式文件示例

2．无结构的流式文件

无结构的流式文件是有序字符的集合，文件的长度等于该文件包含的字符数。对流式文件的访问，是利用读/写指针指出下一个要访问的字符。流式文件对操作系统而言，管理比较方便，对用户来说，适于进行基于字符流的正文处理，也可以不受束缚地灵活组织其文件的内部逻辑结构。大量的源程序、可执行程序、库函数、各种多媒体文件（视频、音频、图像）等采用的都是流式文件。在 UNIX 系统中，所有的文件都被看做是流式文件，系统不对文件进行格式处理。

5.2.2 文件的物理结构

用户对不同种类的文件采用特定的存取方法，以便对文件进行各种操作。无论采用何种存取方法，都是首先搜索到操作对象（某个记录或某段字符流信息）的逻辑地址，然后由逻辑地址映射到对应的物理地址，再对该物理地址的有关信息进行操作。因此，由逻辑地址到物理地址的映射是和文件的存储方式，即文件的物理结构紧密相关的。

文件的物理结构是指文件在存储设备上的存放方法。事实上，文件的物理结构决定了文件信息在存储设备上的存储位置。在文件系统中，文件的存储设备通常划分为若干个大小相等的物理块，每块长为 512B 或 1 024B。与此相对应，为了有效地利用存储设备和便于系统管理，一般把文件信息也划分为与物理存储设备的物理块大小相等的逻辑块。从而，以块作为分配和传送信息的基本单位。对于无结构的流式文件，每个物理块中存放相同长度的文件内容（存储文件尾部内容的物理块除外）。而对于有结构的记录式文件来说，由于记录的长度可以是固定的，也可以是不固定的，而且有时一个物理块可以存放多个记录，有时一个记录要占用多个物理块，因此记录大小和物理块大小之间不会有固定的对应关系，从而给由记录的逻辑地址到物理地址的变换带来额外的负担。

另外一个存在的问题是存储碎片。由于磁盘空间是由操作系统以物理块为单位进行分配和回收的，因此每个文件的最后一个物理块通常会有部分多余的存储空间浪费掉。例如，如果每个物理块是 512B，一个具有 1 949B 的文件将占用 4 个物理块（即 2 048B），那么最后剩余 99B 将无法再用于存储，这就是产生的存储碎片。所有的文件系统都存在存储碎片的问题，而且物理块越大，存储碎片也会越大。

文件在逻辑上都可以看成是连续的，但在外部的物理介质上可以有多种存储形式，文件选择何种物理结构，一般由外存的类型、记录被使用的频率、存取要求和速度、关键字个数以及节省存储空间等因素确定。但是无论何种形式的结构，文件在外存储器上都是存放在一系列的物理块上，所有基本的 I/O 操作函数都是直接对物理块上存放的文件数据进行操作的。常用的文件物理结构包括顺序结构、链式结构、索引结构和 Hash 文件。

1．顺序结构

顺序结构是一种最简单的物理文件结构，它把一个在逻辑上连续的文件信息依次存放到连续的物理块中，即用物理上的顺序存储来实现文件的逻辑次序，物理顺序和逻辑顺序是一致的，如图 5-2 所示。

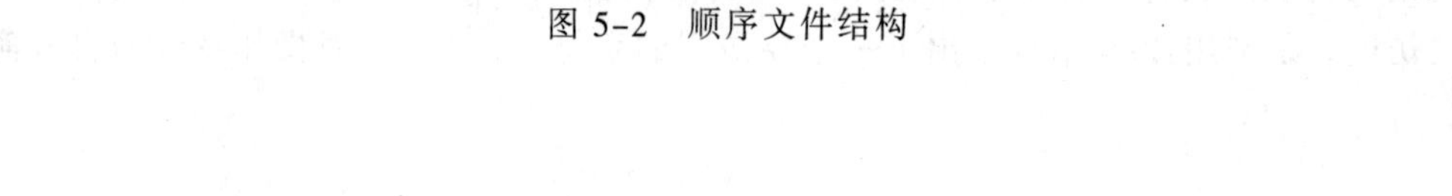

图 5-2 顺序文件结构

对于这种顺序结构文件，用户应给出文件的最大长度，以便在用户建立文件时为其分配足够的辅存空间。对顺序结构文件的操作主要是读/写操作，一般只允许在文件末尾进行插入和删除，而不允许在文件中间进行插入和删除。顺序文件结构较适用于只读的输入文件和只写的输出文件。

顺序结构的优点是结构简单，一旦知道了文件在文件存储设备上的起始地址和文件长度，就能很快速地进行存取。这是因为文件的逻辑块号到物理块号的变换可以由系统简单地完成。但是顺序结构在建立文件时必须在文件说明信息中确定文件信息长度，且以后不能动态增长。而且在文件进行某些部分的删除后，又会留下无法使用的零散空间。因此，顺序结构灵活性较差，不宜用来存放用户文件、数据库文件等经常被修改的文件。

2. 链式结构

如果用户对于文件中信息的访问基本上是顺序进行，那么顺序结构的物理组织形式是比较合适的。但是在磁盘上，这种组织形式往往受到存储文件所需的连续的空闲存储空间的限制。链式文件结构用非连续的物理块来存放文件信息。这些非连续的物理块之间没有顺序关系，其中每个物理块设有一个指针，指向其后续连接的另一个物理块，从而使得存放同一文件的物理块链接成一个链表的形式。图 5-3 所示为链式文件的物理结构。

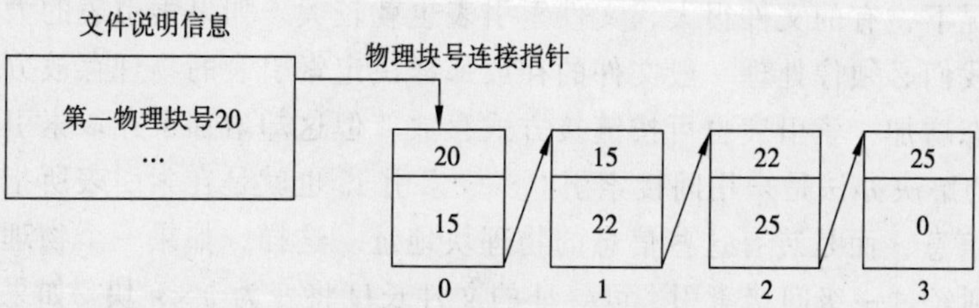

图 5-3　链式文件结构

显然，使用链式文件结构时，不必在文件说明信息中指明文件的长度，只需指明该文件的第一个块号即可。链式文件结构的另一个特点是文件长度可以动态地增长，只要调整链接指针就可在任何一个信息块之间插入或删除一个信息块，这些都是链表常见而易于实现的操作。

用链式文件结构时，逻辑块到物理块的转换由系统沿串联队列查找与逻辑块号对应的物理块号的办法完成。例如，在图 5-3 所示的文件结构中，如果用户所要进行操作的逻辑块号为 2，则系统从第一个物理块 20 开始，一直沿串联队列搜索到队列中逻辑块号为 2 的第三块时，得到其所对应的物理块号为 22，然后对该物理块中的数据进行存取访问。

由于链式文件结构只能按队列中的链接指针顺序搜索，因此，链式文件结构的搜索效率较低。链式文件结构一般只适用于逻辑上连续的文件，且存取方法应该是顺序存取的。否则，为了读取某个信息块而造成的磁头大幅度移动将花去较多的时间。

链式结构的优点是可以以块为单位动态增长和删除，不要求连续的大块存储空间，空间利用率高。但是这种结构只适合顺序存取而不适合随机存取。对于文件信息的随机访问，为了查找某个记录在磁盘上的物理块地址，必须利用物理块的头指针从第一个物理块依次向后查找，直到读取所需记录对应的物理块号为止，才能对物理块进行读/写操作。此外，由于在每个物理块中设置了链接字而破坏了物理信息的完整性。

3. 索引结构

索引结构要求系统为每个文件建立一张索引表，表中每一栏目表示文件信息所在的逻辑块号和与之对应的物理块号之间的映射关系。索引表的物理地址则由文件说明信息项给出。索引结构如图 5-4 所示。

与前面的两种结构相比较，索引文件结构既可以满足文件动态增长的要求，又可以较为方便和迅速地实现随机存取。因为有关逻辑块号和物理块号的信息全部放在一个集中的索引表中，而不是像链式文件结构那样分散在各个物理块中。

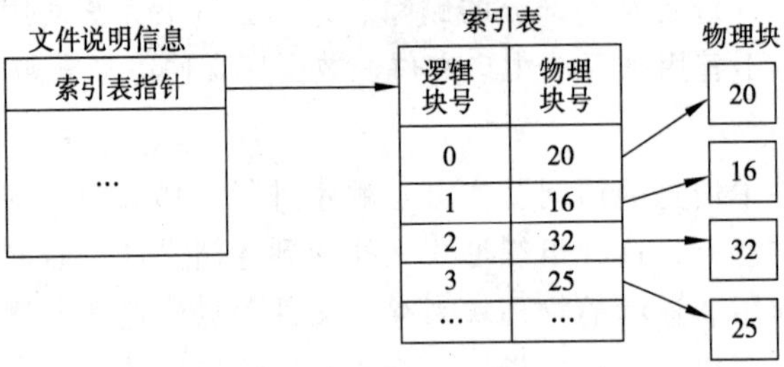

图 5-4　索引文件结构

在很多情况下，有的文件很大，文件索引表也就较大。如果索引表的大小超过了一个物理块，那么我们必须像处理一般文件的存放那样决定索引表的物理存放方式，但这不利于索引表的动态增加；索引表也可按链接方式存放，但这却增加了存取索引表项的时间开销。一种较好的解决办法是采用间接索引（多级索引），也就是在索引表所指的物理块中存放的不是文件信息，而是装有这些信息的物理块地址。这样，如果一个物理块可装下 n 个物理块地址，则经过一级间接索引，可寻址的文件长度将变为 $n\times n$ 块。如果文件长度还大于 $n\times n$ 块，还可以进行类似的扩充，即二级索引。其原理如图 5-5 所示。

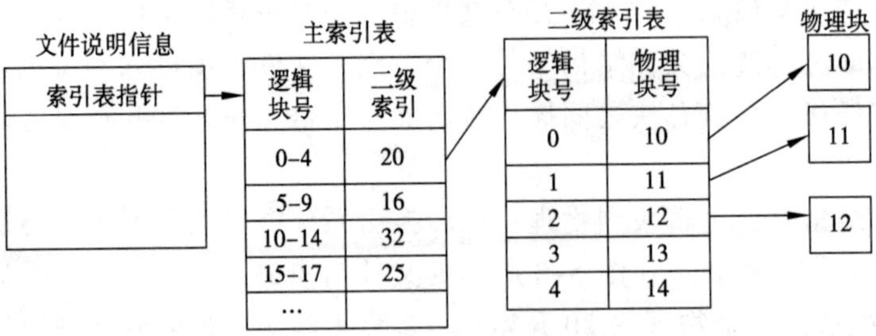

图 5-5　多级索引文件结构

不过，大多数文件不需要进行多级索引，也就是说，这些文件所占用的物理块数的块号可以放在一个物理块内。如果对这些文件也采用多级索引，则显然会降低文件的存取速度。因此，在实际系统中，总是把索引表的头几项设计成直接寻址方式，也就是这几项所指的物理块中存放的是文件信息；而索引表的后几项设计成间接寻址方式，也就是多级索引项。在文件较短时，可利用直接寻址方式找到物理块号而节省存取时间。

索引结构既适用于顺序存取，也适用于随机存取。索引结构的缺点是由于使用了索引表而增加了存储空间的开销。另外，在存取文件时需要至少访问存储器两次以上。其中，一次是访问索引表，另一次是根据索引表提供的物理块号访问文件信息。由于文件在存储设备的访问速度较慢，因此，如果把索引表放在存储设备上，势必大大降低文件的存取速度。一种改进的方法是，当对某个文件进行操作之前，系统预先把索引表放入内存。这样，文件的存取就可直接在内存通过索引表确定物理地址块号，而访问磁盘的动作只需要一次。

4. Hash 文件

Hash 文件是目前应用最广的一种直接文件。它利用 Hash 函数（或称散列函数）将记录键值转换为相应记录在目录表中的索引，即表项位置。通常，把 Hash 函数作为标准数存于系统中，以供对文件存取时调用。因为散列函数不是一对一的关系，所以选择好的散列函数和冲突处理方法是散列文件的关键。

通常，为了实现文件存储空间的动态分配，由 Hash 函数求得的这个地址不是直接指向相应的记录，而是指向一个索引表的相应表项，这个表项指针再指向那个相应记录所在的物理块。因此，具有相同 Hash 函数值的记录存放在同一物理块内，而如果那个物理块存满了，产生溢出，则给这个文件再分配一个物理块，并用指针把相应的物理块链接起来，这样的索引表称为 Hash 索引表，这种存储结构也称为 Hash 索引结构。

5.2.3　文件存储设备

常用的存储设备有磁盘、光盘、磁带等，其中磁盘又可分为硬盘和软盘。由于存储设备的特性决定了文件的存取设备和方法，因此，这里介绍以磁带为代表的顺序存储设备和以磁盘为代表的直接存储设备的特性。

1. 顺序存储设备

磁带是一种最典型的顺序存取设备。磁带设备在原理上和磁带录音机一样（见图 5-6），信息存储在磁带介质上，其使用方式与磁带录音机也类似。它以磁带上的磁粉的极性方向表示二进制数的 0 或 1，通过读/写磁头对磁带信息进行存入或读取操作。作为计算机外存储设备的磁带沿移动方向纵向分成九个磁道，每道上可以存放一个二进制位，因此一个横排可以存放九位数据，其中八位表示一个字符，第九位是奇偶校验位。

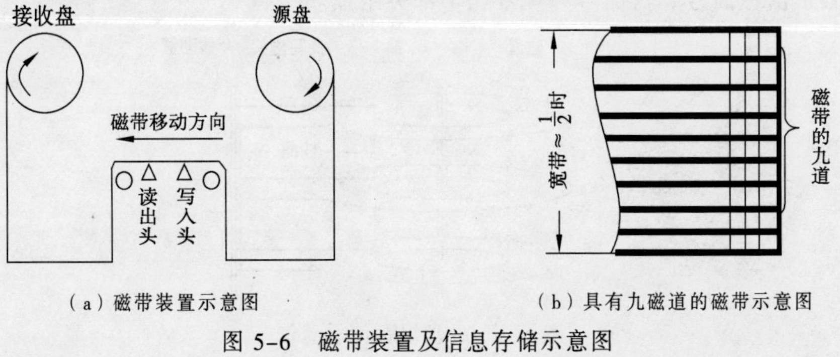

（a）磁带装置示意图　　（b）具有九磁道的磁带示意图

图 5-6　磁带装置及信息存储示意图

磁带可按读/写的需要随时启动或停止，它启动时从静止到运行平稳或停止时从稳定运动到完全静止，这两个过程是需要一段时间的，只能当磁带转动平稳时才能进行读/写操作。为了有效地利用磁带的空间，提高磁带的使用效率，通常用组块的方法将多个字节的二进制数据存放在磁带上，即磁带上的数据由多个数据块构成，每块可以包含若干个字节，块内是连续的字节流，块间存在一定长度的空白间隔，数据读/写均按块进行。

磁带机的物理特性决定了它只能是一种顺序存储设备，它只能按数据的存放顺序读出数据，即欲读第 N 块的数据，则必须先读出前 N-1 块的数据；也只能在磁带上的所有数据之后才能存放新的数据。磁带的这种特性使得检索和更新存储在磁带上的信息的操作很不方便，因此，它主要用于存放信息变化不大、只进行顺序存取操作且数据量又很大的情况下。

2．直接存储设备

磁盘是一种直接存取的存储设备。它是一个扁平的圆盘，以塑料或金属作为基材，在两面涂上磁粉构成，两面均可以存放数据。图 5-7 所示为 PC 系列计算机所使用的软盘的逻辑结构示意图。

磁盘以同心圆作为记载数据的位置，这些同心圆称为磁道。这些磁道从外向内分别编号为 0，1，2，…等，磁道的数量视磁盘的性能而定，1.44MB 的 3.5in（1in=0.0254m）的软盘有 80 道，编号为 0～79。每个磁道又被分成相同的几个部分称为扇区，3.5in 软盘分成 18 个扇区。

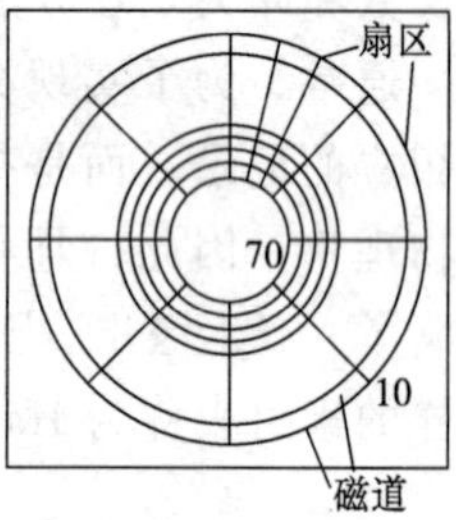

图 5-7 磁盘格式示意图

一个扇区通常为 512 B，它是磁盘上数据读/写的基本单位，3.5in 软盘有 80 道，每道 18 个扇区，双面，则其容量为 $2 \times 80 \times 18 \times 512 = 1.44$ MB。

磁盘由一个称做磁盘驱动器的设备进行控制和读/写。如图 5-8 所示，在磁盘驱动器中有一个驱动轴带动磁盘高速旋转，有一个称做磁头的设备（类似于磁带机的磁头）在步进电机的驱动下可以沿磁盘的半径方向做直线运动，每次前进或后退均移动一段固定长度，在磁盘高速旋转的情况下正好与磁盘上的磁道相吻合，在相应程序的控制下，可以对磁盘上的每一个块进行读/写操作，所以磁盘是一种随机读/写设备。

很多时候将多张磁盘片安装在一起组成一个磁盘组以扩大存储容量，这些盘片安装在一个高速旋转的主轴上，同时有多个磁头对磁盘的每面进行读/写操作（如 PC 中的硬盘）。这样当所有磁头移动到某个磁道上时，所有磁头就共处于一个柱面上，磁盘上某个数据的具体位置必须由柱面号、盘面号和块号三个部分组成。

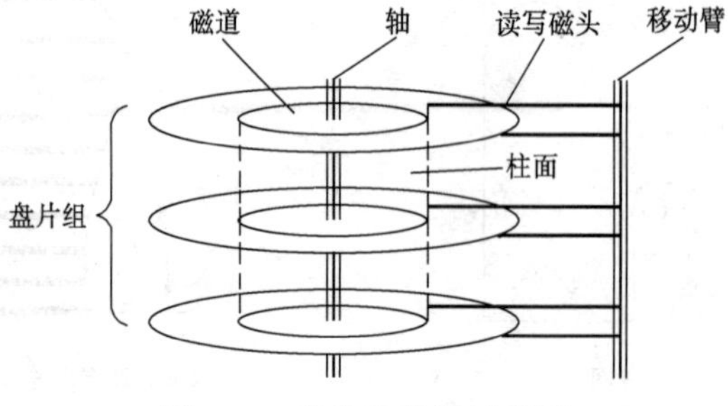

图 5-8 磁盘组存储示意图

5.2.4 文件的存取方法

1．文件的存取方法

文件中存放的是有用的信息，当使用文件时，这些信息需要获取并读入内存中。文件中信息的获取有多种方式，一些系统仅提供了一种存取文件的方式，而有些系统支持多种存取方式。为特定的应用选择合理的存取方式是一个重要的系统设计问题。根据存取的顺序关系，文件的存取方法分为两类：顺序存取和随机存取。

（1）顺序存取：顺序存取严格按照文件信息单位排列的顺序依次存取，后一次存取总是在前一次存取的基础上进行，所以不必给出具体的存取位置。

对于有结构的记录式文件，顺序存取按照记录的逻辑排列次序依次存取各个记录，即如果当前读取第 i 个记录，则下一次要读取第 $i+1$ 个记录，文件的读指针自动逐个记录的向后移。对于无结构的流式文件，情况类似，只是每次存取之前必须指明要读/写的字节数目。顺序存取时，每次读/写完毕，位置指针自动的加上读/写信息的长度，而后由此指针开始读/写下一段文件内容。

（2）随机存取：随机存取又称直接存取，在存取时必须先确定进行存取时的起始位置（如记录号、字符序号等）。在随机存取的方式下，文件被看做是次序编号的数据块或者记录，对文件的读/写顺序没有限制。

对于记录式文件，随机存取方法允许存取文件中的任一记录，而不需要从首记录开始依次存取各个记录。所以随机存取时必须给出记录号，或先移动文件读/写指针指向欲存取的记录。对于无结构的流式文件，随机存取时，先移动文件读/写指针指向欲存取的位置，并给定此次欲读/写的字节数。

此外，在数据库系统中可以根据记录的关键字来编址，从而通过一个或多个键值，而不是根据记录的编号或地址来存取记录，这种方法称为“按键存取”。

2．文件结构与文件存储设备及存取方法的关系

文件的存取方法和文件的物理结构以及文件存储设备的特性密切相关。对于顺序组织的存储设备（如磁带），用它来做文件存储设备，适合采用连续分配的文件组织，即适合于顺序存取的文件。对于此种情形，当处理完一个物理块中的数据后，由于磁头自动移到下一个物理块处，因而可随即存取并处理下一个物理块中的数据而不需要占用额外的查找时间。

对于直接存取设备（如磁盘），上述四种物理结构皆可以采用，究竟选择哪种结构最合适，要由文件的使用情况决定。对于顺序存取的文件，组织成顺序文件或链式文件是可行的。但连续分配方式要求在建立文件时要确定文件的大小，因而缺乏灵活性。而链接式分配的链式文件具有较大的灵活性，扩展文件时可申请任一空闲物理块，压缩文件时，可及时把不需要的物理块归还给系统，以供其他文件使用。

如果采用直接存取方式，而且文件大小固定，则选择索引式文件组织比较合适，它的灵活性比较大。而对于链式文件，在这种情况下反而是低效的，因为要顺序通过一系列物理块才能找到需要的记录，因而存取速度慢。对于索引式文件组织，也可以采用顺序存取方法，但其效率不如其他文件结构。若文件大小固定，则采用连续分配方式文件结构也可以。

链式结构和 Hash 文件结构，其优点是都能实现物理块的动态分配和回收，连续分配方式的优点是实现简单，不需要索引表和链接指针，但灵活性差。

存储设备、文件物理结构与存取方法的关系如表 5-1 所示。

表 5-1 存储设备、文件物理结构与存取方法的关系

存储设备	磁盘、磁鼓			磁 带
物理结构	连续文件	链式文件	索引文件	连续文件
文件长度	固定	固定、可变	固定、可变	固定
存取方法	随机、顺序	顺序	随机、顺序	顺序

5.2.5 文件系统的组织方式

1. DOS 文件管理（FAT）系统

FAT 是应用于 MS-DOS 和 Windows 3.x 中的一个 16 位文件管理系统。其主要优点是兼容于多种操作系统。也就是说，它可以被计算机上常用的一些操作系统访问，如 Windows 95、Windows NT 和 OS/2 等。

文件分配表（FAT）——DOS 文件管理系统用来给每个文件分配磁盘空间的表格，DOS 通过它可以知道文件存放在磁盘的什么地方。

FAT 在磁盘上是安排在紧接 DOS 引导扇区（DBR）之后的，它总是从 DOS 的逻辑扇区 1 开始。在磁盘上共有 FAT 的两个备份：一个是基本 FAT，另一个是 FAT 的备份，两者在磁盘上前后紧排在一起。软盘中 FAT 的大小基本上是固定的，而硬盘中各逻辑盘的 FAT 大小是根据分区容量的大小不同而变化的。FAT 之后紧接着是根目录，根目录之后是数据区。

磁盘格式化后，用户文件是以簇为单位存放在数据区中的，一个文件至少占用一个簇。当一个文件占用多个簇时，这些簇的簇号不一定是连续的，但这些簇号间有由存储该文件时确定了的顺序，即每个文件都有其特定的“簇号链”。在磁盘上的每一个可用的簇在 FAT 中就只有一个登记项，通过在对应簇号的登记项内填入“表项值”来表明数据区中的该簇是已占用、空闲或是已损坏的。损坏的簇是在格式化的过程中，通过 FORMAT 命令发现的。在一个簇中，只要有一个扇区有问题，该簇就不能使用。

磁盘上的簇在 FAT 中的表项占 12 位、16 位或 32 位。每簇在 FAT 中所取表项值是占 12 位还是 16 位与所用磁盘的容量有关，12 位表项值可表示 4 096 个簇，若磁盘的簇数大于 4 096，则必须用 16 位表项值。一般来说，软盘和小于 20 740 个扇区（10MB）的硬盘 DOS 分区用 12 位映射一个簇，如多于 20 740 个扇区的硬盘分区，则采用 16 位的 FAT。

DOS 是以簇为单位给文件分配磁盘空间的，每个簇在 FAT 表中占有一个登记项。所以，在 FAT 表中，簇编号即为登记项的编号，每一个登记项作为一个簇的标志信息占用 12 位或 16 位，该标志信息可取的表项值及其含义如表 5-2 所示。

表 5-2 文件分配表中每个簇号可取的表项值及其含义表

表项值（12 位）	表项值（16 位）	簇描述信息含义
000H	0000H	“0”值（未分配使用）
001 H～FEFH	0001 H～FFEFH	“下一个簇号”（已占用）
FF0H～FF6H	FFF0H～FFF6H	保留
FF7H	FFF7H	坏簇
FF8H～FFFH	FFF8H～FFFFH	“EOF”（文件结束簇）

在 FAT 的簇登记项中，0 号登记项和 1 号登记项是表头，簇的登记项从 2 号开始。系统隐含文件 IO.sys（IBMBIO.com）所在的首簇号总是 0002。

FAT 的组成格式和结构功能说明如下：

- 表明磁盘类型。FAT 的第 0 簇和第 1 簇为保留簇，其中第 0 字节（首字节）表示磁盘类型，其值与 BPB 中磁介质描述符所对应的磁盘类型相同。
- 表明一个文件所占用的各簇的簇链分配情况。FAT 从 002 簇开始分配给文件。表项值 001H～FEFH（或 0001H～FFEFH）中的任一值表明文件的下一个簇号。文件的起始簇号由文件目录表（FDT）中每个目录登记项的第 26、27 字节决定，作为 FAT 的入口，起始簇号在 FAT 中的表项值即文件的第二簇号，第二簇号的表项值即第三簇号，依此类推，直到表项值为 FF8H～FFFH（或 FFF8H～FFFFH），表示该簇为文件的最后一簇。
- 标明坏簇和可用簇。若软磁盘格式化时发现坏扇区，即在相应的表项中写入 FF7H（或 FFF7H），表明该扇区所在簇不能使用，DOS 就不会将它分配给用户文件。

磁盘上未用但可用的“空簇”的表项值为 000H（或 0000H），当需要存放新文件时，DOS 将它们按一定顺序分配给新文件。

虽然 FAT 记录了文件所用的磁盘空间信息，但是 DOS 引导区、两个 FAT 表、文件目录区等并不由 FAT 中的盘簇表示。

2. Windows NT 中的文件管理（NTFS）系统

Windows NT 是一个单用户、多任务的操作系统，其文件管理系统 NTFS 支持 Windows NT 的所有优点：

（1）较好的安全性能：操作系统 Windows NT 与 NTFS 文件管理系统相结合，提供了一种称为任意访问控制的能力。它能够指定谁能访问某一个文件（或目录）以及对它做什么操作；在创建一个文件时，也可以通知 Windows NT，哪些用户具有可以对该文件进行读或写操作的权限。因此该文件系统不容易受到病毒和系统崩溃的侵袭。

（2）先进的容错能力：NTFS 文件管理系统使用了一种称为事务（transaction）登录的技术，跟踪对磁盘的修改。因此，NTFS 可以在几秒之内恢复磁盘文件的读/写错误。

（3）支持向下兼容：NTFS 文件系统支持长文件名，它可以存取 FAT 文件系统、VFAT 文件系统，甚至 OS/2 中的 HPFS 文件系统中的文件；但 NTFS 系统中的文件却不能被其他文件系统所存取。也就是说，NTFS 仅支持向下兼容。这也是它的主要缺点。

物理磁盘可以组织成一个或多个卷。卷与磁盘逻辑分区有关，由一个或多个簇组成，随着 NTFS 格式化磁盘或磁盘的一部分而创建，其中镜像卷和容错卷可能跨越多个磁盘。NTFS 将分别处理每一个卷，同 FAT 一样，NTFS 的基本分配单位是簇，它包含整数个物理扇区；而扇区是磁盘中最小的物理存储单位，一个扇区通常存放 512 个字节，但 NTFS 并不认识扇区。簇的大小可由格式化命令或格式化程序按磁盘容量和应用需求来确定，可以为 512B、1 KB、2 KB、…，最大可达 64 KB，因而，每个簇中的扇区数可为 1 个、2 个、直至 128 个。

NTFS 使用逻辑簇号（Logical Cluster Number，LCN）和虚拟簇号（Virtual Cluster Number，VLN）来定位簇。LCN 是对整个卷中的所有簇从头到尾进行编号；VCN 则是对特定文件的簇从头到尾进行编号，以方便引用文件中的数据。簇的大小乘以 LCN，就可以算出卷上的物理字节偏移量，从而得到物理盘块地址。VCN 可以映射成 LCN，所以不要求物理上连续。

NTFS 卷中存放的所有数据都包含在一个 NTFS 元数据文件中，包括定位和恢复文件的数据结构、引导程序数据和记录整个卷分配状态的位图。

主控文件表（Master File Table，MFT）是 NTFS 卷结构的中心，NTFS 忽略簇的大小，每个文件记录的大小都被固定为 1 KB。从逻辑上讲，卷中的每个文件在 MFT 上都有一行，其中还包括 MFT 自己的一行。除了 MFT 以外，每个 NTFS 卷还包括一组“元数据文件”，其中包含用于实现文件系统结构的信息。每一个这样的 NTFS 元数据文件都有一个以美元符号（$）开头的名称，虽然该符号是隐藏的。NTFS 卷中的其余文件是正常的用户文件和目录，如图 5-9 所示。

MFT($Mft)/*记录卷中所有文件的所有属性
MFT 副本($MftMirr)/*MFT 表前 9 行的副本
日志文件($Logfile)/*记录影响卷结构的操作，用于系统恢复
卷文件($Volume)/*卷名，卷的 NTFS 版本等信息
属性定义表($AttrDef)/*定义卷支持的属性类型，如可恢复性
根目录($/)/*存放根目录内容
位图文件($Bitmap)/*盘空间位图，每位一簇
引导文件($Boot)/*Windows 2000/XP 引导程序
坏簇文件($BadClus)/*记录磁盘坏道
安全文件($Secure)/*存储卷的安全性描述数据库
大写文件($UpCase)/*包含大小写字符转换表
扩展元数据目录($Ext.metadata Directory)
…
用户文件和目录
…

图 5-9 MFT 中 NTFS 元数据文件记录

通常情况下，每个 MFT 记录与不同的文件相对应。然而，如果一个文件有很多属性或分散成很多碎片，就可能需要不止一个文件记录。在此情况下，存放其他文件记录的位置的第一个记录就称为基文件记录。

当 NTFS 首次访问某个卷时，它必须装配该卷，这时 NTFS 会查看引导文件，找到 MFT 的物理磁盘地址。MFT 自己的文件记录是表中的第一项；第二个文件记录指向位于磁盘中间的称做“MFT 镜像”的文件。如果因某种原因 MFT 文件不能读取时，副本就用于定位元数据文件。

一旦 NTFS 找到 MFT 的文件记录，它就从文件记录的数据属性中获得虚拟簇号 VCN 到逻辑簇号 LCN 的映射信息，将其解压缩并存储在内存中。这个映射信息告诉 NTFS 组成 MFT 的运行构成放在磁盘的什么地方。然后，NTFS 再解压缩几个元数据文件的 MFT 记录，并打开这些记录。接着，NTFS 执行它的文件系统恢复操作。最后，NTFS 打开剩余的元数据文件，这时用户就可以访问该卷。

3. UNIX/Linux 中的 i 结点表

在 UNIX 或 Linux 操作系统中，文件的有关管理信息与目录项是分开的，每个文件控制块是一个称为 i 结点的数据结构。在文件存储设备上设立了一个专门的 i 结点区，称为磁盘 i 结点区，该区中的 i 结点按顺序编号。1 号 i 结点保留不用，2 号（ROOTINO）i 结点用于存放文件系统的根目录。在文件系统中，i 结点由“设备名/i 结点号”（dev/inumber）来识别。

磁盘 i 结点的数据结构如下：

```
struct dinode
{
  unsigned short di-mode;      // 文件模式
  short di-nlink;              // 文件连接数
  unsigned short di-uid;       // 文件所有者用户标识符
  unsigned short di-gid;       // 同组用户标识符
  long di-size;                // 文件容量
  char di-addr[40];            // 硬盘块号索引表
  long di-atime;               // 文件最近存放时间
  long di-mtime;               // 文件最近修改时间
  long di-ctime;               // 文件建立时间
};
```

其中，di-nlink 表示文件连接数，可以解释为该文件有几条不同的路径名；di-addr 的地址索引表中共有 13 项，每项为 3B。硬盘 i 结点结构驻在外存上不能直接访问。对它进行查询、修改都要通过内存进行，非常麻烦费时。为此，在 UNIX 占用的内存区中设置了内存 i 结点结构。不同操作系统的文件管理和组织方式如表 5-3 所示。

表 5-3　各种操作系统文件管理和组织方式比较

项　目	DOS	Windows	UNIX	Linux
外存分区	盘符	盘符	设备文件	设备文件
文件管理表	FAT	FAT16/FAT32 NTFS	i 结点表	i 结点表
文件名管理	8.3 字符	长文件名	大小写区分长名	大小写区分长名
最大限制数	一个文件系统最大目录数以及一个目录能装最多文件数和一个文件最大字节数取决于各操作系统管理表格项中“字符数长度”，与外存有关，并且随不同版本而变化，特别是对应于不同“字长”硬件的计算机			
硬盘容量	柱面/磁头/扇区/每扇区字节数（0 道同心圆在最外面）			
光盘格式	ISO9660 文件系统（以卷、段为数据单位）			

5.3　文件存储空间管理

文件信息在大部分时间都是存放在外存储器上，只是创建时在内存和使用时从外存调入内存。存储空间管理是文件系统的重要任务之一。只有有效地进行存储空间管理，才能保证多个用户共享文件存储设备和实现文件的按名存取。由于文件存储设备是分成若干个大小相等的物理块，并以块为单位来交换信息的，因此，文件存储空间的管理实质上是一个空闲块的组织和管理问题，它包括空闲块的组织，空闲块的分配与空闲块的回收等几个问题。常用的空闲空间的管理有三种方法：空闲文件目录、空闲块链和位示图。

5.3.1 空闲文件目录

最简单的空闲块管理方法就是把文件存储设备中的空闲块的块号统一放在一个称为空闲文件目录的物理块中，其中，空闲文件目录的每个表项对应一个由多个连续空闲块构成的空闲区，它包括空闲块个数、空闲块号和第一个空闲块号等，如图 5-10 所示。

序号	空闲块个数	第一个空闲块号	空闲块号
1	4	2	（2,3,4,5）
2	3	9	（9,10,11）
3	5	15	（15,16,17,18,19）
4	…	…	…

图 5-10 空闲文件目录

在系统为某个文件分配空闲块时，首先扫描空闲文件目录项，如找到合适的空闲区项，则分配给申请者，并把该项从空白文件目录中删除。如果一个空闲区项不能满足申请者要求，则把目录中另一项分配给申请者（连续文件结构除外）。如果一个空闲区项所含块数超过申请者要求，则为申请者分配了所要的物理块之后，再修改该表项。

当一个文件被删除，释放存储物理块时，系统则把被释放的块号、长度以及第一块块号置入空白目录文件的新表项中。

内存管理中讨论过有关空闲连续区分配和释放算法。只要稍加修改就可用于空闲文件项的分配和回收。

空闲文件项方法适用于连续文件结构的文件存储区的分配与回收，但是增加了目录存储空间的大小，增加了目录管理的复杂性。

5.3.2 空闲块链

空闲块链是一种较常用的空闲块管理方法。空闲块链把文件存储设备上的所有空闲块链接在一起，当申请者需要空闲块时，分配程序从链头开始摘取所需要的空闲块，然后调整链首指针。反之，当回收空闲块时，把释放的空闲块逐个插入链尾上。

空闲块链的链接方法因系统而异，常用的链接方法有按空闲区大小顺序链接的方法。按释放先后顺序链接的方法以及按成组链接法。其中成组链接法可被看做空闲块链的链接法的扩展。

按空闲区大小顺序链接和按释放先后顺序链接的空闲块管理在增加或移动空闲块时需对空闲块链做较大的调整，因而需耗去一定的系统开销。成组链法在空闲块的分配和回收方面要优于上述两种链接法。

成组链法首先把文件存储设备中的所有空闲块按 50 块划分为一组。组的划分为从后往前顺次划分（见图 5-11）。其中，每组的第一块用来存放前一组中各块的块号和总块数。由于第一组的前面已无其他组存在，因此，第一组的块数为 49 块。不过，由于存储设备的空间块不一定正好是 50 的整倍数，因而最后一组将不足 50 块，且由于该组后面已无另外的空闲块组，所以，该组的物理块号与总块数只能放在管理文件存储设备用的文件资源表中。

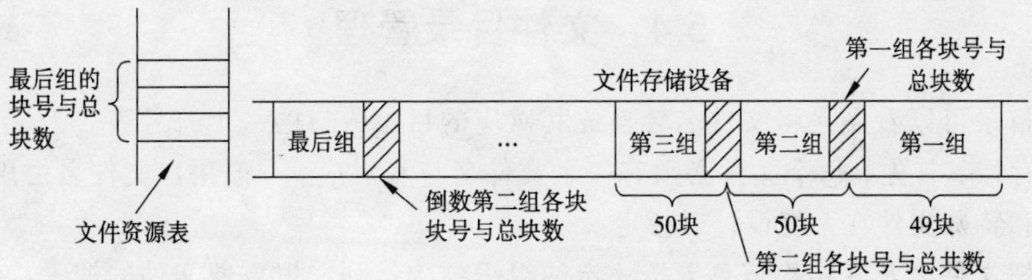

图 5-11　成组链法

在成组链法对文件设备进行了上述分组之后，系统可根据申请者的要求进行空闲块的分配，并在释放文件时回收空闲块。

系统在初始化时把文件资源表复制到内存，从而使文件资源表中放有最后一组空闲块块号与总块数的堆栈进入内存，并使得空闲块的分配与释放可在内存进行。减少了启动 I/O 设备的压力。

与空闲块块号及总块数相对应，用于空闲块分配与回收的堆栈有栈指针 Ptr，且 Ptr 的初值等于该组空闲块的总块数。当申请者提出要求 n 块空闲块时，按照后进先出的原则，分配程序在取走 Ptr 所指的块号之后，再做 Ptr←Ptr-1 的出栈操作。这个过程一直持续到所要求的 n 块都已分配完毕或堆栈中只剩下最后一个空闲块的块号。当堆栈中只剩下最后一个空闲块号时，系统启动设备管理程序，将该块中存放的下一组的块号与总块数读入内存之后将该块分配给申请者。然后，系统重新设置 Ptr 指针，并继续为申请者进程分配空闲块。文件存储设备的最后一个空闲块中设置有尾部标识，以指示空闲块分配完毕。

如果用户进程不再使用有关文件并删除这些文件时，回收程序回收装有这些文件的物理块。成组链法的回收过程仍利用文件管理堆栈进行回收。在回收时，回收程序先做 Ptr←Ptr+1 入栈操作，然后把回收的物理块号放入当前指针 Ptr 所指的位置。如果 Ptr 等于 50，则表示该组已经回收结束。此时，如果还有新的物理块需要回收，则回收该块并启动 I/O 设备管理程序，把回收的 50 个块号与块数写入新回收的块中。然后，将 Ptr 重新置 1 另起一个新组。

显然，对空闲块的分配和释放必须互斥进行，否则将会发生数据混乱。

5.3.3　位示图

空闲文件目录和空闲块链法在分配和回收空闲块时，都需在文件存储设备上查找空闲文件目录项或链接块号，这必须经过设备管理程序启动外设才能完成。为提高空闲块的分配回收速度，用位示图进行管理。

系统首先从内存中画出若干个字节，为每个文件存储设备建立一张位示图。这张位示图反映每个文件存储设备的使用情况。在位示图中，每个文件存储设备的物理块都对应一个比特位。如果该位为 0，则表示所对应的块是空闲块；反之，如果该位为 1，则表示所对应的块已被分配出去。利用位示图来进行空闲块分配时，只需查找图中的 0 位，并将其置为 1 位。反之，利用位示图回收时只需把相应的比特位由 1 改为 0 即可。

5.4 文件目录管理

文件目录可以看做是将文件名转换成其对应的目录入口的一个符号表。为了实现对文件的按名存取，首先，每个文件必须有一个文件名与其对应。一般用户文件名由用户指定，系统文件和特殊文件在系统设计时指定。

必须把文件名及其结构信息等按一定的组织结构排列，以方便文件的搜索。把文件名和对该文件实施控制管理的控制管理信息称为该文件的文件说明，并把一个文件说明按一定的逻辑结构存放到物理存储块的一个表目中。利用文件说明信息，可以完成对文件的创建、检索以及维护。因此，把一个文件的文件说明信息称为该文件的目录。对文件目录的管理就是对文件说明信息的管理。

文件目录的管理要解决存储空间的有效利用，还要解决快速搜索、文件命名冲突以及文件共享问题。

5.4.1 文件的组成

从文件管理角度看，一个文件包括两部分：文件说明和文件体。

文件体指文件本身的信息，它可能是前面讨论的记录式文件或字符流式文件。

文件说明有时也称为文件控制块（FCB），它至少包括文件名、与文件名相对应的文件内部标识以及文件信息在文件存储设备上第一个物理块的地址。另外，根据系统要求不同，它还包括关于文件逻辑结构、物理结构、存取控制和管理信息等。这里的管理信息主要指访问时间以及记账信息等。文件说明组成目录文件，而文件系统利用目录文件完成按名存取和对文件信息的共享与保护。

5.4.2 文件目录

文件目录可分为单级目录、二级目录和多级目录。

1. 单级文件目录

单级目录是一种最简单、最原始的目录结构。文件系统为存储设备的所有文件建立一张目录表，每个文件在其中占有一项用来存放文件说明信息。该目录表存放在存储设备的某固定区域，在系统初启时或需要时，系统将其调入内存（或部分调入内存）。文件系统通过对该表提供的信息对文件进行创建、搜索、删除等操作。

利用单级目录，文件系统就可以实现对文件系统空间的自动管理和按名存取。单级目录时的文件系统读/写处理过程如图 5-12 所示。

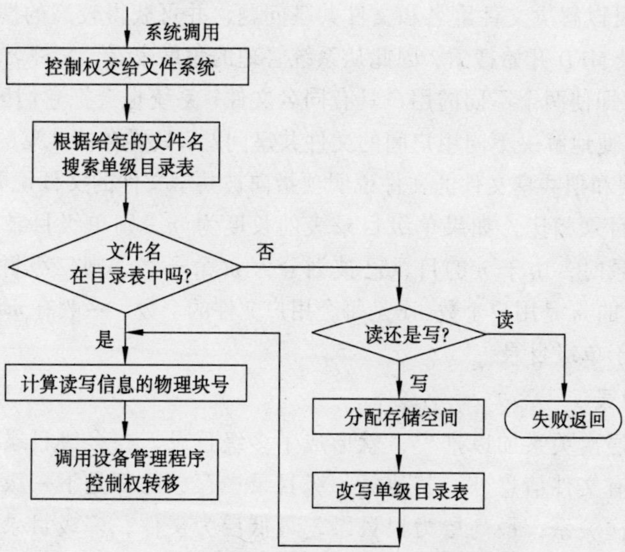

图 5-12　单级目录的读/写处理过程

不过，由于在单级目录表中，各文件说明项都处于平等地位，只能按连续结构或顺序结构存放。如果两个不同的文件重名，则系统将把它们视为同一文件。另外，由于单级目录必须对单级目录表中所有文件信息项进行搜索，因此，搜索效率也较低。

2. 二级文件目录

为了改变单级目录中文件命名冲突问题和提高对目录表的搜索速度，单级目录被扩充成二级目录。

二级目录结构中，各个文件的说明信息被组织成目录文件，并且以用户为单位把各自的文件说明划分为不同的组。然后，这些不同组名的有关存取控制信息存放在系统主目录（MFD）的目录项中。与主目录 MFD 相对应，用户文件的文件说明所组成的目录文件被称为用户文件目录（UFD）。这样，由 MFD 和 UFD 就形成二级目录。二级目录的结构如图 5-13 所示。

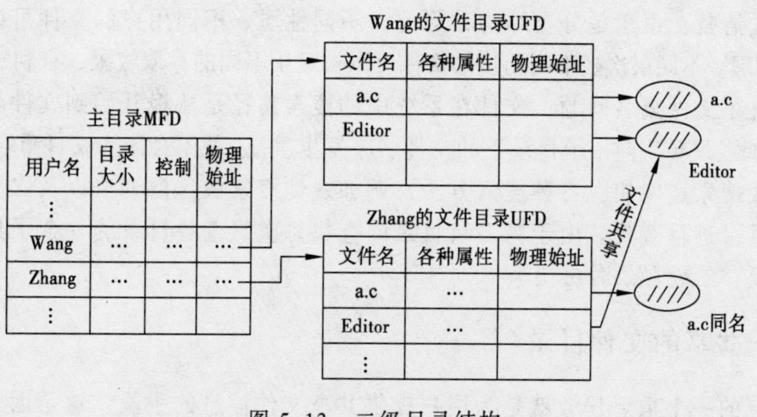

图 5-13　二级目录结构

当用户要对一个文件进行存取操作或创建、删除一个文件时，首先从 MFD 中根据用户名找到该用户的 UFD。余下的操作与单级目录相同。

使用二级目录可以解决文件重名和文件共享问题，并可获得较高的搜索速度。由于二级目录是首先从主目录 MFD 开始搜索，因此从系统管理的角度来看，文件名已演变成为用户名/用户文件名。从而，即使两个不同的用户具有同名文件，系统也会把它们区别开。再者，利用二级目录，也可以方便地解决不同用户间的文件共享问题，只要在被共享的文件说明信息中增加相应的共享管理项和把共享文件的文件说明项指向被共享文件的文件说明项即可。

另外，与单级目录相比，如果单级目录表的长度为 n，则单级目录时的搜索时间与 n 成正比；在二级目录时，由于 n 的目录已被划分为 m 个子集，则二级目录的搜索时间是与 $m+r$ 成正比的。这里的 m 是用户个数，r 是每个用户文件的个数。一般有 $m+r \leqslant n$，从而二级目录的搜索时间要快于单级目录。

3. 多级文件目录

把二级目录的层次关系加以推广，就形成了多级目录。在多级目录结构中，除了最低一级的物理块中装有文件信息外，其他每一级目录中存放的都是下一级目录或文件的说明信息。由此形成层次关系，最高层为根目录，最低层为文件。多级目录构成树形结构，如图 5-14 所示。

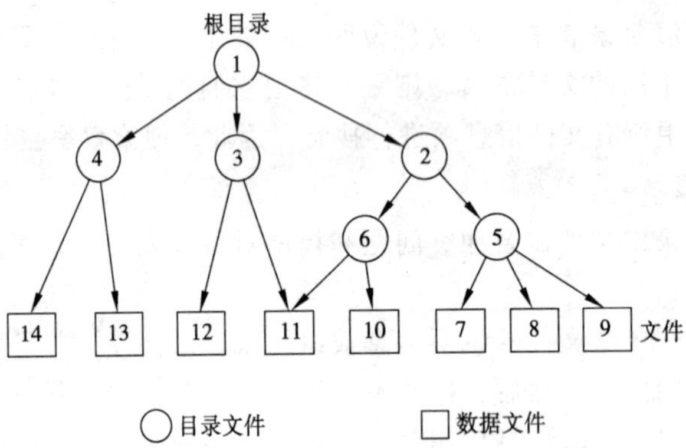

图 5-14　文件系统的树形结构

树形结构多级目录结构具有下列特点：

（1）层次清楚：由于是分支结构，因此，不同性质、不同用户的文件可以构成不同的子树，便于管理。不同层次、不同用户的文件可以被赋予不同的存取权限，有利于文件的保护。

（2）解决了文件重名问题：文件在系统中的搜索路径是从根开始到文件名为止的各文件名组成，因此，只要在同一子目录下的文件名不发生重复，就不会因为文件重名而引起混乱。

（3）查找搜索速度快：各种搜索方法，例如线性搜索法、散列法以及二分搜索法都可用来对各级目录进行查找。由于对多级目录的查找每次只查找目录的一个子集，因此其搜索速度较单级、二级目录时更快。

5.4.3　便于共享的文件目录

文件系统的一个重要任务就是为用户提供共享文件信息的手段。这是因为对于某一个公用文件来说，如果每个用户都在文件系统内保留一份该文件的副本，这将极大地浪费存储空间。如果系统提供了共享文件信息的手段，则在文件存储设备上只需存储一个文件副本，共享该文件的用户以自己的文件名去访问该文件的副本即可。从系统管理的观点看，有三种方法可以实现文件共享，即绕道法、链接法和基本文件目录表 BFD。

绕道法要求每个用户处在当前目录下工作，用户对所有文件的访问都是相对于当前目录进行的。用户文件的固有名（为了访问某个文件而必须访问的各个目录和文件的目录名与文件名的顺序连接称为固有名）是由当前目录到信息文件通路上所有各级目录的目录名加上该信息文件的符号名组成。使用绕道法进行文件共享时，用户从当前目录出发向上返回到与所要共享文件所在路径的交叉点，再顺序下访到共享文件。绕道法需要用户指定所要共享文件的逻辑位置或到达被共享文件的路径。绕道法的原理如图 5-15 所示。

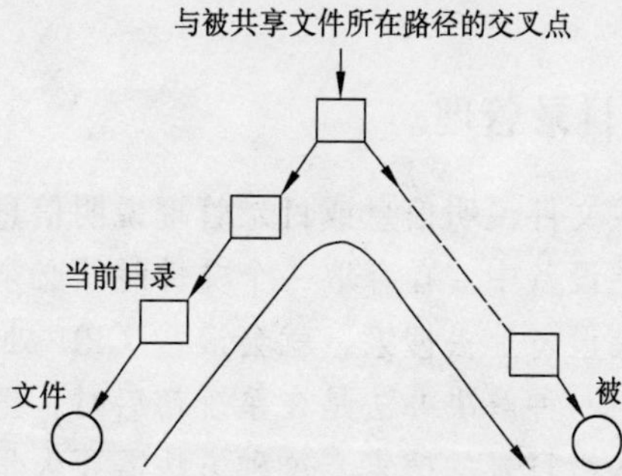

图 5-15　绕道法

绕道法要绕弯路访问多级目录，搜索效率不高。为了提高共享其他目录中文件的速度，另一种共享的办法是在相应目录表之间进行链接。即将一个目录中的链指针直接指向被共享文件所在的目录。链接法仍然需要用户指定被共享的文件和被链接的目录。

实现文件共享的一种有效的方法是采用基本文件目录表 BFD 的方法。该方法把所有文件目录的内容分成两部分：一部分包括文件的结构信息、物理块号、存取控制和管理信息等，并由系统赋予唯一的内部标识符来标识；另一部分则由用户给出的符号名和系统赋给文件说明信息的内部标识符组成。这两部分分别称为符号文件目录表（SFD）和基本文件目录表（BFD）。SFD 中存放文件名和文件内部标识符，BFD 中存放除了文件名之外的文件说明信息和文件的内部标识符。这样组成的多级目录结构如图 5-16 所示。

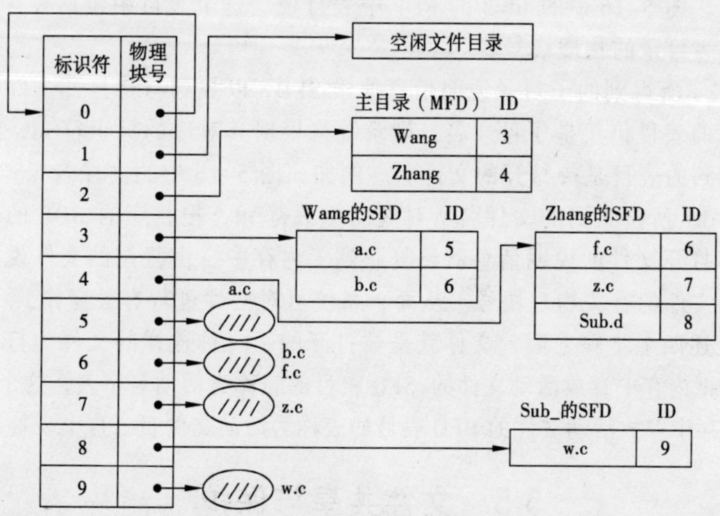

图 5-16　采用基本文件目录的多级目录结构

在图 5-16 中，为了简单起见，未在 BFD 表项中列出结构信息、存取控制信息和管理控制信息等。另外，在文件系统中，系统通常预先规定赋予基本文件目录、空白文件目录、主目录 MFD 的符号文件目录固定不变的唯一标识符，在图中它们分别为 0、1、2。

采用基本文件目录方式可以比较方便地实现文件共享。如果用户要共享某个文件，则只需给出被共享的文件名，系统就会自动在 SDF 的有关文件处生成与被共享文件相同的内部标识符 id，例如在图 5-16 中，用户 Wang 和 Zhang 共享标识符为 6 的文件，对于系统来说，标识符 6 指向同一个文件；而对 Wang 和 Zhang 两个用户来说，则对应于不同的文件名 b.c 和 f.c。

5.4.4 目录管理

存放文件说明信息或目录管理说明信息的目录项构成目录文件，这些文件同样存放在文件存储设备中。在存取一个文件时，必须访问多级目录。如果访问每级目录时都必须到文件存储设备上去搜索，就会浪费 CPU 处理时间、降低了处理速度，给输入/输出设备增加负担。一种解决办法是在系统初启时，把所有的目录文件读入内存，由文件系统在内存完成对各级目录的搜索。这种方法需要大量的内存支持，显然是不可取的。另一种折中的方法是：把当前正在使用的那些文件的目录表目复制到内存中。为此，系统提供两种特殊的操作把有关的目录文件复制到内存的指定区域，以及当用户不再访问有关信息文件时删去有关目录文件的内存副本。

把文件存储设备上的目录文件复制到内存的操作称为打开文件（fopen），而把删除文件的内存副本的操作称为关闭文件（fclose）。这两个操作一般以系统调用的方式提供。对于按 BDF 和 SDF 方式排列的多级文件目录来说，系统按以下方式打开一个文件。

（1）把主目录 MFD 中的相应表目，也就是与待打开文件相联系的有关表目复制到内存。例如，若准备打开图 5-16 中的文件 a.c，则将 MFD 中的第一项（Wang）复制到内存。

（2）根据（1）所复制得到的标识符，再复制此标识符所指明的基本文件目录表 BDF 的有关表目。例如，图 5-16 中的 id=3 的 BDF 中表目项。这个表目中包括有存取控制信息、结构信息以及下级目录的物理块号等。

（3）根据（2）所得到的子目录说明信息搜索 SFD，以找到与待打开文件相对应的目录表项。如果找到的表目仍然是子目录名，则系统将根据其对应的标识符 id，继续上述复制过程，直到所找到的表目是待打开的文件名。例如，图 5-16 中的文件名 a.c。

（4）根据（3）所搜索到的文件名所对应的标识符 id，把相应的 BDF 的表目项复制到内存。这样，待打开文件的说明信息就已复制到了内存中。由复制的文件说明，系统显然可以方便地得到文件的有关物理块号。从而，系统可对文件进行有关操作。

在完成了上述四个步骤之后，文件就是被打开的了。称这样的文件为打开的文件或活动文件。而且，把内存中存放活动文件的 SFD 表目的表称为活动名字表，这个表每个用户一张。另外，把内存中存放活动文件的 BFD 表目的表称为活动文件表，这个表整个系统一张。

5.5 文件共享与保护

文件的共享和保护是一个问题的两个方面。一方面，文件共享是指某一个或某一部分文件由被授权的用户共同使用，它有助于提高系统资源的使用效率。另一方面，由于文件的共享可能导致文件被破坏或某个用户不正当的存取文件，所以，每个文件系统都有某种形式的保护机制来实现有控制的共享，以保证用户信息的保密性。文件系统的存取控制部分应做到：

（1）对于拥有读、写或执行权限的用户，应让其对文件进行相应的操作。

（2）对于没有读、写或执行权限的用户，应禁止他们对文件进行相应的操作。

（3）应防止一个用户冒充其他用户对文件进行存取。

（4）应防止拥有存取权限的用户误用文件。

文件的保密信息包含在文件说明信息中的存取权限中。当用户存取一个文件时，文件保护机制根据该文件的存取权限验证其存取的合法性。验证可分三步执行：

（1）审定用户的存取权限。

（2）比较用户权限的本次存取要求是否一致。

（3）将存取要求和被访问文件的保密性比较，看是否有冲突。

通常在实现文件的存取控制时，可以有多种不同的方案。

1. 存取控制矩阵

存取控制矩阵方式以一个二维矩阵来进行存取控制。二维矩阵的一维是所有的用户，另一维是所有的文件。对应的矩阵元素则是用户对文件的存取控制权，包括读 R、写 W 和执行 E，如图 5-17 所示。

用户 / 存取数 / 文件名	Wang	lee	Zhang	…	…
a.c	RWE	E	RWE	…	…
b.c	RW	R	RWE	…	…
d.c	R	W	WE	…	…
e.c	R	W	RW	…	…

图 5-17　存取控制矩阵

当用户向文件系统提出存取要求时，由存取控制验证模块根据该矩阵内容对本次存取要求进行比较，如果不匹配的话，系统拒绝执行。

当文件和用户较多时，存取控制矩阵将变得非常庞大，这无论是在占用内存空间的大小上，还是在为使用文件而对矩阵进行扫描的时间开销上都是不合适的。因此，在实现时往往采取某些辅助措施以减少时间和空间的开销。

2. 存取控制表

存取控制表以文件为单位，把用户按某种关系划分为若干组，同时规定每组的存取权限。通常分为：（1）文件主，他是文件的创建者。（2）指定的用户，由文件主说明可使用此文件的一些特殊用户。（3）同组用户，与文件主同属于某一个特定课题组的成员，同组用户与此文件是有关的。（4）一般用户，一般情况下，无权使用该文件，或只能进行读操作。这样，所有用户组对文件权限的集合就形成了该文件的存取控制表，如图 5-18 所示。

文件名 / 用户	a.c
文件	RWE
A组	RE
B组	E
Wang	RWE
其他	None

图 5-18　存取控制表

每个文件都有一张存取控制表。在实现时，该表存放在文件说明中，也就是 BFD 的有关表目中。文件被打开时，由于存取控制表也相应地被复制到了内存活动文件中，因此，存取控制验证能高效进行。在 UNIX 系统中就是使用这种存取控制方式。

3. 密码

密码方式有两种：一种是当用户进入系统，为建立终端进程时获得系统使用权的密码；另一种密码方式是，每个用户在创建文件时，为每一个创建的文件设置一个密码，且将其置于文件说明中。显然，密码只有设置者自己知道，若允许其他用户使用自己的文件，密码设置者可将密码赋予其他用户。这样，既可以做到文件共享，又可以做到保密。而且，由于密码较为简单，占用的内存单元以及验证密码所费时间都非常少。不过，相对来说，密码方式保密性能较差。再者，当要修改某个用户的存取权限时，文件主必须修改密码，这样，所有共享该文件的用户的存取权限都被取消，除非文件主将新的密码通知用户。

在分时系统中，密码是系统用来验证用户身份的一种手段。例如，一个名为 XYZ 的用户，在系统中设置的密码是"PASS"，那么，当用户通过终端向分时系统登录时，只有同时填对了用户名 XYZ 和密码 PASS，系统才会承认他是用户 XYZ，允许他使用终端和用户 XYZ 的文件；否则，系统拒绝他使用系统终端。

4. 加密

防止文件泄密以及控制存取访问的另一种方法是密码方式。密码方式在用户创建源文件并将其写入存储设备时对文件进行编码加密，在读出文件时对其进行译码解密。显然，只有能够进行译码解密的用户才能读出被加密的文件信息，从而起到文件保密的作用。

文件的加密和解密都需要用户提供一个代码键（KEY）。加密程序根据这一代码键对用户文件进行编码变换，然后将其写入存储设备。在读取文件时，只有用户给定的代码键与加密时的代码键相一致时，解密程序才能对加密文件进行解密，将其还原为源文件。加密处理过程如图 5-19 所示。

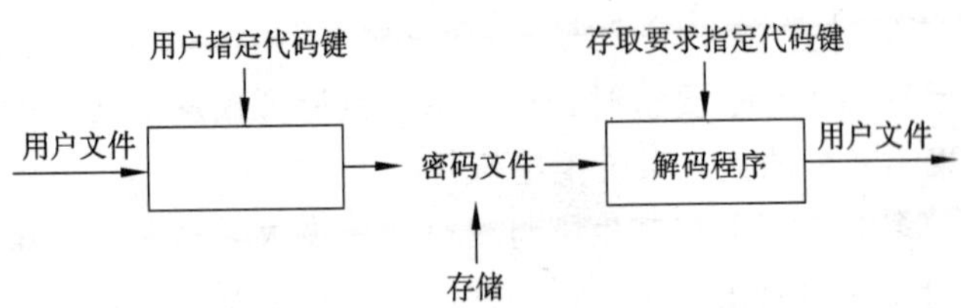

图 5-19 加密解密过程

加密方式具有保密性强的优点，因为与密码不同，进行编码解码的代码键没有存放在系统中，而是由用户自己掌握的。但是，由于编码解码工作要耗费大量的处理时间，因此，加密技术是以牺牲系统开销为代价的。

5.6 文件的使用

对文件的操作可分为两类：一类是对文件自身的操作；另一类是对文件中记录的操作。

1. 对文件的操作

（1）创建文件（create）：系统要为文件分配一个目录项及存放新文件的外存空间，并在目录项中记录文件的有关信息，如文件名、物理地址等。

（2）删除文件（delete）：系统根据用户给出的路径名，在文件目录中找到对应的文件，并释放该文件占用的存储空间，以供分配给其他的文件适应，且在文件目录中清除文件入口。

（3）打开文件（open）：用户想访问一个文件时，必须向系统提出打开文件的请求，并给出文件的路径名、操作类型等信息，系统则把其相应目录复制到内存。文件打开后才能对文件进行操作。

（4）读文件（read）：系统根据用户指定的路径名，将文件读入到内存指定的地址中。进行读操作时，用户必须指定文件名和文件信息将读入的内存地址。系统通过文件名在文件目录中找到将要读取的文件，并使用一个"读"指针指向将要读出的数据块的首地址。每次发生读操作时，"读"指针都会不断的移动。

（5）写文件（write）：系统根据用户指定的路径名，将内存中的数据信息写入到相应文件中。进行写操作时，用户必须指定文件名和将要写入文件中的信息。系统通过文件名在文件目录中找到相应的文件，并使用一个"写"指针指向文件中将要写入信息的位置。每次发生写操作时，"写"指针都会不断的移动。

由于一个进程通常同时进行读操作和写操作，因而常常使用一个"当前文件位置"指针同时用于读/写操作，以节省内存空间并减小系统的复杂性。

（6）重定位（reposition）：在文件目录中找到文件入口，将"当前文件位置"指针定位到文件中指定的地址处，以便进行读/写操作。重定位并没有进行任何实际的 I/O 操作。

（7）关闭文件（close）：文件不使用时，可申请系统将指定的文件关闭，系统则把其相应内存目录信息删除。文件关闭后只有再打开才能对其进行操作。

（8）裁剪文件（truncate）：当用户只是想删除文件的内容而保留文件的属性时，可以进行裁剪操作。这项功能允许保留除文件长度以外的所有文件属性，文件长度被置为 0，而文件的存储空间也被释放掉。

2. 对记录的操作

（1）读操作（read）：将文件中的一条或多条记录读入到进程中。

（2）写操作（write）：进程将其输出的数据项写入到文件的一条记录或多条记录中。

（3）查找（find）：检索文件，在其中查找一条或多条满足条件的记录。

（4）修改（modify）：检索文件，在其中找到一条满足条件的记录后，对其中的一个或多个数据进行修改，修改完毕后再将记录写回到文件中。

（5）插入（insert）：将一个新记录插入到文件的某记录之前或之后。

（6）删除（delete）：从文件中删除一个满足条件的记录。

一个有关文件系统和文件使用的实例如下：

```
main(argc,argv)
int argc;
char *argv[];
{
  int fd1,fd2,fd3,n;
  char buf[512],ch='\n';
  fd1=open(argv[1],0);              // 打开 argv[1]对应的文件，返回标识符 fd1
  fd2=open(argv[2],0);              // 打开 argv[2]对应的文件，返回标识符 fd2
  fd1=create(argv[3],0644);         // 创建 argv[3]对应的文件，返回标识符 fd3
```

```
  while((n=read(fd1,buf,512))>0)    // 从文件 fd1 中读 n<=512B 到缓冲区 buf 中
    write(fd3,buf,n);               // 将缓冲区 buf 中 nB 写入文件 fd3 中
  write(fd3,&ch,1);                 // 将换行符写入文件 fd3 中
  while((n=read(fd2,buf,512))>0)    // 从文件 fd2 中读 n<=512B 到缓冲区 buf 中
    write(fd3,buf,n);               // 将缓冲区 buf 中 nB 写入文件 fd3 中
  close(fd1);                       // 关闭文件
  close(fd2);
  close(fd3);
}
```

本 章 小 结

文件是具有标识符（文件名）的一组相关信息的集合。文件系统是文件管理系统的简称，是操作系统中实现文件统一管理的一组软件、被管理的文件以及为实施文件管理所需要的一些数据结构的总称（是操作系统中负责存取和管理文件信息的机构）。从系统角度来看，文件系统是对文件存储器的存储空间进行组织、分配和回收，负责文件的存储、检索、共享和保护；从用户角度来看，文件系统主要是实现“按名存取”。

文件按用途可分为系统文件、库文件和用户文件。按照对文件实施的保护级别可分为只读文件、可读/写文件、可执行文件和不保护文件；按使用情况可分为临时文件、永久文件和档案文件；UNIX 或 Linux 操作系统将文件分为普通文件、目录文件和特殊文件；按存取的物理结构可分为顺序（连续）文件、链接文件和索引文件；按文件的逻辑存储结构可分为有结构的记录式文件和无结构的流式文件；按文件中信息的流向可分为输入文件、输出文件和输入/输出文件；按文件中的数据形式可分为源文件、目标文件和执行文件。

文件系统具有功能：实现文件存储空间管理，实现文件从名字空间到外存地址空间的映射，实现对文件的操作管理，实现文件信息的共享和安全措施，提供用户接口。

文件的逻辑结构是用户所观察到的文件组织形式，是用户可以直接处理的数据及结构，它独立于物理特性，又称为文件组织。文件的逻辑结构可分为两大类：无结构的流式文件和有结构的记录式文件。文件的物理结构是指文件在存储设备上的存放方法，常用的文件物理结构包括顺序结构、链式结构、索引结构和 Hash 文件。顺序结构是把一个在逻辑上连续的文件信息依次存放到连续的物理块中。链式文件结构用非连续的物理块来存放文件信息，这些非连续的物理块之间没有顺序关系，其中每个物理块设有一个指针，指向其后续连接的另一个物理块，从而使得存放同一文件的物理块链接成一个链表的形式。索引结构要求系统为每个文件建立一张索引表，表中每一栏目表示文件信息所在的逻辑块号和与之对应的物理块号之间的映射关系。Hash 文件是利用 Hash 函数（或称散列函数）将记录键值转换为相应记录在目录表中的索引，即表项位置。

常用的存储设备有磁盘、光盘、磁带等。磁带是一种最典型的顺序存取设备。磁盘是一种直接存取的存储设备。

文件的存取方法分为两类：顺序存取和随机存取。顺序存取严格按照文件信息单位排列的顺序依次存取，后一次存取总是在前一次存取的基础上进行，所以不必给出具体的存取位置。随机存取又称直接存取，在存取时必须先确定进行存取时的起始位置（如记录号、字符序号等）。文件的存取方法和文件的物理结构以及文件存储设备的特性密切相关。

FAT是应用于MS-DOS和Windows 3.x中的一个16位文件管理系统。NTFS是Windows NT中的文件管理系统。

文件存储空间的管理是一个空闲块的组织和管理，包括空闲块的组织，空闲块的分配与空闲块的回收等。常用的空闲空间的管理有三种方法：空闲文件目录、空闲块链和位示图。

文件目录可以看做是将文件名转换成其对应的目录入口的一个符号表。从文件管理角度看，一个文件包括两部分：文件说明和文件体。文件体指文件本身的信息，它可能是前面讨论的记录式文件或字符流式文件。文件说明有时也叫文件控制块（FCB），它至少包括文件名、与文件名相对应的文件内部标识以及文件信息在文件存储设备上第一个物理块的地址。文件目录可分为单级目录、二级目录和多级目录。从系统管理的观点看，有三种方法可以实现文件共享，即绕道法、链接法和基本文件目录表BFD。文件共享是指某一个或某一部分文件由被授权的用户共同使用，它有助于提高系统资源的使用效率。当用户存取一个文件时，文件保护机制根据该文件的存取权限验证其存取的合法性。在实现文件的存取控制时，可采用存取控制矩阵、存取控制表和口令等方法。

对文件的操作可分为两类：一类是对文件自身的操作；另一类是对文件中记录的操作。

习 题 五

1. 什么是文件、文件系统？文件系统有哪些功能？
2. 文件一般根据什么分类？可以分为哪几类？
3. 什么是文件的逻辑结构？什么是记录？
4. 文件的物理结构有哪几种？为什么说顺序文件结构不适于随机存取？
5. 常用的文件存储设备的管理方法有哪些？试述主要优缺点。
6. 试述成组链法的基本原理，并描述成组链法的分配与释放过程。
7. 什么是文件目录？文件目录中包含哪些信息？
8. 二级目录和多级目录的好处是什么？符号文件目录表和基本文件目录表是二级目录吗？
9. 假设两个用户共享一个文件系统，用户甲要用到文件a、b、c、e，用户乙要用到文件a、d、e、f，已知用户甲的文件a与用户乙的文件a实际上不是同一文件，用户甲的文件c与用户乙的文件f实际上是同一文件，甲、乙两用户的文件e是同一文件。试拟定一个文件组织方案，使得甲、乙两用户能共享该文件系统而不致造成混乱。
10. 文件存取控制方式有哪几种？试比较它们各自的优缺点。
11. DOS文件管理（FAT）系统的主要特点是什么？

第6章 作业管理和用户接口

作业管理是用户与操作系统的接口。现在用户使用计算机都要与操作系统打交道。本章首先叙述了用户与操作系统的接口，接着介绍作业管理的概念，主要从作业管理的功能上叙述，包括作业的输入/输出和作业调度。

6.1 用户与操作系统间的接口

操作系统为了提供有效的服务，它必须支持与其用户（使用计算机来运行其应用程序的人）的通信。这个通信包括双向的信息传输。用户请求系统得到特定的服务，而系统把服务的结果提供给用户。这种通信可以是直接的，例如，通过交互式终端上打入和显示的对话方式来实现。它也可以是间接的，例如，在批处理方式下通过提交的作业或程序来实现与系统的通信。操作系统中负责管理这种通信的部分称为用户接口。操作系统通过程序接口和操作接口两种方式把它的服务和功能提供给用户以实现用户接口，也就是说，用户可以通过两种接口来调用操作系统提供的服务和功能（见图 6-1）。程序接口又称为程序级用户接口，是指编程人员使用系统调用来请求操作系统提供服务，例如，申请和释放外设资源、控制程序的执行速度等。操作接口又称为作业控制级用户接口，是指系统为用户提供的各种命令接口，用户利用这些操作命令来组织和控制作业的执行或管理计算机系统。

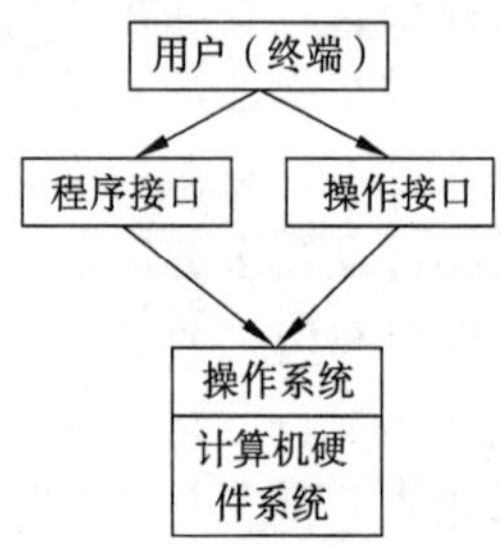

图 6-1 用户和操作系统之间的两种接口

6.1.1 程序接口与系统调用

1. 系统调用

系统调用是操作系统提供给编程人员的唯一接口。编程人员利用系统调用，在源程序一级动态请求和释放系统资源，调用系统中已有的系统功能来完成那些与计算机硬件部分相关的工作以及控制程序的执行速度等。

系统调用是为了扩充机器功能，增强系统能力，方便用户使用而在内核中建立的过程或者函数，它是用户程序或者其他系统程序获得操作系统服务的唯一途径。用户程序或其他系统程序通过系统调用可以访问系统资源，实现操作系统的功能，而不必了解操作系统内部细节和硬件结构。因此，系统调用对用户屏蔽了操作系统的具体操作过程而只提供有关的功能接口。事实上，命令控制界面也是在系统调用的基础上开发而成的。在早期操作系统教科书中提到操作系统为编程用户提供的一组系统调用命令称为广义指令，用户可在程序一级用这些广义指令请求操作系统协助使用计算机资源，包括各种外部设备的请求，申请分配和回收内存资源，进行信息传输等各种控制要求。机器指令由硬件直接实现，而广义指令是由操作系统在机器指令（访管指令）基础上实现的、能完成特定功能的过程或子程序。操作系统提供了广义指令或系统调用后，扩大了指令系统，增强了处理器的功能。图 6-2 表示了 UNIX 系统中的系统程序、库函数以及系统调用的分层关系。

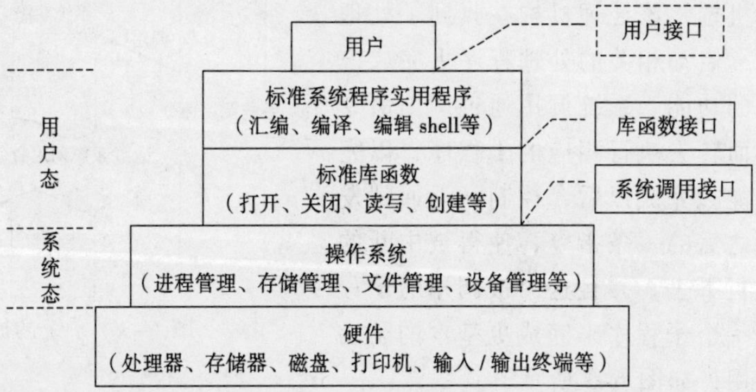

图 6-2　UNIX 系统中的系统程序、库函数以及系统调用的分层关系

操作系统提供的系统调用大致可分为如下几类：

（1）设备管理类：该类系统调用被用来启动设备、请求和释放有关设备、设备输入/输出和重定向、获得和设置设备属性以及逻辑上连接和释放设备等操作。

（2）文件管理类：对文件进行操作的系统调用数量较多，包括打开文件、关闭文件、读文件、写文件、创建文件、删除文件、创建目录、移动文件的读写指针、获取和设置文件的属性等。

（3）进程控制类：进程是一个在功能上独立的程序的一次执行过程。进程控制的有关系统调用包括创建进程、执行进程、终止或异常终止进程、执行等待、进程映像的替换、改变进程数据段的大小、获得进程的标识符、获得和设置进程的属性等。

（4）进程通信类：该类系统调用被用在进程之间传递消息或信号。在现代 OS 中广泛利用消息队列通信机制，在 UNIX 系统中还配置了共享存储区通信机制、信息量集机制。在每一种通信机制中，都提供了相应的系统调用供用户程序使用。

（5）存储管理类：包括调查作业占据内存区的大小、获取作业占据内存区的始址以及申请内存和释放内存等操作。

（6）线程管理类：包括线程的创建、调度、执行、终止等。

Windows 系统通过三个动态库文件来支持程序接口：Kernel、User 和 GUI。Kernel 包含了如内存管理、进程管理等大多数操作系统函数；User 集中包含窗口管理函数，如窗口创建、撤销、移动、对话等；GUI 提供图形用户界面函数，如绘图、打印函数等。所有应用程序都共享这三个模块的代码，每个 Windows 的 API 函数都可通过名字来访问，即在应用程序中使用函数名，并用适当的函数库进行编译和连接，最后可以运行应用程序。

2. 系统调用的实现

各种系统提供有不同的系统调用，但是从用户程序进入系统调用的步骤及其执行过程是大体相同的。一般，每个系统为用户提供几十到几百条系统调用。为了提供系统调用功能，操作系统内必须有事先编制好的实现这些功能的子程序或过程。显然，这些程序或过程是操作系统程序模块的一部分，且不能直接被用户程序调用。而且，为了保证操作系统程序不被用户程序破坏，一般操作系统都不允许用户程序访问操作系统的系统程序和数据。那么，编程人员给定了系统调用名和参数之后是怎样得到系统服务的呢？这需要有一个类似于硬件中断处理的中断处理机构。当用户使用系统调用时，产生一条相应的指令，处理机在执行到该指令时发生相应的中断，并发出有关信号给该处理机构。该处理机构在收到了处理机发来的信号后，启动相关的处理程序去完成该系统调用所要求的功能。系统调用通过调用命令中断现行程序，而转去执行相应的子程序，以完成特定的系统功能。完成以后，控制又返回到发出系统调用命令之后的一条指令，使得被中断的程序能够继续执行下去。并且这个被调用的子程序还可以调用另一个子程序来完成更基本的子功能，形成嵌套调用，如图 6-3 所示。

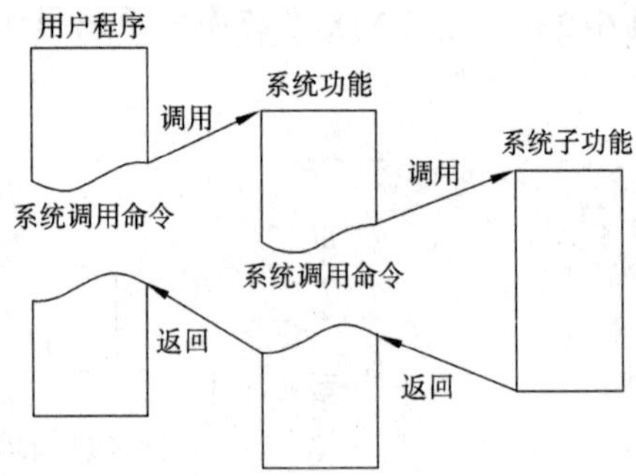

图 6-3　系统的嵌套调用

在操作系统中为实现系统调用服务的机制称为陷入或者异常处理机制。与此相对应，把由于系统调用引起处理机中断的机器指令称为陷入指令（或访管指令、异常中断指令）。编程人员可以利用陷入指令来访问操作系统并向它提出要求。陷入指令由参数区、参数和操作数组成。操作数用来表示请求操作系统执行何种操作，并说明是否要有参数区和具体参数。参数或参数区的首地址通常存放在某个指定的通用寄存器中，当 CPU 执行到陷入指令时，将陷入指令中的操作数存入内存中的某个单元，然后产生访管中断，引起操作系统来处理陷入指令中的具体要求。在操作系统中，每个系统调用都对应一个事先给定的功能号，即陷入指令中的操作数。在陷入指令中必须指明对应系统调用的功能号。

为了实现系统调用需要做到以下几点：（1）编写系统调用处理程序；（2）系统设计人员必须为实现各种系统调用功能的子程序编造入口地址表，每个入口地址都指向一个系统调用的处理程序；（3）由陷入处理程序把陷入指令中所包含的操作数与该入口地址表中的有关项的功能号对应起来，从而由系统调用功能号驱动有关系统子程序执行。

有关系统调用的另一个问题是参数传递问题。不同的系统调用需要传递给系统子程序以不同的参数。而且，系统调用的执行结果也要以参数形式返回给用户程序。实现用户程序和系统程序之间的参数传递可以采用以下几种实现方法。一种是由陷入指令自带参数，可以规定指令之后的若干单元存放的是参数，这叫直接参数；或者在指令之后紧靠的单元中存放参数的地址，这叫间接参数，由间接地址再指出参数的存放位置。一般来说，一条陷入指令的长度总是有限的，而且，该指令还要携带一个系统调用的功能号，从而，陷入指令只能自带极有限的几个参数进入系统内部。还有一种办法是通过使用 CPU 的通用寄存器来传递参数。显然，这些寄存器应是系统程序和用户程序都能访问的。不过，由于寄存器长度较短，从而无法传递大量的参数。因此，在系统调用较多的系统中采用第三种方式，即大多在内存中开辟专用堆栈区来传递参数。

由于在系统调用处理结束之后，用户程序还需利用系统调用的返回结果继续执行，因此，在进入系统调用处理之前，陷入处理机构还需保存处理机现场，并把系统调用命令的功能号放入指定的存储单元中。此外，在系统调用处理结束之后，陷入处理机构还要恢复处理机现场，并把系统调用的返回参数送入指定的存储单元，以供用户程序使用。在操作系统中，处理机的现场一般被保护在特定的内存区或寄存器中。系统调用的处理过程如图 6-4 所示。

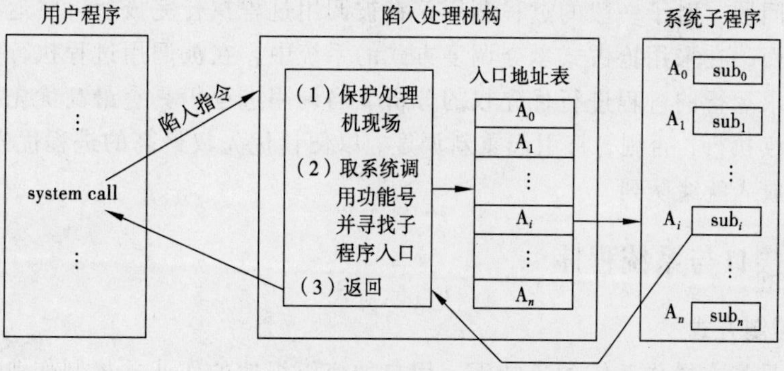

图 6-4　系统调用的处理过程

另外，在系统发生访管中断或陷入中断时，为了不让用户程序不直接访问系统程序，反映处理机硬件状态的处理机状态字 PSW 中的相应位要从用户执行模式转换为系统执行模式。这一转换在发生访管中断时由硬件自动实现。一般把处理机在用户程序中执行称为用户态，而把处理机在系统程序中执行称为系统态。操作系统为用户提供系统调用也出于安全和效率考虑，使用户态程序不能自由地访问内核关键数据结构或直接访问硬件资源。下面一段汇编程序利用系统调用和陷入中断实现硬盘文件内容的读/写：

```
MOVE DX,OFFSETBUFF
MOVE CX,BYTE
MOVE BX,HANDLE
MOVE AH,3FH
INT 21H
```

3. 系统调用与过程（函数）调用的区别

程序中执行系统调用或过程调用，虽然都是对某种功能或服务的需求，但两者从调用形式到具体实现都有很大的区别。

（1）调用形式：系统调用中不包含处理程序入口，而仅仅提供功能号，由系统依据功能号实现调用；而过程（函数）使用一般的调用程序跳转指令，其转向的代码地址是固定不变的，包含在跳转语句中。

（2）被调用代码的位置：系统调用是一种动态调用的方式，系统调用的处理代码在调用程序之外（常驻操作系统所在的内存区），系统调用处理代码升级或修改并重新载入内存后，与调用程序无关。并且调用程序由于不包含系统调用处理代码，其长度也大大缩短，减少了调用程序占用的存储空间。而过程（函数）调用是一种静态调用，调用程序和被调用代码在同一程序内，经过编译后作为目标代码的一部分。当过程（函数）升级或修改时，必须重新编译连接。

（3）提供方式：系统调用由操作系统决定，操作系统启动以后，系统调用的功能、种类与数量是不可改变的；过程（函数）往往由编译系统提供，不同编译系统产生的过程（或函数）可能不同。

（4）实现机制和运行状态：程序一般使用编程语言提供的跳转语句来调用过程（或函数），是在用户态运行的；程序执行系统调用，是通过中断机制来实现，需要从用户态转变到系统态，在系统态执行，程序执行系统调用的安全性好。

（5）返回问题：对于一般的过程调用，在被调用过程执行完成后，将返回到调用过程继续执行。然而，在采用抢占式剥夺调度方式的系统中，在被调用过程执行完成后，要对系统中所有要求运行的进程进行优先权的分析。当调用进程仍具有最高优先权时，才返回到调用进程继续执行；否则，将引起重新调度，以便让优先权最高的进程优先执行。此时，将把调用进程放入就绪队列。

6.1.2 操作接口与系统程序

1. 作业控制方式

作业控制是指在操作系统的支持下，用户如何组织他的作业并控制作业的运行。这是每个用户都会遇到的问题。用户编制好源程序后，要经历编译、链接等过程才能执行。一个程序编制完成后，如何把它输入到系统中去，如何组织它的工作流程，运行过程中出现故障如何处理，作业运行结束后又如何处理等。尽管计算机系统能自动的执行程序，但还需要用户对其进行必要的干预，这种干预称为作业控制。使用操作命令进行作业控制的主要方式有两种：脱机控制方式和联机控制方式。

脱机控制方式利用作业控制语言（job control language）来编写表示用户控制意图的作业控制程序，也就是作业说明书。作业控制语言的语句就是作业控制命令。不同的批处理系统提供不同的作业控制语言。这种方式主要应用于批处理系统中，解决了主机与外部设备运行速度不匹配的矛盾，提高了系统资源的利用率。

联机控制方式不要求用户填写作业说明书，系统只为用户提供一组键盘或其他操作方式的命令。用户使用系统提供的操作命令和系统会话，交互地控制程序执行和管理计算机系统。其工作过程是，用户在系统给出的提示符下敲入特定的命令，系统在执行完该命令后向用户报告执行结果；然后，用户决定下一步的操作。如此反复，直到作业执行结束。这种方式多用于交互式系统中。随着多媒体技术的发展，人机交互能力将逐步增强。

与脱机控制方式相比，联机控制方式的命令种类要丰富得多。这些命令可大致分为以下几类：

① 环境设置。

② 执行权限管理。

③ 系统管理。

④ 文件管理。

⑤ 编辑、编译、链接装配和执行。

⑥ 通信。

⑦ 资源要求。

联机控制方式大大地方便了用户。但在某些情况下，用户反复输入众多的命令也会浪费不必要的时间。因此，在现代操作系统中，大都提供批处理方式和联机控制方式。这里，批处理方式既指传统的作业控制语言编写的作业说明书方式，也指那些把不同的交互命令按一定格式组合后的命令文件方式。

（1）脱机控制方式：脱机方式即用户将作业的执行顺序和出错处理方法一并以作业控制说明书的方式或命令文件方式提交给系统，由系统按照作业说明书或命令文件中所规定的顺序控制作业执行。执行过程中，用户无法干涉，只能等待作业正常执行结束或出错停止之后查看执行结果或出错信息，以便修改作业内容或控制过程。

脱机控制方式有两种实现手段，一种是作业控制卡，另一种是作业说明书，它们都使用系统规定的作业控制语言（JCL）来实现。

作业控制卡是用户将其控制意图穿孔在若干张卡片上，并把它们插入到用户程序或数据的卡片之中的某些位置上，然后一起送入系统。系统根据控制卡上的信息以及控制卡片在卡片叠中的位置来控制作业的运行。作业控制卡是以读卡机为输入设备的，这是一种早期的计算机系统常采用的作业输入方式。

作业说明书是以作业控制语言来编写的、类似于源程序的、表示用户控制意图的作业控制程序。不同于作业控制卡方式，作业说明书是集中输入系统的，它在使用上更加灵活，功能更强一些。作业说明书包含的一般内容如图 6-5 所示。

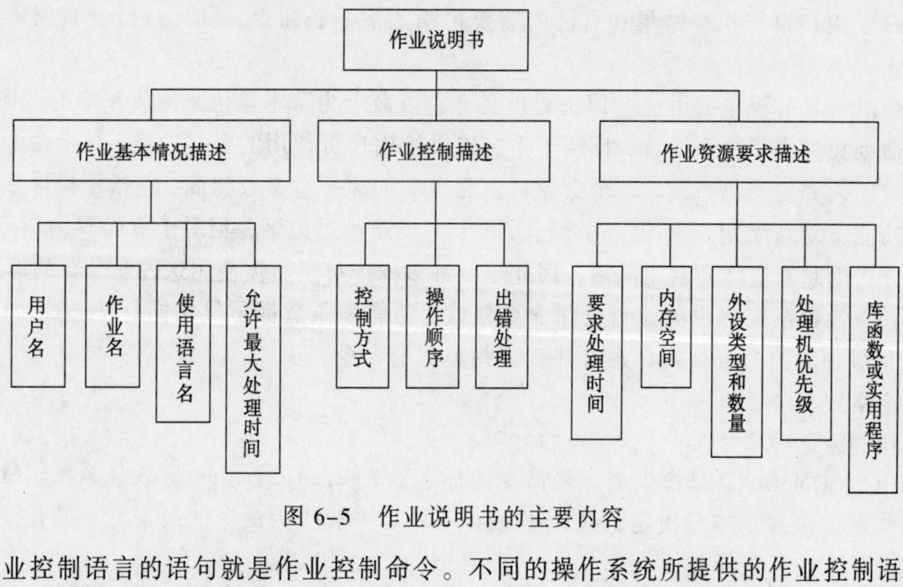

图 6-5　作业说明书的主要内容

作业控制语言的语句就是作业控制命令。不同的操作系统所提供的作业控制语言，在语句格式和种类及其实现的功能方面不尽相同。通常包含以下几类语句：

① 作业描述语句。它们用来向系统说明一个作业的开始和结束，以及有关作业的属性。例如，该作业的用户名、作业名、用户账号、作业类别及作业优先级等。

② 资源说明语句。它们用来向系统说明作业所用设备的逻辑名和对应的物理设备类型，说明作业所用文件的组织方式以及作业对 CPU 的使用时间、内存需要量和输出行数的最大限制值。当作业所用的 CPU 时间或要求的内存量或输出行数超过说明中的最大值时，则系统夭折该作业。

③ 执行语句。它们用来说明一个作业步的开始，以及该作业步所要执行的程序，例

如，进行编译的作业步要指定编译程序名。

④ 作业流程控制语句。它们用来说明某个作业步在执行过程中，发生了某种事件后应转向何处去执行，例如，IF–THEN 语句。

⑤ 其他。例如，延迟作业运行，周期的或定时的运行作业等。

（2）联机控制方式：联机作业控制不同于脱机控制方式，它不要求用户填写作业说明书，系统为用户提供一组键盘命令或其他操作方式（如声音控制、鼠标）的命令。这是为联机用户提供的调用操作系统功能，请求操作系统为其服务的手段，它由一组命令及命令解释程序组成，所以也称为命令接口。用户使用系统提供的操作命令与系统进行对话，交互地控制程序执行和管理计算机系统。其工作过程是，用户在系统给出的提示符下敲入特定的命令，系统便立即转入命令解释程序对该命令进行处理和执行，在执行完该命令后向用户报告结果；然后，用户决定下一步的操作；如此反复，直到作业执行结束。

由于联机控制能及时地反映作业的运行情况和系统的状态，因此用户可以根据当前的情况决定下一步应该采取的行动。不同的系统提供的命令接口不同，这不仅体现在命令的种类、数量及功能方面，也可能体现在命令的形式、用法等方面。一般可提供如下几种方式：命令驱动方式、菜单驱动方式和命令文件方式。

① 命令驱动方式。用户通过终端或控制台输入一条命令来控制自己作业的运行。系统每收到一条命令后，由系统的命令处理进程对输入的命令进行解释和执行，并将结果报告给用户。用户根据执行结果和自己的需要再输入下一条命令，如此进行，直到该次作业完成为止。

命令语言具有规定的语法、词法和语义，它以命令为基本单位来完成预定的工作任务，完整的命令集构成了命令语言，反映了系统提供给用户可使用的全部功能。每个命令以命令行的形式输入并提交给系统，一个命令行由命令动词和一组参数构成，它指示操作系统完成规定的功能。对新手用户来说，命令行方式十分烦琐难以记忆；但对于有经验的用户而言，命令行方式用起来快捷便利而灵活，因此至今许多操作员仍习惯使用这种命令行的形式。

目前，各种系统提供的键盘操作命令格式、功能和条数都不尽相同，尚未做到标准化。这里只介绍一般的命令格式和通常都有哪些类型的命令。

命令格式：

```
COMMAND argl  arg2  ...  argn<CR>
```

其中，COMMAND 是命令名，是命令的标志；argl、arg2、argn 是命令参数，命令参数的有无和多少由命令本身决定；<CR>代表回车键，一般作为命令的结束符。只有按下回车键，该命令才被系统所接收。

与脱机方式相比，联机控制方式的命令种类要丰富得多。这些命令可大致分为这几类：

a. 环境设置。这些命令用来改变终端用户的所在位置、执行路径等。

b. 系统访问管理。这些命令用来控制用户访问系统和读、写、执行有关文件的权限。用户常用的有注册命令、注销命令、修改口令命令等。例如，用户只有在其口令经过系统核准之后才能进入系统。

c. 系统管理。该类命令主要用于系统维护、开机与关机、增加或减少终端用户、计时收费，查询系统资源使用情况、各终端运行情况和外设的分配、安装和释放等。该类命令是操作系统提供的最为丰富的一类命令，且其中大部分为系统管理员使用，又称为特权命令。

d. 文件管理。该类命令被用来管理和控制终端用户的文件。例如，复制、移动或删除某个文件或显示文件内容和改变文件名字以及搜索文件中的特定行或字符等。

e. 编辑、编译、链接装配、调试和执行。编辑命令被用来帮助用户输入用户文件，不同的编辑器具有不同的命令集合。这些命令被用来增加、删除输入字符或字符行，也被用来进行插入、移动甚至绘图等。编译和链接装配命令则把用户输入的源程序文件编译成目标代码文件之后再链接成可执行代码文件。调试命令又叫查错命令，它为用户调试机器语言程序提供手段。调试命令的子命令有显示、修改内存单元和寄存器，设置断点、跟踪、执行、存盘、读盘、简单汇编和反汇编等。调试程序是操作系统的基本实用软件之一。执行命令则将链接后的可执行代码文件装入内存启动执行。

f. 通信。通信类命令在单机系统中被用来进行主机和远程终端之间的呼叫、联接以及断开等，从而在主机和终端之间建立会话信道。在网络系统中，通信命令除了被用来进行有关信道的呼叫、联接和断开等之外，还进行主机和主机之间的信息发送与接收、显示、编辑等工作。

g. 资源要求。用户使用该类命令向系统申请资源，如申请某台外部设备等。

h. 其他。包括记账，建立和查看日期、时间，修改和设置外调参数等命令。

Linux 常用的命令可以分成五大类：

- 文件管理类：cd、chmod、chown、chgrp、comm、cp、crypt、diff、file、find、ln、ls、mkdir、mv、od、pr、pwd、rm、rmdir。
- 进程管理类：at、kill、mail、nice、nohup、ps、time、write、mesg。
- 文本加工类：cat、crypt、grep、norff、uniq、wc、sort、spell、tail、troff。
- 软件开发类：cc、f77、login、logout、size、yacc、vi、emacs、dbs、lex、make、lint、ld。
- 系统维护类：date、man、passwd、stty、tty、who。

命令处理过程通常按两种方法执行输入的命令。一种方法是由命令处理进程查找命令表而得到该命令子程序的入口地址，然后由命令处理进程调用相应子程序而直接执行。这一般是那些最常用的，而且子程序比较短小的命令，即通常所说的内部命令。另一种方法是为输入的命令建立一个子进程，由子进程执行对应的命令。这一般是文本编辑、程序编译以及运行各种实用程序和用户程序等命令，即命令程序较长、用到时才由外存调入内存的外部命令。

② 菜单驱动方式。用户可以使用命令行灵活方便地控制作业的运行并获得操作系统的服务，但对于初学者来说，要在较短时间内记住那么多命令的格式和功能，并且要严格按规定的格式输入命令，困难还是很大的。图形化用户接口（Graphics User Interface，GUI）使用图形化的操作界面，引用各种形象的图标将系统的各种功能、各种应用程序和文件，直观逼真的表示出来。用户可以使用窗口、菜单、对话框和各种按钮完成对作业和文件的各种控制和操作，而不必死记硬背各种操作命令，利用计算机系统轻松的完成各项工作。

图形化操作界面又称多窗口系统，采用事件驱动的控制方式，用户通过动作来产生事件以驱动程序开始工作。用户按键或点击鼠标、移动鼠标等动作都会产生一个事件，系统通过中断机制激发事件驱动控制程序开始工作，其任务是接受事件、分析和处理事件，以及清除处理过的事件。系统和用户都可以把各个命令定义为一个菜单、一个按钮或一个图标，当用户用键盘或鼠标进行选择之后，系统就会自动执行该命令。

20 世纪 90 年代推出的主流操作系统都提供了 GUI，GUI 的鼻祖首推 Apple 公司的 Macintosh 操作系统。此外，如 Microsoft 公司的 Windows，IBM 公司的 OS/2。为了促进 GUI

的发展，已制订了国际 GUI 标准，该标准规定了 GUI 由窗口、菜单、列表框、消息框、对话框、按钮、滚动条等部件构成。许多系统软件如 Windows NT、Visual C++、Delphi 等，均可应用户程序要求自动生成应用程序的 GUI，大大缩短了应用程序的开发周期。

菜单驱动方式的缺点是效率不高，用户为选择某项功能往往要经过多级下拉菜单，系统为此付出较大的时间开销，熟悉键盘命令的用户会对此感到厌烦。因此，菜单驱动是命令驱动的辅助方式。初次使用系统的用户使用菜单驱动方式来控制自己的作业，一旦熟悉了系统的使用，则可使用命令驱动方式以提高工作效率。

随着个人计算机的广泛流行，缺乏计算机专业知识的用户随之增多，如何不断更新技术，为用户提供形象直观、功能强大、使用简便、掌握容易的用户接口，便成为操作系统领域的一个热门研究课题，例如，具有沉浸式和临场感的虚拟现实应用环境已走向实用。目前多通道用户接口，自然化、人性化用户接口，甚至智能化用户接口的研究都取得了一定的进展。

③ 命令文件方式。在使用操作命令过程中，有时需要连续使用多条命令，有时需要多次重复使用若干条命令；有时需要有选择的使用不同的命令。如果每次每条命令都由键盘输入，则重复输入相同的命令既浪费时间，又容易出错。在现代操作系统中，允许将键盘操作命令按作业步顺序组成一个命令文件，执行此命令文件，则自动控制作业的运行，这种方式又称为批命令方式。这种方式对一些重复的作业运行很有好处，它可以免去重复操作键盘的烦琐。

例如，在 PC 上 MS-DOS 操作系统就支持由键盘操作命令组成的这类命令文件的执行，将这类批处理文件约定为 BAT 文件。用户可以预先把一系列命令组织在某个 BAT 文件中，一次建立，可以多次执行。这样可以有效的减少输入次数，方便用户操作，节省时间，减少出错的可能。操作系统还支持命令文件使用一套控制子命令，从而，可以写出带形式参数的批命令文件。当带形式参数的批命令文件执行时，可用不同的实际参数去替换，因此，一个这样的批命令文件可以执行不同的命令序列，大大增强了命令接口的处理能力。

若某用户用宏汇编语言编写了一个源程序，其文件名为 Prog.asm，该作业上机运行时，需要经过以下几个作业步：

a. 进行宏汇编，得到一个目标模块；

b. 进行连接，得到一个可执行程序文件；

c. 运行该程序，得到最后的结果。

上述每一作业步对应一条键盘操作命令，把这些命令顺序写入一个文件中，每条命令占一行，就成为一个命令文件。例如，名为 ASM.bat 的命令文件，在 MS-DOS 系统中该命令文件称批处理文件，该命令文件有如下内容：

```
MASM Prog: <CR>
LINK Prog: <CR>
Prog<CR>
```

只要键入一条命令 ASM.bat，系统将会自动执行 ASM.bat 命令文件中的各行命令。

命令文件方式发展也很迅速，有的系统为命令文件增添了参数传递、变量、字符串替换，甚至流程控制等功能。

UNIX 和 Linux 的 Shell 不但是一种交互型命令解释程序，也是一种命令级程序设计语言解释系统，它允许用户使用 Shell 简单命令、位置参数和控制流语句编制带形式参数的命令文件，称做 Shell 文件或 Shell 过程，Shell 可以自动解释和执行该文件或过程中的命令。

联机控制方式使用户直接参与控制作业执行，因而大大地方便了用户。但是，在某些情况下，用户反复输入众多的命令也会感到非常烦琐或浪费了许多不必要的时间。例如，在对某个源代码文件进行编译调试之后，需要重新和多个目标代码文件链接。如果这个调试和链接不是一次成功的话，那么，用户的控制过程将会非常单调和烦琐。显然，在这种情况下，批处理方式要优于联机控制方式。因此，在现代操作系统中，大都提供批处理方式和联机控制方式。这里，批处理方式既指传统的作业控制语言编写的作业说明书方式，也指那些把不同的交互命令按一定格式组合后的命令文件方式。

6.2　作业管理的基本概念

本节是给读者介绍作业管理的基本概念，包括什么是作业、作业的结构和作业管理的任务。

6.2.1　作业的定义

作业是操作系统中一个常见的概念，是指在一次应用业务处理过程中，从输入开始到输出结束，用户要求计算机所做的有关该次业务处理的全部工作。可以从两个方面对作业进行解释。一个是从用户角度看作业，可以从逻辑上抽象地（并非精确地）描述作业的定义，即在一次业务处理过程中，从输入程序和数据到输出结果的全过程。另一个是从系统的角度来看作业，针对作业进行资源分配，可以定义出作业的组织形式，即作业由程序、数据（作业体）和作业说明书（作业控制语言）组成。

一般编制一个应用程序大致要经过图 6-6 中所描述的几个步骤。即由实际问题出发，经过功能设计、结构设计以及详细设计过程之后编制出源程序；将源程序以及所需数据编辑输入到计算机系统，并经过多次调试以后，产生正确的源程序；编译、链接和反复调试之后再形成执行代码，并被执行进行计算，然后输出执行结果和建立相应的文档等。

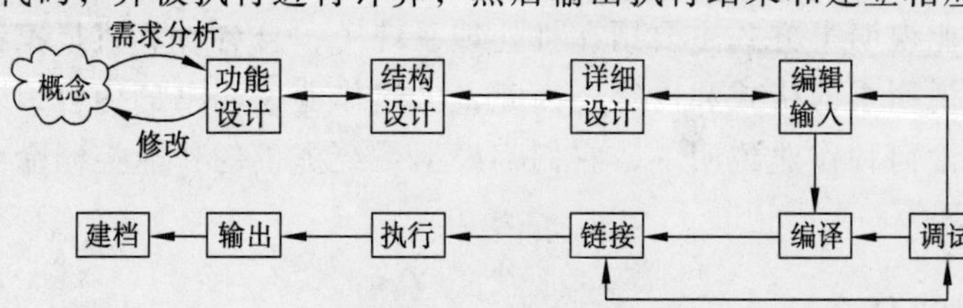

图 6-6　一般编程过程

在图 6-6 中，直到编辑为止的各步骤都可以认为是可由人工独立完成的（尽管也有许多应用软件存在），但从编辑输入开始的以下各步骤却是在用户的要求控制下由计算机完成。

在一次应用业务处理过程中，从输入开始到输出结束，用户要求计算机所做的有关该次业务处理的全部工作称为一个作业。作业由不同的顺序相连的作业步组成。作业步是在一个作业的处理过程中，计算机所做的相对独立的工作。一般来说，各个作业步是相对独立的又是相互关联的，每一个作业步产生下一个作业步所需的数据源，并且只有前一个作业步运行成功，才可继续运行下一个作业步。图 6-6 中编辑输入一个作业步，它产生源程序文件，该文件就是编译这个作业步的输入文件；而编译这个作业步产生目标代码文件，该文件又是链接这个作业步的输入文件。

作业流是指在批处理系统中把一批作业安排在输入设备上（如读卡机、磁带机或磁盘），然后依次读入系统并进行处理，从而形成了一个作业流。用专门的标志卡或语句将作业流中的各作业分隔开。有些大的计算机系统可同时有几个作业流进入系统。

6.2.2 作业组织

从系统的角度看，作业则是一个比程序更广的概念。它由程序、数据和作业说明书组成。系统通过作业说明书控制文件形式的程序和数据，使之执行和操作。而且，在批处理系统中，作业是抢占内存的基本单位。也就是说，批处理系统以作业为单位把程序和数据调入内存以便执行。需要说明的是，作业的概念一般用于早期批处理系统和现在的大型机、巨型机系统中，对于广为流行的微机和工作站系统，人们一般不太使用作业的概念。

一个作业可以包含多个程序和多个数据集，但必须至少包含一个程序，否则将不能称为作业。作业中包含的程序和数据完成用户所需要的业务处理工作。作业说明书则体现用户的控制意图。作业说明书在系统中将生成一个称为作业控制块（Job Control Block，JCB）的数据结构。该结构登记该作业的作业名、当前状态、所要求的资源情况（外设号、内存大小、文件量）、资源使用情况（进入时间、开始运行时间、已运行时间、内存地址）、作业类型（占用 CPU 时间、I/O 吞吐量、响应时间要求）和执行优先级等。操作系统通过该结构了解到作业要求，并分配资源和控制作业中程序和数据的编译、链接、装入和执行等。作业的 JCB 就相当于进程的 PCB 一样，是操作系统管理和控制作业的依据。

作业说明书主要包含三方面内容，即作业的基本描述、作业控制描述和资源要求描述。作业基本描述包括用户名、作业名、使用的编程语言名、允许的最大处理时间等。而作业控制描述则大致包括作业在执行过程中的控制方式，例如，是脱机控制还是联机控制、各作业步的操作顺序以及作业不能正常执行时的处理方法等。资源要求描述包括要求内存大小、外设种类和数量、处理机优先级、所需处理时间、所需库函数或实用程序等。

一般说来，作业说明书方式主要用在批处理系统中，且各计算机厂家都对自己的系统定义有各自的作业说明书的格式和内容。因此，上述作业说明书的内容因不同的系统而有所不同。不过，无论何种作业说明书，它们都根据系统提供的作业控制命令和有关参数按照一定的格式进行编写。

6.2.3 作业管理的任务

作业管理的任务包含以下几个方面：

（1）作业建立：建立一个作业必须把作业的全部程序和数据以及作业说明书的信息，由输入设备输入到磁盘中，由作业注册程序在系统中为每个作业建立一个作业控制块（JCB），因此作业建立主要调用两个过程，作业的输入和 JCB 的建立。

（2）作业调度：对于成批进入系统的作业，按一定的策略选取某几个作业为它们分配内存空间，并装入内存，同时还要为其建立相应的进程。作业调度算法与进程调度算法有许多共性和联系。

（3）作业控制：作业是在操作系统的控制下执行的，作业控制包括：作业如何输入到计算机；当作业被选中后如何控制它的运行；在执行过程中如何进行故障处理以及怎样控制计算结果的输出等。

（4）作业完成：撤销作业的一组进程，回收作业占用的系统资源，输出计算结果。最后，撤销作业存在的标识——作业控制块。

6.3　作业的输入与输出

作业输入输出方式可分为五种，即联机输入输出方式、脱机输入输出方式、直接耦合方式、SPOOLING 系统和网络输入/输出方式。

1．联机输入输出方式

联机输入输出方式大多用在交互式系统中，用户和系统通过交互会话来输入作业。外围设备直接和主机相连接。一台主机可以连接一台或多台外围设备。在单台设备和主机相连接进行作业输入时，由于外围设备的输入输出速度远远低于 CPU 的处理速度，有可能造成 CPU 资源的浪费。如果使用多台外围设备同时联机输入的话，则又成为下面将要介绍的 SPOOLING 系统。

近年来由于多媒体技术（Multi-Media）的发展，逐步形成了手写输入、语音输入、光电输入等输入方式。例如，手写板能输入汉字；语音录入系统能对输入者的发音进行语音识别，并与标准发音比较，实现语音输入；扫描仪能“读”入书写或印刷体文字材料，并由光学字符识别（OCR）软件识别转储成印刷体书写文件。

2．脱机输入/输出方式

脱机输入/输出方式又称为预处理方式。对于早期的操作系统，由于主机运行速度相对较快而外部设备工作速度较慢，脱机输入方式利用低档个人计算机作为外围处理机进行输入处理。在低档个人计算机上，用户通过联机方式把作业首先输入到后援存储器，例如，磁盘或磁带上；然后，用户把装有输入数据的后援存储器拿到主机的高速外围设备上和主机连接，从而在较短的时间内完成作业的输入工作。

脱机输入解决了快速输入/输出问题，提高了主机的资源利用率，但是，它是以牺牲低档机为代价的。其缺点也是明显的，主要有：

（1）作业的预输入/输出虽然解决了作业的快入和快出，相应提高了 CPU 的利用率，但脱机输入需要用户进行干预或进行一定的操作，例如，移动存储介质和连接后援存储器等。这使得作业的响应时间和系统的出错率受到人为因素影响。

（2）增加了作业周转时间，在这种方式下，必须将作业的全部输入输出信息放入磁盘或磁带后，才能拿到主机上进行处理，这样增加了作业的周转时间。

（3）不易实现优先级调度算法，这种方式的作业顺序是事先安排好送入磁带或磁盘上的，不能让短作业或紧急任务优先处理，只有等前一批作业处理完成，下一批作业才能开始处理，因此其灵活性较差。

3．直接耦合方式

在大型机或巨型机系统中，为了保留脱机输入方式的快速输入的优点，同时避免脱机输入方式的人工干预的缺点和保持较强灵活性的输入方式采用了直接耦合方式。直接耦合方式把主机和外围低档机通过一个公用的大容量外存（磁盘）直接耦合起来，从而省去了在脱机输入中那种依靠人工干预来传递后援存储器的过程。在直接耦合方式中，慢速的数据输入输出过程仍由外围低档机自己管理完成，而对公用存储器中的大量数据的高速读写则由主机完成。直接耦合方式的原理如图 6-7 所示。

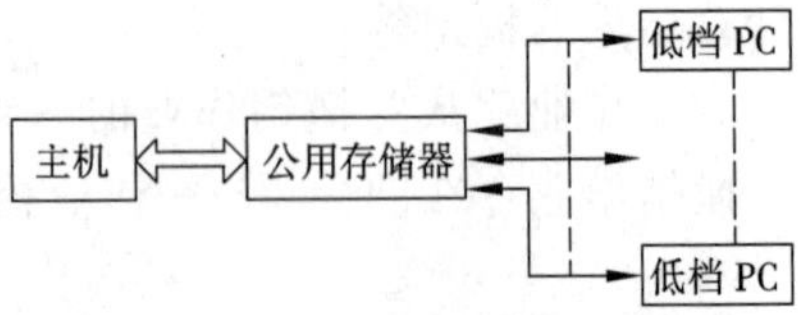

图 6-7　直接耦合输入方式

直接耦合方式需要一个大容量的公用存储器，而且需要把多台低档机和主机、公用存储器固定连接起来。这种输入方式的成本较高，一般只适用于大型机或巨型机系统。

4．SPOOLING 系统

为了克服脱机输入输出工作方式的缺点，在通道技术以及多道程序设计发展的基础上，人们研制了 SPOOLING 系统。SPOOLING 又可译作外围设备同时联机操作(Simultaneous Peripheral Operation On-Line)，在有 SPOOLING 功能的计算机系统中，作业的输入输出不再单独用外围处理机，而由主机和相应通道来承担这种功能，系统主要包括输入管理模块和输出管理模块。在系统开工之后，为它们分别创建系统进程，和用户进程一样，也受系统调度程序调度控制。所不同的是，它们的优先级比任何用户进程都高。该系统的工作原理如图 6-8 所示。

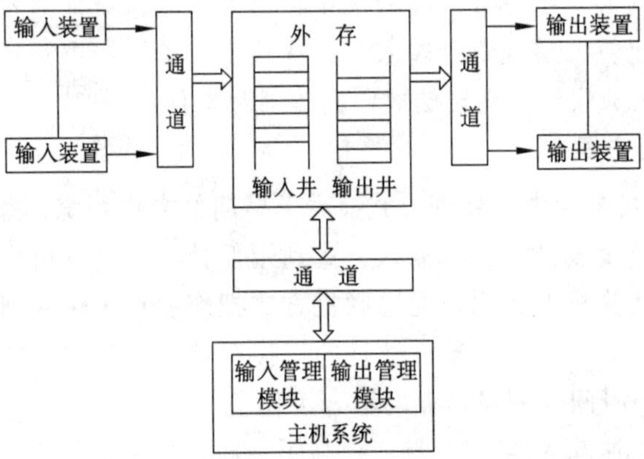

图 6-8　SPOOLING 系统

在 SPOOLING 系统中，多台外围设备通过通道或 DMA 器件和主机与外存连接起来。作业的输入输出过程由主机中的操作系统控制。操作系统中的输入程序包含两个独立的过程，一个过程负责从外部设备把信息读入缓冲区；另一个是写过程，负责把缓冲区的信息送到外存输入井中。这里，外围设备既可以是各种终端，也可以是其他的输入设备，例如，纸带输入机或读卡机等。在输入和输出之间增加了“输入井”和“输出井”的排队转储环节，以消除用户因外围设备工作速度慢的“联机”等待时间。

通道是一个独立于 CPU 的专管输入输出的处理机，它控制外设或外存与内存之间的信息交换。它有自己的通道指令，以驱动外设进行读写操作。不过，这些指令需要 CPU 执行相应的“启动通道”指令发来启动信号之后才开始执行。DMA 方式类似于通道方式。与通道不同的是，在 DMA 方式中，信息的传送方向、信息传送的源地址和目的地址以及传送长度等都是由 CPU 控制而不是由 DMA 器件控制的。

SPOOLING 系统的输入方式既不同于脱机方式，也不同于直接耦合方式。在系统输入模块收到作业输入请求信号后，输入管理模块中的读过程负责将信息从输入装置读入缓冲区。当缓冲区满时，由写过程将信息从缓冲区写到外存输入井中。读过程和写过程反复循环，直到一个作业输入完毕。当读过程读到一个硬件结束标志之后，系统再次驱动写过程把最后一批信息写入外存并调用中断处理程序结束该次输入。然后，系统为该作业建立作业控制块 JCB，从而使输入井中的作业进入作业等待队列，等待作业调度程序选中后进入内存。

5. 网络输入方式

网络输入方式以上述几种输入方式为基础。在广域网的工作方式中，当用户需要把在计算机网络中某一台主机上输入的信息传送到同一网中另一台主机上进行操作或执行时，就构成了网络输入方式。网络输入方式涉及到不同计算机间的通信问题。

6.4 作业调度

作业调度又称为高级调度，它的功能是根据一定的调度算法，从输入到系统中的一批作业中选出若干个作业，为它们分配必需的资源，如内存空间、外部设备等，并建立相应的用户作业进程和为其服务的系统进程（如输入输出进程），最后把这些进程交给进程调度程序去调度执行。进程调度也被称为低级调度，由它确定有资格获得处理机的各个进程中的某个进程在什么时候真正占有处理机并在其上运行。

作业调度程序本身通常作为一个进程在系统中执行，它在系统初始化时被创建。其主要功能是审查系统能否满足用户作业的资源要求以及按照一定的算法选取作业。前者是比较容易的，只要通过调用相应的资源管理程序（如存储管理、设备管理、文件管理等）中有关的部分，审核一下其资源登记表中是否能满足作业说明书中所提出的各项要求即可，而调度的关键在于选择适当的调度算法。

6.4.1 作业的状态及其转换

一个作业从进入系统到运行结束，一般要经历“收容”、“执行”、“完成”三个阶段。相应地，我们说该作业处于“后备”、“执行”、“完成”三个不同的状态。这三种状态的转换过程如图 6-9 所示。

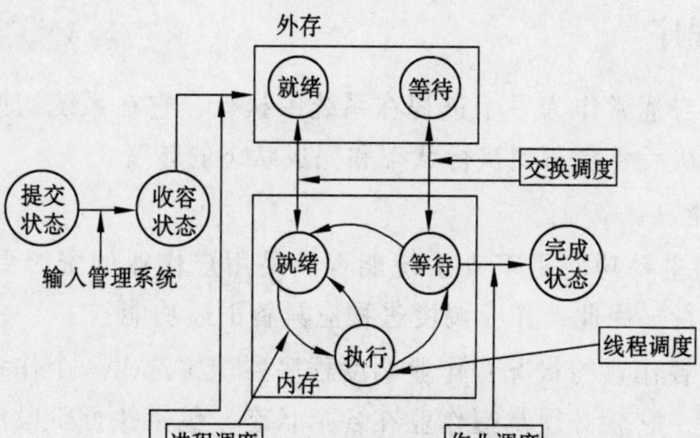

图 6-9 作业的状态及其转换

1. 后备状态

作业由输入设备（如读卡机）进入外存储器（如磁盘）的过程称为收容。在作业收容阶段，操作员把用户提交的作业通过相应的输入设备，或脱机输入，或联机输入，或调用 SPOOLing 系统输入进程，将作业输入到直接存储的外存储器。当作业的全部信息进入系统后，由“作业注册”程序负责为此用户作业建立一个作业控制块（JCB），其中包含作业的描述信息。并把该作业加入到后备作业队列中，此作业也就处于后备状态而等候作业调度程序调度。这一过程也称为作业注册。作业控制块 JCB 中的信息主要根据用户提供的作业控制信息和系统为作业分配资源的情况来填写，这是以后进行作业调度的依据。

2. 执行状态

一个后备作业被作业调度程序选中，分配了必要的资源，调入内存，建立一组相应的进程后开始执行，此时称作业处于执行状态。作业管理将按其作业步顺序，依次为每个作业步建立一个主进程，并为它分配必要的资源后交给进程调度程序管理。每个主进程又可以建立若干个子进程，这些子进程有的正占用处理机而处于运行状态，有的等待某个事件发生而处于阻塞状态，有的处于就绪状态。但从宏观上看，该作业已处于执行状态。

作业在执行阶段的活动过程是由进程管理程序实施管理，而不是由作业调度程序实施具体控制，作业调度程序只负责作业的各个作业步的管理和控制。一个作业步执行结束后（即该作业步的若干进程执行结束），作业调度程序将检查该作业步是否为正常结束。若是正常结束，则继续把下一个作业步投入执行，直到该作业的全部作业步执行完毕。若其中某一个作业步是非正常结束，则停止执行以后的作业步，并给出错误信息。

3. 完成状态

当作业正常运行结束或因发生错误而中途终止时，作业进入完成状态。这时，由系统的“终止作业”程序将它的作业控制块 JCB 从现行作业队列中除去，并回收作业占用的资源。然后，系统将作业运行情况及作业输出结果编制成输出文件送入到外存储器。最后，以脱机方式或假脱机方式将该作业的输出文件由输出设备（如显示器或打印机）打印输出。

6.4.2 作业调度程序

作业调度程序本身通常作为一个进程在系统中执行，它在系统初始化时被创建。它的主要任务是完成作业从后备状态到执行状态和完成状态的转变。

1. 作业调度功能

作业调度程序的主要功能是审查系统能否满足用户作业的资源要求以及按照一定的算法选取作业投入运行。因此，作业调度进程应具备下述功能：

（1）记录系统中各作业的状况：作业调度程序要能挑选出一个作业投入执行，并且在执行中对其进行管理，它就必须掌握作业在各个状态，包括执行阶段的有关情况。通常，系统为每个作业建立一个作业控制块 JCB 记录这些有关信息。与系统管理进程时使用进程控制块 PCB 一样，系统通过 JCB 来管理作业。系统在作业进入系统时为该作业建立它的

JCB，从而使得该作业可被作业调度程序感知。当该作业执行完毕进入完成状态之后，系统又撤销其 JCB 而释放有关资源并撤销该作业。每个作业在各个阶段所要求和分配的资源以及该作业的状态都记录在它的 JCB 中，根据 JCB 中的有关信息，作业调度程序对作业进行调度和管理。

对于不同的系统，其 JCB 的内容也有所不同。一般应包括作业名、作业类型、用户名、资源要求、当前状态、资源使用情况以及该作业的优先级等。

其中，用户名和作业名由用户提供并由系统将其转换为系统可识别的作业标识符。作业类型指该作业属于计算型（要求 CPU 时间多），还是管理型（要求输入／输出量大），或图形设计型（要求高速图形显示）等。

而资源要求则包括有：该作业估计执行时间、要求最迟完成时间、要求的内存量和外存量、要求的外设类型及台数以及要求的软件支持工具库函数等。资源要求均由用户提供。资源使用情况包括有：作业进入系统时间、开始执行时间、已执行时间、内存地址、外设台数等。

作业进入系统时间指作业的全部信息进入系统，作业进入后备作业队列以来的时间；开始执行时间指该作业被调度程序选中，由后备状态转入执行状态的时间（实际是某一时刻）；内存地址指分配给该作业的内存区域起始地址。外设台数指分配给该作业的外设实际台数。

优先级则被用来决定该作业的调度次序。优先级既可由用户给定，也可以由系统动态计算产生。

状态是指该作业当前所处的状态。显然，只有当作业处于后备状态时，该作业才可以被调度。

（2）从后备作业队列中挑选出一部分作业投入执行：一般说来，系统中处于后备状态的作业较多，大的系统可以达到几十个甚至几百个。但是处于执行状态的作业一般只有有限的几个。作业调度程序根据选定的调度算法，从后备作业队列中挑选出若干作业去投入执行。

（3）为被选中的作业做好执行前的准备工作：作业调度程序为选中的作业建立相应的进程，并为这些进程分配它们所需要的系统资源，如分配给它们内存、外存、外设等。

（4）在作业执行结束时做善后处理工作：主要是输出作业管理信息，例如，执行时间等。再就是回收该作业所占用的资源，撤销与该作业有关的全部进程和该作业的作业控制块等。其中，关键问题是确定作业调度算法，即按照什么原则选取作业投入执行。

2. 作业调度目标与性能衡量

（1）调度算法的目标：调度实质是一个策略问题，所谓调度就是为了达到主观上的某些目标，根据确定的策略，在许多后备的作业中优先选择一个或多个作业使其进入系统开始执行。但是，这些目标往往是相互矛盾的。通常包括这些目标：

① 每天运行尽可能多的作业；

② 使处理机尽量保持“忙”；

③ 使 I/O 设备得以充分利用；

④ 对所有的用户都是公平合理的。

显然，为了达到目标①，每次调度时应选择短的作业；为达到目标②，应优先选择计算量大的作业；为达到目标③，则应尽量选择 I/O 多的作业；对于目标④，这是用户个人主观感觉的问题，因此很难有一个标准。例如，一个需要运行 2h 的作业到来后，又到了一个只需运行 1min 的作业，如果让这个短作业等待 2h 再运行，对该作业显然不合理；但若让此短作业先运行，则先到的作业又可能会觉得不太满意。因此，要设计一个理想的调度算法是件十分困难的事情。在实际系统中，选用的调度算法常常是兼顾某些目标的一种折中考虑的结果。

调度算法的好坏直接影响到系统的效率，而哪种算法较好又与系统的使用环境有很大的关系。因此，选择调度算法要考虑的因素很多，而且这些因素往往是相互矛盾的。一般在设计调度算法时应考虑这样一些因素：

① 选择的调度算法应与整个系统的设计目标一致。例如，批处理系统应注重提高计算机的效率，尽量增加系统的平均吞吐量；而分时系统应保证用户所能忍受的响应时间；实时系统的调度策略是在保证及时响应和处理与时间有关事件的前提下，才考虑系统资源的使用效率。

② 注意系统资源的均衡使用，使“I/O 繁忙”的作业与“CPU 繁忙”的作业搭配起来运行。

③ 应保证提交的作业在规定的截止时间内完成，而且应设法缩短作业的平均周转时间。必须指出，如果考虑的因素过多，调度算法就会变得非常复杂。其结果是系统开销增加，资源利用率下降。因此，大多数操作系统都根据操作系统本身的总体目标、特点和用户需要而采取兼顾某些目标的简单的调度算法。

（2）调度性能的衡量：怎样来衡量一个作业调度算法是否满足系统设计时的要求呢？对于批处理系统，由于主要用于计算，因而对于作业的周转时间要求较高，从而作业的平均周转时间或平均带权周转时间被用来衡量调度程序的优劣。但对于分时系统和实时系统来说，平均响应时间又被用来衡量调度策略的优劣。平均周转时间用来衡量不同调度算法对同一作业流的调度性能，而平均带权周转时间可用来比较某种调度算法对不同作业流的调度性能。它们的定义如下：

① 周转时间。作业 i 的周转时间 T_i 为：

$$T_i=T_{ei}-T_{si}$$

其中 T_{ei} 为作业 i 的完成时刻，T_{ei} 为作业 i 的提交时刻。

② 平均周转时间。对于被测定作业流所含有的 $n(n\geqslant 1)$个作业来说，其平均周转时间为：

$$T=\frac{1}{n}\sum_{i=1}^{n}T_i$$

一个作业的周转时间说明了该作业在系统内停留的时间，包含两部分：一部分为等待时间；另一部分为执行时间，即：

$$T_i=T_{wi}+T_{ri}$$

T_{wi} 主要指作业 i 由后备状态到执行状态的等待时间，它不包括作业进入执行状态后的等待时间；T_{ri} 表示作业 i 运行所用的时间。

③ 带权周转时间。作业的周转时间包含了两部分，即等待时间和执行时间。为了更进一步反映调度性能，我们使用带权周转时间的概念。带权周转时间是作业周转时间与作业执行时间的比。即：

$$W_i = \frac{T_i}{T_{ri}} = \frac{T_{wi}}{T_{ri}} + 1$$

一个作业的带权周转时间说明了它在系统中被公平对待的程度。

④ 平均带权周转时间。对于被测定作业流所含有的几个作业来说，其平均带权周转时间为：

$$W = \frac{1}{n}\sum_{i=1}^{n} W_i$$

对每个用户来说，总是希望在提交作业后立即投入执行，并一直执行到完成。这样，他的作业周转时间最短，但是作为一个计算机部门来说，不可能满足每个用户的这种要求。如果操作员不是对某个用户有所“偏爱”的话，总是选择使作业的平均周转时间（或带权周转时间）最短的某种算法。显然，作业的平均周转时间 T 越短，意味着这些作业留在系统中的时间愈短，因而系统资源的利用率也就越高；另外，平均带权周转时间越短，这也能使用户感到比较满意，因而总的来说亦比较合理。

（3）系统进行调度的决策因素：根据上面所述的调度性能的衡量，以及我们所要达到的系统目标，为了使系统能自动地进行作业调度，下面给出进行调度所依据的准则。其中最主要的两个准则是：作业的到达时间（作业提交时间）；预先为作业确定的优先级。这两个准则在作业提交后，系统可以测定的、需要考虑的其他因素有：作业所需的 CPU 时间 C，存储要求 M，打印输出的行数 L，其他的资源要求。为简单起见，这里只考虑 C、M、L 三个因素。显然，这些值只能根据用户提交的作业说明估算得到。这是上述两组调度准则之间的重要区别。

对于分时系统，除了要保证系统吞吐量大、资源利用率高之外，还应保证有用户能够容忍的响应时间。因此，在分时系统中，仅仅用周转时间或带权周转时间来衡量调度性能是不够的。

6.4.3　单道批处理系统的调度算法

单道批处理系统是最早出现的一种 OS，它具有自动性、顺序性和单道性的特点。自动性是指在磁带上的一批作业能自动的逐个作业依次运行，无须人工干预；顺序性是指磁带上的各道作业顺序的进入内存，各道作业完成的顺序在一般情况下与它们进入内存的顺序是一致的；单道性是指内存中仅有一道程序处在运行状态。单道批处理系统是在解决人机矛盾及 CPU 和 I/O 设备之间速度不匹配的矛盾中形成的，旨在提高系统资源利用率和系统吞吐量，但是仍然不能很好的利用系统资源。单道批处理系统作业调度的流程如图 6-10 所示。

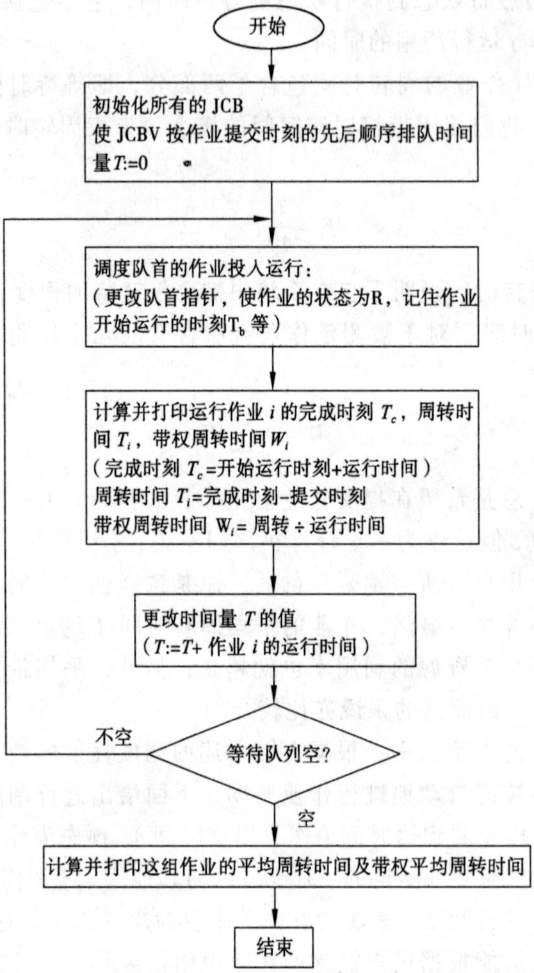

图 6-10 单道批处理系统作业调度的流程

由于在单道批处理系统中，作业一投入运行，它就占有计算机的一切资源直到作业完成为止，因此调度作业时不必考虑它所需要的资源是否得到满足，它所占用的 CPU 时限等因素。所采用的调度算法主要有：

1. 先来先服务调度算法（FCFS）

FCFS 算法是按作业到达的先后次序来进行调度，即这种算法优先考虑在系统中等待时间最长的作业。这种方法在现实生活中也是非常多见的，几乎所有的排队现象都是这样处理的。现在我们假设有四个作业，它们几乎同时到达，但进入系统的先后次序为：

A：要求运行时间为 2min；

B：要求运行时间为 60min；

C：要求运行时间为 2min；

D：要求运行时间为 2min。

那么，按照先来先服务调度算法，这个作业流在系统中的运行过程如表 6-1 所示。

表 6-1　FCFS 算法

作　业	提 交 时 刻	运行时间/ms	开 始 时 刻	完 成 时 刻	T_i/min	W_i
A	8:00	2	8:00	8:02	2	1
B	8:00	60	8:02	9:02	62	1.03
C	8:00	2	9:02	9:04	64	32
D	8:00	2	9:04	9:06	66	33
作业流的平均周转时间 T=48.5min						
作业流的平均带权周转时间 W=16.76						
作业流的调度次序：A–B–C–D						

对于这批作业，利用 FCFS 算法进行调度时，这个作业流的调度次序是 A—B—C—D，平均周转时间为 48.5min，平均带权周转时间为 16.76。

显然，对长作业来说，因其本身运行所需时间较多，尽管周转时间较大，但带权周转时间却接近于 1；而那些短作业，它们的平均带权周转时间为 22。由此可见，FCFS 算法有利于长作业。这种算法虽然简单也有效，但明显对于短作业 C 和作业 D 来说不太合理，它们需要运行的时间很短，只有 2min，却让它们在系统中等待 60 多分钟。这种不合理现象，通过另一种算法可以避免。

2．最短作业优先的调度算法（SJF）

作业的长短是以要求运行的时间来衡量的。SJF 算法总是优先调度要求运行时间最短的作业，把它作为下一次服务的对象。这样，相对来说，在一定的时间内系统运行的作业数就较多，也就是系统的吞吐率较大。同样，对于上述作业流的四个作业，采用 SJF 算法的调度情况如表 6-2 所示。

表 6-2　SJF 算法

作　业	提 交 时 刻	运行时间/min	开 始 时 刻	完 成 时 刻	T_i/min	W_i
A	8:00	2	8:00	8:02	2	1
B	8:00	60	8:06	9:06	66	1.1
C	8:00	2	8:02	8:04	4	2
D	8:00	2	8:04	8:06	6	3
作业流的平均周转时间 T=19.5min						
作业流的平均带权周转时间 W=1.775						
作业流的调度次序：A–C–D–B						

由表 6-2 可知，对于短作业而言，它们在系统中的带权周转时间平均为 2，而对于长作业来说，其带权周转时间仍接近于 1。对于同一个作业流，SJF 算法调度时，作业流的调度次序是 A–C–D–B，所有作业的平均周转时间为 19.5min，平均带权周转时间为 1.775。

比较上面这两种调度算法的例子不难看出，对于此作业流，最短作业优先的算法其调度性能要好些。在实际系统中，短作业优先调度算法也确实比先来先服务算法的性能要好一些，这是因为现实情况下的大多数作业都是短作业。因此，采用 SJF 算法的系统比采用

FCFS 算法的系统要多。这种算法能使各用户都感到满意。

但是，SJF 算法存在一个致命的缺点，即这种算法只考虑了服务时间而完全忽略了等待时间的长短。从而，有可能发生下述情况：一个作业进入系统后，由于不断有较短的作业进入系统，因而它会无限期地等待下去而一直得不到调度。那么如何弥补 SJF 算法的这种缺陷呢？人们又研究出以下的一种改进算法。

3. 响应比高者优先调度算法（HRN）

为了克服上述缺点，可以采用一种称为响应比高者优先的调度算法。即每次要进行调度时，根据当时各作业的响应比，找出响应比最大的作业调度进处理机运行。

作业的响应比定义为：

响应比=作业响应时间/作业要求运行的时间　　（6-1）

式 6-1 中，响应时间为作业进入系统后已等待的时间加上该作业估计要执行的时间。因此，响应比又可定为：

响应比=1+作业等待时间/作业要求运行的时间　　（6-2）

所谓响应比高者优先的算法，就是在每一次调度一个作业投入执行时，计算后备作业队列中各后备作业的响应比，挑选其中响应比最高者投入执行。从式 6-2 可知，一个作业的响应比随着等待时间的增加而提高。因此，在系统中的作业只要等待足够长的时间，它总有可能成为响应比最高者而获得执行的机会。举例来说，假设有四个作业，它们的提交时间及执行时间如表 6-3 所示。

表 6-3　提交时间及执行时间

作业名	提交时刻	运行时间
A	10:00	2h
B	10:20	1h
C	10:40	0.5h
D	10:50	0.3h

若系统在 11:00 开始调度，则采用 HRN 算法时的调度过程是这样的：

（1）在 11:00 时刻，系统开始调度，此时应先计算 A、B、C、D 四个作业的响应比，它们此时的响应比分别为：

RA=1+60/120=1.5

RB=1+40/60=1.67

RC=1+20/30=1.67

RD=1+10/18=1.56

此时，作业 B 和作业 C 的响应比都是最高的，约为 1.67，那么到底调度哪一个呢？一般当出现两个或两个以上作业的响应比同为最高时，可对这几个作业采用类似 FCFS 或 SJF 的办法挑选一个投入执行。本例中，采用 SJF 算法从作业 B 和作业 C 中挑选一个较短的作业（作业 C）投入执行。

（2）经过 30min 后到 11:30 时刻，作业 C 执行结束，要调度新的作业。此时要重新计算 A、B、D 三个作业的响应比，它们此时的响应比分别为：

RA=1+90/120=1.75

RB=1+70/60=2.17

RD=1+40/18=3.22

此时，作业 D 的响应比最高，故调度作业 D 投入执行。

（3）11:48 时刻，作业 D 结束，再次重新调度而需要计算作业 A 和作业 B 的响应比，它们的响应比分别是：

RA=1+108/120=1.9

RB=1+88/60=2.47

显然，此时应调度作业 B 投入执行。

（4）最后，在 12:48 时刻，只剩下作业 A 了，当然调度作业 A。作业 A 此时的响应比是 1+168/120=2.4。

整个作业流的调度情况如表 6-4 所示。

表 6-4 调度情况

作 业	提交时刻	运行时间	开始时刻	完成时刻	T_i/min	W_i
A	10:00	2h	12:48	14:48	288	2.4
B	10:20	1h	11:48	12:48	148	2.47
C	10:40	0.5h	11:00	11:30	50	1.67
D	10:50	0.3h	11:30	11:48	58	3.22
作业流的平均周转时间 T=136min						
作业流的平均带权周转时间 W=2.44						
作业流的调度次序：C–D–B–A						

由上述例子可以看出，HRN 算法基本上还是照顾短作业的。因为短作业要求执行的时间短，所以往往也有较高的响应比；但又不像 SJF 算法那样偏袒短作业，在适当的时候，也会调度长作业执行，不会出现 SJF 算法中可能产生的长作业得不到执行的情况。这种调度算法既照顾了用户到来的先后（在系统中等待时间的长短），又考虑了要求系统服务时间的长短，所以，它是上述两种算法的一种较好的折中。其缺点是，算法较为复杂，每当调度时都要进行响应比的计算。大多数系统中均采用这种调度算法。

避免长作业无休止等待问题的另一解决办法是，给每个作业规定一个最迟必须完成的期限。每当调度作业时，首先审核一下当前是否已有快到这个期限的作业。如果没有，调用预先确定的调度算法（如 SJF）来选择一个作业投入执行。

另一方面，细心的读者可能已经发现，作业的带权周转时间和响应比的计算公式基本上是一样的，而且，在上述例子中，作业的最后一个响应比的值与该作业的带权周转时间的值是相等的。那么，这种相等是巧合还是有其必然性呢?作业的响应比和带权周转时间到底有无区别呢?

其实，这个问题很明显，作业的响应比和带权周转时间是两个完全不同的概念，不光是在其定义与含义上，也表现在它们的计算公式上。

作业响应比的含义其实就是指作业响应时间占其执行时间的比重，实际也就是主要指该作业在系统中等待时间占执行时间的比重。任何时刻，所有后备作业都有响应比问题，每次需要调度时，都要计算每个作业的响应比。而作业的带权周转时间是指作业的周转时间与执行时间的比值，也就是指作业的周转时间占其执行时间的比重。作业的带权周转时间只有在作业执行完毕后才能计算出来。

从计算公式上看，表面上似乎两者一样，实际上是有较大区别的。计算响应比所使用的等待时间 t_{wi} 是指作业从提交到计算的当前时间为止在系统中已经等待的时间，每次计算时，这个时间是在不断增加的。而计算带权周转时间时使用的等待时间 T_i 是指作业从进入系统（提交）的时刻开始到被调度到处理机上开始执行的时刻为止，在系统中的全部等待时间。前者是动态变化的，而后者只是一个具体的值。因为一个作业不会永远停留在系统中，于是，最后在调度到该作业的时候所计算出的响应比就是最后这个作业的带权周转时间，因为从此以后，此作业不会再等待了。

6.4.4 多道程序系统的作业调度策略

在单道批处理系统中，作业运行时间中有一部分是等待 I/O 的时间，因此 CPU 的利用不够充分。在多道程序系统中，内存中能够同时存放多个用户程序并行执行。引入多道程序系统的目的是提高系统效率，提高处理机与 I/O 设备工作的并行性，因为当 CPU 正在执行内存中的某一程序时，I/O 设备可以同时为其他程序进行输入/输出操作。另外，在前面的讨论中，我们没有考虑作业的资源要求。在多道程序环境下，不论是主存空间还是 I/O 设备，由于为许多作业共享而成为“稀缺”的资源。再者，每个作业要求资源的数量、种类也各不相同。因此，多道程序系统中的作业调度不能采用简单的“先来先服务”或“最短作业优先”的算法，而必须考虑到每个作业的资源要求。此外，由于以下一些理由需要采用按优先级调度的算法。

（1）为了对某些时间要求紧迫的作业能给予优先照顾；

（2）为了充分发挥外部设备的作用，优先照顾 I/O 繁忙的作业；

（3）为了保证终端会话型作业有合理的响应时间，优先照顾终端会话型作业。

由于种种原因，大多数多道程序系统的作业调度采用下述几种策略：基于先来先服务；基于优先级；分时和优先级相结合；综合考虑资源要求；转轮法。

1. 基于先来先服务的调度算法

这是最简单的一种调度算法。作业登录程序只需按录入作业的先后顺序建立一个后备作业队列。当需要调度作业时，由调度程序从头开始扫描这个队列，直至找到一个资源能得到满足的作业为止。找到后，把它的作业控制块 JCB 摘下来插入到现行作业队列，并把作业状态改为“执行”。与此同时，为该作业建立相应的进程。其进程处于“就绪状态”，等待以后进程调度程序来调度。

在具有脱机和联机两种控制方式的多道批处理系统中，可将其作业分别排成两个队列，并根据系统的配置划出一道或两道来运行联机作业。当调度到联机作业，其资源要求不能满足时，系统可用“停止”原语，暂时撤销一个或几个脱机作业，回收它们的资源以供联机作业使用。若系统内无联机作业，且现行作业数少于允许的最多道数时，调度程序首先从暂停作业队列中挑选；若无暂停作业，则依次调度资源要求能得到满足的其他脱机作业。

2. 基于优先级的作业调度

优先级法可被用做作业或进程的调度策略。首先，系统或用户按某种原则为作业或进程指定一个优先级来表示该作业或进程所享有的调度优先权。该算法的核心是确定进程或作业的优先级。确定优先级的方法可分为静态法和动态法。

静态法根据作业或进程的静态特性，在作业或进程开始执行之前就确定它们的优先级，一旦开始执行之后就不能改变。

动态法把作业或进程的静态特性和动态特性结合起来确定作业或进程的优先级，随着作业或进程的执行过程，其优先级不断变化。

作业调度中的静态优先级大多按以下原则确定：

（1）由用户自己根据作业的紧急程度输入一个适当的优先级。为防止各用户都将自己的作业冠以高优先级，系统应对高优先级用户收取较高的费用。

（2）按进程的类型给予不同的优先级。例如，在有些系统中，进程被划分为系统进程和用户进程。系统进程享有比用户进程高的优先级。对于用户进程来说，则可以分为：I/O 繁忙的进程，CPU 繁忙的进程，I/O 与 CPU 均衡的进程，其他进程。

对系统进程，也可以根据其所要完成的功能划分为不同的类型，例如，调度进程、I/O 进程、中断处理进程、存储管理进程等。这些进程还可进一步划分为不同类型和赋予不同的优先级。例如，在操作系统中，对于键盘中断的处理优先级和对于电源掉电中断的处理优先级是不相同的。

（3）系统根据作业要求资源情况确定优先级。例如，根据估计所需处理机时间、内存量大小、I/O 设备类型及数量等，确定作业的优先级。

进程的动态优先级一般根据以下原则确定：

（1）根据进程占有 CPU 时间的长短来决定。一个进程占有处理机的时间越长，则在被阻塞之后再次获得调度的优先级就越低，反之，其获得调度的可能性就会越大。

（2）根据就绪进程等待 CPU 的时间长短来决定。一个就绪进程在就绪队列中等待的时间越长，则它获得调度选中的优先级就越高。

由于动态优先级随时间的推移而变化，系统要经常计算各进程的优先级，因此，系统要为此付出一定的开销。

在采用优先级调度策略的系统中，由于关于优先级的确定方法有所不同，在作业注册时，根据这个优先数把作业控制块插入相应优先级的队列中。在系统开始调度后，在主存中复制一张作业队列表，这些表目中均有一个指针，分别指向各自优先级上的第一个作业的作业控制块。

当一个新的作业被录入或一个作业步运行结束时，系统调用作业调度程序，从非空队列的最高优先级开始逐级进行扫描，挑选满足资源要求的作业；在同一优先级内按“先来先服务”的原则选择。

如在 IBM OS/367、370 系统中，优先级是按作业的类别来划分的。通常，把作业分成下列四类：

- A 类：I/O 繁忙的作业。
- B 类：I/O 和 CPU 均衡的作业。
- C 类：CPU 繁忙的作业。
- X 类：其他一般的作业。

用户在提交作业时说明其作业的类别以及在该类中的优先数。作业登录程序对提交的作业首先按类排列，在同一类中再按优先数排列。

该系统把主存的用户区分成四个分区，操作员为每一个分区规定它所接纳的作业类型，同时还为它指定一个进程调度的优先级，如图 6-11 所示。

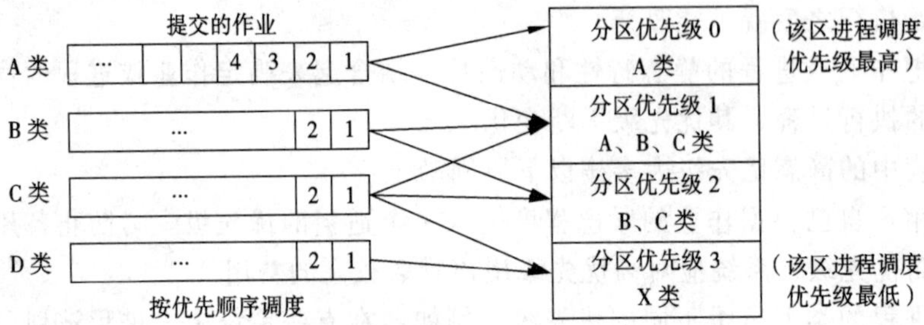

图 6-11 IBM OS/360 系统中作业分类方法示例

当某个分区中的作业在其完成后释放该分区时，由作业调度程序从该分区所服务的最高优先类中选择优先数最高的作业投入运行。顺便指出，这个系统的进程调度程序是按分区的优先级进行调度的。就是说，它总是把处理机分配给优先级最高的那个分区中要运行的那个作业的相应进程。因此，根据图 6-11 中的安排，无论对作业调度来说，还是对进程调度来说，都是有利于 I/O 繁忙的作业。当然，系统操作员能够使系统安排得有利于某一类作业。

3．分时和优先级相结合的作业调度

这种作业调度策略主要用于具有分时操作的系统中，在这些系统中，处理机管理承受两个限制。其一是要确保合理的响应时间，这就限制了进入后备状态的作业数目；其二是要防止系统发生来回操作的现象（系统发生来回操作时，处理机时间大部分花在程序段或数据段的调进和调出上，即页面存储管理中讲述的“颤动”现象）。这意味着在任一时刻按多道方式运行的用户作业数目是有限的。例如，若系统允许 100 个用户进行多道运行，而用户可用的主存空间总共为 1.5MB，则每一个用户平均只能获得 15KB 的用户区。因此，在作业运行中经常会因主存空间不足而中断。反之，若系统仅允许 30 个用户进行多道运行，那么每个用户可获得 50KB 的主存空间，因而发生这种中断的情况大为减少。

在 MULTICS 系统中，为了获得合理的响应时间和限制多道运行的用户数，该系统采用了分时和优先级相结合的调度算法。其中，后备作业按优先级分成几个队列；每个用户作业最初被指定一个优先级范围（L1,L2），且开始时处于 L1 级。范围（L1,L2）表明了该作业需要获得哪种类型的服务。在任一时刻，该作业的优先级 Lf 都满足：

$1 \leqslant Ll < Lf < L2 \leqslant n$

会话型作业的优先级可从 1 到某个值 P1，而非会话型（即批量型）作业的优先级指定从某个值 P2 到 n，P2 可以小于 P1，（此值越小，优先级越高）。

另外，每一个后备作业队列分配一个相应的时间片 q_i，且 $q_{i+1}=2q_i$。每当作业调度程序被调用时，它总是把当前最高优先级上的后备作业之一变成就绪，其条件是要有足够的主存空间。处于“执行”状态的作业，当其分配到的 CPU 时间片全部用完时，它将返回到比原先低一级的后备作业队列中去，以等待下次调度。

该系统为使简单的会话获得快速的响应，赋予其相应作业和进程的优先级为 1（最高级）。例如，有一个进程，它已经启动了控制台读入操作，并且已放弃了处理机（因控制台 I/O 而阻塞的进程返回到后备作业队列），正等待用户打入下一输入行，而希望在接收到输入行后，能立即有机会轮到一个短暂的执行时间。那么，我们可指定这种作业的优先级为 1。此外，允许一个高优先级的作业“排挤”优先级比它低的正在运行的作业（即采用“剥夺”式进程调度）。被排挤下来的作业放在其原来所处优先级队列的首部，以便下次尽快地调度到它，下次执行的时间配给量等于上次执行未用完的时间量。

4．综合考虑资源要求的调度策略

为了实现这种调度策略，首先就作业对 CPU 时间要求 C、存储空间要求 M 以及输出行数 L 之间从调度意义上建立某种等效关系，例如：

1CPU 秒=10KB 的存储空间=1K 输出行

这里，假定 C、M、L 的单位分别为毫秒（ms）、字节（bytes）、行（lines）。据此我们计算一个作业的“尺寸”：

$$\frac{C}{100}+\frac{M}{10000}+\frac{L}{1000}$$

也就是说，可以把作业的存储要求、输出行数都等价地折合成 CPU 时间。另外，这一调度算法基于考虑作业等待时间的最短作业优先的策略。我们定义：

$$H=\frac{\text{估计的CPU时间}C}{1+(\text{等待时间})/K}$$

式中，K 为等待时间重要性的相对度量。假设 K=2，则一个 60min 的作业，它等待 58min 后，其 H 值与一个刚到的 2min 作业的 C 是相等的。显然，H 是一个时间函数，随着时间的消逝（即等待时间愈长）其值变得越小。所以，以 H 来代替 C，则一个作业的等待时间越长，H 将变得越“小”。下面用 $N(t)$来表示这个时间函数，并考虑各类资源要求的等价关系，则上式变为：

$$N(t)=\frac{2(C/1000+M/10000+L/1000)}{2+t} \qquad (6\text{-}3)$$

式 6-3 中，K 取 2；t 为等待时间。

为了简化计算，我们采用系统时钟的时间 T，并用（T-A）来代替等待时间 t（A 为作业到达时间）：

$$N(t)=\frac{2(C/1000+M/10000+L/1000)}{2+T-A} \qquad (6\text{-}4)$$

对于每个请求运行的作业而言，式 6-4 中的分子是一个常数，我们以 $1/R$ 来表示，则 6-4 式可改写为：

$$N(t)=\frac{1/R}{2+T-A}=\frac{1}{R(2+T-A)} \qquad (6\text{-}5)$$

现在定义一个新的调度度量 $S(T)=1/N(T)$。显然，根据最短作业优先的策略，$S(T)$值愈大，该作业具有愈高的调度优先权。

$$S(t)=\frac{1}{N(t)}=R(2+T-A)=RT-R(A-2) \qquad (6\text{-}6)$$

式 6-6 中，第二项 $R(A-2)$是一个常数，且是在作业注册时就可确定的常数，我们令其为 Q。那么，得到：

$$S(T)=RT-Q \tag{6-7}$$

最后，引入一个标识符 j，则上式可对注册的每一个作业计算出它的作业调度优先权。

$$S_j(T)=R_jT-Q_j \tag{6-8}$$

由式 6-8，不难看出两点：①根据定义，每个作业的常数 R 是反比于其资源要求的。也就是说，其资源要求越少，则 R 值越大，调度优先权越高。②R 是作为系统时钟值的系数，而这个时钟值反映了一个作业注册后的等待时间。由此可见，一个作业的优先权随着等待时间的增长而提高，且其提高的快慢直接受其资源要求 R 值影响。资源要求越少，其影响越大。图 6-12 给出了作业调度优先权与资源要求和等待时间的函数关系。其中，作业 A、B、C 的 R 值分别为 0.5、1 和 2。由图 6-12 可知，一个资源要求较少作业的优先权，可以赶上并超过等待时间较长但资源要求较多的作业的优先权。

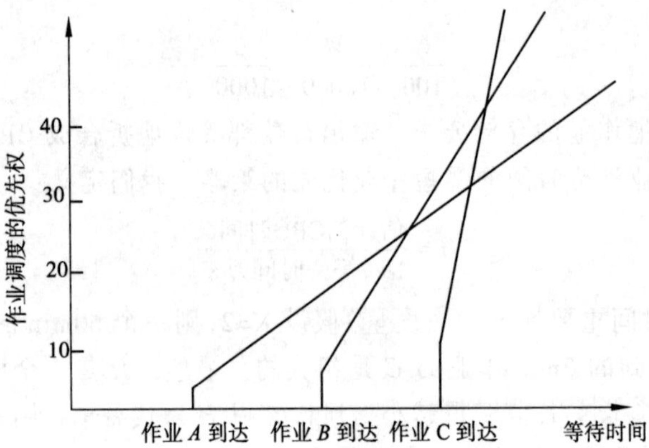

图 6-12 作业调度优先权与资源要求和等待时间的函数关系

5. 轮转法

轮转法的基本思路是让每个进程在就绪队列中的等待时间与享受服务的时间成比例。轮转法的基本概念是将 CPU 的处理时间分成固定大小的时间片。如果一个进程在被调度选中之后用完了系统规定的时间片，但未完成要求的任务，则它自行释放自己所占有的 CPU 而排到就绪队列的末尾，等待下一次调度。同时，进程调度程序又去调度当前就绪队列中的第一个进程或作业。

（1）时间片长度的选择：在轮转法中，时间片长度的选择非常重要。首先，时间片长度的选择会直接影响系统开销和响应时间。如果时间片长度过短，则调度程序剥夺处理机的次数增多。这将使进程上下文切换次数也大大增加，从而加重系统开销。反过来，如果时间片长度选择过长，如一个时间片能保证就绪队列中所需执行时间最长的进程能执行完毕，则轮转法变成了先来先服务法。

时间片长度的选择是根据系统对响应时间的要求 R 和就绪队列中所允许的最大进程数 Nmax 确定的。它可表示为：

$$q=R/N_{max}$$

在 q 为常数的情况下，如果就绪队列中的进程数发生远小于 N_{max} 的变化，则响应时间 R 看上去会大大减小。

（2）轮转法的系统开销：当 q 值固定，进程上下文切换的时机不变，系统开销也不变。CPU 的整个执行时间等于各进程执行时间加上系统开销。在进程执行时间大幅度减少的情况下，如果系统开销也随之减少的话，系统的响应时间有可能更好一点。

（3）q 随着进程数发生变化：在一个用户进程的情况下，如果 q 值增大到足够该进程执行完毕的话，则进程调度所引起的系统开销就没有了。一种可行的办法是，每当一轮调度开始时，系统根据就绪队列中已有进程数目计算一次 q 值，作为新一轮调度的时间片。这种方法得到的时间片随就绪队列中的进程数变化。

（4）多级反馈轮转法：在轮转法中，加入到就绪队列的进程有三种情况：

① 分给它的时间片用完，但进程还未完成，回到就绪队列的末尾等待下次调度去继续执行。

② 另一种情况是分给该进程的时间片并未用完，只是因为请求 I/O 或由于进程的互斥与同步关系而被阻塞。当阻塞解除之后再回到就绪队列。

③ 再有一种情况就是新创建进程进入就绪队列。

如果对这些进程区别对待，给予不同的优先级和时间片，从直观上看，可望进一步改善系统服务质量和效率。例如，可把就绪队列按照进程到达就绪队列的类型和进程被阻塞时的阻塞原因分成不同的就绪队列，每个队列按 FCFS 原则排列，各队列之间的进程享有不同的优先级，但同一队列内优先级相同。这样，当一个进程在执行完它的时间片之后，或从睡眠中被唤醒以及被创建之后，将进入不同的就绪队列。

6.4.5　对作业调度程序的调用

上面介绍了作业调度程序的功能、调度性能的评价和各种调度算法。那么，什么时候将调用这个作业调度程序来审查后备作业队列，以便选择合适的作业将其投入“执行状态”呢？总的来说，当系统中的资源因某种原因而变得可用时，调用它来评价作业请求。例如，一个作业（进程）由于完成了任务或某种原因而终止，因而释放其所占有的资源。所以，作业（进程）终止后，应调用作业调度程序来检查后备作业队列。此外，在采用动态资源分配和回收的系统中，一旦资源管理程序完成了动态回收请求后，也应调用作业调度程序来审查这个后备队列，看看能否创建新的进程。至于静态分配和回收的系统中，则必须等到终止进程非顺序的可再用资源释放后，才能调用这个作业调度程序。

当然，系统在负荷不足的情况下，通过联机操作命令或批处理作业控制命令登录一作业后，也可调用这个作业调度程序，来检查一下相应的作业能否立即为其创建进程。此外，一个进程在运行过程中，在利用显式的 CREATE 命令创建其子进程，或执行如 READ、WRITE 命令，隐含地发出创建 I/O 进程命令时，它们也都相应地在这个后备作业队列中增加新的成员。此时，也可调用作业调度程序来审查是否能立即使其变为“执行状态”。作业调度程序、作业（进程）队列与资源管理程序及其他有关的活动之间的流程如图 6-13 所示。

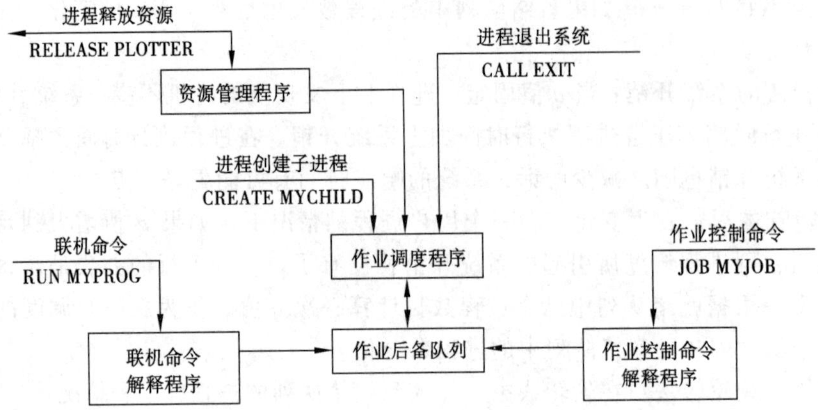

图 6-13　作业调度其后备作业队列等的流程

本 章 小 结

操作系统通过程序接口和操作接口两种方式把它的服务和功能提供给用户以实现用户接口，也就是说，用户可以通过两种接口来调用操作系统提供的服务和功能。程序接口又称为程序级用户接口，是指编程人员使用系统调用来请求操作系统提供服务，操作接口又称为作业控制级用户接口，是指系统为用户提供的各种命令接口，用户利用这些操作命令来组织和控制作业的执行或管理计算机系统。

系统调用是操作系统提供给编程人员的唯一接口。操作系统提供的系统调用大致可分为：设备管理类、文件管理类、进程控制类、进程通信类、存储管理类和线程管理类。在操作系统中为实现系统调用服务的机制称为陷入或者异常处理机制。

作业控制是指在操作系统的支持下，用户如何组织他的作业并控制作业的运行。使用操作命令进行作业控制的主要方式有两种：脱机控制方式和联机控制方式。脱机控制方式利用作业控制语言（job control language）来编写表示用户控制意图的作业控制程序，也就是作业说明书。联机控制方式是系统为用户提供一组键盘或其他操作方式的命令，用户使用系统提供的操作命令和系统会话，交互地控制程序执行和管理计算机系统。一般可提供的方式有：命令驱动方式、菜单驱动方式和命令文件方式。

作业是指在一次应用业务处理过程中，从输入开始到输出结束，用户要求计算机所做的有关该次业务处理的全部工作。作业由不同的顺序相连的作业步组成。作业步是在一个作业的处理过程中，计算机所做的相对独立的工作。作业由程序、数据和作业说明书组成。

作业管理的任务包含作业建立、作业调度、作业控制和作业完成。

作业输入输出方式可分为五种，即联机输入输出方式、脱机输入输出方式、直接耦合方式、SPOOLING 系统和网络输入输出方式。SPOOLING 又可译为外围设备同时联机操作，在有 SPOOLING 功能的计算机系统中，作业的输入输出不再单独用外围处理机，而由主机和相应通道来承担这种功能，系统主要包括输入管理模块和输出管理模块。

一个作业从进入系统到运行结束，一般要经历“后备”、“执行”、“完成”三个不同的状态。

作业调度又称为高级调度，它的功能是根据一定的调度算法，从输入到系统中的一批作业中选出若干个作业，为它们分配必需的资源，并建立相应的用户作业进程和为其服务的系统进程，最后把这些进程交给进程调度程序去调度执行。作业调度程序的主要功能是审查系统能否满足用户作业的资源要求以及按照一定的算法选取作业投入运行。所采用的调度算法主要有：先来先服务调度算法（FCFS）、最短作业优先的调度算法（SJF）和响应比高者优先调度算法（HRN）等。

习　题　六

1. 什么是作业？什么是作业步？
2. 作业由哪几部分组成？各有什么功能？
3. 作业的输入方式有哪几种?各有何特点?
4. 试述 SPOOLING 系统的工作原理。
5. 作业说明书和作业控制块有何异同?
6. 操作系统为用户提供哪些接口？它们的区别是什么？
7. 作业控制方式有哪几种？调查你周围的计算机的作业控制方式。
8. 什么是系统调用？系统调用与一般用户程序有什么区别？与库函数和实用程序又有什么区别？
9. 简述系统调用的实现过程。
10. 试述作业调度的主要功能。
11. 作业调度的性能评价标准有哪些？这些性能评价标准在任何情况下都能反映调度策略的优劣吗？
12. 假设有 4 道作业，它们的提交时刻及执行时间由表 6-5 给出。
    计算在单道程序环境下，采用先来先服务调度算法和最短作业优先调度算法时的平均周转时间和平均带权周转时间，并指出它们的调度顺序。

表 6-5　作业提交、执行情况

作　业　号	提交时刻（小时）	执行时间（小时）
1	10.00	2
2	10.20	1
3	10.40	0.5
4	10.50	0.3

第7章 网络操作系统

计算机网络的发展，对操作系统提出了更高的要求。本章介绍的网络操作系统，旨在给读者建立网络操作系统的基本概念。本章包括网络操作系统的结构、网络操作系统的通信、资源共享、服务软件和应用程序接口等。

7.1 概　　述

7.1.1 网络操作系统的定义

关于网络操作系统（Network Operating System，NOS），至今尚无严格、统一的定义，也许人们并不要求给它一个严格定义。顾名思义，网络操作系统是指具有网络功能的操作系统。

网络操作系统的设计不是完全独立的，与单机系统不可分离。20 世纪 80 年代随着个人计算机的广泛使用以及局域网技术的创立与应用，如何在各种计算机之间共享资源成为人们研究的焦点。网络操作系统可以为用户提供网络接口、管理共享资源以及提供各种网络服务，因此有人也将其称为网络管理系统。但是，网络操作系统并非仅仅只有这些功能，它是建立在单机操作系统之上，因此也具有一个单机操作系统的所有功能。

从网络操代系统的发展来看，目前系统已经成为一种能够支持多处理机的环境（即网络环境），能够在网络范围内来管理、调度各个计算机所拥有的局部资源，叫共同或者合作方式处理用户任务。长期以来，操作系统都是控制单个计算机的，随着多机系统和多机互连系统的出现，要求传统操作系统能够处理系统互连、通信和远程访问等服务。网络操作系统的多机化趋势与此有关。

网络操作系统除了具有单机操作系统的功能外，还具有网络管理模块，用于支持网络通信、提供网络服务、保障系统安全以及有效管理网络等。在网络环境中，网络操作系统、网络通信软件和网络协议软件是计算机网络工作的基础环境，因此有人将这三者统称为网络操作系统。网络操作系统的典型实例有 Novell NetWare 和 Microsoft Windows NT 等。

网络操作系统应该具有以下四个基本功能：

（1）网络通信。网络通信的任务是实现源主机与目标主机之间无差错的数据传输，其主要功能有：为通信双方建立与拆除连接；为传输中的数据实施差错控制；进行双方的流量控制等。

（2）资源管理。采用统一的、有效的方法协调各个用户对共享资源的使用，使用户使用远程资源与使用本地资源一样。对资源的具体管理和控制，由本地主机操作系统实现。

（3）提供多种网络服务。系统可以向网络用户提供的主要基本服务有电子邮件传递服务；文件传输和管理服务；网络远程登录服务等。

（4）提供网络接口。系统向网络用户提供使用网络共享资源与取得网络服务的统一的网络接口。

总之，可以将网络操作系统定义为："网络操作系统是建立在主机操作系统基础上、用于管理网络通信和共享资源、提供网络服务、协调各主机上任务的运行并向用户提供统一的、有效的网络接口的软件集合"。

7.1.2　网络操作系统的特点

网络操作系统的主要特点是相对单机操作系统而言的。

1. 网络操作系统的复杂性

很明显，单机操作系统的主要功能是管理本机的硬、软件资源。在计算机网络系统中，有很多台计算机、终端设备以及其他网络设备，网络操作系统的主要任务是对全网络资源的管理，以实现整个系统的资源共享。除了资源共享以外，另一主要任务是计算机间通信与同步。网络操作系统的复杂性表现在各个方面。网络文件管理系统就是一例。单机操作系统只能管理本机的文件系统，单机上的用户只能访问本机上的文件系统。但在计算机网络中，为了实现资源共享，还允许本地用户访问远程结点上的文件系统。

2. 并行性

单机操作系统通过为用户建立虚拟处理机来模拟多机环境，实现了程序的并发执行。但处理机只有一台，并未实现真正的并行。

网络操作系统在每个结点机上程序都可并发执行。除此之外，各结点机上的程序还可以并行操作，并实现了真正的并行。一个用户作业既可以分配到自己登录的结点上，也可以分配到远程结点上。

3. 结点机间的通信与同步

在计算机网络系统中，各结点机之间通过网络相互传递信息，以实现进程间的同步与通信。在这方面，国际标准化组织（ISO）的开放系统互连参考模型（OSI/RM）为计算机之间的通信提供了一个很完善的标准。一般来说，OSI/RM 的七层协议中从第四层（传输层）到第七层（应用层）都可以说进入了网络操作系统的领域，而低三层（网络层、数据链路层和物理层）则提供了网络传输的支持。

在网络操作系统中，都必须提供信息传输的基本功能，通常以通信原语的形式出现。这些通信原语可供应用程序调用，从而构成了用户与网络的接口。在这些通信原语中必不可少的是发送（send）原语和接收（receive）原语。在两个进程的一次通信中，通常可用这两条原语来完成。但这两条原语的执行还存在两个问题，一是可靠性问题，二是同步问题。

4. 安全性

在单机条件下，操作系统的主要特点是其封闭性，也就是说，它有自己的用户，自己的资源，以及自己的一套规定和命令。一台计算机一旦加入网络，就同网络系统中更多的计算机和用户交往，从而这台计算机就成为开放式的面向网络的计算机。单机操作系统的安全性固然重要，但网络操作系统的安全性更为重要。网络上各结点的主机运行自身的操作系统，它不仅要保证本机的系统进程或用户进程能简便、有效地使用网络中的资源，同时也要为网络中其他用户使用本机资源提供服务。但是这种服务是有限制的。操作系统应保护一个合法用户的资源不受侵犯，规定一个用户或进程的可分配资源的限额，防止一个用户存取它不该存取的资源。美国政府规定了计算机安全准则和安全级，从 D 级（最不严格）到 A 级（最严格），其中 B 级和 C 级又分别有几个子集。例如，Windows 当前支持 C2 安全级。

网络操作系统的安全表现在以下几个方面：

（1）网络操作系统的安全性：系统应规定不同用户的不同权限。网络用户通常可分为系统管理员、高级用户和一般用户。系统管理员有更大的责任。他必须熟悉规定的操作过程，并且事先想到执行特权操作可能引起的后果与补救措施。

（2）用户身份验证：网络操作系统中安全子系统应记录作用于本机的安全性策略，维护有关用户的账号信息，包括用户名、口令、为安全性目的的用户组以及用户所拥有的特权，它还接纳用户的登录信息并进行登录授权。

对进入系统的用户要进行审查，执行某一特权操作也要进行审查，审查是通过身份验证进行的。个人身份可采用以下三种形式来验证：

① 个人特征：手印、声音、照片和签名等。

② 个人证件：身份证、钥匙等。

③ 个人信息：姓名、密码等。

其中密码是一种常见方式，简单易行但保密性差。其他几种方式涉及模式识别、图像识别、语音识别等技术。

（3）资源的存储控制：为防止系统死锁，应采取一些安全性策略和措施；对系统中的文件子系统，应采取相应的保护措施；规定不同程序有不同运行方式，例如，系统程序在核心态运行，用户程序在用户态下运行。

（4）网路传输的安全性：网络上数据传输的安全与保密由网络本身来保证。

7.1.3 网络操作系统的分类

网络操作系统决定了网络上文件传输的方式以及文件处理的效率，作为整个网络与用户的界面，是整个网络的核心。网络操作系统按其功能可分为以下三种常见结构：

1．对等式网络结构（peer-to-peer）

对等式网络不需要专用服务器，每一台工作站都能充当网络服务的请求者和提供者，都有绝对自主权，也可以互相交换文件。这种类型的网络软件被设计成每一个实体都能完成相同或相似的功能。对等式网络结构的主要优点有：

① 使用容易，且工作站上资源可直接共享。

② 容易安装与维护。

③ 价格比较便宜。

④ 不需专用服务器。

当然，对等式网络结构也存在着数据的保密性差和文件管理分散的缺点。

2．服务器结构（server-based）

网络以服务器为中心，严格地定义了每一个实体的工作角色，即网络上的工作站无法在彼此间直接进行文件传输，需通过服务器作为媒介，所有的文件读取、消息传送等也都在服务器的掌握之中。服务器结构的主要优点有：

① 对数据的保密性非常严格，可以按照不同的需要而给予使用者相应的权限。

② 文件的安全管理较好。

③ 可靠性好。

服务器结构存在的缺点是：

① 多个使用者在同一时间内都要获得应用程序或数据时，效率可能降低。

② 工作站上的资源不能直接共享。

③ 安装与维护比对等式网络困难。

④ 服务器的运算功能没有发挥。

3．主从式结构（client-server）

主从式结构也称为客户机/服务器结构，它是指将需要处理的工作分配给客户端和服务器端处理，所谓的客户和服务器并没有严格的界限，这取决于运行什么软件和执行什么任务。简单地讲，客户是提出服务请求的一方，而服务器是提供服务的一方。在主从式结构中服务器端所提供的功能不仅仅是文件、数据库服务，还有计算、通信等。工作时不再是完全由工作站负担沉重的运算处理，而是改由客户和服务器各自负担一部分计算或通信的功能，这种结构是当前应用最多的结构之一。主从式结构的主要优点有：

① 有效使用资源，提高了系统效率。

② 成本降低。

③ 提高了可靠性。

7.1.4　网络操作系统的发展和展望

如同一台计算机需要有操作系统支持一样，一个计算机网络也需要有相应的网络操作系统的支持。下面先介绍当今网络操作系统的状况。

目前，在网络操作系统产品中具有代表性的产品有 UNIX 操作系统，Novell 公司的 NetWare，Microsoft 公司的 LAN Manager 和 Windows NT，Banyan 公司的 VINES。同时，随着网络系统的不断发展，一种新型的类属于局域网的网络操作系统——对等网络操作系统已经产生。这种新型的端到端的网络操作系统，安装使用简单、直观、价格低廉，具有分布式共享文件、打印机和进行分布式通信的功能，这一点对用户具有很大的吸引力，但随之而带来的新问题是需要较高层次的管理能力。其中有代表性的产品有：Novell 公司的 Netware lite，Microsoft 公司的 Windows for Workgroups，D-LINK 公司的 LANmart，Artisoft 公司的 LANStastic，向宇公司的 X&Y net 等。这些产品具有的特点如下：

（1）从体系结构的观点来看：NOS可能不同于一般的网络协议所需的完整的协议通信传输功能，但具有所有操作系统的职能，如任务管理、缓冲区管理、文件管理及磁盘和打印机等外设管理。

（2）从操作系统的观点看：NOS大多是围绕核心调度的多用户共享资源的操作系统，包括磁盘处理、打印机处理及网络通信处理等面向用户的处理程序和多用户的系统核心调度程序。

（3）从网络的观点来看：可以将NOS与标准的网络层次模型进行比较。

在物理层和链路层，一般NOS支持多种网络接口卡，如Novell公司、3COM公司以及其他厂商的网卡。其中有基于总线的网卡，也有基于令牌环的网卡及支持星形网络的ARCNET网卡。因此，从拓扑结构看，NOS可以运行于总线形、环形、星形等多种形式的网络之上。换句话说，NOS独立于网络的拓扑结构。为了提供网络的互联性，一般NOS提供了多种复杂的桥接、路由功能，可以将具有相同或不同的网络接口卡、不同协议和不同拓扑结构的网络连接起来。OSI模型的第三～五层的网络软件主要对应于以下两种功能：

（1）支持高层服务：如建立客户和一个应用程序的服务器之间的对话或者是用户逻辑名或网络资源的联系等。

（2）支持有效的、可靠的网络数据的传输，不考虑物理位置。一般来说，NOS的实用程序范围可以认为在第七层和第六层内，而当今的NOS一般将网络通信协议作为内置的功能来实现，因而其范围包括了整个或大部分OSI模型网络体系层次。

一个典型的NOS应为网上用户提供便利的操作和管理平台，一般具有以下特征：

（1）硬件独立：NOS可以在不同的网络硬件上运行。

（2）网桥/路由连接：可以通过网桥、路由功能与别的网络连接。

（3）多用户支持：在多用户环境下，NOS给应用程序以及数据文件提供足够的，标准化的保护。

（4）网络管理：支持网络实用程序及其管理功能，如系统备份、安全管理、容错、性能控制等。

（5）安全性和存取控制：对用户资源进行控制，并提供控制用户对网络访问的方法。

（6）用户界面：NOS向用户提供丰富的界面功能，具有多种网络控制方式。

随着计算机技术、网络技术和通信技术的迅速发展，NOS的发展趋向又该如何呢?当今网络操作系统的发展可归纳为以下几个方面：

（1）外放式的网络体系结构：所谓开放式的网络体系结构是指不同厂商的计算机、不同的操作系统环境和不同的拓扑结构及通信协议的网络连成一个统一的环境。随着计算机技术、网络和通信技术、信息技术的发展，计算机网络之间的互联，尤其是异质网络之间的互联成为网络体系结构的主流之一。相应的，网络操作系统将向着支持多种通信协议、多种网络传输协议，支持多种网络适配器和工作站的方向发展；同时能接上大型网络，自身又能独立成网的网络操作系统也将得到发展。

（2）新型的网络计算处理模型：进入20世纪90年代，随着高速传输技术的发展，如ATM、帧中继技术、千兆位成为主流。原来由主机站点集中控制管理的设备，如大容量存储器、打印机、X 终端及可执行多种协议的通信网关等，已脱离主机而成为独立的网络站点，以服务器的方式为网上其他用户使用，主机则专门用于计算，从而实现真正的分布式处理。

新型网络计算处理模型的发展目标是将异构的计算机集成为一个统一的系统，从而独立于所处的硬件平台乃至网络操作系统，对此，NOS 厂商提出了开发公共网络操作系统（CNOS）的策略。尽管计算处理的主流将不会基于 NOS，但 CNOS 将提供一个易管理的传送基础和系统管理及相应的管理工具，用以桌面集成和后台应用。CNOS 的成功实现将为通用商品、专用产品和异构的多厂商网络计算提供唯一的集成。这将是一个 OSF DCE 模型的超集。

（3）基本的服务器技术的新概念：在未来的 NOS 中，原来基本的服务器技术将发生变化。一方面，由于所存取的数据类型变得多样化了，不仅是传统的文本，还涉及高分辨率的图形、图像和声音等；另一方面，由于新的应用软件发展的需要，使得 NOS 中传统的存储、检索、输出技术需要更新；同时，还要为用户提供更高层次的网络 API。

新的网络计算模型将迫使制造商将其产品开发成一个具有透明性、易管理及具有高速存储能力的应用软件。也就是说，除了提供文件、打印机共享和传输服务外，还应提供高水平的网络 API，以及在此 API 下先进的目录、安全和管理服务；同时，要求这些服务独立于 API 和底层技术。

（4）新的网络计算处理模型的发展将影响 NOS 在网络界中所扮演的角色和各 NOS 厂商采取的策略。系统厂商逐渐承担了 NOS 增值代理的角色，它们常常开发一些有竞争性的产品，以赢得市场，这更增加了 NOS 厂商在商业上进行联合的重要性。这种联合，不仅涉及传统的代售商，而且涉及到最大的集成厂商和系统厂商，估计不久的将来，即使最具独立性的厂商，包括现在的主要网络生产厂商、系统厂商和操作系统厂商为了生存和发展将不得不结为联盟。

总而言之，未来的 NOS 可能将是当今流行的 NOS 的混合体，因为不存在一个对某一指定需求绝对正确或错误的产品；同时，用户对产品之间互操作性的要求也将增强创建一个混合产品的可行性，从而迫使网络操作系统厂商走到一起，互相协同。

不管网络操作系统市场上的“和平共处”达到何种程度，有一点可以肯定，即网络计算的成功，将依赖于网络操作系统的高速发展和功能完善。

7.1.5　常用的网络操作系统简介

1．Windows NT 操作系统

Windows NT 又称作 Windows New Technology（Windows 新技术），它是以 Windows 的技术为基础，由 Microsoft 公司研究开发出来的网络操作系统。

Windows NT 操作系统的设计定位在高性能工作站、台式机、服务器以及政府机关网络、大型企业网络、异型机互联设备等多种应用环境。

2．NetWare 操作系统

NetWare 是世界上第一个真正的计算机局域网操作系统，1984 年随着美国 Novell 公司开发的 NetWare 1.0 版本的正式出现，结束了采用单任务操作系统 DOS 为核心的计算机网

络系统发展历史，标志着计算机局域网操作系统产品的新突破，使 Novell 网络成了局域网的主流产品。特别是 1993 年推出的 NetWare 3.12 是一个全 32bit 网络操作系统，提供了文件设备共享和信息服务等各种功能，支持多种计算机操作系统，如 DOS、Windows、OS/2、UNIX 和 Macintosh 等，可支持 5～250 个用户，增加了不少新的功能。它在容错技术、安全保密、开放性等方面都有自己的特色，如采用多重容错技术、双重目录和文件分配表、磁盘镜像处理、磁盘和服务器双工技术及完备的事务跟踪系统（TTS）等。

采用多级安全管理：设置用户登录限制及文件、目录访问权限的设置和文件目录安全的属性设置。如可设置用户登录账户、用户登录时间、站点的限制及设置入侵者检测，防止非法用户登录上网。

3. UNIX 操作系统

UNIX 是当代最著名的多用户、多任务的网络操作系统。运行 UNIX 的计算机在同一时间能支持多个计算机程序，其中典型的是支持多个登录的网络用户。

4. Linux 操作系统

Linux 操作系统是 UNIX 在计算机上的完整实现，它性能稳定、功能强大、技术先进，是目前最流行的计算机操作系统之一。

Linux 有一个基本的内核（kernel）。一些组织或厂商将内核与应用程序、文档包装起来，再加上安装、设置和管理工具，就构成了直接供一般用户使用的发行版本。

与传统的网络操作系统相比，Linux 具有以下特点：

（1）源代码公开：从诞生之日起，Linux 的源代码就是公开的，这是它与 UNIX、Windows NT 等传统网络操作系统最大的区别，这使它一直得到并将继续得到全世界范围程序员的共同完善。

（2）完全免费：Linux 从内核到设备驱动程序、开发工具等，都遵从 GPL 协议（General Public License，通用公共许可协议），Internet 上有大量关于 Linux 的网站和技术资料，可以免费下载，其中不包含任何有专利的代码，不存在“使用盗版软件”的问题。

（3）完全的多任务和多用户：Linux 允许在同一时间内运行多个应用程序，允许多个用户同时使用主机。

（4）适应多种硬件平台：Linux 可运行的硬件平台较多，如 IBM PC 及其兼容机、Apple Macintosh 计算机（苹果机）、Sun 工作站等。

（5）稳定性好：运行 Linux 的服务器有公认的极好的稳定性，很少出现在其他一些常用 操作系统上常见的死机现象。

（6）易于移植：Linux 符合 UNIX 的标准，这使 UNIX 下的许多应用程序可以很容易地移植到 Linux 下，相反也是这样。

（7）用户界面良好：Linux 的 X Windows 系统具有图形用户界面，它可以进行 Windwos 9X 下的所有操作，甚至还可以在几种不同风格的窗口之间来回切换。

（8）具有强大的网络功能：实际上，Linux 就是依靠 Internet 才迅速发展起来的，Linux 具有强大的网络功能也是自然而然的事情。它支持 TCP/IP，支持网络文件系统 NFS、文件传送协议 FTP、超文本传送协议 HTTP、点对点协议 PPP、电子邮件传送和接收协议 POP/IMAP 和 SMTP 等，可以轻松地与 Novell NetWare 或 Windows NT 等网络集成在一起。

7.2　网络操作系统的结构

7.2.1　网络操作系统结构概述

1. 网络操作系统结构设计的模式

在操作系统的结构设计中，传统的模块组合法、层次结构法以及以管程为工具的结构设计法，对单计算机的操作系统的结构设计是卓有成效的，一些操作系统也正是利用这些方法或这些方法的组合建立起来的。但对于多计算机系统而言，这些方法就显得非常欠缺，不能满足需要。为此，我们讨论针对多计算机系统（当然包括计算机网络）的操作系统的结构设计模式。

所谓操作系统结构设计的模式是指，将操作系统所提供的特性、服务及系统所执行的任务统一成一体的一个概括性的框架。

多计算机操作系统结构设计的主要模式有：客户/服务器模式、对象模式和对称多处理模式。

（1）客户/服务器模式：采用客户/服务器模式构造一个操作系统的基本思想是：把操作系统划分成若干进程，其中每个进程实现单独的一套服务。例如，在一个操作系统中设置内存服务、进程生成服务、处理机调度服务、网络服务、文件服务和显示服务等。每一种服务对应一个服务器，每个服务器运行在用户态，并执行一个循环。在执行循环过程中不断检查是否有客户提出请求该服务器提供的某种服务。客户可以是一个应用程序，也可以是另一个操作系统成分。它通过发送一条消息给服务器请求，运行在核心态下的操作系统内核把该消息传给服务器，由服务器执行具体操作，其结果由内核用另一消息返回给客户，如图 7-1 所示。

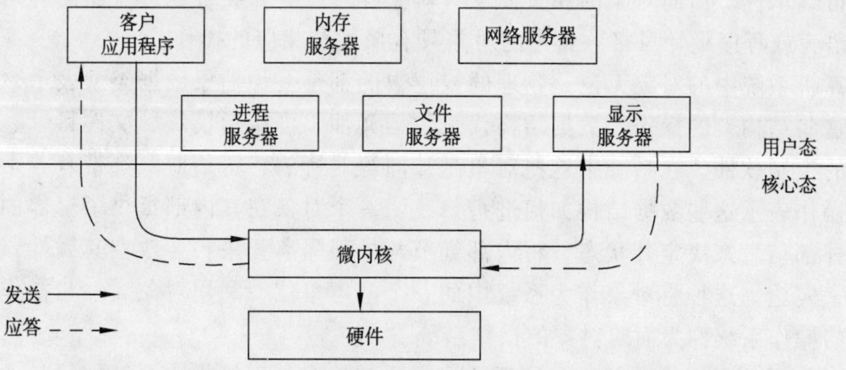

图 7-1　客户/服务器模式下的操作系统模型

微内核也称为公用软件微核，是 20 世纪 80 年代中期提出的与传统操作系统完全不同的设计新概念。人们把目前操作系统的共性抽象出来形成一个底层的核心，称为微内核。在此基础上建立的操作系统称为微内核操作系统。由于微内核是系统的一个必不可少的核心，提供最基本的、公共的服务，因而其他功能都可以按服务器的形式建立在它的基础上。这种系统具有良好的模块化和结构化特征，在模块之间和上下层之间都采用消息机制进行通信。建立在微内核上的服务器可以根据不同的需要来构造，从而使系统的构造十分灵活，采用微内核技术可以很方便地构成一个真正的开放式系统环境。采用微内核技术的系统的典型实例有以美国卡内奇梅隆大学所开发的 Mach 微内核为基础开发的 IBM OS/2 操作系统；著名的 Microsoft Windows NT 也采用微内核技术构造。

采用客户/服务器模式所构造的操作系统，其组成部件小而且自成一个独立的子系统。由于每个服务器是以独立的用户态进程方式运行的，因此单个服务器故障，不会引起操作系统其他部分的崩溃。此外，在多处理机系统或网络系统中，不同的服务器可以在不同的处理机或不同的结点机上运行，从而使得这样构造的操作系统更适合分布式计算环境。

采用客户/服务器模式所构造的操作系统的好处是：

① 简化了基本操作系统。它为用户提供了多种应用程序设计界面（API），每个 API 被移到独立的服务器中，避免了与内核的冲突和重复，缩小了内核，并容易增加新的 API。

② 提高了可靠性。每个服务器在分配给它的内存分区内以独立进程的方式运行，因此可以防止受其他进程的影响。此外，由于服务器运行在用户态，它们不能直接访问硬件或侵犯内核。

③ 适合分布式计算环境。由于联网的计算机以客户/服务器模式为基础，并且使用消息传递方式进行通信，因而本地服务器可以很方便地把消息发送给远程客户。而对客户来说，是从远程得到的服务还是从本地得到的服务并不重要。

（2）对象模式：采用对象模式进行结构设计的操作系统，称为面向对象的操作系统。

面向对象的操作系统是面向对象程序设计（OOP）思想在操作系统上的应用。对象是对事物的抽象，它是操作与事物属性的集合，对象上的操作与属性因具体事物而异，但其抽象模型具有共性，即对象都是由操作与属性两方面构成的。对象间的通信通过发送消息以执行操作来完成，操作接口的描述称为类（class），用于建立具有给定接口的对象，这些接口具有可继承性。面向对象的相关概念有对象、对象类和类继承性。面向对象的程序设计是某种语言或程序设计风格，其中的对象具有属性和相应的操作。

在计算机系统中的对象无论是物理的或逻辑的都是一种抽象数据类型表示，包括数据结构和有这些结构上的操作。数据结构代表数据文件、可执行模块、文件目录、硬件资源以及相应的控制软件。在系统中这些对象是被同等对待的，每种对象都带有若干指定的操作，每个操作表示这些数据结构如何进行修改。一个对象在其内部提供了全部的属性，不需要任何外部信息来决定其状态，将内部细节与外部隔离开来。要改变其属性，只能通过一组操作来实施。这种将对象作为系统中的一个基本单位、利用对象属性与操作以及相关权限组成的操作系统称为面向对象的操作系统。

（3）对称多处理模式：对称多处理模式主要支持多处理机操作系统的设计。多处理机操作系统的多处理方式，可以采用对称多处理和非对称多处理两种模式。

对于非对称多处理（ASMP）操作系统，典型的做法是，指定一台处理机执行操作系统代码，而其他处理机只执行作业，这种模式也叫主从模式。采用这种模式特别适合在硬件配置上属于非对称的系统。由于操作系统代码只在一个处理机上运行，所以可以通过扩展现有的单处理机操作系统并将其改造成多处理机操作系统。但是，这种非对称多处理操作系统的主要缺点是不便于移植，当运行操作系统代码的处理机发生故障时，会使整个系统瘫痪。

如果一个操作系统在所有处理机上运行，并且它们共享同一内存，这样的系统就是一个对称多处理机系统（SMP）。图 7-2 给出了对称多处理机和非对称多处理机的结构示意图。

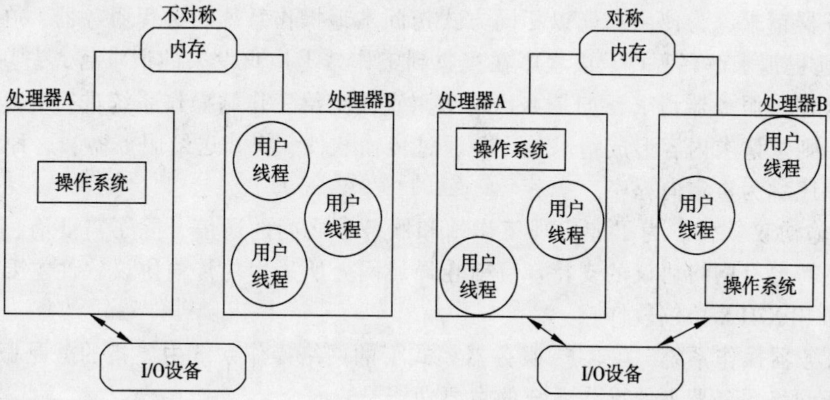

图 7-2　SMP 和 ASMP 结构示意

2. 客户/服务器模式的工作过程

在客户/服务器结构模式的信息处理系统中，存在客户与服务器两方。通常，客户方处于主动，向服务器方提出服务请求，而服务器则处于被动地位。服务器进程被启动后就处于等待接收客户的请求，当请求到达时才被唤醒。客户向服务器提出的请求是采用原语或系统调用方式进行的，在原语系统调用命令中包含相应的参数。图 7-3 给出了客户与服务器之间的对话过程。

由图 7-3 可以看出，客户与服务器之间的交互过程如下：

（1）客户方以通常的方式发出服务请求，由客户机上的网络软件把它装配成请求包（请求包应包含相应的服务参数），再经过传输协议软件把请求包发送给服务器方。

（2）服务器上的传输软件接收到请求包后，对该包进行检查。若无错，便将它提交给服务器方的网络软件进行处理。

（3）服务器网络软件根据请求包中的请求，完成相应的处理或服务，并将服务结果装配成一个响应包，由传输协议软件将其发给客户。

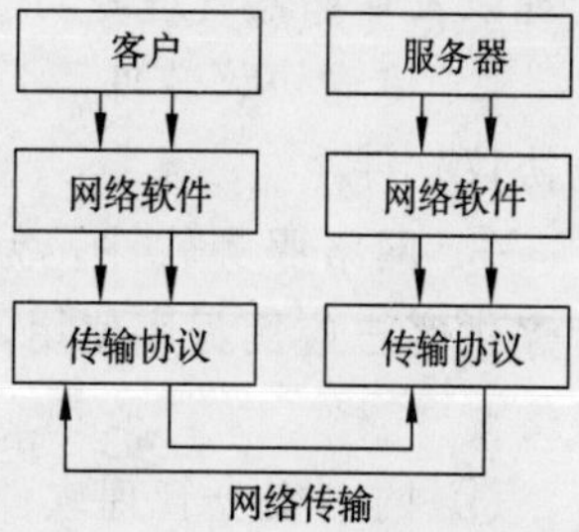

图 7-3　客户方与服务器之间的对话

（4）由客户的传输协议软件把收到的响应包转交给客户的网络软件，由网络软件做适当处理后提交给客户。

3. 网络操作系统的组成

由于当前在局域网（LAN）上配置的网络操作系统，基本上都是采用客户/服务器模式，因此，在客户/服务器模式下的网络操作系统就由两部分组成：客户机（也称工作站）操作系统和服务器操作系统。

（1）工作站操作系统。工作站上配置操作系统的目的是：

① 工作站上的用户，可使用本地资源并执行在本地可以处理的应用程序和用户命令。

② 实现工作站上的用户与服务器的交互。

根据以上两点，工作站操作系统可由单机操作系统直接扩充而成。要扩充的软件主要有：

① 重定向程序（redirector）。对于客户/服务器模式，工作站上的用户请求可分为本地请求和服务器请求，为使用户能以相同方式访问本地操作系统和远程服务器，在工作站应配置本地/远程请求解释程序。该程序在接收到工作站上用户发来的请求后，先判别该请求是本地请求还是服务器请求，如是本地请求则直接交给工作站操作系统进行处理；如是服务器请求，则按请求内容形成请求包，并通过传输软件，将其送给服务器。这种本地/远程请求解释程序称为重定向程序。

② 传输协议软件。为了能实现工作站和服务器之间的通信，除了需要有网络硬件的支持外，还需要有网络协议的支持。目前在局域网上所采用的传输协议软件主要有TCP/IP协议软件和SPX/IPX协议软件。

（2）服务器操作系统。在客户/服务器模式下的网络操作系统主要指的就是服务器操作系统。位于网络服务器上的操作系统的主要功能是：

① 管理服务器上的各种资源，如处理机、存储器、I/O设备以及数据库等。

② 实现服务器与客户的通信。

③ 提供各种网络服务。

④ 提供网络安全管理。

为了实现上述功能，服务器操作系统应由以下软件组成：

① 服务器操作系统的内核程序。为支持服务器中多进程的并发执行，要求服务器操作系统具有支持多进程（多任务）的功能；在此基础上应具有多用户文件管理、I/O设备管理以及存储器管理等功能，形成一个完整的操作系统。

② 传输协议软件。为支持服务器的客户之间信息传输，服务器操作系统也应提供传输协议软件。

③ 网络服务软件。为支持服务器上资源共享，网络服务器操作系统应提供一些实用程序供客户应用程序使用。这些网络服务软件可以是文件服务、打印服务以及电子邮件服务等。

④ 网络安全管理软件。网络操作系统应对不同用户赋予不同的访问权限，通过规定对文件和目录的存取权限等措施，实现网络的安全管理。另外为了监测网络性能，及时了解网络运行情况和发现故障，网络操作系统应配置网络管理软件。

7.2.2 Windows NT、UNIX和NetWare的系统结构

1．概述

能够充当NOS的产品包括两大类：一类是专用的网络操作系统，如Netware、VINES；另一类是单机和网络通用的操作系统，如UNIX、OS/2、Windows NT（简称NT）。小型机和RISC工作站上的UNIX系统几乎都有专门厂商的UNIX变种，如DEC的NUTRIX，HP的HP-UX，IBM的AIX，Sunsoft的Solaris，它们都将标准UNIX作为选件，只有DEC的Alpha机直接采用了标准UNIX版本，即OSF/1。可以认为，能够成为国际国内主流操作平台的产品是UNIX、NT和Netware。UNIX是唯一能从便携机到大型机全型谱系列、通

用的操作系统。NT 适用于便携的场合。Netware 适用于 Intel X86 和 Pentium 芯片的 PC。但是这三种 NOS 代表了两大类最典型的操作系统环境，即 UNIX 代表了以小型机和 RISC 工作站硬平台为主的多用户多任务应用，而 NT 和 Netware 代表了以 PC 硬平台为主的 LAN 多任务应用。

2. 系统结构的比较

UNIX 本意是针对小型机主机环境开发的操作系统，是一种集中式分时多用户系统结构，支持虚拟内存，但不支持多线程。UNIX 为了适应 C/S 模式而进行了结构修补，对客户机端 DOS 和 Windows 采取仿真和兼容方式，并因内核庞杂及占用开销大而使得运行效率较低，UNIX 在 C/S 环境下的最大缺陷就是系统结构不够合理。

NT 是在 PC 和 LAN 上发展起来的 32bit 操作系统，是真正基于 C/S 系统结构的多线程操作系统，支持虚拟内存。NT 既能充当 NOS，又能充当客户机操作系统，网络结点间可以不通过服务器直接交换数据，开销合理且运行效率较高。NT 具有很多先进性能，在系统结构上最具优势。Netware 是直接针对 PC 的 CPU 写成的 32bit 专用 NOS，是 C/S 系统结构的多线程操作系统，但不支持虚拟内存而仅限于存取物理内存，Netware 在整体性能上最有优势，运行速度和效率很高，开销较小，并且有很好的三级容错能力。

7.3 网络操作系统的通信

7.3.1 网络通信概述

网络操作系统中，基本上可分为两种类型的通信方式：

（1）基于共享变量的通信方式。

（2）基于消息传递的通信方式。

基于共享变量的通信方式适用于网络中各结点主机内进程间的通信，因为各结点主机都有一个共享存储器可供结点机内诸进程访问。在各结点之间，一般无共享存储器，因此不同结点机上进程之间只好采用基于消息传递的通信方式。

7.3.2 基于共享变量的通信方式

基于共享变量的通信方式，适用于网络中各结点主机内进程之间的通信，在这种情况下与单处理机系统中进程通信相同。

1. 进程间的同步与互斥

（1）同步和互斥的概念：在多进程的系统中，各进程可以并发执行，并以各自独立的速度向前推进。但另一方面，有时进程之间存在着一定的制约关系，这种制约关系来源于并发进程间的合作和对资源的共享，它体现在如下两个方面：

第一，某进程若收不到另一进程给它提供的必要信息就不能继续运行下去，这种情况表明了这两个进程之间在某些点上要交换信息。这种制约关系的基本形式是进程-进程，称为直接制约关系。

第二，若某一进程要求使用某一资源，而该资源正被另一进程使用，并且这一资源不允许两个进程同时使用，那么该进程只好等待占有资源的进程释放后才能使用。这种制约关系的基本形式是：进程-资源-进程，称为间接制约关系。

相互合作的两个进程之间需要在某个（些）确定点上协调它们的工作。一个进程到达了该点后，除非另一进程已经完成了某些操作，否则就不得不停下来等待这些操作的结束。这就是进程间的同步。

在各协同工作的诸进程之间存在着同步关系，但进程之间更为一般的关系却是互斥关系。这是由于进程在运行过程中争夺资源所引起的。例如，有两个进程 P1、P2，它们都要使用打印机。如果让它们随意使用，那么就有可能出现这样的情况：P1 打印几行接着 P2 再打印几行，打印的结果混在一起，很难区分。解决这一问题的办法是不允许一台打印机让两个进程同时使用，应在一个进程使用完后再让另一进程使用。由此可见，系统中存在许多进程，它们共享各种资源，然而有很多资源一次只允许一个进程使用，在它未用完之前，不允许其他进程使用。我们把这类资源称为临界资源（critical resource）。很多物理设备都属于临界资源，如输入机、打印机等。除了物理设备外，还有很多变量、数据、表格、队列等，它们通常也不允许两个进程同时使用，所以也属于临界资源。临界资源也称互斥资源。两个进程由于不能同时使用同一临界资源，只能在一个进程使用完了，另一进程才能使用，这种现象称为进程间的互斥。

（2）通信量与 P、V 操作：信号量和 P、V 操作可以有效地解决进程间的同步和互斥问题。

在操作系统中，信号量表示资源的实体，是一个与队列有关的整型变量，其值仅能由 P、V 操作来改变。操作系统利用信号量对进程和资源进行控制和管理。根据用途不同，分为公用信号量和私用信号量。

（3）利用信号量实现进程间的同步：对于进程间的同步，一般来说，信号量初值为 0，两个进程间的同步模型如下：

进程 P1	进程 P2
L1：P(S)	L2：V(S)

设进程 P1 先到达 L1 点，当它执行 P(S)，使 S=-1，于是 P1 进入阻塞状态并进入等待信号量 S 的阻塞队列；然后进程 P2 到达 L2 点，当它执行 V(S)时，S 的值变为 0，于是唤醒进程 P1，使 P1 从阻塞状态进入就绪状态。当再次调度到 P1 时，P1 可在 L1 点后继续运行。由此可见，当进程 P1 到达 L1 时，除非进程 P2 已通过了 L2，否则进程 P1 就要暂停执行。这就是说，P1 在 L1 点必须与进程 P2 同步。在这种同步中，进程 P1 受到进程 P2 的制约，而进程 P2 却不受 P1 的制约，所以是非对称的。如果进程 P1 受进程 P2 的制约，进程 P2 也受进程 P1 的制约，则进程 P1 与进程 P2 的同步是对称的。

（4）利用信号量实现进程间的互斥：利用信号量和 P、V 操作可以实现进程间的互斥。实现两个进程间的互斥的模型为：

进程 P1	进程 P2
P(S)	P(S)
S_1	S_2
V(S)	V(S)

这里 S 是进程 P1 和 P2 的公用信号量，初值为 1。S_1 和 S_2 分别是进程 P1 与进程 P2 的

两个互斥执行的程序段，称临界区（critical section）。

由于信号量的初值为 1，故 P1 执行 P(S)后，S=0，表示临界资源空闲，可分配给该进程，使之进入临界区。在进程 P1 尚未退出临界区之前，若进程 P2 企图进入临界区，它先执行 P(S)，但此时 S=−1，因而进程 P2 被阻塞。当进程 P1 在临界区内执行完程序段 S_1 后，用 V(S)操作使 S=0，退出临界区，并唤醒进程 P2。当进程 P2 执行完程序段 S_2 后执行 V(S)，即 S=1，即信号量恢复成初值。

由此可见：信号量 S>0 时的数值表示某类可用资源的数目，执行 P 操作意味着申请分配一个单位的资源。因此可描述为 S=S−1，当 S≤0 时，表示无资源可用，此时 S 的绝对值表示信号量 S 的阻塞队列中的进程数，而执行一次 V 操作意味着释放一个单位的资源，描述为 S=S+1，若此时 S≤0，表明信号量 S 的阻塞队列中仍有被阻塞的进程，因此在执行 V 操作时应唤醒阻塞队列中的第一个进程。

2. 消息缓冲通信

信号量和 P、V 操作，作为解决进程间的同步和互斥问题的基本工具是卓有成效的。从逻辑上说，这些原语是完备的，而且能力很强。但是把它们作为通信工具还不能令人满意。P、V 操作的不足之处在于：一方面它增加了程序的复杂性，不便于对程序的直观理解；另一方面，虽然利用信号量和 P、V 操作进程间能交换一些信息，但其效率甚低。因此，我们称 P、V 操作为低级通信原语。

进程间的同步和互斥也是进程间通信的一种方式。在这种通信方式下，进程间不仅交换的信息量少，而且交换的是控制信息。下面介绍的消息缓冲通信方式便可在进程间传送大量数据信息，相应的通信原语称为高级通信原语。

消息缓冲区作为进程间通信的一个基本单位。消息缓冲区是包含如下信息的缓冲区：

- 发送者进程标识符：sender。
- 消息长度：size。
- 消息正文：text。
- 指向下一消息缓冲区的指针：next。

当一个发送进程欲发送消息时，便形成一个消息，并发送给指定的接收进程。由于接收进程可能会收到几个进程发来的消息，故应将所有的消息缓冲区连成一个队列，其队头由接收进程 PCB 中的队列队首指针 mq 来指出。此外在 PCB 中还应增加如下的数据项：

- 消息队列队首指针：mq。
- 消息队列互斥信号量：mutex。
- 消息队列资源信号量：sm。

为了表示队列中消息的条数，在 PCB 中设置了信号量 sm，每当发送进程发来一条消息，并把它挂在接收进程的消息队列上时，便对 sm 执行 V 操作；而当接收进程从消息队列上取走一条消息时，先对 sm 执行 P 操作，如果有消息，则从队列中移走由队首指针 mq 指出的第一个缓冲区中的消息。

很明显，消息队列属于临界资源，故在 PCB 中设置了用于互斥的信号量 mutex，每当进入临界区前和退出临界区后，应对信号量 mutex 分别执行 P 操作和 V 操作。

为了实现进程间的通信，系统提供如下原语：

（1）发送原语 send（receiver，addr）：其中 receiver 为接收该消息的进程标识符，addr 为发送区始址。发送区包括：发送进程标识符、消息长度和消息正文。发送原语的作用是将欲发送的消息从发送区复制到消息缓冲区，并把它挂起在接收进程的消息缓冲队列末尾。如果该接收进程因等待消息而处于阻塞状态，则将其唤醒。

（2）接收原语 receive（addr）：其中 addr 是接收区始址。接收区包括：发送进程标识符、消息长度和消息正文。接收原语的作用是把发送者发来的消息从消息缓冲区复制到接收区，然后将消息缓冲区从消息队列中消去，如果没有消息可以接收，则进入阻塞状态。

两个进程 A、B 间采用消息缓冲方式进行通信的过程如图 7-4 所示。进程 A 在发送消息前，应在自己的内存空间设置一发送区 a，把欲发送的消息正文、消息长度以及发送进程名填入其中，然后使用 send(B,a)进行发送。在进入发送原语后，利用原语的第一个参数，查找接收进程 B 的 PCB，若无此 PCB 便进入出错处理，否则调用内存分配程序获得消息缓冲区空间。在进入消息队列之前，先执行 P(mutex)。若 mutex = 0，便根据接收进程 B 的 PCB 中的消息队列队首指针 mq，找到消息队列中的第一条消息，再根据消息缓冲区中的 next，可找到最后一条消息缓冲区，接着便把发送原语所建立的消息缓冲区挂在该队尾，然后把发送区中的内容复制到新挂上的消息缓冲区中，并将 next 填入 0，以表示处于队尾。最后再对 mutex 和 sm 信号量分别执行 V 操作。发送原语完成后，发送进程继续运行。

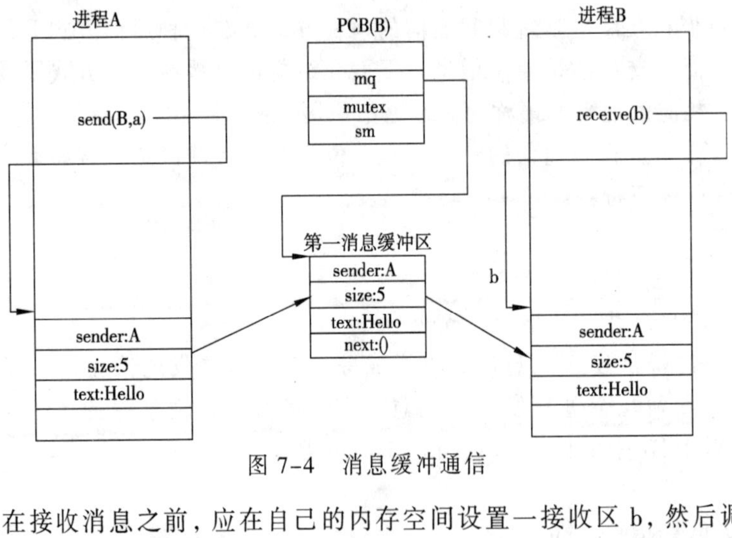

图 7-4　消息缓冲通信

接收进程在接收消息之前，应在自己的内存空间设置一接收区 b，然后调用 receive(b)，在进入接收原语后，先对信号量 sm 进行 P 操作。若 sm<0，表示队列空，无消息可接收，该进程被阻塞；若 sm≥0，再执行 P(mutex)，根据接收进程 PCB 中的队首指针 mq，找到消息队列中的第一个消息，将其从队列中移出并修改 mq，使之指向下一消息。退出临界区时，执行 V(mutex)，并把消息从缓冲区复制到接收区，最后释放缓冲区。在接收原语完成后，接收进程继续运行。

3. 信箱通信

信箱用于存放信件，而信件是一进程发送给另一进程的消息。

信箱通信过程如下：

在系统中的任一进程（或用户）想接收其他进程（或用户）发来的信件，必须为自己创造一个信箱。有了信箱便可接收其他进程发来的信件，也可将自己的信件发送给具有信箱的进程。采用信箱实现两进程之间互相通信，需要使用两个通信原语，它们是发送（send）和接收（receive）。进程间用信箱交换信息，例如，进程 A 想要向进程 B 发送消息时，进程 A 先把信息组成一封信件，然后调用 send 原语向进程 B 发送信件，并将信件投入进程 B 的信箱中。进程 B 想得到进程 A 的消息时，只要调用 receive 原语就可从信箱中索取来自进程 A 的信件。这就完成了一次进程 A 与进程 B 的通信过程。进程 B 得到进程 A 发来的消息后进行必要的处理（或服务），然后可以将处理结果组织成一封信件发送回去。进程 A 发出信件后，想要得到对方的处理情况，也可以索取一封回信，这就实现了进程 A 与进程 B 的另一次通信过程。

7.3.3　基于消息传递的通信方式

1. 通信机制

在网络系统中，各结点机上的进程间普遍采用消息传递（message passing）通信方式。在基于消息传递的通信方式中，一个进程发送一条消息，而另一进程接收这一消息。一条消息，只有在它已经发送出来的条件下才能被接收，因而两者需要取得同步。当一个进程在接收到消息时，它将从发送进程那里取得某些信息，于是实现了两进程之间的通信，这种通信方式不需要使用共享变量。

在基于消息传递的通信机制中，其核心成分是发送原语和接收原语，统称为通信原语。

在发送原语中，要指明发送的目的进程标识（destination-designator）和发送的消息（expression-list），所以发送进程要执行如下原语：

```
send expression-list to destinator
```

在接收原语中，要指出消息源标识（source-designator）和接收的变量表（variable-list），所以在接收进程中要执行如下原语：

```
receive variable-list from source-designator
```

在接收时，消息的值要赋予变量表中的变量。

上面的两个通信原语在基于消息传递的通信方式中，是一种概念性的表达形式。

2. 客户与服务器间的通信过程

客户/服务器模式通常基于一个简单的无连接的请求/应答协议。客户发送一个请求消息给服务器要求某一种服务（例如读一个文件），服务器完成这一请求后返回结果或错误信息。所有的信息传送都是由内核完成的。由微内核提供的通信服务可以归结为两个系统调用（通常称为原语）：一个是发送原语，一个是接收原语。

服务器进程的工作过程如图 7-5 所示。

由图 7-5 可见，服务器进程执行一个无限循环。它等待客户进程发来的消息。如果没有消息到达，它就一直睡眠（阻塞），直到有消息（m1）到来它被唤醒。当消息到来后它首先分析收到的消息 m1，取出请求服务的类型。根据不同的请求进行不同的处理。如果不是建立文件、读文件、写文件或删除文件，则返回“未定义的操作请求”的错误。

对于已定义的四种请求服务，例如 READ 请求，则执行：

```
r=do_read(&m1,&m2)
```

该程序在此被适当简化了，它表示按消息 m1 给出信息读文件，并将读出的结果写在文件 m2 中，最后将返回码送给 r。在完成上述操作之后，服务器进程可将返回码 r 写入消息 m2，然后将消息 m2 发送给发送 m1 的进程。接着又进入准备接收下一条消息的状态。

现在再来看客户进程，如图 7-6 所示。

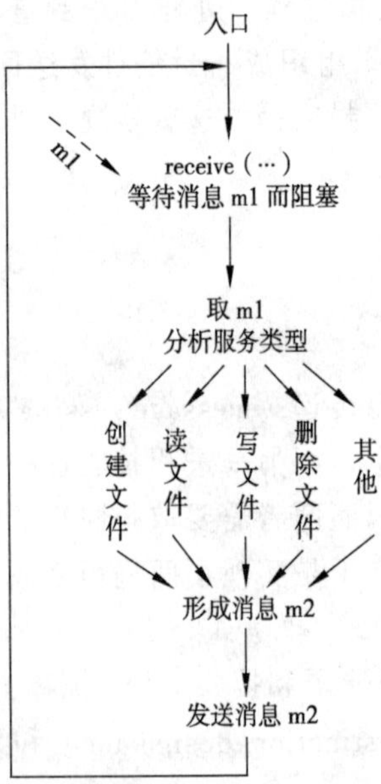

图 7-5　服务器进程的工作流程

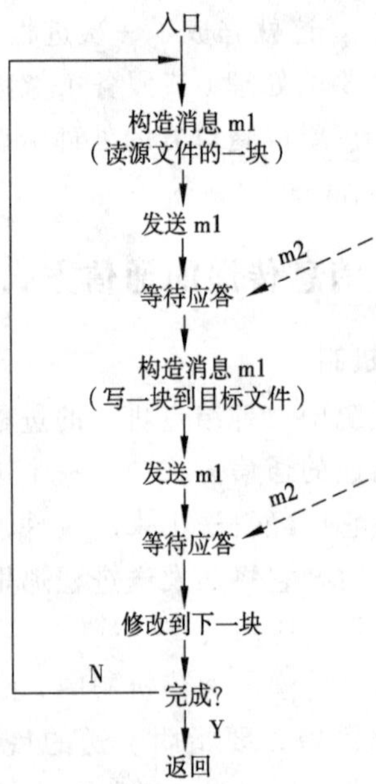

图 7-6　客户进程的工作流程

客户进程的主要任务是复制一个文件，即将源文件全部复制到目标文件上。复制的方法是按块进行，每次从源文件读出一块（块的大小为 1KB），然后将该块写入目标文件，反复进行，直至文件结束。

从源文件读出一块的步骤是：先组织一条消息 m1，m1 包括操作类型 READ、读出字节数、源文件名和读的起始位置。然后将 m1 发送给服务器进程并等候接收其应答消息。

当有从服务器发来的消息时，唤醒客户进程，并将从服务器来的消息存放在 m1 中。

客户进程为了完成写块的操作，它又组织一个 m1，m1 中包括操作类型 WRITE、写入的起始位置、写入的字节数（从应答消息中取得的实际读出的字节数）以及目标文件名。然后将 m1 发送给服务器进程并等待其应答。当接收到服务器进程发来的消息后，客户进程被唤醒，修改读/写位置后又开始下一块的复制，直到全部完成。根据从服务器进程发来的消息，可判定复制工作是正常结束还是操作出错。

7.3.4　远程过程调用

1. 远程过程调用概述

在单机系统中，两个进程之间可以通过过程（或函数）调用方式实现进程通信。在调用时，调用进程必须给出被调用的过程名、传送所需参数和提供返回参数的缓冲区。由于进程间的这种通信方式已获得了广泛的应用。所以人们自然会想到，在网络系统中，不同结点机之间也可以采用过程调用方式进行通信。这种通信方式显然比消息传递原语方式更高级、更方便。实际上，这种通信方式也是在消息传递通信原语的基础上发展起来的。

远程过程调用（Remote Procedure Call，RPC）这一通信方式，虽然其思想很简单，但涉及的内容却很细。提出这一方法的是 Birrell 和 Nelson，他们在 1984 年发表了关于远程过程调用的第一篇论文。简要地说，Birrell 和 Nelson 所建立的远程过程调用的基本思想是：允许程序调用位于其他结点机上的过程。当结点机 A 上的进程调用结点机 B 上的一个过程时，结点机 A 上的调用进程被挂起，在结点机 B 上执行被调用过程。信息以参数的形式从调用进程传送到被调用进程，并将被调用过程执行的结果返回给调用进程。对程序员来说他看不到消息传递过程和 I/O 处理过程，这种通信方式称为远程过程调用。

远程过程调用存在许多细微的问题。首先，由于调用和被调用进程位于不同的网络结点机上，而这些计算机又在不同的地址空间上运行，这就给问题的解决带来了复杂性。其次，由于参数和结果都要传递，这又进一步带来复杂性，尤其是两台机器不一致时，更是如此。最后，两台机器都可能出现故障，每一种可能的失败都会引发出不同的问题。尽管如此，这些问题大都可以解决，而且远程过程调用这一通信方式已在网络系统和分布式系统中获得了广泛的应用。

2. 单机环境下的过程调用

为了理解 RPC 的工作原理，我们先领会一下在单机上过程调用是如何工作的。

考虑一个过程调用：

```
count=read(fd,buf,nbytes);
```

其中 fd 是一个整数，buf 是一个字符数组，nbytes 是另一个整数。如果这一调用是从主程序来的调用，则调用前的堆栈如图 7-7（a）所示。为进行调用，调用程序将参数依次压入堆栈，最后一个参数先进栈，如图 7-7（b）所示。在 read 调用结束后，它把结果放入一个寄存器，消去返回地址，将控制返回给调用程序。调用程序从堆栈中移去参数，使其恢复为初始状态，如图 7-7（c）所示。

在 C 语言中，参数可以采用值调用或采用指针调用。一个参数，如 fd 或 nbytes，只是简单地复制到堆栈上，如图 7-7（b）。对于被调用过程，一个值参数只是一个初始化的局部变量，被调用过程可以修改它，但这种修改并不影响调用过程原来变量的值。

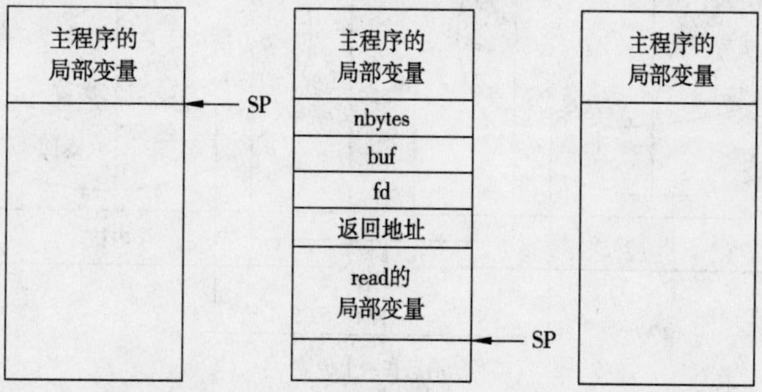

（a）调用前　　（b）调用后　　（c）初始状态

图 7-7　read 调用的堆栈变化

指针参数在 C 语言中是指向变量的一个指针（即变量的地址），而不是变量的值。在调用 read 中，第二个参数是指针参数，因为在 C 语言中数组总是用指针传递的。压入堆栈的实际上是字符数组的地址。如果被调用过程在字符数组中存放了一些数据，就等于修改了调用过程的数组。以后我们将看到采用值调用和指针调用的不同，这对于 RPC 是十分重要的。

采用哪一种参数传递机制，通常由语言设计决定，这是语言的固有特性。有时它依赖于被传递的数据类型。例如，在 C 语言中，整数和其他变量的类型通常用值来传递，而数组总是用指针来传递。相比之下，Pascal 程序员可为每个参数选择合适的机制。若缺省，则表示用值调用，但程序员可强制使用按指针（地址）调用，这可通过在指定的参数前插入一个关键字 var 来实现。一些 Ada 语言编译器对参数 in、out 采用复制/恢复(copy/restore)机制，但对其他参数采用按指针（地址）调用。

3. 远程过程调用的实现

RPC 的思想是使得远程过程调用尽可能像本地一样。换句话说，我们想使 RPC 具有透明性。调用进程应该不知道被调用过程是在另外一台计算机结点上执行。反过来也是如此，被调用过程也不应该知道是由哪一台机器上的进程调用的。现在假定一个程序要从一个文件读一些数据，程序员就在程序中放上一个 read 调用。在一个单机的系统中，例程 read 是由连接程序从库中抽取出来并插入到目标程序中。当执行到 read 调用时，由软中断（例如 Trap 指令）进入操作系统内核。即使 read 引起内核自陷，它仍以通常的方法将参数压入堆栈，如图 7-3 和图 7-4 所示，因此，程序员并不知道 read 过程究竟做了什么。这就是说，read 是一个系统调用，这提供了一个程序员和操作系统之间的接口。

RPC 以一种类似的方法实现其透明性。当 read 过程是一个远地过程（例如文件服务器上的一个过程）时，在客户机上有一个客户代理（ client stub ），像传统（单机）系统那样，它也用图 3-14 中的调用序列进行调用，它也陷入内核，只不过不要求内核给它数据，相反，它将参数打包成一个消息，让内核将消息发给服务器，如图 7-8 所示。客户代理在发生 send 调用后，紧接着就是 receive 调用，将自身阻塞，直到应答返回。

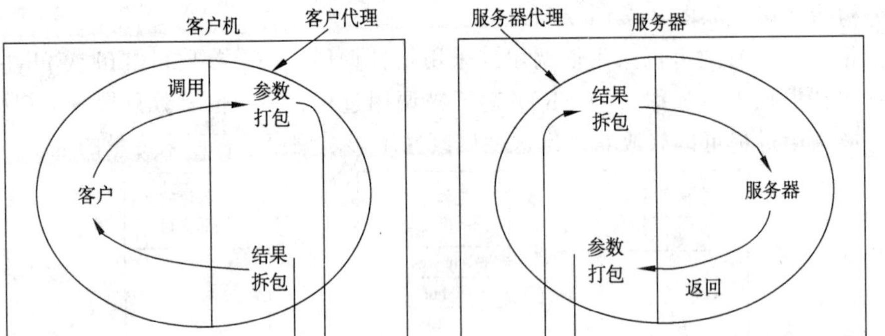

图 7-8 远程过程调用原理图

通过网络将消息传送到服务器，在服务器上也有一个代理，称为服务器代理（ server stub ）。服务器代理也调用了 receive，正处于阻塞状态并等待消息的到来。当消息到达后，服务器代理被唤醒，它将消息拆包并取出参数，然后以通常方式调用服务器过程，如图 7-3 和图 7-5 所示。从服务器的角度来看，它好像是由客户直接调用的，将参数和返回地址放进堆栈，看起来也没有什么特殊。然后服务器完成自己的工作，并以通常的方式给调用程序返回结果。例如，在 read 的情况下，服务器用数据填充由第二个参数指向的缓冲区。这个缓冲区对服务器代理来说，它是内部缓冲区。

当服务器在调用结束并重新获得控制后，它把结果（缓冲区）打包成一个消息并调用 send 发送给客户，然后它回到循环的顶部去调用 receive，等待下一个消息的到来。

当消息返回到客户机时，内核找到客户进程（实际上是该进程的代理，而内核并不知道）。消息被复制到等待的缓冲区，并且客户进程被唤醒。客户代理检查消息，从消息包中取出结果，并将结果复制给它的调用程序，然后以通常的方式返回。当调用程序在 read 调用后再次获得控制后，它只知道所获得的消息是可用的，但并不知道这一工作是由远程而不是由本地内核完成的。

由以上工作过程可以看出，远程服务器可以通过普通的调用来得到，而不是用 send、receive 通信原语的方法。所有消息传递的细节被隐藏在两个库过程（或函数）中，就像在单机环境下进行系统调用一样。

归纳一下，远程过程调用的具体步骤如下：

（1）客户过程以通常方式调用客户代理。

（2）客户代理构造一个消息并陷入内核。

（3）本地内核发送消息给远程内核。

（4）远程内核把消息送给服务器代理。

（5）服务器代理从消息包中取出参数并调用服务器。

（6）服务器完成相应的服务，将结果送给服务器代理。

（7）服务器代理将结果打包形成一个消息并陷入内核。

（8）远程内核发送消息给客户机内核。

（9）客户机内核把消息送给客户代理。

（10）客户代理取出结果，返回给客户的调用程序。

7.3.5 组通信

1. 概述

在前面的论述中，进程间的通信只涉及两个进程：发送进程和接收进程。在实际的网络系统中，通信也可能会涉及多个进程，而不只是两个进程。例如，有一组文件服务器，这些服务器作为一个容错文件服务器共同为客户提供文件服务。在这种情况下，客户进程向服务器发送服务请求，接收消息的进程就不止一个，而是多个。在这样的系统中，可能希望有一个客户向所有的服务器发送消息，即使其中有一个服务器不能工作，客户的请求仍可得到可靠的服务。无论是消息传递原语还是远程过程调用，都不能处理由一个发送者到多个接收者的通信，除非使用多个操作。组通信，就是实现在一次操作下将一条消息发送给多个接收者的通信机制，即组通信机制。

所谓组（group），是指在某一系统中或在用户指定的方式下，相互作用的进程的集合。

组的主要特征是：当一条消息发给这个组时，该组的所有成员都可以接收。组通信具有“一对多”的形式，即一个发送者，多个接收者，而不是那种点－点通信方式，如图 7-9 所示。

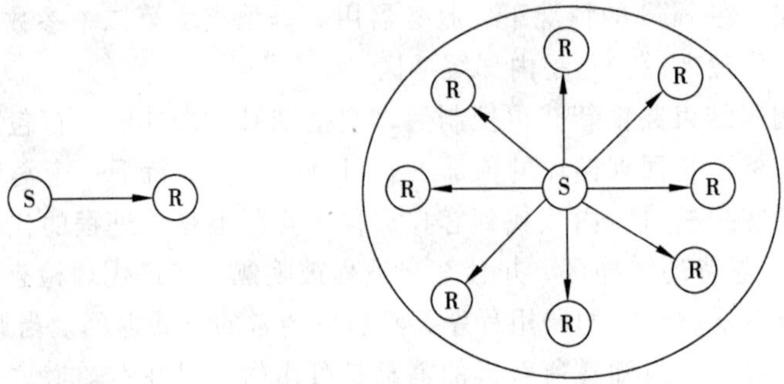

（a）点一点　　（b）组通信

图 7-9　点－点通信与组通信

组是动态的，即可以建立一个新组，也可以取消一个旧组。一个进程可以加入一个组而成为该组的成员，也可以从该组撤离。一个进程在同一时刻可以是几个组的成员。为此需要有一个机构用来管理组和组成员。

引入组概念的目的，是将一组进程抽象为一个单一的实体。这样，一个进程就可以向一组服务器发送消息，而不必知道服务器有多少或服务器位于何处。

2. 组通信的实现

组通信的实现在很大程序上依赖于硬件。在一些网络系统中，可以为组指定一个特殊的网络地址（例如，结点机网络地址的高位置 1）。该组的成员便可用这个网络地址进行接收。当一个消息按这个地址发送时，就可被该组成员所接收。这一技术称为“多播式”（multicasting），也称多址通信。用多播式实现组通信是很直接的，只需给每一组分配一个不同的多播地址即可。

在有些网络系统中，仍然可使用“广播式”（broadcasting）。在这种方式下，一个消息内包含有一个特定地址（例如 0 地址），该消息便可发送到网络中的所有结点。广播式也可用多播式来实现，但效率会降低。在广播方式下，每个结点对每次收到的广播都需用软件来检查一下，看看这个消息是否是发给自己的，如果不是，则将消息丢掉。不过这种做法会浪费处理机时间。

最后，如果多播式和广播式都不可行，则组通信仍可采用由发送者将消息传递给组的每一成员来实现。对于一个有 n 个成员的组来说，不管是多播式还是广播式，都需要 n 个消息，而不是一个消息。虽然效率很低，但这种方式仍能正常工作。这种方式尤其适合成员数少的组。消息从单发送者发送到单接收者的通信方式称为“单播式”（unicasting），即点－点通信，以区别于多播式与广播式。图 7-10（a）表示一个多播式的通信，图 7-10（b）表示一个广播式通信，而图 7-10（c）表示三个单播式通信。图中有五个进程，其中进程 1，3，4 是一个组。

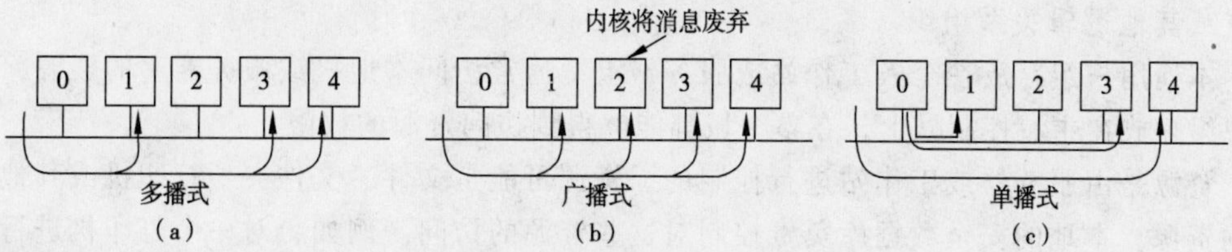

图 7-10　实现组通信的三种方式

7.4 资 源 共 享

资源共享是计算机网络中最重要的功能之一，该功能是对计算机网络中的硬件和软件资源实施有效的管理。其中比较常用的资源共享是硬盘共享、打印机共享、文件与文件夹共享等。本节主要针对 Windows NT 系统环境介绍资源共享。

7.4.1　资源管理概述

在建立起网络后，需要决定如何进行对网络资源的访问。网络操作系统提供了有效的资源服务，网络资源的访问和共享是通过用户的个人账户和附加在账户上的属性来体现的。网络上的所有用户都属于某个工作组或域。相同组的成员能共享他们计算机上的资源，例如，物理驱动器上的目录、光驱以及打印机。

1. 用户账号

用户账号是一些信息的集合。这些信息定义了工作站上的一个用户，包括用户名、口令、组所属关系和一些权限列表。用户名表示工作站内和网络上的用户的别名。权限用于授权用户在整个系统上进行特定的任务，而许可则允许用户使用特定对象，如打印机、文件、目录等。用户账号的创建是通过网络操作系统提供的工具完成的。例如，在 Windows NT 中，使用用户管理器（user manager）或用户域名管理器来设置用户账号。用户管理器负责建立和分配用户账号、组和安全措施。用户使用它组织、管理和控制那些允许连接到用户计算机并使用用户计算机上资源的用户。

大多数网络操作系统在安装时都创建一个网络管理员账号和一个客户账号。此后，管理员负责为网络中所有的用户建立账号。用户也可以通过用户管理器添加和修改用户账号。

2. 用户组账号

组是一个包含一组用户或成员的账号，这些成员享有相似的权限。域是享有共同安全措施的计算机。安全措施规定什么用户可以使用什么资源的权限和许可。工作组是网络上集合在一个组内的计算机，这些计算机之间可以方便地查找和访问。分组是按用户对网络的访问需求将所有用户分成逻辑上的若干组。用户基于用户组获得必要的资源访问许可权。每个用户组成员都享有所在用户组具有的资源访问权限。

（1）本地和全局：一个用户组是个人计算机的安全数据库的一部分或整个网络的安全数据库的一部分。相应地，它们可以称为本地用户组或是全局用户组。本地用户组只供一个工作站管理和使用。例如，在连到 Novell 网的计算机上工作的用户只能在一个工作站上使用本地组。全局用户组通常在网络级组织用户，本地用户组则是在各个计算机上实现。每个用户可能是几个不同的用户组的成员。用户组可以按功能、管理划分地理位置或其他逻辑关系组织。

本地用户组存放在个人工作站或服务器上，通常访问本地机或服务器上的资源；全局用户组存放在主域控制器上，在整个域都能够得到访问资源的权限。

资源是由服务器或工作站进行控制的。资源可能是文件、文件夹、打印机或其他可共享的资源。本地的安全数据库负责控制对这些资源的访问。例如，对一个打印机进行访问时，该访问应被授予打印机服务器上的本地用户组。又例如，某个会计部门的所有用户都需要对服务器 S1 上的字典或文件夹中的文件进行访问，可以创建一个全局用户组，将其命名为 Accounter，然后将其加入 S1 的本地用户组中，起名为 S1Accounter。在服务器上将 Accounter 的文件访问权授予名为 S1Accounter 的用户组。

全局用户组的另一用途是通过委托提供对资源的访问。委托是一种特殊的关系，它允许用户在一个域建立对另一个域资源的访问关系。它通常用于更大范围地提供对资源的访问。本地用户组不能通过一个用户组而进入另一个用户组。通常把受委托域的用户放入全局用户组，然后全局用户组可被加入委托域的一个本地用户组。这样来自受委托域的用户能访问所需委托域中的资源。

（2）内置用户组：网络操作系统向工作站提供了几个内置用户组，每个内置用户组都有其自身的一套许可和内置特权。这些用户能完成诸如创建账号和备份文件的特定管理任务。这样管理员无需授予用户以管理特权就可以委派其某些任务。

3．资源管理

（1）硬件资源：硬件资源是网络资源中最昂贵最直观的资源，其中包括打印机、扫描仪、调制解调器等，由管理员赋予用户适当的访问权限。

（2）文件和目录：一般不把文件和其所在的目录当作网络资源，然而，用户经常要访问它们。每个用户对文件有不同的用户访问权限。网络操作系统提供了在目录和文件级控制访问能力。按用户的需求将其分配到相应的用户组，然后再给用户分配适当的文件和目录的访问权限。

（3）网络打印：当在网络打印机上进行打印时，先将作业通过计算机重定向到打印机服务器上，然后打印机服务器利用假脱机暂存该作业。其中假脱机程序的用途是存储打印作业直至可以提供打印服务为止。

在打印机与网络连接后，必须分配用户对它的访问权限。首先要创建并命名假脱机打印机或打印队列，加载打印程序；其次设定打印机属性；然后设定用户访问权限。

每个工作站在配置时就与打印机相连。可利用打印服务器和打印机名来建立这个连接。

7.4.2 硬盘共享

网络中硬盘共享是指网络用户共享服务器上或某个工作站上的大容量的硬盘，并在此功能的基础上，提供打印机的共享功能。硬盘共享的实现方法有两种：以虚拟软盘方式实现硬盘共享和以文件服务方式实现硬盘共享。

1．以虚拟硬盘方式实现硬盘共享

操作系统将硬盘划分为若干个分区，每个分区称为一个盘卷。用户可以利用建立盘卷命令在共享盘上建立自己的盘卷，例如建立图 7-11 所示的盘卷 A，然后再用安装命令，把建立的盘卷安装到自己工作站上尚未使用的逻辑驱动器上，即在盘卷和逻辑驱动器之间建立连接。这样就可以把该盘作为自己的一个虚拟软盘，以后可以像访问自己工作站上的软盘一样，访问该虚拟软盘。

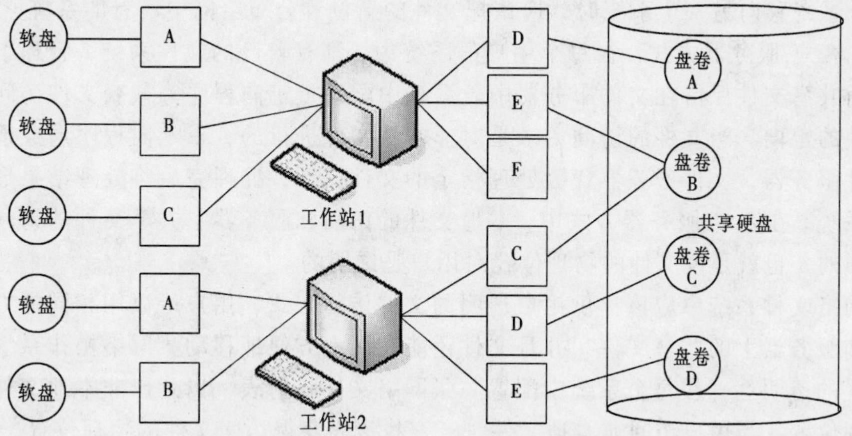

图 7-11　以虚拟软盘方式建立硬盘共享

虚拟软盘可以专用，也可以是共享的。从图 7-11 可以看出盘卷 B 被同时安装到工作站 1 的逻辑驱动器 E 和工作站 2 的逻辑驱动器 C 上，只要指明盘卷 B 是共享型盘卷，则工作站 1 和工作站 2 就都能够对它进行访问。

为了实现硬盘的共享，共享硬盘的软件必须具有四方面的功能：

（1）用户管理：为用户提供注册和登录的功能。

（2）盘卷管理：为用户在硬盘上建立自己的盘卷。

（3）安装管理：把共享硬盘中指定的盘卷安装到用户工作站的指定逻辑驱动器上。

（4）信号量管理：对多个用户共享硬盘数据进行协调管理，确保数据的完整性。

2．以文件服务方式进行硬盘共享

（1）文件服务方式的引入：用户建立共享盘卷的目的是存放自己的文件，但在虚拟软盘的方式中，并没有提供对虚拟盘上的文件进行管理的功能，这就要求在每个工作站上都有一个文件分配表（FAT），用于对虚拟盘的空间进行管理。由于未提供对共享文件的管理机制，只能由用户自行解决共享文件的访问，并处理互斥访问的问题。因此，磁盘服务方式对用户来说不太方便。

（2）文件服务方式提供的功能：文件服务方式的硬盘共享，不提供建立盘卷的功能，只允许用户将文件存入文件服务器的文件系统中。同时提供文件生成、删除、打开、关闭以及读/写等功能。每个工作站不必再配置 FAT 表，用户也不必亲自处理互斥访问的问题。因此，文件服务方式提供的磁盘共享使用的比较广泛。目前的局域网大都以文件服务方式实现硬盘的共享。

7.4.3　网络文件和数据的共享

1．网络文件系统的实现方法

（1）对等方式：在网络的每个系统中都配置了自己的文件系统，每个系统都允许其他系统访问自己的文件系统，基于这种方式实现的文件系统称为分布式文件系统。分布式文件系统要解决的关键问题是文件的存储位置对其他系统的透明性。若不透明，用户访问文件时必须提供文件的具体存储位置信息，这样用户访问文件非常不方便。另外，当一个文件从一个系统移向另一个系统时，应该把文件的新位置公布给网中所有的系统。

（2）客户/服务器方式：在每个用户的系统中，都有自己的文件系统，管理本地文件的访问，而共享文件保留在文件服务器中。系统中配有重定向程序，截获文件访问请求，并负责文件的定向。当文件的访问请求是对非本地文件进行的，重定向程序形成请求报文并发往文件服务器，文件服务器代为处理指定的文件操作；处理完后将处理结果形成报文回送用户系统。在客户/服务器方式中，本地文件的访问和服务器上共享文件的访问对用户来说是一样的，也就是说文件的物理位置对用户是透明的。

在网络文件系统中应该提供用户透明的文件访问方式，用户可以用相同的方法访问本地文件和服务器上的共享文件，并且文件还能在网上方便地移动。网络操作系统为了实现文件位置的透明性，在每个系统中配置一张网络文件映射表，以列出非本地文件名及其存储的物理位置。当用户访问非本地文件时，查找该表获得访问文件的物理位置。

2. 网络文件和数据的共享方式

要共享目录和文件，可用 Administrators、Server Operators 或 Power Users 组的身份登录。如果是 Administrators 组的成员，还可以在远程计算机上控制共享文件和目录。

网络操作系统根据计算机的配置自动将工作站上的资源——目录、驱动器、打印机等设为共享。这些资源仅仅为连接到您的计算机上的管理员、服务器操作员或备份操作员共享，以使他们可以管理网络。只有 Administrators 组的成员可以改变这些目录下的共享资源，以及停止共享。

在网络环境下，可以采用数据移动和计算移动两个方式实现文件和数据的共享。

（1）数据移动文件共享：当一个用户系统 A 处理数据时，希望使用另一个用户系统 B 的数据或文件时，可以采用如下方式传送数据：

① 将整个数据文件从 B 传送到 A，A 用户像使用本地文件的方式访问文件。访问结束后，若文件被修改了，再将文件送回 B。这种方法适合于系统 A 访问 B 的整个文件或其大部分文件的情况。

② 只传送用户需要的部分，如果以后用户还需要其他的部分内容，再传送另一部分。访问结束后，把被修改的部分回传系统 B。这种方法适合于访问传送文件中较少部分内容的情况。

（2）计算移动文件共享：当计算相对简单，而计算需要的数据量较大，且计算所需数据在异地工作站上时，采用计算移动相对方便些。例如，用户系统 A 进行数据处理，需要另一个用户工作站 B 上的大量数据。即可将系统 A 的计算请求传送到系统 B，系统 B 进行处理后，将结果放回 A。计算移动文件共享有下面两种方式：

① 采用远程过程调用的方法。由系统 A 中的进程通过远程调用的方法，调用系统 B 中的相应过程，该过程访问计算文件并进行适当处理，将处理结果返回系统 A。

② 系统 A 的进程向系统 B 发送一个报文，请求作指定的加工处理；系统 B 接受到报文后，产生进程执行该请求。当进程完成任务后，将结果以报文的形式回送系统 A。

7.4.4　打印机共享保存

1．基本概念

以 Windows NT 为例，下面介绍网络中的一些有关打印的定义。

（1）打印机和打印设备：打印机对我们来说是同计算机相连的能在纸上输出文本和图形的外围设备，但对于网络操作系统来说它是打印设备。打印机被视为物理打印设备的逻辑代表。这意味着软件是打印机，硬件是打印设备。

（2）打印队列：当在网络中打印时，打印作业首先进入打印队列，然后系统将它送至打印设备。

（3）SPOOLING：在打印文件时，首先将文件写入磁盘；然后将磁盘文件送至打印设备，即用户把文件放入缓冲池，缓冲池将其缓冲（spool）为打印队列中的缓冲文件（spool file)，它保持等待状态直到缓冲池将它送到打印设备。

（4）网络接口打印机：网络接口打印机能通过自己内部或外部的适配器直接连至网络电缆。

（5）打印服务器：打印服务器是能与其他计算机共享一台或多台打印机的计算机。Windows NT Server 和 Workstation、Windows for Workgroups 以及 Windows 95 都能作为打印服务器。

2．打印机共享的功能

共享打印机具有以下几种功能：

（1）支持多个用户同时打印：网络上的用户随时输出要打印的信息到打印机上，打印信息首先送至磁盘共享打印缓冲区，然后由共享打印机逐个打印输出。

（2）建立连接和拆除连接：在共享打印前，首先要建立工作站和共享打印机之间的连接。建立了连接之后，工作站的用户就可以像使用本地打印机一样使用网络共享打印机。打印完后，不需要打印时拆除工作站与打印机的共享连接。

（3）连接多台打印机作为共享打印机：可连接网络中多台打印机，这些共享打印机可以是类型相同的，也可以是类型不同的。

（4）提供多种多样的打印方式。

3．共享的基本原理

在网络环境下，假脱机系统通常是在服务器的共享硬盘上建立打印缓冲区，并在系统中设置输入进程和输出进程，在内存中也开辟有相应的打印缓冲区。当服务器接收到工作站发来的打印请求时，经过对用户身份及口令的核对后，便提交给共享打印软件的输入进程，由它申请磁盘打印缓冲区中的空闲盘块，将用户的打印信息装入到盘块中，为用户填写一个用户请求表，并将用户的打印请求表送入到打印请求队列中。若打印机空闲，输出进程从请求队列的头部摘下一个请求表，同时将盘块中的信息复制到内存缓冲区，按照请求表中的要求进行打印输出。打印完后，从请求队列中取出队首的请求表，接着进行打印……，直到请求队列为空为止。宏观上，每个用户随时都能发出打印请求，并能得到响应，好像有一台打印机为自己服务；微观上，一台物理打印机分时地为各个用户服务，因此，一台物理打印机虚拟为多台逻辑打印机。

4．共享打印的实现方法

在目前的网络操作系统中，采用两种共享打印方式，一种是客户/服务器方式；另一种是对等方式。

（1）客户/服务器方式：在共享硬盘的基础上，配置共享打印软件，网络操作系统为用户提供共享打印服务。

（2）对等方式：在网络中一个或多个工作站配置打印机，将它们的打印机共享给全网用户使用；这些工作站既作为用户工作站，又起到打印服务器的作用。

7.4.5 访问共享资源

一旦网络工作站上配置了所需要的服务、协议和网络适配器，就可以利用集成在网络操作系统中的命令和工具在网络上共享磁盘和打印机。

在工作站上注册用户是网络访问目录和打印机的第一步。用户的工作站将用户名发送到另一个系统上，另一个系统可以决定该用户名对资源的访问权限。

用户名及验证过程在工作组中和域环境中是不相同的。在一个工作组的环境中，组成的工作站根据本地安全文件验证用户名和密码。在域环境中，用户名和密码验证是域控制器处理的。

当成功登录工作组和域后，用户通过网上邻居接口访问共享目录和打印机。也可以在命令行提示下发出命令或在命令行环境下运行用户批处理来访问需要的网络资源。

1．访问共享目录

在网络操作系统环境下，一个服务器系统是指提供给网络的驱动器或者目录。访问这个资源的工作站可以隐含地访问这个指定的目录下的所有子目录。如果建立的服务器的系统在根目录级共享驱动器，那么驱动器上的所有目录将被隐含地提供给网络上的工作站。例如，驱动器 R 含有图 7-12 所示的目录结构：如果 R:\为服务器的根目录，工作站可以访问其上的所有信息。如果服务器仅在网络上提供 R:\BUSAPPLETS 目录，那么工作站仅能访问目录 BUSAPPLETS 中的文件，不能够访问\SYSTOOLS 下的文件。如果服务器仅仅在网络上提供 R:\BUSAPPLETS\SALES 目录，那么网络访问将限制在这个指定目录以及包含在其中的任何子目录中。

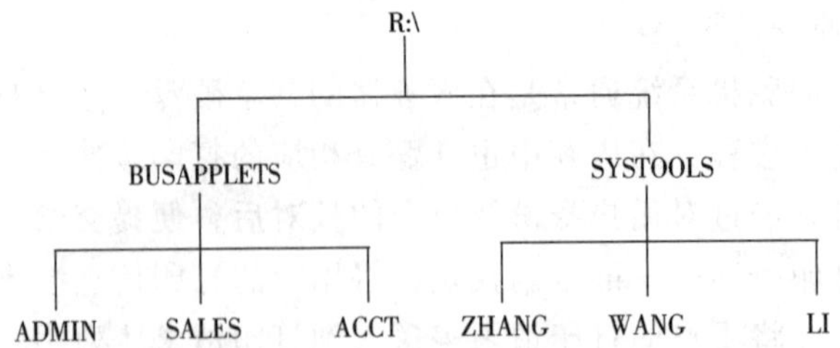

图 7-12 目录结构

2．文件属性

通过设置文件属性可以控制其他用户对自己共享目录下的文件的访问。文件属性及描述如表 7-1 所示。

表 7-1　文件性质

性　质	描　述
Read-Only	表示文件只能被读，但不能修改；所有的修改不能存盘，但能以另一个文件名存盘
Archive	上一次备份之后有改动的文件
Compressed	压缩文件和目录。当一个文件从一个目录移到另一个目录时继承了新的目录的压缩属性
Hidden	隐藏文件。它们不能在目录窗口中显示
System	系统文件。在目录窗口中隐藏系统文件

3. 访问共享打印机

在网络上相连一台共享打印机，概念上与连接共享目录是相似的。像共享目录一样，利用用户名控制一台共享打印机。在大多数情况下，控制一台网络打印机的能力被限制在管理员和有权利的用户身上。用户可以通过网上邻居接口或在命令行环境下与网络打印机连接。

(1)利用打印管理器访问共享打印机：对网络打印机的访问同访问目录是非常相似的。首先利用网上邻居找到希望连接的那台打印机服务器，双击那个打印机服务器显示它提供的资源列表，列表中包含共享目录和打印机文件夹。

(2) 共享打印机：要在网络上共享一台本地打印机，用户需要设置打印机的共享特征并为它声明一个资源名字。首先，单击打印机图标的属性栏，然后，在出现的打印机共享属性窗口中进行相应的设置。

7.5　服 务 软 件

7.5.1　网络服务概述

在计算机网络的高层中，提供多种网络应用服务。这里我们介绍 Internet 的一些常用服务。Internet 能做的工作有很多，其中最常用的是如下几种服务。

1. 工具类

在 Internet 上用得最为广泛的服务就是电子邮件。电子邮件能将消息从一台计算机发送到另一台计算机，按一定的方式保证这些消息正确地到达目的地。这些消息可以是数据，也可以是文本、程序文件，还可以是图片。消息通常可以在几分钟内收发完成，比起邮政系统要快得多。

Internet 的第二项服务称为文件传输协议（File Transport Protocols，FTP）。FTP 允许用户从一台计算机向另一台计算机传递文件。多数情况下，用户使用 FTP 在远程计算机和自己的计算机之间复制文件。如果必要，FTP 还可以使用户从一台远程计算机向另一台计算机复制文件。

Internet 的第三项服务称为远程登录(telnet)，它允许用户使用远程计算机来处理事务。通过这项服务，用户可以连接到 Internet 的任何主机上。建立连接后，就可以用通常的方式登录到远程计算机上，并对它进行操作。用户计算机作为远地主机的终端使用，当然，远地主机必须支持终端服务，而且用户应当具有一个有效的用户账号和口令。telnet 还允许两个程序通过 Internet 交换数据进行协调工作。

2. 讨论类

电子公告系统（BBS）：可到达世界各地，用户可以进行各类信息的查看、打印，也可以进行相关主题的讨论、网上交流和档案存取。

电子信息和新闻（netnews）：提供网上异地用户的讲座空间，这些议题由不同的群组（group）来详细分类。

3. 信息查询类

这类服务主要提供给用户一个查询信息的工具。

万维网（World Wide Web），又称 WWW。它在近几年内得到迅速地发展。WWW 以超文本的方式组织数据。利用 WWW 用户可以在文档之间自由地切换，从各个方面了解事物的多方面信息。WWW 是在网络上发布公共信息的最佳形式。它使信息得到最快速的传播，是世界各大组织用来组织公共信息的一个手段。它集成了 Internet 上的 FTP、telnet、WAIS、gopher 的大部分服务功能。

分散式文件查询系统（gopher）：它是一个多级菜单系统，用菜单的形式显示 Internet 的资源。它主要提供以文件为单位的信息，适合办公室环境使用。目前支持的文件类有一般文字、图形、声音等，并可以执行全文检索功能。

广域网上信息的检索查询（WAIS）：它提供了一套类似自然语言的界面，让用户以平常讲话的方式询问计算机，显示查询结果。

Internet 能够提供的服务还有很多。下面将 Internet 目前提供的服务简要地列于表 7-2 中。

表 7-2 Internet 提供的服务

服 务	说 明
电子邮件	发送和接收消息
远程连接	连接并使用远程计算机
finger 服务	显示有关某个用户的信息
usenet	讨论组的大型系统
Anoymouse FTP	对数据文件的公共存取
archie 服务器	搜索匿名 FTP 文件
talk	与某人交谈
internet relay chat	与一组人交谈
gopher	某个菜单的信息
veromica jughead	搜索 gopher 菜单项
World Wide Web	存取超文本信息
mailing list	邮件发送消息
electronic magazines	电子杂志、期刊等
Internet BBS	电子公告板

7.5.2　电子邮件 E-mail

1. 电子邮件概述

（1）什么是电子邮件。电子邮件是 Electronic Mail 的中文名，简称为 E-mail，它是 Internet 上使用最频繁，应用最广泛的一种服务。电子邮件是一种软件，它的功能是在 Internet 上的两个主机之间发送和接收消息，这些消息称为邮件。利用 E-mail 可以实现邮件的发送和接收。

电子邮件的发展，已经经历了以下几个时期：

① 建立在单机分时系统上的第一代电子邮件系统，它允许位于不同物理位置上的终端之间，进行实时的和非实时的通信。

② 建立在多机系统和计算机网络上的第二代电子邮件系统，它允许不同计算机上的用户交换电子邮件。

③ 建立在多种异构型网络互连形成的网络上的第三代电子邮件系统，它使不同网络用户之间，通过网关或网桥交换电子邮件。

④ 第四代电子邮件系统发展为文电处理系统（Message Handing System，MHS），它除了能传送文本信息外，还可以传送语音和图像信息。

（2）电子邮件的特点。

① 速度快：利用电子邮件发送邮件比通过邮局发送邮件要快得多。

② 邮件的异步传输：电子邮件是以一种异步方式进行传送的。即使邮件接受方当时不在场，发送方也可以发送邮件给他。接受用户可以根据自己的工作安排处理接受到的邮件。如果是同步通信，通信双方就必须同时在场，例如，电话通信，双方必须同时在电话机旁。

③ 费用低：电子邮件传送信息的费用比传真、电话和邮局传送邮件的费用要低得多。

（3）电子邮件的类型。随着网络系统的发展，出现了多种类型的电子邮件服务。目前分为以下几种：

① 文字型电子邮件：是一种最常用的电子邮件类型。按照邮政业务可以进一步划分为以下几种形式：

- 信件：传输篇幅较长、不十分紧急的报文。
- 电报：用于传送篇幅较短、比较紧急的报文。
- 电话：在不同工作站之间，通过工作站的屏幕进行交谈。
- 广播：将同一份报文同时发布到网络上的所有工作站上。

② 图像型电子邮件：用于传送图像、照片各种原始文档等。有两种图像传送方式：数字信号传送方式和利用模拟信号传送方式。

③ 语音型电子邮件：提供语音信息的报文传输，要求传输系统具有非实时传输和存储语音的能力。目前比较有前途的是数字式语音电子邮件，它是以计算机和数字传输系统为基础的。

2. 结构和服务

电子邮件系统由两个子系统组成：用户代理（user agent），它允许读取和发送电子邮件；消息传输代理（message transfer agent），它将消息从出发地传送到目的地。用户代理是一个本地程序，它提供命令行方式、菜单方式或图形方式的界面来与电子邮件系统交互。消息传输代理是在后台运行的系统程序，在系统间传送电子邮件。

一般来说，电子邮件系统支持如下基本功能：

- 撰写（composition）。
- 传输（transfer）。
- 报告（reporting）。
- 显示（displaying）。
- 处理（disposition）。

3. 电子邮件的工作方式

使用电子邮件发送的邮件类似于通过邮局发送的信件。电子邮件的信息头相当于信封上的地址。电子邮件的信息头包括发送者和接收者的地址。使用电子邮件发送邮件时，邮件的传输过程对发送者和接受者来说都是透明的。

7.5.3 文件传输协议 FTP

Internet 包含着巨大的信息资源，用户如何获取 Internet 的资源为自己服务呢？为了获取 Internet 的网络资源，必须做两方面的工作：首先建立与 Internet 的连接；其次使用 Internet 浏览工具获取所需要的信息。

获取 Internet 网络资源的方法很多，FTP 就是其中一种。

1. 什么是 FTP

除了 E-mail 外，FTP 是 Internet 上最基本、最常用的文件传送工具之一，也是实现 Internet 上软件共享的基本方法。在 Internet 上，有大量的 FTP 结点分布在世界各地。在这些结点上，有大量的有用信息，例如，免费使用的软件、图像数据、文本数据等。

2. FTP 的工作原理

FTP 是一个客户/服务器系统。用户通过运行一个客户程序 FTP，连接到运行服务器程序的远程主机上，用户通过客户程序向服务器程序发出命令，服务器程序执行用户所发出的命令。例如，用户发出一条命令要求服务器向用户传送一份某个文件的内容副本。服务器响应这一命令，并将指定的文件送到用户的客户机上。客户机程序代表用户收到这个文件，并将其存放在用户自己的目录中。

用户自己使用的主机称为本地计算机，通信的另一方计算机称为远程计算机。从远程计算机复制文件到本地计算机，称为下载（download）文件；将本地机的文件复制到远程计算机上，称为上载（upload）。在 Internet 术语中，用户通过客户机向/从远程计算机上/下载程序。

在 Internet 上利用 FTP 传送文件有一个限制：用户必须有相应的基本的权限。如果本地机想要同另一台计算机传送文件，就必须具有那台计算机授予的权限，这就意味着能够登录到那台计算机上。

Internet 很大的优点是信息资源共享，为了方便广大的计算机用户，很多公共的机构，如大学、研究所等在 Internet 上设立了一些匿名 FTP 服务器，并在匿名服务器中存放了很多共享信息，供 Internet 用户自由存放。

3．FTP 的功能

FTP 主要完成 Internet 上主机之间的文件传输，也称文件复制，用户可以将 Internet 某主机上的一些文件传送到自己计算机的存储设备上，也可以把自己的文件传输到 Internet 中某台计算机上。

（1）用户必须具备的权限：在文件传输的过程当中，用户必须具有适当的权限。这些权限包括以下几个方面：

① 具备所在主机的 FTP 的使用权限，即可以运行 FTP 程序。

② 具备对所需文件的读或写的权限。如果是下载文件，那么必须对远程文件具有读权限，对本地机具有写权限；如果是上载文件，则必须对本地机上的文件具有读权限，而对远程机具有写权限。

（2）FTP 所能完成的功能：当所访问的远程机不很“忙碌”时，就可以使用 FTP 传输文件了。FTP 可以完成以下任务：

① 浏览 Internet 上其他远程机的文件系统。

② 在 Internet 上的主机之间进行文件传输。

③ 使用 FTP 提供的内部命令可以实现一些特殊功能，例如，改变文件传输模式、实现多文件传输。

（3）FTP 的操作步骤：使用 FTP 完成具体的功能步骤如下：

① 确定需要访问的主机。即确定需要访问 Internet 上哪一台远程计算机，了解其主机名或其 IP 地址。

② 在远程主机和本地机间建立一个 FTP 连接。

③ 把远程主机上所需要的文件传输到本地机上。

④ 当文件传输结束后，拆除已建立的连接，并退出 FTP。

4．FTP 的运行

不同的操作系统都可以运行自己的 FTP，但是 Internet 上绝大多数的 FTP 服务器上运行的都是 UNIX 操作系统。还有少量的 FTP 服务器运行的是其他操作系统。下面将主要介绍在 UNIX 上如何运行 FTP 服务。

（1）启动 FTP：在 UNIX 系统中，输入 FTP 就可以启动 FTP，例如 UNIX 操作系统的提示符为$：

```
$ ftp [主机名] <CR>
```

其中“主机名”是一个可选参数，指 Internet 上某主机的名称，例如，www.znufe.edu.cn，也可以是主机的 IP 地址，例如，221.238.194.64。即：

```
$ ftp 221.238.194.64
```

或

```
$ ftp www.znufe.edu.cn
```

这两条命令都是用来启动 FTP 的，并建立与主机 www.znufe.edu.cn 的连接。也可以使用以下命令建立连接。

```
$ ftp <CR>
$ open 221.238.194.64
```

（2）注册：如果上述命令成功执行，就建立了与主机的连接；要传输文件还应该进行注册，成为该主机的一个用户。

用户可以以两种不同的身份注册进入远程主机。一种是以已注册的身份注册进入；另一种是以匿名用户的身份注册进入。这两种注册方法基本一致，它们的主要差别是所能存取的信息资源的多少不同。对于匿名用户只能存取那些公开使用的信息资源，而已注册的用户则可以使用更多的信息资源。

注册进入主机时，用户必须提供用户名和密码。下面给出一个匿名进入远程主机的过程。在该例中，假设所使用的主机名是 znufe.edu.cn，用户名为 windows，远程主机名称为 aaa.tele.fi，其连接注册过程如下：

① 建立连接。

```
$ ftp aaa.tele.fi
Trying 221.238.194.64 … Connected
Connected to aaa.tele.fi
220 aaa.tele.fi FTP Server(Version 4.2 Sun Feb 20 9:13:01 2007)
Name(aaa.tele.fi)
```

② 注册。当出现 Name 时，远程主机要求进行注册，以确认身份。

```
$ ftp aaa.tele.fi<CR>
Trying 221.238.194.64 … Connected
Connected to aaa.tele.fi
220 aaa.tele.fi FTP Server(Version 4.2 Sun Feb 20 9:13:01 2007)
Name(aaa.tele.fi):anonymous<CR>
331 Guest Login ok,send ident as passwd
Password (aaa.tele.fi:anonymous): windows@znufe.edu.cn<CR>
230 Guest login ok,access restrictions apply
```

对于匿名用户，必须以 anonymous 作为用户名在 Name(aaa.tele.fi)：后输入。几秒后，系统提示“331 Guest …”，提示该用户名已接受，请输入密码（Password:），则可输入密码 windows@znufe.edu.cn 并按回车。这一内容实际上是用户的邮件地址。

③ 获得访问主机的文件系统。如果一个有效的用户名和密码键入后，远程主机系统则给出成功注册的信息，并给出 FTP 提示符。例如：

```
230 Guest login ok,access restrictions apply
ftp >
```

其中 230 是注册用户类型为受限访问型。注册成功，标志着已进入远程主机系统，并可以有条件使用其上的信息资源，即进行文件的浏览和传输。

（3）文件传输：为了进行文件传输，必须找到要传输的文件，然后使用 FTP 提供的命令（get/put）进行文件传输。例如：

```
ftp > cd /usr/share/mo
…
-r--r--r-- … more.in
…
ftp > get more.in
220 PORT Command ok
150 Opening data connection for /usr/share/mo/more.in …
226 Transfer Complete
183 bytes received in 0.2 seconds
ftp >
```

其中 226 Transfer Complete 表示文件传输成功；183 bytes received in 0.2 seconds 表示在 0.2s 内传输了 183B 的数据，并正确接收。

7.5.4　WWW 超媒体网络

1. 什么是 World Wide Web

World Wide Web（简称 WWW，也称万维网）是一种特殊的结构框架，它的目的是为了访问遍布在 Internet 上数以万计的计算机的连接文件。Web 具有以下几个特点：

（1）Web 是超文本信息系统：分布于 Internet 上的 WWW 服务器都有超文本数据库，通过 WWW 服务器之间的相互连接，使全球 Internet 上的信息均以超文本方式连接在一起。当用户从任意一个 WWW 服务器进入 Internet 时，均可以方便地从超文本数据库找到所需信息，而不论该信息在 Internet 的什么地方。

（2）Web 是跨平台的：跨平台是指能够通过任何的计算机、使用任何操作系统、使用任何显示器都能访问 Web。用户通过一种称为浏览器的程序访问 Web，这些浏览器可以是 Internet Explorer、Netscape 的 Navigator。当用户通过浏览器连接上 Internet 后，就可以上网了。

（3）Web 是分布的：Internet 上的信息包含有图像文件和多媒体信息，因此占用的空间非常大。为了存储 Web 提供的所有信息，而又不占有很大的磁盘空间，Web 把信息分布在全球成千上万个站点上，每个站点只负责提供它所发布的信息。任何一个用户只需要到那个站点上阅读所需要的信息。读完之后去向他希望浏览的其他站点上去，网络操作系统自动回收磁盘空间。因此，站点是发布某类信息的地方。当用浏览器连接到一个站点上时，便可获取相应的信息。

（4）Web 是动态的和交互的：由于 Web 上的信息是由发布它的站点维护的，因此，发布信息的用户可以在任何时间更新它。交互是指把信息回送到服务器。利用电视机传送信息是没有交互能力的。用户只能接受信息。而在 Web 上，通过选择连接到其他站点的页，与这些页的作者及读者进行通信就能够实现 Web 的交互。

2. WWW 与 Internet

Internet 是全世界最大的国际互联网络。Internet 是一个建立在计算机网络上的网络。各种各样的计算机（如 IBM/PC、Macintosh、UNIX 工作站、大型计算机）和各种各样的计算机局域网、广域网都可以同 Internet 相连。Internet 代表着现阶段国际信息高速公路的发展水平。

World Wide Web 是 Internet 上发展最快的网络服务，现已成为 Internet 上最主要的服务之一。WWW 服务器把图文信息组织成分布式超文本，用信息指针指向其他相关信息的 WWW 服务器，使用户可以很方便地访问到这些信息。WWW 是信息检索和超文本技术的结合，它的出现使 Internet 上传递的不再只是一些文本信息，而是图、文、声俱全的多媒体信息。要理解 WWW，必须从“超文本”的概念开始。因为 Web 是在超文本基础上发展起来的 Internet 服务。

在 Internet 上，Web 提供了信息查询的多种使用界面，它是一种信息资源的组织与管理方式。它既包含计算机硬件，又包含计算机软件，是一类信息查询检索的工具；既涉及电子信息出版，又涉及网络通信技术。下面介绍 Web 超文本信息系统。

（1）Web 是由遍布在 Internet 上的被称为 Web 信息服务器的计算机组成。建立 Web 信息服务的过程可以概括为：使用标注语言 HTML 组织 Web 要发布的信息，按照 Web 的通信规程 HTTP 传播所发布的信息。

（2）Web 是以客户/服务器（Client/Server）的模式进行工作的。一方面，在 Internet 上的一些被称为 Web 信息服务器的计算机上运行着 Web 服务程序，用来发布信息；另一方面用户的计算机上运行着各种 Web 客户机程序，用来帮助用户完成信息的查询。Web 客户机程序提供两种基本功能：为用户提供风格一致、使用方便的 Internet 信息查询界面；将用户的信息查询请求转换成 Internet 查询命令并传送给网上相应的 Web 信息服务器进行处理。Web 服务器完成查询，将结果通过 Internet 送回客户机，Web 客户机程序将这些信息转换成相应的表达格式显示给用户。

（3）Web 向 Internet 的用户提供的信息是以文本方式出现的。用户在计算机屏幕上看到的是一篇篇图文并茂的文章，并且这些文章中的一些内容含有进一步描述的"链接"。当用户对醒目显示的图文感兴趣时，可以点击它以便得到进一步的解释。这就是超级文本技术。Web 是基于超文本的网络化的信息系统，超文本可以让用户通过点击按钮在网上漫游。通过使用浏览器客户应用软件，选择一个文件中加亮的关键字和特定的锚点，自动转换到另一个新的文件中去，其中浏览器是获取 WWW 提供服务的窗口。利用 Web 可以立即获得网上发布的任何信息。

3. Web 的工作原理

Web 采用客户/服务器模式，它是由分布在 Internet 上的成千上万个 Web 服务器和 Web 浏览器构成的。浏览器是用户为查阅 Web 上的信息而在本机上运行的一个程序，是用户通向 WWW 网的窗口。它按用户要求处理文档，并按一定的方式连通远程信息资源，从中取回所需要的信息，显示在用户的屏幕上。Web 服务器存储和管理超文本文档和超文本链接，并响应 Web 浏览器的连接请求。服务器负责向浏览器提供所需要的服务。当服务器与某个浏览器建立连接后，监听浏览器发来的请求，并向浏览器传送所需要的信息。这些信息可以是从服务器的磁盘上取得的，也可以是临时拼起来的。建立 Web 服务器已成为 Internet 上发布信息的重要手段之一。

（1）客户方：Web 是一个庞大的、世界范围的文档集合，简称为页面。每一页面都可以含有与世界各地相关页面的链接。用户可以跟随一个链接到达所指向的页面。页面通过一个称为浏览器的程序对其进行观察（例如，Explorer、Netscape 是两个常用的浏览器）。浏览器取来所需的页面，解释它包含的文本和格式化命令，并以适当的格式在屏幕上展示。

（2）服务器方：每个服务器站点都有一个服务器监听 TCP80 端口，用于查看是否有从客户端过来的连接请求。在连接建立以后，每当客户发出一个请求，服务器就发回一个应答，然后释放连接请求。定义合法的请求与应答的协议叫 HTTP 协议。下面的例子显示了用户单击鼠标到显示页面内容所经过的几个步骤。用户单击某条正文或某个图标，该正文或图标指向名为 http://www.w3.org/hypertext/www/MyProject.html 的页面。这个名字称为统一资源定位符（Uniform Resource Locator，URL）。由三部分组成：协议名称 http，页面所在机器名 www.w3.org，包含该页面的文件名 hypertext/www/MyProject.html。单击该正文或图标执行以下工作步骤：

① 浏览器确定 URL 资源定位器。

② 浏览器向 DNS 询问 www.w3.org 的 IP 地址。

③ DNS 以主机地址作应答。

④ 浏览器与 IP 地址对应的远程计算机的 80 端口建立一条 TCP 连接。

⑤ 发送 GET hypertext/www/MyProject.html 命令。

⑥ www.w3.org 服务器发送文件 MyProject.html。

⑦ 释放 TCP 连接。

⑧ 浏览器显示 MyProject..html 中的正文和图像。

4. URL 资源定位器

当 Web 第一次创建时，让一个页面指向另一个页面时，需要使用定位页面的机制，指示页面叫什么，页面在哪里，如何才能访问到页面等。统一资源定位器 URL 有效地解决了这些问题。

URL 由三个部分组成：协议、页面所在机器的 DNS 名字、文件名。例如，中南财经政法大学的 URL 是：http://www.znufe.edu.cn/index.html。

这个 URL 由三部分组成：协议采用 HTTP 协议，主机的 DNS 名为 www.znufe.edu.cn，文件名为 index.html，各部分由“.”分隔开来。为了显示一段文字用于单击，页面作者必须提供两项信息：显示的可单击正文和如果选中了给出的正文（目的页面的 URL）。当正文被选中时，浏览器根据 DNS 查找主机名。如果有了主机的 IP 地址，浏览器建立一条到主机的连接。表 7-3 显示了一些常见的 URL。

表 7-3　常见的 URL

名　字	用　于	示　例
http	超文本	http://www.cs.vu.nl/aaa
ftp	FTP	ftp://ftp.cs.vu.nl/pub/netos/readme
file	本地文件	/usr/xhl/example.cpp
news	新闻组	News:comp.os.netos
News	新闻文章	News:AA123456@cs.utah.edu
Gopher	Gopher	Gopher://gopher.tc.umn.edu//18/lib
mailto	发送电子邮件	mailto:kim@acm.org
telnet	远程登录	telnet://www.wl.org:60

例如，其中的 HTTP 协议是 Web 使用的协议，由 HTTP 服务器使用。FTP 协议是 Internet 上进行文件传输使用的协议。FTP 大约已使用了二十多年，已经成为人们习惯使用的协议。http 服务器能完成所有 FTP 能完成的工作。

http 协议由两项组成：从浏览器到服务器的请求集，以及从服务器到浏览器的应答集。http 支持两种请求：简单请求和完全请求。表 7-4 显示了内置的一些常用请求方法。

表 7-4 内置的 http 请求方法

方 法	描 述
GET	请求读一个 Web 页面
HEAD	请求读一个 Web 页头
PUT	请求存储一个 Web 页
POST	附加一个命名的资源
DELETE	删除一个 Web 页面
LINK	连接两个已有资源
UNLINK	切断两个已有资源间的连接

7.6 应用程序接口

7.6.1 应用程序接口概述

网络操作系统中应用程序编程接口称为网络（Application Programming Interface，API）。我们知道，网络操作系统为网络用户提供了两级接口：操作命令接口和网络编程接口。操作命令接口是指用户使用网络操作系统中提供的各种命令，以请求网络操作系统提供各种服务；网络编程接口是指用户通过网络操作系统提供的系统功能调用编写应用程序，达到使用网络、操纵网络的目的。

从开放系统互连参考模型（OSI/RM）来看，API 所采用的基本构造技术就是分层。虽然各种网络（如 Novell、Windows NT、DECnet 等）的分层与 OSI/RM 不尽相同，但在各种网络中的各个层次都提供了一些相同或不同的网络服务和协议。这些网络一般都具有很强的网络服务和相当复杂的协议。这些服务和协议的实现细节通常都隐藏在各层之内。为了便于用户使用网络和开发网络应用程序，各种网络在各个层次上为用户和第三方开发者提供了方便灵活的编程接口。这些接口统称为应用程序编程接口 API。

从原则上，各种网络提供的 API 可以分布在各个层次上，即从应用层到物理层，但过多的层次接口并非必要。一般的网络只在应用层、回话层、传输层、和网络层提供接口 API。

网络操作命令、系统调用可算作应用层接口。

7.6.2 传输层接口 TLI 简介

UNIX 系统通信协议的应用程序接口 API 是程序员（用户）的可编程接口，它的可靠性取决于所使用的操作系统和程序设计语言。UNIX 系统有两个流行的通信 API：伯克利 4.3BSD 的管套接口和系统 V 的传输层接口 TLI。这两个接口都是用 C 语言开发的，这里主要介绍 TLI。

传输层接口（Transport Layer Interface，TLI）是一组函数的集合，它为用户提供传输层接口，包括建立通信、管理连接以及传送数据。应用程序利用这些函数实现网络应用、控制低层的网络活动。

TLI 是基于 OSI/RM 传输层功能要求而设计的，利用 TLI 可以实现 OSI/RM 传输层协议和接口服务，还可以实现同 TCP、UDP 的接口。

TLI 提供两种服务模式，即面向连接的服务模式和面向非连接的服务模式。

1．面向连接的服务

用 TLI 进行面向连接的通信类似于打电话。客户方的应用程序就像一个打电话的用户，服务器方的应用程序就像一个接电话的用户。通电话的前提，双方都应有电话机。用户的应用程序就可以用 TLI 提供的函数打开一个设备文件来获得一个传输端点，这就像通信双方的电话机。

每一个面向连接的传输提供者都有许多设备文件。每个设备文件有两个号，一个为主号，另一个为次号。主号表示传输提供者，次号表示传输提供者唯一的传输端点。当某个传输提供者需要升级成唯一的传输端点而建立通信时，如果应用程序想要打开另一个应用程序正在使用的设备文件，就会失败。因此，应用程序应该用 TLI 函数打开现在未被使用的设备文件。

2．面向非连接的服务

TLI 的非连接服务的过程类似于发送邮件的过程，通信的前提是要有一个邮箱。客户方相当于发信人，服务器方相当于收信人，传输端点相当于邮箱，用户通过打开设备文件获取传输端点。

每个非连接的传输提供者有许多设备文件。每个设备文件有两个号，一个为主号，另一个为次号。主号为传输提供者，次号为传输提供者唯一的传输端点。当某个传输提供者需要生成唯一的传输端点而建立通信时，如果应用程序想要打开另一个应用程序正在使用的设备文件，就会失败。因此，应用程序应该用 TLI 函数打开现在未被使用的设备文件。

7.6.3　管套简介

管套（Socket），也叫套接字或套接口，它同 TLI 一样也是 UNIX 提供的一种网络应用程序编程接口。管套接口通过一组管套函数使应用程序在本地系统和远程系统之间建立通信信道，实现连接的管理和数据的传输。

1．管套

管套是通信信道上的端结点。用管套函数可以产生通信信道。通过信道两个应用程序之间可以传送数据。这种信道既支持虚电路服务也支持数据报服务。

管套是信道的末端，当应用程序产生一管套后，管套函数就返回所用文件的描述符。在这里可以把支持虚电路服务的信道看做是电话线，管套就像一部电话。同样可把提供数据报服务的信道看做是邮局系统，管套看做是信箱，人们向信箱投递信件，信件通过邮局系统到达另一信箱。应用程序利用管套发送数据报，数据报通过信道传向另一个管套。在产生信道时用户可以指定所用的传输提供者，例如，可以用 TCP、UDP、XNS 作为传输提供者。

管套通信的特点是：

（1）管套没有与它相连的设备文件，这一点与 TLI 不同。对管套的应用来说，应用程序可以用 Socket()产生管套，指定所用的信道类型。Socket()返回与信道末端相对应的文件描述符。

（2）只要进程保存文件描述符，管套就一直存在，直到没有进程打开文件描述符为止，这时管套才被撤销。

（3）既可以产生一个管套，也可以同时产生一对管套。如果产生一对管套，系统会自动在它们之间建立信道。如果只产生一个管套，用户程序就需要用管套函数在该管套与其他管套间建立信道。

2. 管套地址

管套接口利用传输提供者进行工作，不同的传输提供者有不同的地址，管套接口允许指定任意类型的地址。在 SVR4 中，执行以下功能时要指定地址：

（1）连接管套地址与管套。

（2）与管套连接。

（3）发数据报。

7.6.4 WinSock 简介

1. 概述

虽然 TCP/IP 协议的作用在于网络互连，但其本身就是物理网（X.25、公用数据网、局域网）上的一组完整的网络协议集，TCP 在传输层上提供服务，IP 在网络层上提供服务。这两个主要协议提供的服务，加上高层的服务，共同实现了 TCP/IP 协议集的功能。应用程序通过编程接口访问 TCP/IP，其中在 Windows 环境下的 TCP/IP 编程接口就叫做 WinSock。Berkeley Socket 就是 UNIX 环境下最流行的 TCP/IP 编程接口。随着 Windows 操作系统的广泛使用，1991 年 Sun Microsoft、FTP Software 和 Microsoft 等几家公司联合制定了一套标准的、通用的 TCP/IP 编程接口规范，它类似于 UNIX 环境下的 Socket，并很快得到了广泛的应用。当前，Windows 环境下的 Internet 软件几乎都是基于 WinSock 开发的，而且 WinSock 已经被集成到 Windows 95/98 及 Windows NT 中。

因此，WinSock 就是 Windows 操作系统环境下的 TCP/IP 应用程序编程接口规范，即 Windows API。

2. 利用 WinSock 实现网络通信

在网络上，每一个 Socket 用一个三元组半相关表示一个进程：（协议，本地地址，本地端口号）。

用一个五元组全相关表示一个完整的 Socket 连接，即表示两个进程之间的通信。这五元组是：（协议，本地地址，本地端口号，远程地址，远程端口号）。

TCP/IP 传输模块的通信结点由 IP 地址和端口号确定。Socket 提供结点到 IP 地址的映射。

基于 TCP/IP 协议的网络通信，其主要模式是客户/服务器模式。在客户/服务器模式下，利用 Socket 进行通信的过程如下：

（1）服务器方应用程序的工作如下：

① 申请套接字，打开通信信道，通知本地主机在一个端口上接受客户机的请求。

② 等待客户机请求到达指定端口。

③ 接收到客户机的请求后，启动一个新进程处理来自客户机的用户请求，同时释放旧进程以响应新的客户请求。当服务完成时，关闭服务器进程。

④ 继续等待客户机的请求。

⑤ 如果服务器不想响应客户机请求，则关闭服务器进程。

（2）客户方应用程序的工作如下：

① 申请一套接字，打开通信信道，并将其连接到服务器上的保留端口，该端口对应服务器的 TCP/IP 进程。

② 向服务器发出请求消息（报文），等待接收应答。

③ 接受服务器来的应答，当不再请求时关闭信道并终止客户进程。

本 章 小 结

网络操作系统（Network Operating System，NOS）是程序的组合，是在网络环境下，用户与网络资源之间的接口，用以实现对网络资源的管理和控制。它为网络用户提供所需的各种服务的软件与协议的集合。

网络操作系统具有下述功能：实现网络中各结点之间的通信、实现网络中的资源共享、具有网络管理的能力、提供多种网络服务软件、提供互操作功能、提供网络用户和应用程序接口。网络操作系统的特点是开放性、一致性、并行性、透明性、可靠性和安全性。

网络操作系统结构设计的主要模式有三种：客户/服务器模式、对等模式、对象模式。在客户/服务器模式下的网络操作系统由两部分组成：客户机（也称工作站）操作系统和服务器操作系统。工作站操作系统可使用本地资源并执行在本地可以处理的应用程序和用户命令，同时实现工作站上的用户与服务器的交互。服务器操作系统的功能有：管理服务器上的各种资源，实现服务器与客户的通信，提供各种网络服务，提供网络安全管理。操作系统的内核是对硬件的首次扩充，是实现操作系统资源管理的基本功能。操作系统的内核具有两方面的接口：内核与硬件的接口；内核与 shell 的接口。

网络中各结点之间的通信是所有信息交换的基础，在网络操作系统中，基本上可分为三种类型的通信方式：基于共享变量的通信方式、基于消息传递的通信方式和远程过程调用这种高级的通信方式。基于共享变量的通信方式适用于网络中各结点主机内各个进程间的通信。基于消息传递的通信方式的核心成分是发送原语和接收原语。远程过程调用模型来自于高级程序设计语言中传统的过程调用模型。

资源共享是对计算机网络中的硬件和软件资源实施有效的管理。资源共享包括硬盘共享、打印机共享、文件共享和数据共享等内容。硬盘共享的实现方法主要有两种：虚拟软盘方式，文件服务方式。打印机共享的功能包括：支持多个用户同时打印，建立连接和拆除连接，连接多台打印机作为共享打印机，提供多种多样的打印方式。在打印机共享中用到 SPOOLING 技术。在目前的网络操作系统中，通常采用两种共享打印方式：一种是客户/服务器方式；一种是对等方式。在网络环境下，可以采用数据移动和计算移动两种方式实现文件和数据的共享。

计算机网络提供的基本网络应用服务有：名字服务、文件服务、电子邮件服务、WWW服务等。名字服务是管理网络上所有对象的名字。文件服务为用户（程序）对服务器中的目录和文件进行有效的控制的访问提供了手段。电子邮件系统是一个软件系统。用户代理是一个本地程序；消息传输代理是在后台运行的系统程序。WWW 采用客户/服务器模式。

网络操作系统为网络用户提供了两级接口：操作命令接口和网络编程接口。目前，网络操作系统中操作命令接口主要有命令方式和图形用户界面（GUI）方式。网络编程接口是编程用的系统功能调用。在 UNIX 系统中它包含传输层接口 TLI，管套。WinSock 是 Windows 操作系统环境下的 TCP/IP 应用程序编程接口规范，即 Windows API。

习 题 七

1. 什么是网络操作系统？其主要功能是什么？
2. 简述网络操作系统的特点。
3. 叙述强内核与微内核的含义，微内核提供哪些主要服务？微内核结构与强内核结构相比具有哪些优点？
4. 什么叫操作系统结构设计的模式？网络操作系统结构设计的主要模式有哪几种？
5. 在客户/服务器模式下，工作站配置操作系统的主要目的是什么？
6. 在客户/服务器模式下，服务器上操作系统的主要功能是什么？为实现此功能，服务器操作系统应配置哪些软件？
7. 简述网络操作系统中的两种类型的通信方式。
8. 叙述远程过程调用的基本思想及具体步骤。
9. 在网络操作系统中，如何实现硬盘共享？
10. 简述在网络操作系统中，打印机共享的功能、原理及实现方法。
11. 在网络环境下，如何实现文件与数据的共享？
12. 在网络环境下，主要提供了哪些网络服务？
13. 目录服务的主要任务是什么？其管理主要有哪几个方面？
14. 叙述 FTP 的主要任务和操作步骤。
15. 电子邮件系统通常具有哪些功能？
16. 网络操作系统为用户提供了哪两级接口，其基本思想是什么？

第 8 章 UNIX 系统分析

讲操作系统，都要讲到 UNIX 操作系统，UNIX 是一个有代表性地操作系统。本章从操作系统的功能角度，介绍 UNIX 操作系统的进程管理、存储管理、设备管理和文件系统，最后介绍 Linux 的应用。

8.1 概　　述

UNIX 对工作站、微型计算机、大型机、甚至超级计算机等各种不同类型的计算机来说是一种标准的操作系统。早在 1970 年，UNIX 就已经开发出来，因为它具有适应性和可变性，所以多年来 UNIX 不断发展，并随着不同的需求以及新的计算机环境的变化而变化。只通过简单的改变就可以使它实现新的功能或支持旧的功能。同时，UNIX 并不是必须和某一种类型的计算机捆绑在一起，而是可以轻松地适应任何类型的硬件而不损失标准特性。多年来，在不同的 UNIX 版本中所加入的功能并未影响底层的标准化。UNIX 的众多版本之间只有微小的改变，并且工作模式极其类似。但是在 UNIX 的主流版本之间仍然有很大的区别。两个主流版本就是著名的 System V 和 BSD UNIX。System V 是由 AT & T 贝尔实验室开发，而 BSD UNIX 是由加州伯克利分校研制。这两个版本的 UNIX 经过集成成为现在的系统 V 第四版，简称 SVR 4。

UNIX 系统是一种通用、多用户、分时操作系统，它可以出色地完成一般单用户、多用户操作系统所能实现的功能，为用户提供较好的应用界面和软件开发环境。

8.1.1 UNIX 历史

UNIX 并不是由一家独立的公司在一个大的市场里驱动用户完成的程序，这和微软的 Windows 操作系统的开发办法是不同的。它产生于各种研究学院里的博学研究者的集体智慧。UNIX 最主要的贡献者是接受过高级教育的数学家和计算机科学家，这些人大都来自 AT & T 贝尔实验室。学院的研究者和实验室的开发工作人员之间的思想交换和优势互补，使得双方在课题及项目研究上获得各自的收益。

AT&T 公司的 Ken Thompson 开始为自己部门室内的信息处理寻找解决的方法，需要一个多用户操作的、能进行多个流程处理的方法，这种方法在当时来说没有一家计算机公司可以提供。这种方法的目的其实就是建立一个能支持多位话务员在一个复杂的环境中进行同时作业的操作系统。这就是 UNIX 萌发的源头。

1965 年贝尔实验室加入了 MIT（麻省理工学院）和 GE（通用电器公司）合作开发的一个项目，该项目要求在通用公司的 GE 645 大型计算机硬件上开发出一套多用户交互操作系统软件，名字定为 Multics。然而，由于贝尔实验室对系统开发中经常性的延迟和高成本消耗不满，最后终于在 1969 年退出了 Multics 系统的开发项目。1969 年，Ken Thompson 把 Multics 在贝尔实验室内进行了展示，Dennis Ritchie 提供了一台 DEC（数字设备公司）的 PDP-7 迷你计算机硬件，可以用来开发能支持多用户研究环境的操作系统。两人建立了一个开发原型后，Ken Thompson 返回了贝尔实验室并鼓励在专利部门使用新开发的这款操作系统来进行文档处理工作。为区别于 Multics 项目，新操作系统被命名为 UNIX。开发 UNIX 的各种努力在继续，终于在 1971 年 UNIX 得以在贝尔实验室变得实际可用。第一个版本的 UNIX 操作系统完全使用汇编语言在 PDP-11/20 硬件上开发完成。它包含了基本文件系统以及 fork、roff 和 ed 三个工具，当时它的用途就是为贝尔实验室专利部门的文档准备工作提供字处理工具。

20 世纪 70 年代早期，UNIX 开始在贝尔实验室变得流行起来，作为新诞生的操作系统 UNIX 也受到了大学机构的欢迎。与学院和高科技研究领域对 UNIX 的喜爱形势不同，商业社区到处充斥着怀疑 UNIX 的声音。为提升 UNIX 的流行度，AT&T 公司开始将 UNIX 源代码以最小的价格许可给大学机构研究使用，AT&T 提供了关于 UNIX 的大量软件代码和说明手册，但是没有提供软件使用的技术支持。70 年代末，几乎 70%的大学机构获得了 UNIX 许可。许多计算机专业的毕业生在使用 UNIX，甚至对 UNIX 代码进行修改，使它更加健全。UNIX 是用汇编语言写出来的，主要运行在 DEC 公司的硬件设备平台上，开始在 PDP-7 设备上，然后是 PDP-11/40 设备和 11/45 设备，最后到 PDP-11/70 设备，使用变得更加广泛和流行。

Dennis Ritchie 和 Ken Thompson 两人在 1969—1973 年时间内开发出了 C 编程语言，并且把 UNIX 的内核用 C 编程语言进行了重新编写。UNIX 操作系统得以在不同硬件平台上编译运行。花几个月时间，用 C 语言编写的 UNIX 就可以移植到新的硬件平台上。在 C 语言的帮助下修改操作系统也变得容易起来。利用通用 C 语言写现代的命令，UNIX 也开始走出了字处理和编辑等局限性领域。此时 UNIX 已经发展到了第六个版本，一个名为 Whitesmiths 的商业公司基于第六版 UNIX 发布了一个名为 Idris 的商业 UNIX 版本。1975 年，Ken Thompson 在伯克利大学一台 PDP-11/70 设备上安装了第六版 UNIX，此时两位毕业生 Bill Joy 和 Chuck Haley 在伯克利大学使用此版本 UNIX，他们在伯克利为 UNIX 的发展扮演了重要的角色，他们在第六版 UNIX 环境上的第一个项目是 ex 编辑器的开发。把 C 语言增强壳以及 vi 编辑器等组合到了一起，形成了一个叫 BSD（Berkeley 软件发行包）的套装，1975 第一次发布，这种模式在 1978 年进行了第二次发布，第二次发布的 BSD 中添加了虚拟内存的支持，允许程序可以在物理内存大小不够用的情况下，继续模拟出虚拟内存来进行使用。这个特殊的想法对贝尔实验室发布第七版的 UNIX 影响非常大，第七版 UNIX 也是最后一版完全由贝尔实验室原创的 UNIX 发行版。此后的 UNIX 版本中的功能内容由多家商业公司和大学研究机构进行了或多或少的增添。20 世纪 70 年代末美国国防部高级研究项目局决定将其通用计算环境构建在伯克利版的 UNIX 之上，在 4.1 版 BSD 的基础上，国防部高级研究项目局为 4.1BSD 进行了重要的性能调节，提供的 fast 文件系统提升了系统性能，阻止了文件碎片的生成，该文件系统被加进了 4.2 版的 BSD 软件系统中。

1982 年，AT&T 公司正式向商业领域发布了一款测试版 UNIX，名为 System III（System I 和 System II 从来没有存在过），虽然 System III 基于第七版 UNIX 但它也加入了一些来自 BSD 的工具，但 System III 发布版中没有包含 vi 编辑器和 C 壳，但内含了程序员 workbench（工作性能度量工具），在发行 System III 的时候，AT&T 很快就推出了 System V 版本的 UNIX（System IV 没有在 AT&T 公司外出现过），其中包含了编辑器、curses（基于屏幕的软件库），init（初始化程序），这些东西用来在开始运行 UNIX 时启动各种过程。在其他的商业计算环境中，UNIX 始终被认为是一个需自我完善的操作系统，它没有侵占大型机的市场，只是在多任务处理和网络连接中发挥了显著的特色。更重要的在于 C 语言的诞生使 UNIX 可以向几乎任何硬件平台移植。

8.1.2 UNIX 简介

UNIX 通常可以分为四个主要部分：内核、shell、文件结构和应用程序。内核是运行程序和管理磁盘、打印机等硬件设备的核心程序。shell 则提供了用户接口，它从用户接受命令并将命令发给内核执行，文件结构则负责组织文件在磁盘等存储设备上的存储方式，文件是按目录的方式管理，每个目录可以包含任何数目的子目录，每个子目录可包含文件。

内核、shell 和文件结构共同构成了操作系统的基础结构。通过这三个模块，可以运行程序、管理文件以及同系统交互。另外，有一些外加的软件程序，即应用程序，也逐渐被认为是 UNIX 的标准特征，应用程序是一些特殊的程序，例如，编辑器、编译器和通信程序等，它们都执行标准的计算机操作。用户也可以生成他们自己的应用程序。

计算机、内核、shell 以及应用程序之间的关系可以描述成一系列同心圆。这些同心圆说明了在用户和计算机之间的层次结构。在中间，是计算机本身，包括打印机、磁盘驱动器和其他的外围硬件设备。内核控制着硬件、程序的运行以及文件存储。shell 与内核交互，把从用户接收的命令发送给内核。用户只需要与 shell 通信，而不会直接与内核通信，利用 shell，用户可以运行不同的程序，如编辑器或通信程序。一系列标准程序就是所谓的应用程序。UNIX 系统结构可分为三层，如图 8-1 所示。

图 8-1 UNIX 系统结构

最内层是 UNIX 操作系统核心，它直接依附于硬件层之上，包括文件控制系统和进程控制系统两大部分。这两部分的实现因厂家和版本而异，其程序量大多在几千行到几万行左右。最外层是用户程序，包括许多应用软件及一些操作系统工具。中间层则是 shell 命令解释程序、实用程序、库函数等。该层中的 shell 解释程序是用户和 UNIX 操作系统的操作界面，它相当于 DOS 系统中的 command.com。另外，UNIX 操作系统还支持众多的数据库管理系统和多种高级程序语言。数据库管理系统如 INFORMIX、INGRES、ORACLE、SQL 等。

1. 内核

内核是控制计算机硬件的核心程序。它也实现了 UNIX 的多用户、多任务机制。内核将用户命令和程序组织为可以由计算机处理单元轮流工作的进程。虽然内核从某种程度上说是一种标准，但它也可以适应于特殊的需求和系统。内核是由 C 语言开发的，并且可能获得源代码，可以通过修改源代码并重新编译以获得新版本的 UNIX。这种易于访问 UNIX 操作系统内部结构的特性是一种优势，同时又是一个弱点，它可以加速基于 UNIX 的研究和开发，同时它允许不同版本的简单增值。由于这种原因，标准就逐渐成为一个问题，很多 UNIX 生产商已经经过了多年的努力以制定 UNIX 标准。

2. shell 简介

shell 提供了一个内核与用户之间的界面，可以把它描述成一个解释器。它首先解释用户输入的命令然后发送给内核。可以把它想象成一个把命令翻译成内核操作格式的语言处理器。

shell 界面非常简单。它通常包含提示用户输入命令的提示符，并且以回车键结束命令。就像用户在一条线路上输入命令，这条线路就是所谓的命令行，虽然由命令行输入的命令可能很复杂，但用户主要以命令的方式与系统交互。后来的 UNIX 版本为系统加入了图形用户界面（GUI）。Motif 或 Open-Look 等的 GUI 使用图标和菜单来标识命令。GUI 只是一个 shell 的前端，实际上是由 shell 解释命令并发送给内核的。shell 除了解释命令外，还有其他的工作。它也可以配置和编程。shell 拥有自己的语言并允许用户编写程序并以一种复杂方式运行。shell 编程语言具有许多常用编程语言的特征，例如循环和控制结构等。用户可以生成像其他应用程序一样复杂的 shell 程序。

UNIX 系统上每个用户都拥有自己的用户界面，即 shell。用户可以使他们的 shell 界面适应于自己的需求。从这个意义上说，用户 shell 更像一个用户可以控制的操作环境。

多年以来，出现了很多不同类型的 shell，主要有 Bourne、Korn 和 C-shell 以及每一种的加强版：BASH、Z-shell 和 TCSH。Bourne shell 是由贝尔实验室开发并成为系统 V 的 shell；C-shell 是由 BSD UNIX 开发；而 Korn shell 是一个 Bourne shell 的增强版。SVR 4 引入了这三种 shell，并允许用户按自己的喜好选择。BASH shell 是 Korn 和 C-shell 的升级版，同时加入了高级命令行编辑功能。Z-shell 是 Korn shell 的增强版，TCSH shell 是 C-shell 的增强版。很多当前版本的 UNIX 提供旧 shell 的同时也提供这些新的 shell。例如，Linux 系统就使用 BASH shell 作为用户默认 shell，而不是通常的 Bourne shell。

虽然这些 shell 在命令级大部分兼容，但 Bourne shell 与 C-shell 在它们各自的编程语言上有着很大的区别。Bourne shell 编程语言是一种更加通用的语言，这与 C-shell 有很大的不同，而 C-shell 编程语言非常类似于 C 编程语言，这也意味着它是一种复杂的语言。

3. 文件结构：目录和文件

在 UNIX 中，一切都是文件，文件组织成目录。所以说，整个 UNIX 文件系统就是一个互相关联的目录集合，每个目录又包含文件。用户可以为自己的文件生成目录，并且可以把文件从一个目录移向另外一个目录。目录是一种组织和控制文件访问的很好的方式，用户可以为目录设置权限以允许其他人访问里面的文件或只允许自己访问。

每个用户的目录最终都是与其他用户相连的。目录被组织成一种层次状的树形结构，以一个根目录开始，所有的其他目录最终都是从根目录起源的。用户可以遍历整个系统并进入任何一个打开的目录。这种文件结构的互相关联使得共享数据相当容易，从而使得几个用户可以访问相同的文件。

为了在文件上执行操作，用户可以使用复制、改名和删除文件以及列文件名和显示文件等命令，另外还可以使用目录管理命令生成或删除目录以及将文件从一个目录移向另一个目录，甚至可以将整个目录从一个目录移向另一个目录。

文件都具有同样的物理实现，即字节流，就是一个连续的字节序列。没有性质上不同的文件，UNIX 并不区分二进制和文本文件。文件中的信息可以当作二进制或文本处理，但文件本身拥有同样的标准格式。字节流格式同样适用于键盘和显示器等设备，当用户用键盘上输入数据时，数据则被当作与文件一样的字节流标准格式来处理。类似地，从应用程序的输入/输出拥有同样的字节流格式。实际上，最好不要认为 UNIX 中的数据具有文件数据、键盘数据等不同的类型，而是只有一种类型，即字节流，并且这种类型的数据可以以多种不同的方式使用。它可以放入文件、从键盘输入、从应用程序输入/输出。可以把数据想象为能够存为文件、输入应用程序或在屏幕上显示的流格式。因为数据是标准的，一个程序的数据可以容易地输入到另一个程序。数据流可以由一个程序移动到另一个正在修改的程序，并且最终存储在文件中。

4. 应用程序：编辑器、过滤器和通信程序

UNIX 包含大量的应用程序。其中一些是很简单的操作，另外一些则是非常复杂的程序并且拥有自己的命令集。很多的应用程序可以分为三类：编辑器、过滤器和通信程序，同时还有执行文件操作和程序管理的应用程序。

在所有的 UNIX 系统中有几种标准的编辑器：Ed、Ex、Vi 和 Emacs。Ed 和 Ex 是行编辑器，而 vi 和 Emacs 是全屏幕编辑器。所有的标准编辑器都是为早期的、功能较弱的机器开发的，这些机器不能像现在的 PC 字处理器一样进行全屏幕移动光标操作。Vi 和 Emacs 拥有全屏幕功能，但它们并不能像很多鼠标驱动的字处理器那样流利简单地使用。Ed 和 Ex 是一种每次只能编辑一行的行编辑器，即使有这种局限性，这些编辑器的功能也是非常强大的，它们拥有非常大的命令集并可以组合成很复杂的操作。

另外一组应用程序就是过滤器。过滤器从用户、文件或者其他数据源读取输入，然后检查并处理数据，最后输出结果。它们过滤通过它们的数据。有很多种不同类型的过滤器。一些是使用行编辑命令把已编辑的版本输出到文件。其他的则按一种模式搜索文件，然后将包括该模式的数据输出。另外一些则是进行字处理操作、探测文件中格式化的命令并将格式化的版本输出到文件。过滤器的输入不必非是一个文件，它也可以是用户的键盘输入。甚至可以是另外一个过滤器的输出。过滤器可以互相连接，一个过滤器的输出成为另一个的输入。此外，用户也可以编写自己的过滤器。

8.1.3　UNIX 的特点

UNIX 系统之所以得到如此广泛地应用，是与其特点分不开的。其主要特点表现在：

（1）多用户的分时操作系统，即不同的用户分别在不同的终端上，进行交互式地操作，就好像各自单独占用主机一样。

（2）可移植性好。硬件的发展是极为迅速的，迫使依赖于硬件的基础软件特别是操作系统不断地进行相应的更新。由于 UNIX 几乎全部是用可移植性很好的 C 语言编写的，其内核极小，模块结构化，各模块可以单独编译。所以，一旦硬件环境发生变化，只要对内核中有关的模块作修改，编译后与其他模块装配在一起，即可构成一个新的内核，而内核上层完全可以不动。

（3）可靠性强。经过十几年的考验，UNIX 系统是一个成熟而且比较可靠的系统。在应用软件出错的情况下，虽然性能会有所下降，但工作仍能可靠地进行。

（4）开放式系统，即 UNIX 具有统一的用户界面，使得 UNIX 用户的应用程序可在不同环境下运行。此外，其核心程序和系统的支持软件大多都用 C 语言编写。

（5）它向用户提供了两种友好的用户界面。其一是程序级的界面，即系统调用，使用户能充分利用 UNIX 系统的功能，它是程序员的编程接口，编程人员可以直接使用这些标准的实用子程序。例如，对有关设备管理的系统调用 read、write，便可对指定设备进行读/写，而 open 和 close 就可打开和关闭指定的设备，对文件系统的调用除 read、write、close、open 外，还有创建（create）、删除（unlink）、执行（execl）、控制（fncte）、加锁（flock）、文件状态获取（stat）和安装文件（mount）等。其二是操作级的界面，即命令，它直接面向普通的最终用户，为用户提供交互式功能。程序员可用编程的高级语言直接调用它们，从而大大减少了编程难度和设计时间。可以说，UNIX 在这一方面，同时满足了两类用户的需求。

（6）具有可装卸的树形分层结构文件系统。该文件系统具有使用方便，检索简单等特点。

（7）将所有外部设备都当作文件看待，分别赋予它们对应的文件名，用户可以像使用文件那样使用任一设备，而不必了解该设备的内部特性，这既简化了系统设计又方便了用户的使用。

8.2 UNIX 进程管理

8.2.1 UNIX 系统的进程映像

在 UNIX 系统中，进程可定义为“进程映像的执行”。进程映像是进程存在的实体，在物理上它是由三部分组成：PCB 结构、数据段和正文段 。

在 UNIX 系统的进程管理中，把 PCB（进程控制块）分为两个部分：一部分常驻内存，叫做 proc 结构；另一部分不常驻的内存，叫做 User 结构。

在数据段中包括用户栈、用户数据区、系统栈和 User 数据。进程的私有程序也可以存放在数据段。

进程映像的结构如图 8-2 所示。

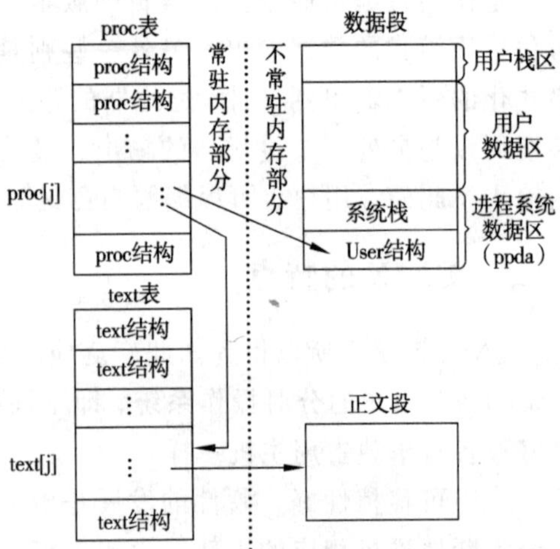

图 8-2 进程映像的结构

1. proc 结构

在 UNIX 系统中每个进程对应一个 proc 结构，它是常驻内存部分，组成一个线性表。proc 结构的定义在 UNIX 系统的/sys/proc.h 文件中。每个 proc 结构由 22 个字节组成，表示 15 个分量。具体描述如下：

```
struct proc                              // 进程状态
{
   char p_stat;                          // 进程状态
   char p_flag;                          // 进程特征
   char p_pri;                           // 进程优先数
   char p_sig;                           // 软中断号
   char p_uid;                           // 用户号
   char p_time;                          // 驻留内存或外存时间(秒)
   char p_cpu;                           // 用于计算动态优先数
   char p_nice;                          // 初始优先数
   hort p_ttyp;                          // 对应控制终端 tty 结构地址
   short p_pid;                          // 进程标识号
   short p_ppid;                         // 父进程标识号
   short p_addr;                         // 数据段地址
   short p_size;                         // 数据段大小
   short p_wchan;                        // 等待原因
   short p_text;                         // 正文段的 text 项地址
}proc[NPROC];
```

各主要分量的具体含义如下：

p_stat 表示进程状态，其值 0～6，各值的意义如表 8-1 所示。

表 8-1　UNIX 进程状态

值	标 识 符	含　义
0	NULL	proc 结构为空
1	SSLEEP	睡眠状态
2	SWAIT	等待状态
3	SRUN	运行或就绪状态
4	SIDL	创建状态
5	SZOMB	僵死状态
6	SSTOP	暂停状态

其中：SSLEEP 是因紧急事件而等待，SWAIT 是因为一般事件而等待，SZOMB 是进程已经执行结束，等待撤销。

p_flag 表示进程的特征。它是一个八位的字串，每位对应一项，各项取值彼此独立。例如，SLOAD（第 0 位）为 1 表示进程映像在内存，为 0 表示在外存；SSYS（第 1 位）为 1 表示系统进程，否则为用户进程；SLOCK（第 2 位）为 1 表示进程映像被锁定，不换出内存。

p_pri 是进程抢占 CPU 的优先数。取值范围为-100～+127。数字越小，表示优先级越高。p_cpu、p_nice 都是与优先数相关的参数。

p_addr 与 p_flag 的 SLOAD 位组合，表示进程的数据段在内存的起始块号或磁盘上的起始盘区号。

p_size 表示数据段的大小，单位的内存块，每块 64 个字节。

p_text 是指向进程正文段的 text 结构的指针。

2. 数据段

进程映像中的数据段由三部分组成：

（1）用户栈区：位于数据的顶部，是供用户程序使用的信息栈。

（2）用户数据区：位于数据段的中间部分，包含用户程序的工作数据及非再入的正文，该区的存取权限是可读可写。

（3）进程系统数据区（ppda）：位于数据段的底部，共占 1 024 个字节。它又分为两个部分：上面 367 个字是系统段，是该进程进入核心态时由操作系统使用的栈，自顶向下扩度；最底部的 289 个字节为 user 结构，含有 PCB 的大部分可对换信息，它包含有 35 项内容。

user 结构的定义在 UNIX 系统的/sys/user.h 文件中。下面列出其中部分内容。

```
struct user
{
   int u_rsav[2];                       // 现场保护区指针
   char u_error;                        // 系统调用出错代码
   struct proc * u_procp;               // 对应 proc 结构地址
   char *u_base;                        // 文件传送内存地址
   unsigned long u_count;               // 文件传送字节数
   long u_offset;                       // 文件传送位数
   struct inode *u_cdir;                // 当前目录 i 结点地址
   int u_usia[16];                      // 用户态地址寄存器样本
   struct file *u_ofile[NOFILE];        // 用户打开文件表
   unsigned u_tisize;                   // 用户打开文件表
   unsigned u_dsize;                    // 数据段大小
   unsigned u_ssige;                    // 用户栈大小
   int(*U-signal [NSIG])();             // 软中断表
   long u_utime;                        // 用户态运行时间
   long u_stime;                        // 核心态运行时间
   long u_cutime;                       // 子进程用户态运行时间
   long u_cstime;                       // 子进程核心态运行时间
   …
}
```

虽然 ppda 是进程数据段的一部分，并和其他数据一起换出内存，但它和前述两种数据分属两个不同的地址空间，前两者属于进程的用户态空间，ppda 则是固定地属于核心态空间，因此进程的用户程序部分执行时不能对它进行访问。

3. 正文段

正文段的内容是可再入的程序代码，可为若干个进程所共享。因此，有些进程也就可能没有正文段。正文段在物理空间上可以不与数据段相邻接，也可不与数据段一起对换。为了便于对正文段进行管理，系统为所有正文段设置了一张正文表，它含有若干个 text 结构，每个 text 结构中又含有若干项信息。

text 结构的定义在 UNIX 系统的/sys/text.h 文件中。text 结构具体描述如下：

```
struct text
{
   long x_daddr;                        // 磁盘地址
   int x_caddr;                         // 内存地址
   int x_size;                          // 正文段大小
   struct inode *x_iptr;                // 文件的内存 i 结点地址
   char x_count;                        // 共享进程数
   char x_ccount;                       // 内存副本的共享进程数
}text[NTEXT];
```

8.2.2 UNIX 系统的进程状态及变迁

在 UNIX 系统中，进程共有六种状态，由 p_stat 标明。

（1）执行状态：处于本状态的标志是该进程被装配在机器的用户和核心地址寄存器中。这时，CPU 可能正在执行本进程的用户程序，也可能在执行内核程序。其特征是：p_stat 为 SRUN，p_flag 中的 SLOAD 为 1，表示该进程图像在住存（在目前的 UNIX 系统中表示该进程的 U 区在内存）。核心态下的内存管理机制的指针指向 ppda，即该进程的 USER 结构。执行状态的进程又分两种状态，在执行用户程序时称为用户态，当发生中断（或自陷）时，自动转去处理中断，即开始执行中断处理程序（UNIX 核心代码），进程由用户转为核心态，处理完中断后返回用户程序执行，进程又由核心态转为用户态。在 UNIX 系统中除 0# 进程外的所有进程都有两种状态。

（2）就绪状态：处于本状态的标志是该进程未被装配在机器的用户和核心地址寄存器中。特别是其进程映像可在内存，也可在外存，即 p_flag 的 SLOAD 可以为 1，也可以为 0（为 1，表示在内存中就绪；为 0，表示就绪且换出）。若在外存要先调入内存，然后才能变成执行状态。p_stat 为 SRUN。

（3）睡眠状态：此状态为等待状态。进入睡眠状态的原因有很多种，系统将按其睡眠原因给出它在被唤醒后所具有的优先数。优先数越小，优先级越高，若 p_pri 值为负数，则称这种睡眠状态为高优先级睡眠状态，其 p_stat 取值为 SSLEEP；若 p_pri 值为正数，则为低优先级睡眠状态，其 p_stat 的值为 SWAIT。

（4）暂停状态：该状态是等待父进程对其进行跟踪处理。p_stat 为 SSTOP。

（5）僵死状态：该状态是子进程等待父进程作善后处理时所处的状态。进程一旦转换成僵死状态后，就不能再转换成其他任何状态，此时进程已释放它占用的所有资源（除 proc 结构外）。p_stat 为 SZOMB。

（6）创建状态：该状态是在父进程形成子进程状态中，防止父进程映像被调出内存和防止调度执行父进程而设置的一种特殊停止状态。p_stat 为 SIDL。

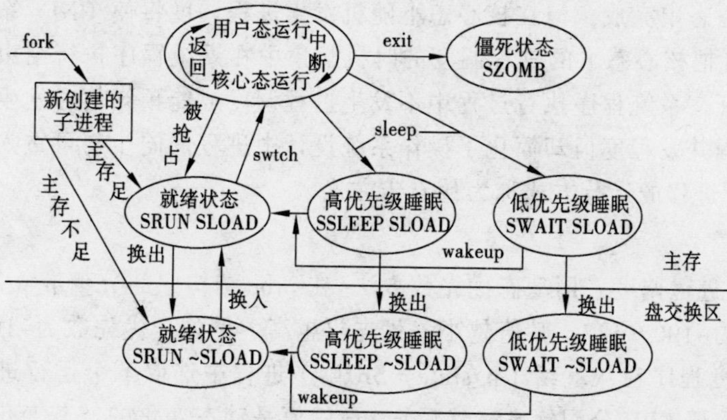

图 8-3 进程状态变迁图

从图 8-3 中可以看出，进程状态的变迁是靠进程控制原语来实现的。下面简单地说明各原语的功能：

fork：建立一个子进程及相应的进程映像。

swtch：选择一个处于就绪状态、映像在内存、并且优先数最少的进程，准备将处理机占用权交给它。

exit：进程执行终止，同时通知父进程。

wakeup：扫描整个 proc 表，把同一等待原因上的所有进程唤醒，使它们变为就绪状态。

sleep：使当前执行的进程放弃处理机，变成等待睡眠状态。在系统程序中，若设置的 pri<0，则为睡眠状态 SSLEEP，反之为等待状态 SWAIT。

sched：将磁盘交换区中的所有就绪进程的映像换入内存；或反之，将一个内存中的进程映像调出，送出盘交换区上去。

stop：使处于执行状态的进程进入暂停状态，若其映像在内存，则调用 sched 可将它调到盘交换区上。

setrun：把指定进程置为就绪状态。

8.2.3 UNIX 系统的进程调度

1. 调度时机

UNIN 系统在以下五种情况之一发生时进行进程调度：

（1）现行进程自己调用 sleep 或 wait 等进入睡眠状态时。

（2）现行进程调用 exit 自我终止时。

（3）现行进程的时间片到期且优先级（不是优先数）低于其他就绪进程时。

（4）现行进程在完成中断和陷入处理后返回用户态时，它的优先级已低于其他就绪进程或者调度标记被置位。

（5）现行进程从系统调用执行结束后返回用户态时，它的优先级已低于其他就绪进程或者调度标记被置位。

上述（1）、（2）、（3）容易理解的，（4）、（5）是 UNIX 设计者采用的独特技术。显然，进程调度应在核心态中完成，但在核心态下随机发生进程调度将使 UNIX 系统的设计复杂化。UNIX 设计者把核心态下的进程调度的时机都集中在系统程序执行结束后返回用户态之前的瞬间，保证在系统程序执行过程中不发生进程调度或能预知何时发生进程调度。这样虽然牺牲了进程并发程度但却简化了操作系统设计中进程的同步与可重入码问题。人们把 UNIX 核心态下进程的运行方式称为伪异步方式。

2. 调度算法

UNIX 系统的进程调度采用动态优先数方法。在 proc 结构中的分量 p_pri 是记录该进程优先数的，其值为-100～127，其值越小，优先权越高。例如，优先数为-100 的进程优先权最高。进程调度程序在从就绪（p_state = SRUN）进程中选取下个运行进程时首先选出 p_ri 最小的进程，把 CPU 分配给它，然后 p_pri 的值是动态变化的。其变化依据主要有下述两种情况：

（1）当进程在用户程序中（即用户态）执行时，如发生每秒一次的时钟中断，则为每个进程重新计算优先数并置于 p_pri 中。优先数的计算公式为：

$$p\_pri = \min(127, 100 + p\_cpu/16 + p\_nice)$$

其中，p_cpu 和 p_nice 都是 proc 结构中的分量。p_cpu 由时钟中断处理程序每过一个电源周期（时间片为 20ms 或 167ms）修改一次。对于当前正在运行的进程的 p_cpu，每个周期加 1，直到加到 255，而对于未运行的进程的 p_cpu 则每秒减 10，直至小于 10。这样，时钟中断处理程序每秒计算各进程优先数时，占用 CPU 时间多的进程的 p_cpu 就增加，从而根据上述计算公式 p_pri 的值就加大，优先权降低。反之，其他的进程，脱离 CPU 的时间越长，其 p_cpu 越小 p_pri 的值就小，优先权越高。

p_nice 是由用户设置的正整数，用以影响某一进程的优先数的计算。用户可以通过系统调用 nice 或 shell 命令为自己的某个进程重新设置 p_nice，而非特权用户只能增加 p_nice 的值，即降低优先权。

（2）当进程处在核心程序中运行时，有时由于某种条件未满足而等待（或睡眠），一旦条件满足便会被唤醒，再争夺处理机。UNIX 的进程在等待某条件而放弃处理机时要根据等待条件紧迫程度而设置自己的优先数。放弃处理机的核心程序是 sleep，其调用方式是 sleep(chan,pri)，其中 chan 是等待条件，pri 就是该进程的新优先数。例如，在等待磁盘文件传送时将调用 sleep(bp,-50)，等待打印机时将调用 sleep(lp11,10)。

3．进程调度程序

进程调度程序的作用是把 CPU 分配给各个进程，在 UNIX 系统中，进程调度程序为 swtch。以 PDP-11 机为例，其作用有三点：

（1）保留进程现场。UNIX 的进程现场信息是返回地址（即程序计数器 PC）、通用寄存器（如 r2、r3、r4）、栈指针寄存器 r6、环境指针寄存器 r5 等。UNIX 的进程现场中的 PC、r2、r3、r4 存入系统栈的栈项，栈中这段保留信息由 r5 和 r6 指向，r5 和 r6 存入当前 user 中的 U-rsav 中。而 user 的地址又保存在核心态的第 6 页地址寄存器中，记为 K1SA6，而 K1SA6 的逻辑地址则为 14000，K1SA6 的内容保存在 proc 结构中的 p_addr 中。

（2）swtch 扫描 proc 表，找到可执行的进程。该进程应该是：其状态为就绪状态（即 p_stat = SRUN），且在内存（即 p_flag 中的 SLOAD = 1）优先数（p_pri）最小。如果找不到则使 CPU 处于等待状态，直至中断发生再重新扫描 proc 表。若找到了这样的进程，则把 CPU 分配给它，转下一步。

（3）把选中进程的 p_addr 置于 K1SA6 中，为其装配页表，然后用 user 中的 U-rsav 装配当前 r5 和 r6，再由 r5 和 r6 恢复进程的现场信息。最后一步是将栈中返回地址装入 PC，转入该进程调用 swtch 时的返回地址。进程重新从原来断点运行。

由此可见，进程调度程序 swtch 由三个进程以“接力赛”方式执行。这三个进程是原运行进程、系统调用程序（0#进程）和新选中进程。原运行进程就是调用 swtch 程序的进程，它在放弃处理机前，先要保存自己的现场信息，接着它使 0#进程成为现运行进程，但程序计数器 PC 没有变，于是 0#进程紧接原进程执行 swtch，0#进程执行段的任务是选择一进程占用处理机，随后，它又使新选中进程成为现运行进程。同样，由于 PC 没有变化，新选中进程继续执行 swtch 的最后一段程序，其工作是为自己恢复现场。最后，用 PC 的内容改变成为选中进程的现场地址，从而真正交出了处理机占用权，置 swtch 的返回值为 1。图 8-4 给出了 swtch 的处理流程。

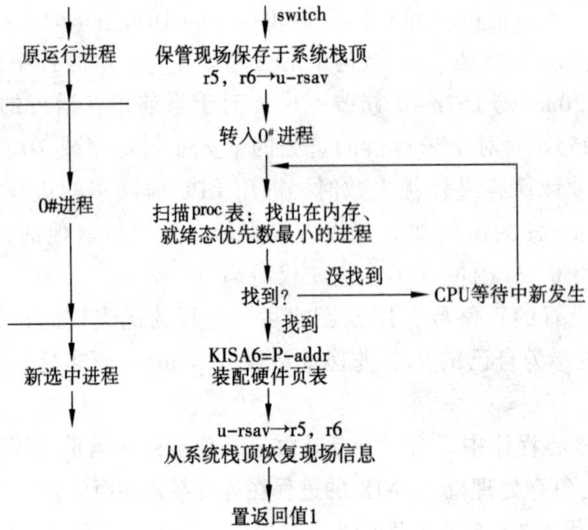

图 8-4　switch

用户可用 ps 命令查看当前进程。PS 命令可以检查系统中正在运行的进程的状态，可以把系统中全部的活动进程列出来，这些进程既包括在后台运行的，也包括在前台运行的。

ps 的命令行结构如下：

```
ps [-edalf][-n name][-t ttys][-p pids] [-u users][-g groups]
```

当 ps 命令行没有选项时，只显示与控制终端相关进程的基本信息。

ps（C）命令一些常用选项定义如下：

-f：产生某个进程的一个完整清单。

-u：产生属于某个特定用户进程的一个清单。

-t：产生与特定终端联系的进程的一个清单。

-e：显示进程的完整清单。

8.2.4　进程优先级

每个进程都有一个相应的优先级用以决定 CPU 对它的调度。进程优先级从 0～127，0 为最低优先级。

1．nice 命令

修改进程运行的优先级，是通过增加或减少进程的 nice 值来实现的。但这不会真正改变进程相关的优先级，nice 值影响计算进程优先级的算法。

nice 命令行的结构为：

```
nice [increment] [command] [arguments]
```

increment 是增量值，它的取值范围是 1～19。如果命令行没有给出这个值，则使用默认值 10。

command 是要执行的命令。

arguments 是 command 所带的参量。

需要注意的是：

（1）每个进程都有自己的 nice 值，使用 nice 值来计算这个进程的优先级。nice 值的取值范围为 0～39，默认情况下，nice 值是 20。

（2）进程的 nice 值不等于进程的优先级，但是它与优先级有着对应关系，即 nice 值小的进程的优先级高；nice 值大的进程的优先级低。经过 nice 命令操作后，如果默认的 nice 值加上 increment 后，超过 39，一律作为 39 对待；同样，如果计算结果小于 0，一律作为 0 对待。

2．renice 命令

renice 命令用来改变正在运行的进程的 nice 值。使用-p 参数允许通过进程 ID 号指定进程；可以使用-u 参数后跟用户名或用户 ID 来改变属于指定用户的所有进程的 nice 值。例如，要增加 yw1 用户的所有进程的 nice 值，执行如下操作：

```
renice 15 -u yw1
```

3．kill 命令

使用命令 kill()来终止进程。命令行结构如下：

```
kill [-signal] PID
```

其中，signal 是信号，PID 是进程号。kill 命令向指定的进程发出一个信号 signal。在默认的情况下，kill 命令向指定进程发出信号 15。正常情况下，将杀死那些不捕捉或不忽略这个信号的进程。关于 kill 命令需要注意以下几点：

（1）高优先级进程除非重新启动系统，否则不能被终止。

（2）kill -1 PID，一些程序使用它作为重读它们的配置文件的信号。

（3）kill -2 PID 功能同按“Delete”键，用来终止一个进程。

（4）kill -3 PID 功能同按“<Ctrl>;+\”键，比“kill -2”功能强大。通常产生一个包含程序内存转储信息的 core 文件。

（5）kill -9 PID 在某些特殊的情况下，比如使用 kill 的普通形式无法杀死的进程，要使用该命令。信号 9 是不能被捕捉也不能被忽略的。因此，它可以强行终止进程的运行。

4．nohup 命令

忽略挂起或退出。命令行结构如下：

```
nohup command [arguments]&
```

command 指定要执行的命令；arguments 是命令的参量；&指定在后台运行。注意以下几点：

（1）command 所代表的命令在执行过程中，不会受到任何结束运行的信号（hangup 或者 quit）的影响。

（2）如果用户没有对输出重新定向，则标准输出和错误输出都被送到文件 nohup.out 中。

（3）如果用户在当前目录中不具备写权限，那么输出就定向到文件$HOME/nohup.out 中。

5．sar 命令

sar 命令从多个方面全面地报告系统的活动情况，包括文件的读/写情况、系统调用的使用、串口、CPU 效率、内存使用状况、进出活动以及 IPC 有关活动等，可以帮助人们了解系统资源的使用情况，重点监视内存和 CPU 的使用。

sar 命令行的结构如下：

```
sar [-P processor_id[,...] | ALL] [-ubdycwaqvtmpgrkAR] [-o file] t [n]
sar [-P processor_id[,...] | ALL] [-ubdycwaqvtmpgrkAR] [-s time][-e time]
[-i sec] [-f file]
```

第一个命令行中，n 和 t 组合定义采样间隔，t 为采样间隔，n 为采样次数。t 应该大于 5，n 的默认值为 1。-o file 表示将命令执行结果以二进制格式存放在 file（文件名）中。第二个命令行中，-s time 和-e time 分别表示报告的起始时间和结束时间。-i sec 表示在 sec（一个具体数字）秒的间隔选择记录，否则在数据文件中所有间隔都要报告。当命令行中没有指定采样间隔时，将从-f 选项指定的记录文件中抽取数据；如果在这种情况下，也没有-f 选项，则从某天的/usr/adm/sa/sadd（dd 为日期号）文件中抽取数据。这个文件是标准系统活动日报数据文件。因此，sar 命令既可以以实时的方式采样当前系统活动，也可以查看已经过去的某段时间内系统中所发生的活动。

可以通过 sar 命令查看系统 CPU 的使用情况。在任一时刻，CPU 的状态或者闲或者忙。在 CPU 空闲时，有可能是在等待输入、输出，在输入、输出完成后，CPU 将继续工作；有可能是 CPU 没有任务而空闲。在 CPU 忙时，CPU 可以处在系统模式下，也可以处在用户模式下。使用 sar-u 命令可以产生有关 CPU 的报告；使用 sar-q 命令可以产生有关进程队列的报告。

（1）使用 sar-u 命令产生的有关 CPU 的报告所显示内容各项的意义是：%usr 以百分比的形式报告 CPU 处在用户模式下的时间。

- %sys 以百分比的形式报告 CPU 处在系统模式下的时间。
- %wio 以百分比的形式报告 CPU 等待输入、输出完成的时间。
- %idle 以百分比的形式报告 CPU 空闲的时间。
- %intr 以百分比的形式报告 CPU 处理中断的时间。

如果%idle 的大小持续地低于 10，说明 CPU 空闲的时间少，系统的 CPU 处理能力相对较低，进程竞争的主要资源不是内存而是 CPU。

（2）使用 sar-q 命令产生的有关进程队列的报告所显示内容各项的意义是：

- prunq 处理器处理的在内存中可运行的进程队列的大小。
- %prunocc 处理器处理运行队列被占用的时间百分比。
- runq-sz 准备运行的进程运行队列。
- %runocc 以百分比的形式报告运行队列被占用的时间。
- swpq-sz 在交换区中可执行进程的数目。
- %swpocc 以百分比的形式报告交换区中的运行队列所占用的时间。

如果%runocc 大于 90，并且 runq-sz 的值大于 2，说明系统的 CPU 负载相对较重，需要进行调整。

可以从以下几个方面进行检查，判断系统中是否有超常的页面活动：

（1）使用 sar-p 命令产生页面活动报告。如果页面故障 vflt/s 的值大于 100，表示系统中由于有效的页面当前不在内存中，每秒进行故障地址转换的数量在 100 次以上，这将严重影响到系统的运行效率，表明页面活动不正常。

（2）使用 sar–w 命令产生的报告中，如果 swpin/s 的值大于 1，表示每秒从硬盘交换区传送进入内存的次数超过 1 次，标志着系统中也可能存在着超常的页面活动。

（3）使用 sar–u 命令，这条命令可以报告系统中 CPU 的使用效率，如果%sys 的大小持续高于 60 或者%wio 的大小相对较高，表示系统中存在的页面活动可能过多。

（4）使用 sar–r 命令，这条命令可以报告系统中内存和交换区的使用情况，如果自由内存 freemen 的值低于 100 个页面，将严重影响系统的性能。

（5）使用 sar–q 命令产生的报告中，如果%swpocc 大于 20，说明系统交换活动过于频繁。

系统 I/O 是数据从内存到外设和从外设到内存以及外设之间的传输处理。通常情况下，85%的硬盘 I/O 可以通过使用 buffer cache 进行处理，buffer cache 存在于内存核心的一个区域，但通常只用于系统 I/O，它的大小是在系统启动时根据内存大小自动分配的。通过修改核心参数可以改变 buffer cache 的大小。通常，系统把现有内存中的 cache 分成两种结构，buffer cache 和 page cache。buffer cache 存放的是数据，page cache 存放的是程序，它们都要占用相当数量的核心内存空间。

（1）使用 sar –b 命令产生的缓存区使用报告所显示的各项意义是：

- bread/s 平均每秒从硬盘（或其他块设备）读入系统 buffer 的物理块数。
- lread/s 平均每秒从系统 buffer 读出的逻辑块数。
- %rache 在 buffer cache 中进行逻辑读的百分比。
- bwrit/s 平均每秒从系统 buffer 向硬盘（或其他块设备）所写的物理块数。
- lwrit/s 平均每秒写到系统 buffer 的逻辑块数。
- %wcache 在 buffer cache 中进行逻辑写的百分比。
- pread/s 平均每秒请求进行物理读的次数。
- pwrit/s 平均每秒请求进行物理写的次数。

在所报告的各项中，最重要的是%rache 和%wcache，这两项具体体现了系统 buffer 的使用效率。如果%rache 小于 90%，%wcache 低于 65%，表明系统的 I/O 活动频繁，系统 cache 的命中率相对比较低，需要增加 buffer cache 的大小，优化系统硬盘的读/写操作。

（2）使用 sar–u 命令产生 CPU 使用情况的报告。报告中的%wio 以百分比的形式表示系统 CPU 等待输入、输出的时间。如果%wio 的大小过高，表示系统的 CPU 花在等待输入、输出上的时间太多，系统的 I/O 性能较差，可能是由于硬盘产生的问题，也可能是内存太小等原因产生的问题。

（3）使用 sar–d 命令产生块设备活动的报告所显示的各项的意义是：

- device sar 命令正在监视的块设备的名字。
- %busy 以百分比的形式表示设备忙时，运行传送请求所占用的时间。
- avque 在指定的时间周期内，没有完成的请求的数量的平均值。
- r+w/s 每秒传送到设备或从设备传送出的数据量。
- blks/s 每秒传送的块数。每块的大小为 512KB。
- avwait 以毫秒为单位，表示传送请求等待队列空闲的平均时间。
- avserv 以毫秒为单位，表示完成传送请求所需的平均时间。

使用 sar-d 命令可以进一步判断系统的 I/O 问题是否是硬盘的 I/O 性能差的缘故。如果 %busy 和 avque 的大小相对较高，说明硬盘的传输速度太慢，需要进行调整。

如果机器有多个 CPU，可以使用 sar-P 命令生成指定的一个或多个 CPU 的活动报告。举例如下：

（1）生成并显示第一个 CPU 的活动报告。

```
sar -P0
```

（2）生成并显示第二个和第三个 CPU 的活动报告。

```
sar -P1,2
```

（3）生成并显示第二个和第三个 CPU 的活动报告，每 20 秒采样一次，采样 10 次。

```
sar -P1,2 20 10
```

（4）生成并显示所有 CPU 的活动报告。

```
sar -P ALL
```

（5）生成并显示第一个 CPU 发生系统调用的活动报告。

```
sar -c P0
```

6. 进程管理器（Process Manager）

在命令行中运行 scoadmin->Process Manager。可以通过进程管理器实现如下功能：

（1）从不同角度来查看进程以及相关信息。

（2）查找指定进程。

（3）向指定进程发送 kill 信号。

（4）自动刷新进程信息列表。

进程管理器中 Process 菜单所提供的选项及其相应含义如下：

- Delete——从进程列表中删除（但不杀死）被选中的进程。
- Priority——调整选定进程的优先级，相当于 renice。
- Find——按指定匹配串来查找一个或多个进程。
- Singal——发送一个 kill 信号给一个进程。
- Find Attribute——根据进程列表中某个字段进行匹配查找一个或多个进程。

进程管理器中 View 菜单所提供的选项及其相应含义如下：

- All——查看所有进程。
- By User——查看属于指定用户的进程。
- By Tty——查看选定的 tty 设备上的进程。
- By Pid——查看选定的一个或多个进程。
- Attributes——指定进程列表中要显示哪些列字段。
- Attribute Filter——按指定条件过滤指定列中的项。
- Sort——指定按升序或降序进行排列。
- Set Auto Refresh——设置自动刷新进程列表的周期。
- Refresh Now——立即刷新当前进程列表。
- Refresh Tracking——设定进程相关数据刷新后按什么样的方式显示当前进程列表。系统默认设置为查看所有用户进程列表。

8.2.5 进程间通信

如果一个进程不与其他任何进程通信，这个进程是一个孤立进程。不同的进程之间进行通信通过一组工具完成，包括信号（signals）、管道（pipe）、共享存储区（shared memory）、信号灯（semaphores）、消息（messages）和文件（files）等。

1. 信号

基本通信技术中还包含捕获并处理信号的通信方式，信号（signal）是进程中异步发生事件时发出的提示信息。这些信号可以由用户进程或核心进程发出，提请系统立即将当前进程中已经发生的事件告知相关进程，达到及时处理有关事件的目的。因此信号的捕获与处理也称为系统的“软中断”机制。UNIX 系统中，信号的作用是报告进程错误或异步事件，例如：

- 内存读，写错误。
- 总线错误。
- 系统调用中使用了错误的参量。
- 子进程死亡。
- 杀死进程。
- 挂起/继续进程运行等。

2. 管道

管道提供了一种机制，允许一个进程把信息传递给另一个进程。在 UNIX 中，管道是一种特殊类型的文件：每个管道都有一个相对应的 I 结点。程序对管道的操作是通过文件描述符实现的。管道与普通文件是有区别的。在管道中的数据是暂时的，一旦完成数据从管道的读操作，就不能再对它进行读操作了。通常，管道使用最多的是进行程序间的信息传递。管道是指能够连接一个写进程和一个读进程、并允许它们以生产者-消费者方式进行通信的一个共享文件，也称为 PIPE 文件。由写进程从管道的写入端将数据写入管道，而读进程则从管道的读出端读出数据。

管道命令在执行中，系统会为管道线两边的命令设立一个缓冲文件，管道命令就是利用这个缓冲文件进行信息的输入或输出。管道通信机制提供了专门用于通信的简单、同步的进程间信息传递方式。

通俗地讲，UNIX 系统中的管道是一种先进先出（FIFO）的特殊文件，这种文件的大小是预先固定的（具体大小随版本的不同而不同），通常被定义为 10 个逻辑块，每个逻辑块大小为 512B。在 UNIX 系统的<limits.h>或<sys/param.h>头文件中，包含一个常量 PIPE_BUF 用来说明一个管道缓冲区可容纳的最大字节数信息。

3. 共享存储区

共享存储区通信技术是一种最快的可用进程间的通信（Inter-Process Communication，IPC）形式。进程间采用在内存中建立用于进程通信的共享存储区的方式来完成进程间的通信。共享存储区是所有通信进程都可以访问的数据区，是指相互协作的进程，将同一内存区映射到各自的地址空间上。使用共享存储区的所有进程都可以对共享存储区进行读/写操作。因此，需要对共享内存区读/写操作进行协调，以避免可能引起的数据混乱。利用共享存储区的特性，发送进程可以将需要传递的信息放在共享区中，接收进程可以从共享区中获取所需信息。

4．信号灯

信号灯是一个同步机制。它所提供的这种机制，可以保证在若干个进程间共同使用某些资源，并且可以通过外部事件使这些进程同步。在 System V 信号灯结构中，每个 UNIX 信号灯都包含一个计数器。它记录当前可以使用的资源数量。当信号灯的值为 0 时，表示没有可用资源。信号灯可以控制多进程对共享资源的互斥性访问和进程间同步。

5．消息

在 UNIX 系统中，消息是由一组数据信息组成的，它能够使协同操作的进程之间，通过缓冲区中的消息进行数据交换。UNIX 系统提供了一组系统调用，这包括创建消息列队，向消息队列发送消息，从消息队列接收消息或从消息队列中删除消息等。消息是一个格式化的、可变长的信息单元。消息机制允许一个进程给其他任何进程发送一个消息。当进程收到多个消息时，将它们排成一个消息队列。消息中包含两个重要的数据结构：一个是消息首部，其中记录了一些与消息有关的信息；一个是消息队列头表，其每一表项是作为一个消息队列的消息头，记录了消息队列的有关信息。

8.2.6 作业调度

作业调度是 shell 的一个特性，它允许用户使用作业调度命令。所谓作业调度，实际上是时钟守护进程 cron 按照用户提交作业时确定的时间，自动地调度作业运行。

1．cron

cron(C)守护进程将在设定日期的设定时间内自动执行任务。用户可以在系统负载较轻的空闲时间里安排运行非交互式的工作。在 UNIX 系统中，可与 cron 配合提交作业的命令有三个：at、batch、crontab。

cron 进程的活动可以记录在日志文件/var/cron/log 中，是否对 cron 的活动进行记录，取决于变量 CRONLOG 的设置，这个变量存在文件/etc/default/cron 中。在系统默认情况下，这个变量设置为 YES，对 cron 进程的活动进行记录；只有将变量设置为 NO 时，才不记录 cron 进程的活动。

控制安排 cron(C)作业的两个文件：

（1）/etc/cron.d/cron.allow：这是一个表示谁能够安排 cron 作业的确切列表。如果它是一个空文件表明没有一个用户能安排作业。

（2）/etc/cron.d/cron.deny：这是一个表示谁不能够安排 cron 作业的确切列表。这个文件只有当 cron.allow 不存在时才起作用。如果它是一个空列表表明任何用户都可以安排作业。

（3）假如这两个文件都不存在，只有超级用户能够安排 cron 作业，假如这两个文件都存在，cron.allow 享有优先权。

2．at、batch 命令

at 和 batch 命令的功能是在以后某个时刻执行某些命令。at 命令允许指定作业执行的时间；而 batch 命令在系统负载情况允许时才执行作业。通过这两条命令把作业排队后，每个作业的 ID 号以及它的执行时间都送到标准错误输出上。

命令行的结构如下：

```
at time[date][increment]
at -r job [job ...]
at -l[job ...]
batch
```

at、crontab 命令的使用范围如下：

（1）一般情况下，at 命令和 batch 命令使用于提交一次性运行的作业，即作业只运行一次。

（2）crontab 命令所提交的作业，一般是按照指定的时间间隔，反复运行。

3. crontab 命令

crontab 命令的功能是按照一定的时间间隔调度一些命令的执行。通常，这些要运行的命令存放在 crontab 文件中，crontab 文件的名字是/usr/spool/cron/crontabs/username。

命令行结构是：

```
crontab [file]
crontab -e|-l|-r [username]
```

这两种 crontab 命令行都是可以使用的形式。

crontab 文件特点如下：

作业与它们预定的时间储存在该文件里，它是一个可用任何文本编辑器生成的 ASCII 码文件。每个用户只能提出一个请求文件，文件里的每一个请求必须包含以 spaces 和 tabs 分隔的六个域。前五个域指定何时开始工作，第六个域是开始运行命令，第一到第五个字段的整数取值范围分别是：

- 0～59 表示分。
- 1～23 表示小时。
- 1～31 表示日。
- 1～12 表示月份。
- 0～6 表示星期（其中 0 表示星期日）。

这五个字段，确定了命令执行的时间和日期。

使用 crontab 命令需要注意以下几点：

（1）当对用户的 crontab 文件进行修改时，并不马上改变当前所提交的作业，其影响只有在系统再次引导后才会产生。这是因为由 crontab 命令提交的作业，最终是通过 cron 来调度执行的。而 cron 只有在系统启动时或使用 crontab 命令提交新的作业时，才会去读 crontabs 目录中的文件。

（2）由同一个用户提交的 crontab 文件，将覆盖它以前的 crontab 文件的内容。

（3）在默认的情况下，作业运行结果以邮件的形式发送给用户，如果不喜欢这种形式，可以对输出（其中包括标准输出和错误输出）进行重新定向。

修改用户作业步骤如下：

（1）使用 crontab –u user –e（或 crontab –e usename）编辑用户 user 的 cron(c)作业。

（2）编辑文件来增加或修改任何作业请求。

注意： UNIXWare 7 系统中，默认情况下使用 ed 编辑器编辑用户 user 的 cron 作业。若要使用 Vi 来编辑，可按如下操作：

```
EDITOR=vi
export EDITOR
删除用户作业
crontab -r -u user(crontab -r username)
```

从/usr/spool/cron/crontabs 目录中删除用户定义的作业调度文件。

4．任务调度器（Task Scheduler）

可以利用任务调度器（在 X windows 下运行）编辑其他用户的作业调度文件。任务调度器不允许在一条记录中指定一周多天，但可以用多条记录实现定时调度。有下列两种方法来启动任务调度器：

（1）在命令行运行 scoadmin task。

（2）在 CDE 界面中点击 scoadmin 项，选择管理工具窗口中的 Task Scheduler 项。

8.2.7 进程审计

通过进程审计可以对系统进行监控，从多方面较为细致地分析系统和用户进程相关信息，能及时、准确地发现系统错误。在/usr/lib/acct 目录中包含了所有的进程审计命令。

1．打开进程审计

方法一：通过 Reports Manager 启动进程审计。

（1）运行 scoadmin。

（2）选择 System->;Reports Manager->;Accounting->;Enable。

（3）退出 Reports Manager。

也可以直接在命令行输入下列命令进入 Reports Manager。

```
# scoadmin rep
```

之后选择 Accounting->;Enable 即可。

这时，系统将生成/etc/rc2.d/S02acct 和/etc/rc0.d/K02acct 两个文件，同时在/usr/spool/cron/crontabs/adm 文件中加入相关任务调度记录项，这些记录项所执行的操作及其功能如下：

- /usr/lib/acct/ckpacct：检查文件/var/adm/pacct 大小。当该文件大小为 500 个块时，文件被更名为/var/adm/pacct? 文件并创建一个新的/var/adm/pacct 文件。
- /usr/lib/acct/runacct：生成供 Reports Manager 使用的报告。
- /usr/lib/acct/dodisk：收集用户磁盘使用情况的有关信息。
- /usr/lib/acct/monacct：生成月审计报表。

方法二：在命令行方式下启动进程审计。

运行如下命令：

```
# /usr/lib/acct/startup
```

该命令不生成/etc/rc2.d/S02acct 和/etc/rc0.d/K02acct 两个文件以及/usr/spool/cron/crontabs/adm 文件中相关任务调度记录项。打开进程审计后，进程审计记录被写入文件/var/adm/pacct 中。

2. 产生审计报告

（1）运行 scoadmin rep，从 Reports 下拉菜单中可以选择产生各种审计报表。

（2）可以在命令行运行下列命令来查看进程审计报表文件。

```
# acctcom [/var/adm/pacct]
```

进程审计文件包含八个字段，分别如下：

- COMMAND NAME：命令名。
- USER：用户注册名。
- END TIME：进程结束时间。
- REAL(SECS)：实时时间（秒）。
- TTYNAME：tty 设备名。
- START TIME：进程启动时间。
- CPU(SECS)：CPU 时间（秒）。
- MEANSIZE(K)：收入。

另外，可以通过命令行产生各种不同类型的进程审计报表并将报表内容输出到指定文件中。举例如下：

（1）产生某用户的进程审计报表：

```
# acctcom -u login_name /var/adm/pacct
```

（2）产生某用户组的进程审计报表：

```
# acctcom -g group_name /var/adm/pacct
```

（3）产生运行在特定终端上的进程审计报表：

```
# acctcom -l /dev/term/00t /var/adm/pacct
```

3. 关闭进程审计

方法一：在 Reports Manager 中关闭进程审计。

（1）运行 scoadmin。

（2）选择 System->; Reports Manager->;Accounting->;Enable。

（3）退出 Reports Manager。

也可以直接在命令行输入下列命令进入 Reports Manager。

```
# scoadmin rep
```

之后选择 Accounting->;Disable 即可。

这时，系统将删除/etc/rc2.d/S02acct 和/etc/rc0.d/K02acct 两个文件，同时在/usr/spool/cron/crontabs/adm 文件中删除相关任务调度记录项。

方法二：在命令行方式下关闭进程审计。

运行如下命令：

```
# /usr/lib/acct/shutacct
```

该命令不删除/etc/rc2.d/S02acct 和/etc/rc0.d/K02acct 两个文件以及/usr/spool/cron/crontabs/adm 文件中相关任务调度记录项。

8.3 UNIX 存储管理

由于 UNIX 系统最初是在 PDP—11 机上开发的，后来被移植到各种计算机上。基于此，这里以 PDP—11/40 机中存储管理为例作介绍。

8.3.1 存储器的特征

PDP—11/40 字长是 16 位，因此可直接寻址范围是 64KB。当超过范围时，就采用虚拟寻址方式。PDP—11/40 存储器的特征如下：

（1）把虚拟空间分为 8 个用户态（user mode）存储页面和 8 个核心态（keral mode）存储页面。

（2）每个存储页面的大小是可变的，从 64～8 192B。

（3）每个存储页面都对应有一对页面映射寄存器，用以进行地址映射和页面保护。

（4）可使存储器的总寻址范围扩大为 256KB。

PDP—11/40 的虚拟地址的格式如图 8-5 所示。

这样，每一页可以包含 1～128 个块，每块为 64B，故每页最多可达 8KB。为了把用户程序的虚拟地址映射为内存的实际地址，需要借助于页面映射寄存器。在 UNIX 系统中，主要有两个页面映射寄存器：页面地址寄存器（PAR）和页面说明寄存器（PDR）。如图 8-6 所示。

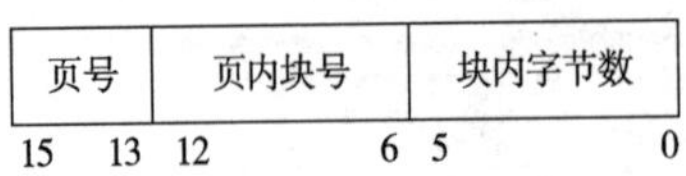

图 8-5 虚拟地址格式

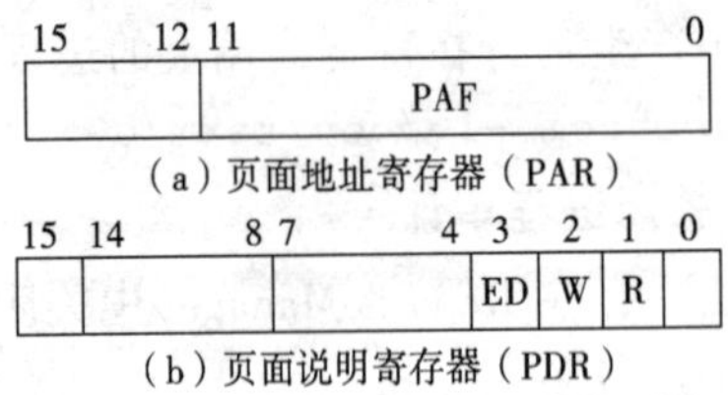

图 8-6 页面映射寄存器

在 PAR 中，PAF 是页面地址字段（12 位），用于指出该页在内存的起始地址 addr（它由内存分配过程所决定），其寻址范围可达 212 块，即 256KB。

在 PDR 中，size 共 7 位（8～14），表示该页最后一块的块号。ED 是扩展方向位，当 ED=1 时，表示此页向下扩展，即此页是从第 127 号向下扩展到 size 块有效，相应地，第 addr+size 块为该页在内存的最下一块，若程序虚拟地址小于 size 时，表示地址越界。当 ED=0 时，表示此页向上扩展到 size 有效，相应的第 addr+size 块是该页的最上一块，若程序虚拟地址大于 size 时，则认为地址越界。

8.3.2 UNIX 的地址映射

1. 用户页表和核心页表

由图 8-5 可知，每个逻辑空间有 8 页，故有 8 对页面寄存器，组成一个页表。用户态页表的 8 个地址寄存器记为 UISA0～UISA7，对应的 8 个说明寄存器记为 UISD0～UISD7。核心态页表的 8 个地址寄存器记为 KISA0～KISA7，对应的 8 个说明寄存器记为 KISD0～

KISD7。为了区分用户态或核心态，则通过一个 CPU 状态寄存器（PS）的最高两位表示：11 表示用户态，00 表示核心态。

用户页表和核心页表的结构如图 8-7 所示。

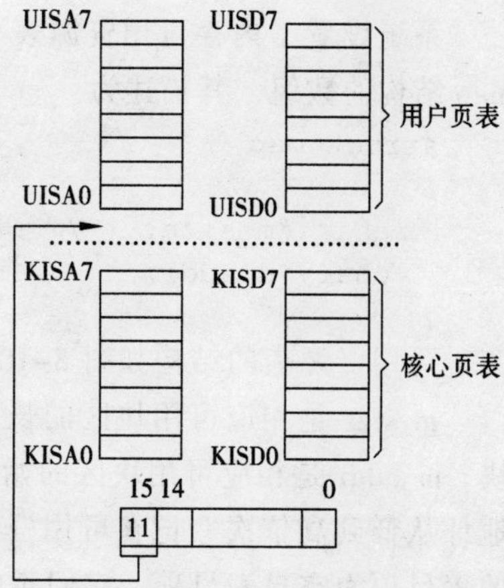

图 8-7　用户页表和核心页表

2．地址转换

在 UNIX 中，逻辑地址向物理地址的转换过程为：根据页号和当前处理机状态，找到对应页表的对应映像寄存器，然后把逻辑地址中的块号与对应地址寄存器中的块号相加形成物理块号，最后再加上逻辑地址中的位移便形成对应的物理地址，如图 8-8 所示。

3．进程映像在虚拟和物理空间中的分布

图 8-9 为 UNIX 系统中虚实存映像示意图。

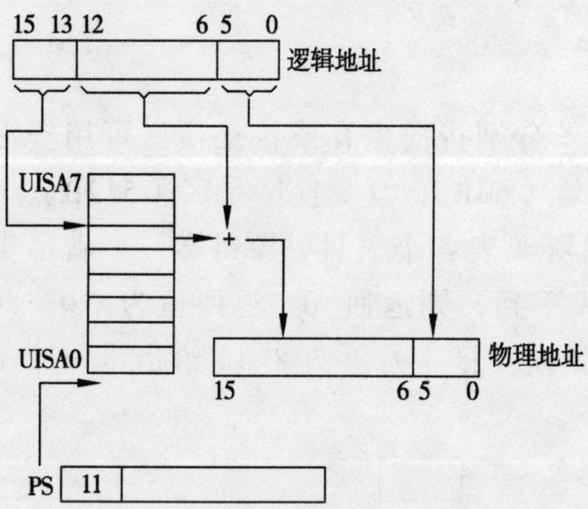

图 8-8　地址转换

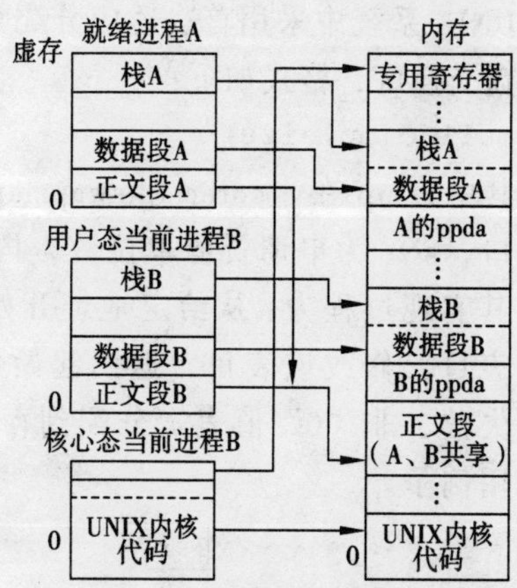

图 8-9　虚实存映像

图中表示了 UNIX 内核代码总是驻在内存从 0 地址开始的低地址区，而输入/输出页总占有最高物理地址空间。各个过程非常驻内存部分的映像，除共享正文段外，ppda 数据段和用户栈段相互紧靠占用连续存储区，共享正文段则可能被多个进程共享。这里只给出了虚存与内存的映像，对于虚存与外存（即磁盘交换区）的映像也是相同的。

在地址映像过程中，通常涉及到两个有关的程序：

（1）estabur：根据进程映像各成分的大小及其他要求装配 user 结构中的样本寄存器，这与映射在内存的地址无关。

（2）Sureg：根据当前进程映像在内存中的地址装配硬件映射寄存器，最终实现用户虚拟空间到内存物理空间的映射。

8.3.3　存储空间的分配与释放

1．数据结构

UNIX 的进程映像无论驻留在内存中，还是存放在外存中，对这两部分存储资源的分配和释放使用同一算法，该算法为“首次适应”算法，即只要找到第一个满足需要的可用空间即可，不考虑余下的空间。

系统设置了内存可用资源表 Coremap 和盘交换区可用资源表 Swapmap，它们是 50 个 map 结构的数组。其描述为：

```
struct map
{
   char *m_size;    // 指出可用段大小(块/区数)
   char *m_addr;    // 指出可用段起址(块/区号)
};
```

可用资源表的结构如图 8-10 所示。

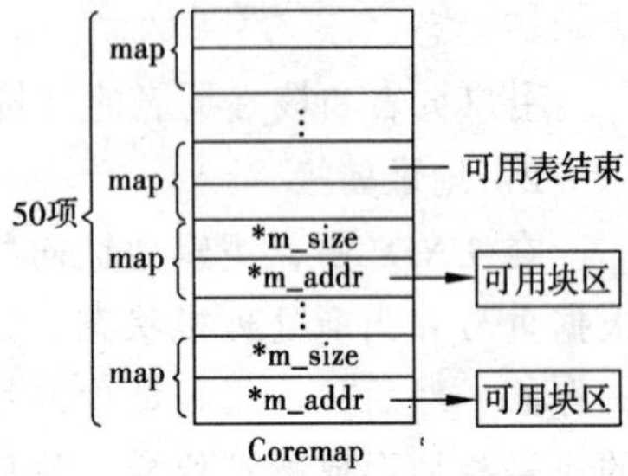

图 8-10　内存可用资源表

m_size 是相应可用块区的长度，单位是 64B 的内存块；m_addr 是相应可用块区的始址。各可用块区按起始地址从低到高依次登记在可用资源表中。当 m_size 为 0 的表目项为空白表目项，它们集中在表的后部，表中最后一个表目项一定为空白项。

2. 分配算法

UNIX 系统中采用首次适应分配算法，实施分配算法的程序为 malloc，其功能是分配内存或盘交换区，格式如下：

malloc(mp,size)

其中，mp 在｛coremap,swapmap｝中取值，分别指向内存或盘交换区可用资源表起始入口；size 为申请资源单位数，内存单位是块（64B），盘交换区是区（512B）。

其实现过程为：从给定地址开始查找可用资源表各个表目，找到第一个满足申请数目的表目，修改该表目，返回起始起址；如找不到，则返回 0。返回值为“0”时表示分配失败，非“0”值表示分配到存储段的起始块（区）号。图 8-11 给出了一个 malloc 的应用例子。

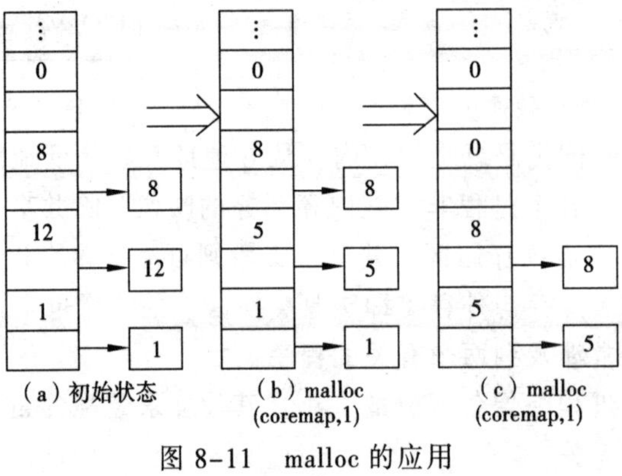

图 8-11　malloc 的应用

3. 释放算法

释放算法的程序是 mfree，其功能是释放一段内存块或盘交换区，格式如下：

mfree(mp,size,aa)

其中，mp 在{coremap,swapmap}中取值；size 为释放资源单位数；aa 为释放空间起始块号或区号。释放算法的实现过程为：把释放存储段的地址大小次序插入可用资源表对应表目中。如它与前面或后面的可用存储段相邻，则合并，修改相应表目或向上（向下）移动表目。图 8-12 给出了一个 mfree 的应用例子。

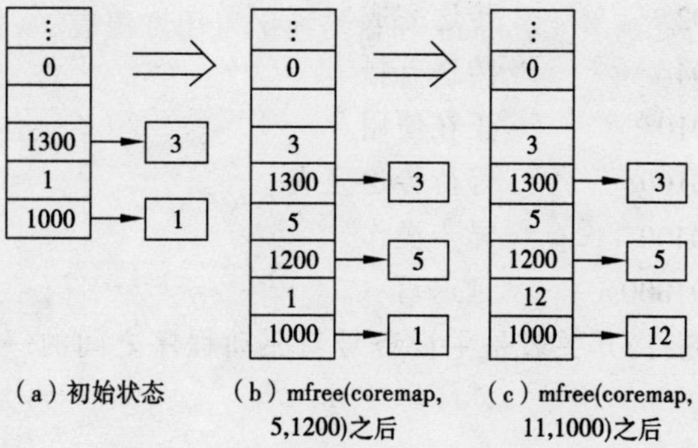

图 8-12 mfree 的应用

8.4 UNIX 设备管理

在 UNIX 系统中，将设备分为块设备和字符设备分别进行管理。块设备指磁盘、磁鼓、磁带等；字符设备指各种终端机、打印机、卡片机等。UNIX 系统将各类设备视为文件进行管理，并以完善的缓冲技术进行设备管理。

8.4.1 设备管理中的数据结构

1. 块设备缓冲区

（1）缓冲区描述：在 UNIX 系统中，块设备缓冲池包括 15 个缓冲区，每个缓冲区为 514B，有效容量为 512B，有 2B 用于检验。其缓冲区主要作为读、写文件信息时的缓冲之用。

为了管理缓冲区，每个缓冲区都有一个缓冲区控制块 buf。其描述为：

```
stuct buf
{
   int b_flags;                          // 标志字位串
   struct buf *b_forw;                   // 设备链向前指针
   struct buf *b_back;                   // 设备链向后指针
   struct buf *av_forw;                  // 空闲链向前指针
   struct buf *av_back;                  // 空闲链向后指针
   short b_dev;                          // 设备号
   int b_wcount;                         // 传送字数补码
   char *b_addr;                         // 内存低 16 位地址
   char *b_xmem;                         // 内存高 6 位地址
   long b_blkno;                         // 物理块号
   …
}buf[NBUF];
```

其中，b_flags 是一字位串表示缓冲区使用状态。各位的记忆符，八进数表示及该位为 1 时的意义如下：

B-WRITE	0	写操作
B-READ	01	读操作

B-DONE	02	传送完成
B-ERROR	04	传送有错
B-BUSY	010	正在使用
B-WANTED	0100	等待传送完成
B-ASYNC	0400	异步操作
B-DELWRI	01000	延迟写

（2）开关表与设备表：开关表是主设备号与驱动程序之间的一个转换矩阵。具体描述为：

```
struct bdevsw
{  int  (*d_open)();                     // 打开子程序
   int  (*d_clpse)();                    // 关闭子程序
   int  (*d_straegy)();                  // 读/写子程序
   int   *d_tab;
}bdevsw[];
```

设备表内记录该设备的使用情况和缓冲区的占用情况，每一个主设备号对应一个设备表。具体描述为：

```
struct devtab
{  char d_active;                        // 忙闲标志
   char d_errcnt;                        // 出错次数
   struct buf *b_forw;                   // 设备链链头指针
   struct buf *b_back;                   // 设备链链尾指针
   struct buf *d_actf;                   // I/O 队列头指针
   struct buf *d_actl;                   // I/O 队列尾指针
};
```

其中，d-active=0 表示设备空闲，不等于 0 表示设备忙。

（3）缓冲区的各种队列：UNIX 系统的缓冲区管理的特点是 buf 间有两条链接指针，同一个 buf 可处在两条链上。

① 自由队列。一个可分配的 buf 处于自由队列，其标志是 B-Busy 为 0（即 b-flag 的 010 位为 0），此时该 buf 的 av_forw 和 av_back 链接在自由队列中，如图 8-13 所示。其中自由队列首指针是 bfreelist 中 av_forw 和 av_back。

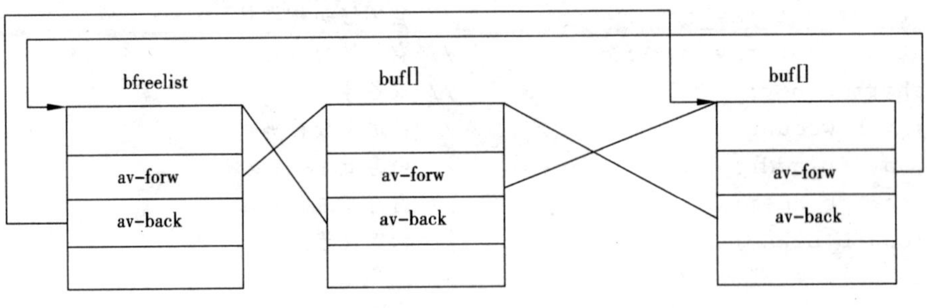

图 8-13　自由队列

② 设备队列。如果一个缓冲区与某外存设备上的某个物理块相关，则该缓冲区的 buf 处于该设备队列中，如图 8-14 所示。设备队列的首、尾指针是该设备的设备表 devtab-forw 中的 b_forw 和 b_back。

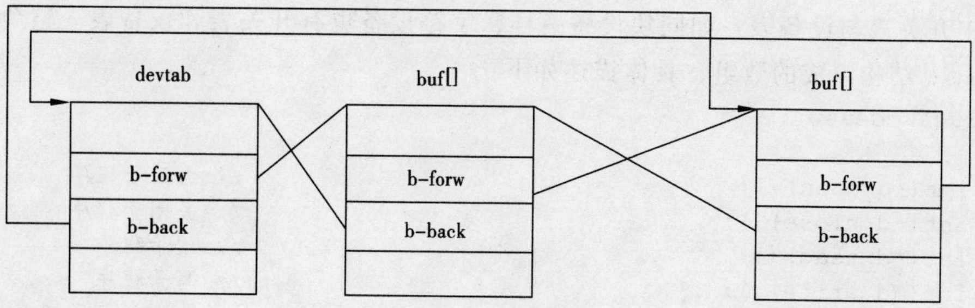

图 8-14　设备队列

2. 字符设备缓存

（1）字符缓存描述：字符缓存主要用于解决处理机和字符设备之间的速度不匹配的问题。每个字符缓存由八个字节组成，其中头两个字节是字符缓存指针，后六个字节是字符缓存信息区。每个字符缓存描述如下：

```
gtruct cblock
{  struct cblock * c_next;                    // 指针
   char info[6];                              // 存放六个字符
};
```

字符设备缓存用数组 cfree 表示，其描述为：

```
struct cblock cfree [NCLIST];
```

其中，NCLIST=100。

（2）字符缓存队列：字符缓存通过指针 c_next 形成各种队列。队列尾缓存的 c_next 为 0。每个队列对应一个控制块，记录它的首尾地址和长度，控制块的类型为 clist。具体描述为：

```
struct clist
{  int cc;                                    // 队列字符数
   int cf;                                    // 队列头字符地址
   int cl;                                    // 队列尾字符地址
};
```

字符缓存队列的一般形式如图 8-15 所示。

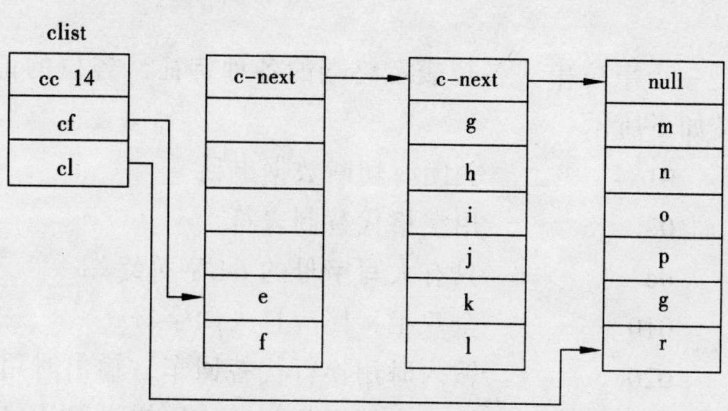

图 8-15　字符缓存队列

在 UNIX 系统中，把各个暂时空闲的字符缓存链接成“自由字符缓存队列”，其队首指针是 cfreelist。

（3）开关表与设备表：如同块设备一样，字符设备也有开关表和设备表。整个开关表是由 cdevsw 结构组成的数组，具体描述如下：

```
struct cdevsw
{
   int(*d_open)();                                    // 打开子程序
   int(*d_close)();                                   // 关闭子程序
   int(*d_read)();                                    // 读子程序
   int(*d_write)();                                   // 写子程序
   int(*d_ioctl)();                                   // tty 访问子程序
}cdevsw[];
```

下面是 cdevsw 的一个实例，其中包括有 K1 终端、打印机、内存和原始磁盘。

```
long(*cdevsw[])()
{
   &Klopen,&klclose,&klread,&klwrite,&klioctl,     // 控制台终端
   &lpopen,&kpclose,&lpread,&lplwrite,&nodev,      // 行式打印机
   &lnulldev,&nulledv,&mmread,&mmlwrite,&nodev,    // 内存
   &nulldev,&nulledv,&rkread,&rklwrite,&nodev,     // 原始 RK 磁盘
   …
}
```

每台字符设备有一个设备表。所有终端设备的设备表都是 tty 结构，其描述如下：

```
struct tty
{
   struct clist t_rawg;                               // 原始队列控制块
   struct clist t_canq;                               // 加工队列控制块
   struct clist t_outq;                               // 输出队列控制块
   irt t_flags;                                       // 终端特征
   int *t_addr;                                       // 寄存器组首址
   char t_erase;                                      // 抹字符
   char t_kill;                                       // 抹行字符
   int t_speeds;                                      // 输入和输出波特率
   int t_dev;                                         // 设备号
   …
};
```

其中，t-flags 是一个字位串，各位表示终端的各种特征。各位的记忆名、八进制数表示及其值为 1 的意义如下所示：

HUPOL	01	关闭时切断数据电话
XTBAS	02	用空格代替制表符
LCASE	04	只有大写字母的 64 字符终端
ECHO	010	全双工，回应打入的字符
CRMOD	020	输入时用换行代替回车，输出时用回车换行代替换行
RAW	040	输入字符不作加工，原样送给读终端程序
ODDP	0100	作奇校验
EVENP	0200	作偶校检
NLDELAY	01400	换行延迟代码

CRDELAY	03000	回车延迟代码
TBDBLAY	06000	制表延迟代码
WTDDLAY	04000	换页和垂直制表延迟代码

t-flags 中的各位或字段均可以通过 shell 的 stty 设置。

8.4.2 块设备管理

在 UNIX 系统中，块设备管理程序大体分为四个层次：

（1）最高层：它是文件系统与块设备管理之间的接口。其主要功能是用于对块设备进程读、写等操作，或称块设备读、写程序。主要程序有：

- bread：读一块到缓冲区。
- breada：读一块（等待完成），再读一块（不等它完成）。
- bwrite：写一块到盘上。
- bawrite：异步写一块，启动传输，但不等传输完成而返回。
- bdwrite：延迟写一块，不启动传输而返回。

（2）次高层：主要是对缓冲控制块队列进行管理，把指定缓冲控制块送 I/O 队列未尾，启动第一个缓冲传送，或称 I/O 队列管理程序。主要程序有：

- rkintr：磁盘中断处理程序。
- rkstart：启动 I/O 队列第一项。
- rkstrategy：指缓冲首部指针指向缓冲首部加入磁盘的 I/O 队列，启动 I/O 队列第一项。

（3）次低层：主要是执行与硬设备有关的操作。如装配磁盘寄存器，启动外设，对传送结束作某些处理等，或称块设备驱动程序。主要程序有：

- iowait：等待缓冲区传送完成。
- geterror：置错误信息。
- devstart：启动块设备。
- rkaddr：把指针指向设备参数地址。
- iodone：标记缓冲区传送完成。

（4）最低层：用于缓冲区分配与释放，查看缓冲控制块等。主要程序有：

- getblk：申请对应的设备，返回缓冲区首部指针。
- notavail：指缓冲区从 av 链（空闲缓冲区链）上摘掉。
- brelse：释放指定的缓冲区。

8.4.3 字符设备管理

与块设备管理类似，字符设备管理大体上分为三个层次：

（1）低层：是字符缓冲区管理程序。主要的程序有：

- getc：对字符队列进行操作，从指定的字符队列中取出第一个字符，并修改字符计数和头指针。

- putc：把一个字符加入到指定的字符队列末尾，并修改队列中字符计数的头、尾指针。
- cinit：用于初始化 100 个字符缓冲区，该过程仅在系统初启时由“main”过程调用。把所有字符缓冲区链接到以 cfreelist 为链头的空闲链上，并且计算字符设备类型的数目。

（2）中间层：是字符设备的驱动程序。如以纸带机为例，主要程序有：

- pcstart：纸带驱动程序。
- pcoutput：输出程序。
- pcleader：引带程序。

（3）最高层：是字符设备管理的外层，是文件系统与字符设备管理之间的接口。对纸带机而言。主要程序有：

- pcopen：用于打开纸带机。
- pcclose：用于关闭纸带机。
- pcread：纸带机的读。
- pcwrite：纸带机的写。
- pcrint：纸带读入机中断处理程序。
- pcpint：穿孔机中断处理程序。

8.4.4 设备状态及设备控制

1．设备状态

设备状态反映设备在系统中使用的情况，UNIX 系统设定三种设备状态：

（1）undefined：未定义态，设备没有安装，系统中没有该设备的任何信息。

（2）defined：已定义态，设备已定义但暂不能使用，系统中已有该设备的逻辑名、端口定义及其他信息。

（3）available：可用态，信息齐全状态，设备可用。

2．设备控制策略

（1）UNIX 的中断和陷入总控程序，System v 的总控程序用汇编写成是 trap.s。

对突发事件 UNIX 分成两类：

- 陷入：突发事件与当前执行进程有关，如系统调用、指令出错、算法溢出等。
- 中断：与当前进程无关的突发事件，如 I/O 传送完成、时间片到等。

（2）设备中断属于系统中断的一个分类。UNIX 系统中，把系统中的设备也当成文件，用户可以像访问普通文件一样来访问系统中的设备，并且所有设备文件都放在/dev 目录下。把设备当成文件的好处是使得 UNIX 系统能够保证设备的独立性。计算机外设不断更新，但是操作系统不可能为了刚出现的设备文件而经常修改。当需要增加新的设备时，只需要在内核添加必要的设备驱动程序就可以了。这样一来，使用不同外设时内核就可以用完全一样的方式来进行处理。设备文件增加了以下几项：

- 主设备号：描述设备的大分类（按设备类型）。
- 次设备号：描述大分类中的某型号标识。
- 块设备比字符设备定义级别高：可将块设备定义成字符设备，在原块设备名前加“ r ”。

8.5 UNIX 文件系统

8.5.1 概述

1. UNIX 文件系统的特点

UNIX 文件系统是 UNIX 成功的关键。其主要特点如下：

（1）文件系统是层次结构的，层次的数目不受限制。系统和用户的文件可以组织在若干级别的目录里，方便了用户对文件的使用和共享。

（2）可灵活装卸的文件系统（或称文件卷）。用户可以把自己的文件和目录组织在一个文件卷中，需要时安装到一个已有的文件卷上，不需要时可以卸下来。这样既扩大了用户的文件空间，又有利于文件的安全。

（3）文件是无结构的字符流式文件。用户可以根据需要随时增加自己的文件结构。这样既简化系统设计，又方便了用户的使用。

（4）文件目录和外部设备都视为文件管理。用户摆脱了外部设备的具体物理特性，也有利于对外设和目录的存取控制。

2. 文件分类

UNIX 中的文件是流式文件（即无内部结构的字符流）。从用户观点看可分成三类：

（1）普通文件：指系统软件或用户自编的各种源程序以及可执行的二进制的目标程序等。

（2）目录文件：是文件目录的文件，用来构成多级文件目录。

（3）特殊文件：外部设备也被作为文件统一管理，故有块设备文件和字符设备文件之称。

3. 文件目录结构

UNIX 的文件系统是一种树型的多级目录结构。在这个目录结构中，有一个根目录，其下有若干个目录或文件，每个目录之下又可以有若干个目录或文件，由此构成一棵树，如图 8-16 所示。

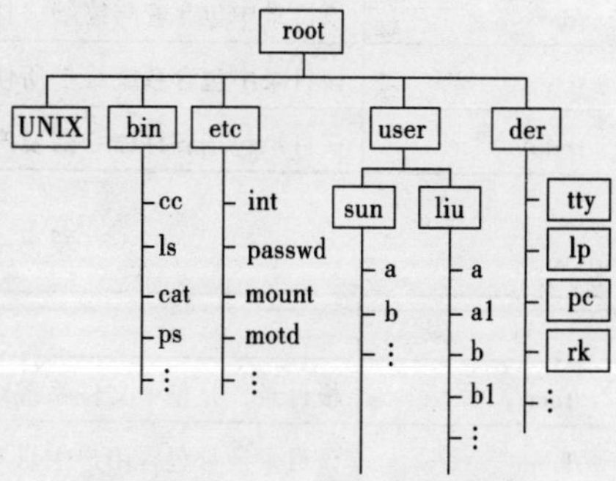

图 8-16 UNIX 文件目录结构

图中根目录记为 root，每个文件用从 root 到该文件的唯一路径所经历的所有结点的名字表示，名字之间用斜线“／”隔开，这就形成了路径名。例如：

/root/user/liu/al 是指根目录 root 下，user 目录下的 Liu 目录下的 al 文件。

由于 UNIX 文件目录结构的分级可能很深，这样路径名很长，而且各目录文件往往都存放在外存，因而要多次访外，影响访问速度。为了简化书写及提高系统效率，用户可以用系统调用 chair 或 shell 命令，cd 指定某一目录为它的当前目录，再访问文件时就不必给出文件的整个路径名，只要给出从当前目录开始到所要访问文件的那部分路径名即可。例如，指定目录/user/liu 为当前目录后，访问文件 al 就只需表示成 al。

8.5.2 系统目录

UNIX 文件结构是从包含几个系统目录的 root 目录开始的。在系统目录中包含着运行和维护该系统的文件和程序。很多的目录中也包含着另外一些子目录，里面具有某些特定的 UNIX 应用程序。例如，在/usr/ bin 目录中包含着用户可以执行的各种 UNIX 命令，例如，cp 和 mv。而目录/dev 中则包含着与打印机、终端等各种系统设备的接口文件。

系统目录中实际的组织和名字会因系统的不同而不同。一个核心的标准目录集已经并入了 BSD UNIX 以及早期的 SydyrmV 版本。在 SVR4 中作了一些关键的改变，从而提供了另外一种标准。虽然两种标准非常相似，区别还是非常显著的。

虽然一种给定的标准目录集的实际实现会因系统的不同而不同，在表 8-2 中列出了在早期的 BSD 标准中使用的基本目录。表 8-3 列出了在以后的 SVR 4 版本中使用的基本目录。

表 8-2　BSD 标准系统文件

目　录	说　明
/root	根目录，是整个文件系统结构的开始
/usr	该目录中保存着系统使用的文件和目录，包括用户主目录等。然而，主目录的位置因系统的不同而有所不同。在某些系统中，用户主目录被放在/usr 或其他系统目录下。/usr 也包含 bin 的子目录，里面包含命令和应用程序
/bin	该目录中包含着广泛使用的命令以及引导系统用的命令
/usr/bin	像/bin 一样，该目录中也包含着命令和应用程序，但相对来说可能不常使用
/dev	该目录中包含着与终端、打印机等设备的接口文件
/etc	该目录中包含系统维护所使用的命令和文件
/tmp	该目录包括各种命令需要产生的临时文件，比如编辑器的缓冲区等

表 8-3　SVR4 中的标准系统文件

目　录	说　明
/root	根目录，是整个文件系统结构的开始
/home	该目录通常包含用户主目录，然而，很多的系统可能使用一个不同的目录作为用户主目录
/usr	保存着系统使用的命令和文件。该目录又被分为几个子目录
/usr/bin	保存着标准的命令和应用程序，包括像/bin/sh 等不同的 shell
/usr/lib	保存着用于系统维护操作的函数库以及后台程序
/usr/include	保存着 C 编译器使用的.h 头文件
/usr/ucb	保存着 BSD 兼容文件
/usr/games	保存着用户可以在系统上运行的游戏
/usr/share	保存着可以由不同系统所共享的文件
/usr/share/ man	保存着在线手册 man 文件
/usr/sadmin/skel	保存着像 profile 等在建立用户时自动安装在用户主目录中的默认文件
/sbin	保存着包括启动系统等系统管理的命令

续表

目　录	说　明
/var	保存着像邮箱文件等经常变化的文件。这里面有几个用于特殊任务的子目录
/var/spool	保存着那些为打印作业和网络传输等所产生的假脱机文件
/var/mail	保存着用户的邮箱文件
/opt	用于存放增加的应用程序包
/stand	存放用于引导系统的文件
/dev	该目录中包含着与终端、打印机等设备的接口文件
/dev/term	保存着终端设备文件
/dev/dsk	保存着磁盘设备文件
/etc	该目录中包含系统配置文件及其他的系统文件
/etc/cron.d	保存着控制 cron 操作的文件
/etc/init.d	保存着控制初始化操作的文件
/etc/lp	保存着打印配置文件
/etc/mail	保存着邮件配置文件
/etc/rc.d	保存着系统状态改变时的系统初始化文件
/tmp	存放临时文件
/mnt	通常用于临时安装移动磁盘或 CD-ROM 等文件系统
/boot	保存 UNIX 系统核心的配置文件

SVR4 增加了几个新的系统目录并改变了其他一些目录的功能。最明显的改变是 home 目录不再包含在/usr 目录中，而是新增加了一个系统目录 home，里面包含着用户主目录。usr 目录为用户命令保留。其他新增的目录有 sbin、var 和 share。在 root 中的 bin 为 sbi n 所取代。sbin 中的 s 代表系统管理。sbin 目录中的文件是由系统管理员用于维护系统之用。var 目录中包含着像邮箱文件等经常需要更改的文件。而在/usr 目录中的 share 目录包含在线帮助文件等用户共享的文件和目录。

UNIX 提供了几个帮助用户方便地管理文件的特征，例如，控制文件访问权、获取文件信息或为文件制作存档文件。因为系统中的所有目录都是文件结构的一部分，用户可以方便地允许其他人访问自己的文件。UNIX 中的每个文件都有访问权限，从而可以确定谁可以访问该文件，以及具有访问文件的何种权限。可以允许其他用户访问指定的文件，或限制其他人访问。也可以查出一个文件的详细信息，例如，该文件上一次更新时间以及拥有多少链接。还可以使用程序，将文件保存在磁带、磁盘上或制作存档文件。

UNIX 中的每个文件和目录都包含一系列的权限，用于确定谁有权限访问以及有何种权限。可以用三种方式设置这些权限：可以设置成只允许用户自己访问；也可以给予那些预先指出的组中用户以访问权限；或者可以允许一些人访问一个给定文件或目录。一个文件或目录具有读、写和执行的权限。当文件生成的时候，所有者自动具有读/写权限，这允许显示并更改该文件，用户可以将权限改成任意的组合权限。例如，可以给一个文件只读权限，以限制任何的改动，或者可以给一个文件执行权限，这允许执行一个程序。

根据三种不同种类的用户，即所有者、组员和其他，可以组织访问权限。用户所属的种类则决定了用户对一个文件拥有的权限，用户拥有所产生的任何文件。用户经常被分在一个组中。例如，一个给定班级或项目中的所有用户可以由系统管理员组成一个组，可以允许用户所属的组访问自己的文件或目录，也可以对系统中的所有其他用户放开访问权限，在这种情况下，系统中的每个用户都对此用户的文件或目录具有访问权限。从这个意义上说，系统中的每个其他用户组成了“其他”类。

每一类的用户都有自己的读、写以及执行权限集。共有三种读、写和执行权限，每个分类有三个，共有九个。第一部分控制所有者自己访问他/她的文件，即所有者权限；第二个控制同组用户访问他/她的文件；第三个控制所有其他的用户访问他/她的文件。要找出一个给定文件被设成何种权限的话，可以使用 ls 命令加-l 选项来显示文件的详细信息，显示内容中会包含权限。

8.5.3 文件控制块和文件的物理结构

我们知道，文件控制块（FCB）是文件存在的唯一标识。在 UNIX 系统中，为了加快文件目录的搜索速度，便于实施文件共享，将文件的一组控制信息构成一个数据结构 dinode。每个目录项占 16B，其中有 14B 存文件名，i 结点占 2B。具体描述为：

```
struct dinode
{
   unsigned short di_mode;                    // 文件属性
   short di_nlink;                            // 访共享文件的目录项数
   short di_uid;                              // 文件主的用户号
   short di_gid;                              // 文件主的用户组号
   long di_size;                              // 文件的大小
   char di_addr[40];                          // 文件索引表
   long di_atime;                             // 文件最近访问时间
   long di_mtime;                             // 文件最近修改时间
   long di_ctime;                             // 文件建立时间
};
```

其中，di_mode 是一字位串，各位表示文件的属性信息。下面列出各个二进位的记忆符，对应的八进制数表示及该位为 1 时的含义：

IALLOC	010000	被使用
IFDIR	004000	目录文件
IFCHR	002000	字符特别文件
IFBLK	0060000	块特别文件
ISUID	0004000	执行时置当前用户号
ISGID	0002000	执行时置当前组号
ISVTX	0001000	正文文件不换出
IREAD	0000400	文件主可读
IWRITE	0000200	文件主可写

IEXEC	0000100	文件主可执行
	0000040	同组用户可读
	0000020	同组用户可写
	0000010	同组用户可执行
	0000004	其他用户可读
	0000002	其他用户可写
	0000001	其他用户可执行

di_addr[40]是文件的索引表，占 40B，每 3B 存放一个磁盘物理块号，因而它可以存放 13 项。对于给定文件内的指定逻辑块号可以通过这个索引表找到它在磁盘上对应的物理块号。因此，只要找到一个文件的 i 结点就可以找到它的各个逻辑块的物理地址，从而访问它的信息。如果这个文件又是目录文件，则又可以从这些物理块中检查到下级文件的 i 结点以及物理块号。如果该文件是一个特别文件，则第一项里存放它的设备号。

目录文件和 i 结点的关系如图 8-17 所示。

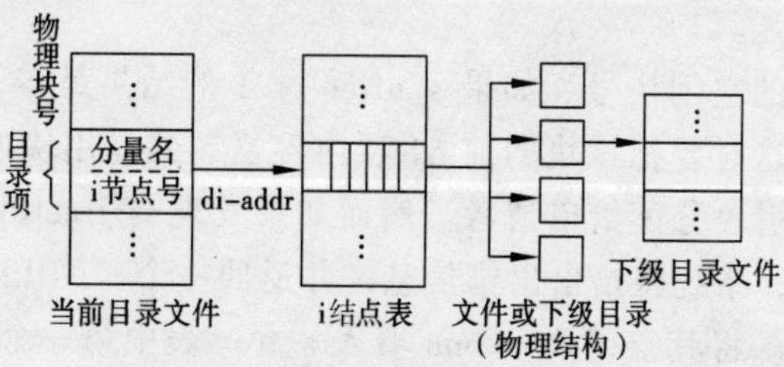

图 8-17 目录文件与 i 结点表

8.5.4 文件存储器空闲块的管理

1. 文件卷资源管理

在 UNIX 文件系统中，文件卷是指可以有组织存放信息，并且常常可以装卸的存储介质。UNIX 的存储介质以 512B 为单位划分为块，从 0 开始直到最大容量并顺序加以编号就形成了一个文件卷。每个文件卷由引导块（不属文件系统管辖）、专用块、i 结点区和文件存储区组成。

每个文件卷的专用块记录了该卷的使用情况，特别是 i 结点区和文件存储区的使用情况，因此，每个文件卷的资源是通过该卷的专用块来管理的。专用块的具体描述为：

```
struct filsys
{
   unsigned short s_isize;                  // i 结点区总块数
   long s_fsize;                            // 文件卷总块数
   short s_nfree;                           // 空闲块数
   long s_free[so];                         // 空闲块号栈
   short s_ninode;[DW]                      // 空闲 i 结点数
   unsigned short s_inode[100];             // 空闲 i 结点栈
   char s_flock;                            // 空闲块操作封锁标志
   char s_ilock;                            // 空闲 i 结点操作封锁标志
   char s_fmod;                             // 文件卷修改标志
```

```
  char s_ronly;                          // 文件卷只读标志
  long s_time;                           // 文件卷最近修改时间
  …
}
```

其中：s_free[50]、s_nfree 是 filsys 直接管理的空闲存储块索引表和空闲存储块数；s_inode[100]、s_ninode[100]是 filsys 直接管理的空闲 i 结点索引表和 i 结点数。

2. 空闲存储块的管理

在操作系统中空闲存储块可以采用索引表和链接法加以管理。使用索引表时，把空闲块的地址或块号记入表内各项。使用链接法是用空闲块内的指针把各空闲块串连起来。在 UNIX 系统中，对空闲存储块的管理采用成组链接法，这是介于用索引表和链接法的结合方法。

对空闲块的管理包括分配和释放两部分。由于使用的是栈结构，所以采用后进先出算法。

（1）分配空闲块。只需执行如下操作：

```
s_nfree=s_nfree-1;
bno=s_free[s_nfree];
```

其中 bno 是所要求的空闲块号。如果 s_nfree 减 1 的结果是零，并且 s_free[0]≠0，则它指向的块是索引块，这时要把该块的前 51 项内容复制到专用块内存副本中的 s_nfree 和 s_free 中，并把这个索引块分配给申请者。然而如果发现 s_free[0]=0，则表明这个文件卷中的空闲存储块已用完，系统将给出出错信息，并返回一个“NULL”给调用者。

（2）释放一空闲块。将其空闲块号 bno 填入 s_free 表中第一个未被占用的项，相当于压栈。具体操作如下：

```
s_free[s_nfree]=bno;
s_nfree=s_nfree+1;
```

然而，如果 s_nfree 已经等于 50，则应把专用块副本中的 s_nfree 和 s_free 写入要释放的块 bno，然后把 s_nfree 置为零，最后执行上述操作，把 bno 记入 s_free[0]中，s_nfree 加 1 等于 1。

在正常情况下，s_nfree 的值为 1～50。如果在释放之前发现 s_nfree=0 则表示文件卷原没有空闲块，这时首先要执行如下操作：

```
s_free[0]=0;
s_nfree=1;
```

然后再执行上述释放操作。

8.5.5 文件的有关系统调用

下面介绍 UNIX 系统中几个主要的系统调用：文件的打开与关闭、文件的创建和文件的读/写。

1. 文件的打开与关闭

打开文件是存取一个文件中的数据所必须采取的第一步操作。打开文件的操作是通过系统调用 open 实现的。其格式为：

```
open(name,mode)
char*name;
```

其中，name 是一指针，指向文件名的字符串，mode 是存取要求。

open 是根据 name 指出的文件名（通过 namei）搜索目录分级结构找到它的活动 i 结点，并检查其存取权限，然后为该文件在系统打开文件表中分配一个表项。文件表项中有一个指针，指向被打开文件的内存 i 结点；还有一个域为文件读/写的位置指针，它是下一次读/写操作开始的位置。在 open 调用时，该偏移量值为 0，即表明最初的读、写操作是从文件头开始的。该算法还是在用户文件描述符表（该表是进程 user 区的 u-ofile[NOFILE]项）中分配一个表项，并记下该表项的索引。这个索引就是返回给用户的文件描述符。用户文件描述符表中的表项指向所对应的系统打开文件表中的表项。如果文件不存在或不允许存取，则带错误码返回。

当系统不再使用某个打开的文件时，就关闭该文件。关闭文件的操作是通过调用 close 实现的。其格式为：

```
close(fd);
```

其中，fd 是要关闭文件的文件描述符。根据要关闭文件的文件描述符找到 u_ofile 中对应项，由此找到 file 表对应项和活动 i 结点表中对应项。f_count 减 1，如 f_count==0，则将 i_count 减 1，如 i_count==0 则将其复制到盘上，u_ofile 对应项清 0。由此可见，关闭操作切断文件描述符和活动 i 结点之间的联系。

2. 文件的创建

为了使用一个文件首先要创建它。对于普通文件和目录文件来说，通常要使用系统调用 creat 来建立，然而 creat 除了建立文件外还要打开这个文件，并返回文件描述符。creat 的调用格式说明如下：

```
creat(name,mode)
char *name
```

其中，name 是指向被创建文件名字符串，mode 为文件的存取权限。如果将 mode 表示成二进制数形式，那么最低的 9 位以 3 位为一组分别用来表示，文件主、用户组或其他用户对该新文件的存取权限，其值有 R（读）、W（写）、X（执行）之分。

系统按用户进程要求创建了一个文件后返回文件描述符。如果以前不存在该文件，则核心就以指定的文件名和存取权限创建一个新文件；如果该文件已经存在，则核心就清除该文件（释放所有已存在的数据块并将文件大小置 0）。

creat 首先根据 name 指出的文件名调用 namei 检索目录分级结构。如果原来已有此文件则删除它重建，否则申请一个空闲 i 结点把 mode 填入其中的 i-mode，将其 i 结点号和新文件的最后分量名作为一个新目录项记入父目录中，最后分配用户打开文件表项，系统打开文件表项，填入初值，建立它们与活动 i 结点的联系，返回文字描述等。

3. 文件读/写

文件在建立并打开之后就可以对它进行读/写操作了。读文件的系统调用是 read，它的调用格式为：

```
read(fd,buf,count)
char *buf
```

其中：fd 为文字描述符，buf 为用户内存区地址，count 为从文件读出的字节数。

read 把 fd 文件中从读/写指针开始读出 count 个字节到内存中从 buf 指出的字节开始的

连续的一片单元里。由于在读出过程中可能传送有错或读到文件尾，所以实际读出的字节数可能小于 count,实际读出的值由 read 返回。

写文件的系统调用是 write，它的调用格式为：

```
write(fd,buf,count)
char *buf;
```

其参数含义与 read 相同。write 把用户内存区 buf 开始的连续 count 个字节写入文件 fd 中读/写指针指出的单元之后，并返回实际写入的字节数。由于传送可能有错，则这个值可能小于 count。

8.5.6 文件管理的基本命令

下面就 UNIX 系统中，文件管理的基本命令进行介绍。

1. cat 命令

格式：cat 文件名。类似于 DOS 命令 type。

作用：该命令用于在屏幕上显示文件，并可以用它查看文件的内容。显示任何指定的文件。如果该文件包含了非 ASCII 码文本，显示的东西看上去是不可理解的，所以 cat 命令只适用于查看文本文件。它不能输出包含二进制的数据文件和字处理文件。

例如：

```
cat  letter
```

它表示将文件 letter 显示到屏幕上。

2. ls 命令

格式：ls 目录名参数。类似于 DOS 命令 dir。

作用：该命令有两种用途。

（1）用于列出一个目录中的文件。如果用户没有指定目录，那么 1s 命令列出当前工作目录中的所有文件。也可以指定要显示的某一个目录的目录名，文件名中允许使用通配符以列出更多的文件。

（2）此命令还可以列出文件的大小及其他信息。例如，要想得到每个文件的更多信息，以输入带选项的 ls -l 命令。其中，-l（l 是字母 l，而非数字 1）称为开关或选项。

例如：

```
1s /home/abc//
```

表示要列出/home/abc 目录下的全部文件。

执行命令 ls -l 后，将显示长格式的文件清单

```
total 8352
-rw-rw-rw-    1 zhli    staff    442368 Oct 18   1996 cmis.db
-rw-rw-rw-    1 zhli    staff    197632 Oct 18   1996 cmis.logd
-rwxr-xr-x    2 zhli    staff    512 May 10 11:36 ppp
-rw-rw-rw-    1 zhli    staff    1345536 Oct 18   1996 stu.pbl
-rw-rw-rw-    1 zhli    staff    769536 Oct 18   1996 stu1.pbl
-rw-rw-rw-    1 zhli    staff    1127424 Oct 18   1996 stu_db.pbl
```

```
-rw-rw-rw-    1 zhli    staff    50688 Oct 18   1996 studbip.pbl
-rw-rw-rw-    1 zhli    staff    72192 Oct 18   1996 studel.pbl
-rw-rw-rw-    1 zhli    staff    16896 Oct 18   1996 studel2.pbl
-rw-rw-rw-    1 zhli    staff    78336 Oct 18   1996 stumd.pbl
-rw-rw-rw-    1 zhli    staff    104448 Oct 18  1996 stuuo.pbl
                                 #命令执行完毕，返回系统提示符状态
```

需要指出的是，当输入一个或多个选项时，应遵循以下规则：

（1）命令名之后，选项之前输入一个或多个空格。

（2）输入一个连字符“-”作为选项的第一个字符。

（3）如果想在一个命令行中的选项之后输入更多的信息，在这个选项之后输入一个空格。如 ls -l -a。此命令表示以长格式形式列出当前目录下所有文件（包括隐含文件）。

3. cp 命令

格式：cp 源文件名目的文件名。类似于 DOS 命令 copy。

作用：复制文件。即为指定的文件建立副本。

例如：

```
cp   /home/zhli/file   /home/zhli/test/file
```

其中前者/home/zhli/file 为源文件，而后者/home/zhli/test/file 为副本文件。

4. mv 命令

格式：mv 源文件名目的文件名。类似于 DOS 命令 rename 或 move。

作用：该命令有两种用途。

（1）重新命名文件（类似于 DOS 命令 rename）。在 mv 之后告诉当前的原文件名和将改成新文件的名字。

（2）将文件传送到另一个目录（类似于 DOS 命令 move）。传送时告诉 mv 命令，文件当前的名字（如果文件不在工作目录中，给出它的路径名）以及想要传送到的目录的名字。

例如：

```
mv   ll   chll
```

表明将原文件名 ll 改为新的文件名为 chll。

```
mv   chl l   /home/test
```

它表示将文件 chl l 传送到/home/test 目录下。

5. rm 命令

格式：rm 文件名。类似于 DOS 命令 delete。

作用：用于永久地删除文件。如果该文件有其他连接，它继续存在。rm 命令仅仅删除一个名字的连接。

例如：

```
rm li.file
```

表明将删除 li.file 文件。在 UNIX 系统中，文件凡被删除后是不可再恢复的。这一点不同于 DOS 中的 delete 与 undelete。

6. find 命令

格式：find 寻找的路径-name 文件名参数。

作用：该命令用途是当用户知道文件名但不知道文件所在的目录时才使用该命令。使用 find 命令时要告诉它从哪里开始查找，一般是从当前目录(.)或从整个磁盘根目录(/)开始，然后说明文件的名字，即输入-name 和一个空格以及被查找的文件名，(当然文件名中可使用通配符)，然后告诉 find 找到文件之后做什么，通常用-print 选项来表示显示完整的文件名，即包括它们所在目录的名字。

例如：

```
find  .  -name  dead.letter  -print
```

"." 表示从当前目录下开始查找，"-name dead.letter" 中 "-name" 为参数，后跟欲查找的文件名，本例中为 "dead.letter"，"-print" 则表示查找后进行完整的文件名显示。

7. grep 命令

格式：grep 字符串文件名。类似于 DOS 命令 find。

作用：用于查找一个或多个文件中用户所需要的信息，使用 grep 命令时要给出需查找的文件（通常使用*来表示当前目录的所有文件），当查找的内容多于一个字符的时候要使用引号括起来。

例如：

```
grep  "CUG"  *
```

表示对当前目录中的所有文件查找 CUG 字符串信息。

8. more 命令

格式：more 文件名。类似于 DOS 命令 type|more。

作用：用于一次一屏的显示信息，以便用户有时间阅读信息。当使用 more 命令时，它会取走命令行的文件，并且显示文件内容。

例如：

```
more  letter
```

表示一屏一屏地显示文件 letter。

9. cd 命令

格式：cd 参数。类似于 DOS 命令 cd。

作用：用于改变当前目录。该命令之后输入想要在其中工作的目录的名字。如果路径名字以斜线(/)开始，则表示路径是从盘上根目录到指定目录的路径。如果路径名不是从斜线开始，则表示路径是从当前工作目录到指定目录的路径。

例如：

```
cd  /home/zhli
```

表示将当前目录改变为/home/zhli。

注意：

（1）在 UNIX 系统中，路径的表示为斜杠 "/"；而在 DOS 中，路径的表示为反斜杠 "\"。

（2）在 UNIX 系统中，直接输入 "cd"，表示改变目录至用户登录时所处的目录。而要想知道当前目录是什么，直接输入 "pwd" 即可，这一点与 DOS 系统不同。

10. pwd 命令

格式：pwd。类似于 DOS 命令 cd，相当于直接在当前目录下输入“cd”。

作用：告诉用户当前工作目录的名字。

例如：

```
pwd /home
```

它表明当前工作目录在/home 下。

11. mkdir 命令

格式：mkdir 目录名。类似于 DOS 命令 md 或 mkdir。

作用：用于建立一个新目录。在 mkdir 命令后为所建立目录的名字。如果名字以(/)开头，表明从根目录到新目录的路径名。如果名字不是以斜线开始，则表明所建立的目录是作为一个子目录建在当前工作目录下。

例如：

```
mkdir test
```

表明在当前工作目录下建立子目录，子目录名为 test。

12. rmdir 命令

格式：rmdir 目录名。类似于 DOS 命令 rd 和 rmdir。

作用：删除目录。删除一个目录之前，首先删除它包含的文件和子目录。

例如：

```
rmdir test
```

表明将删除目录 test。

8.6 Linux 的应用

8.6.1 Linux 简介

Linux 操作系统是 UNIX 操作系统的一种克隆系统。它诞生于 1991 年的 10 月 5 日（这是第一次正式向外公布的时间）。以后借助于 Internet 网络，并经过世界各地计算机爱好者的共同努力下，现已成为当今世界上使用最多的一种 UNIX 类操作系统，并且使用人数还在迅猛增长。Linux 操作系统的诞生、发展和成长过程始终依赖着五个重要支柱：UNIX 操作系统、MINIX 操作系统、GNU 计划、POSIX 标准和 Internet 网络。

GNU 计划和自由软件基金会（the Free Software Foundation，FSF）是由 Richard M. Stallman 于 1984 年一手创办的。旨在开发一个类似 UNIX、并且是自由软件的完整操作系统：GNU 系统。（GNU 是“GNU's Not UNIX”的递归缩写，它的发音为“guh-NEW”。）各种使用 linux 作为核心的 GNU 操作系统正在被广泛的使用。虽然这些系统通常被称为“Linux”，但是严格地说，它们应该被称为 GNU/Linux 系统。

20世纪90年代初，GNU项目已经开发出许多高质量的免费软件，其中包括有名的emacs编辑系统、bash shell 程序、gcc 系列编译程序、gdb 调试程序等。这些软件为 Linux 操作系统的开发创造了一个合适的环境，是 Linux 能够诞生的基础之一。以至于目前许多人都将 Linux 操作系统称为“GNU/Linux”操作系统。

1981年IBM公司推出享誉全球的微型计算机IBM PC。在1981—1991年间，MS-DOS操作系统一直是微型计算机上操作系统的主宰。此时计算机硬件价格虽然逐年下降，但软件价格仍然是居高不下。当时Apple的MACs操作系统可以说是性能最好的，但是其天价没人能够轻易靠近。

当时的另一个计算机技术阵营是UNIX世界。但是UNIX操作系统就不仅是价格贵的问题了。为了寻求高利率，UNIX经销商将价格抬得极高，PC普通用户就根本不能靠近它。曾经一度受到Bell Labs的许可而可以在大学中用于教学的UNIX源代码一直被小心地守卫着不需公开。对于广大的PC用户，软件行业的大型供应商始终没有给出有效的解决该问题的手段。正在此时，出现了MINIX操作系统，并有一本详细的书本描述它的设计实现原理。由于AST书写的非常详细，并且叙述有条有理，几乎全世界的计算机爱好者都在看这本书以理解操作系统的工作原理。其中也包括Linux系统的创始者Linus Benedict Torvalds。当时（1991年），Linus Benedict Torvalds是赫尔辛基大学计算机科学系的二年级学生，当时缺乏的是一个专业级的操作系统。MINIX虽然很好，但只是一个用于教学目的简单操作系统，而不是一个强有力的实用操作系统。

到1991年，GNU计划已经开发出了许多工具软件。最受期盼的Gnu C编译器已经出现，但还没有开发出免费的GNU操作系统。即使是MINIX也开始有了版权，需要购买才能得到源代码。而GNU的操作系统HURD一直在开发之中，但并不能在几年内完成。从1991年4月份起，Linus Benedict Torvalds开始酝酿并着手编制自己的操作系统。

Linus第1次向comp.os.minix投递消息是在1991年3月29日。题目是"gcc on minix-386 doesn't optimize"，是有关gcc编译器在minix-386上运行的优化问题，由此可知，Linus在1991年的初期已经开始深入研究了minix系统，并在这段时间有了改进minix操作系统的思想，而且在进一步学习minix系统中，逐步演变为想自己重新设计一个基于Intel 80386体系结构的新操作系统。他在回答有人提出minix上的一个问题时，认为答案就在源程序中。1991年的10月5日，Linus在comp.os.minix新闻组上发布消息，正式向外宣布Linux内核系统的诞生（Free minix-like kernel sources for 386-AT）。这段消息可以称为Linux的诞生宣言，并且一直广为流传。

一些软件公司，如Red Hat，InfoMagic也不失时机的推出自己的以Linux为核心的操作系统版本，从而大大推动了Linux的商品化。Linux还被移植到Alpha APX、PowerPC、Mips以及Sparc等微处理机的系统。

Linux的商品应用逐渐增多，代替商品化UNIX和Windows NT作为Internet服务器使用是Linux的一项重要应用：以Linux和Apache为基础的Internet和Intranet服务器价格低廉，性能卓越，易于维护。

大量的系统软件专家共同对Linux进行改进和提高。到现在为止，Linux已成为具有全部UNIX特征的POSIX兼容的操作系统。1998年7月是Linux的重大转折点，Linux赢得了包括许多大型数据库公司包括：Oracle、Informix、Ingres的支持。从而促进Linux进入大、中型企业的信息系统。2000年，最新的内核稳定版本是2.2.10，由150万行代码组成，估计拥有1 000万用户。（现在Linux的内核有两种：一个是稳定的内核，它的版本号的第二位数是偶数，如2.2.6；另一个是开发的内核，相对来说不稳定，它的版本号的第二位数是奇数，如 2.3.6。）据报道，目前要推出的 Linux 2.4 支持用户数为 2^{32}，文件长度可大于 2GB，并支持 32 个 CPU，64GB 内存，16 块网卡。

常见的 Linux 的一些版本有：红旗，RedHat Linux，Slackware Linux，Debian Linux，Turbo Linux 等。它们分别由一些团体或企业开发，主要进行集成工作：将 Linux 内核与一些支持 Linux 的工具和应用程序集成，制成安装光盘发布。

8.6.2 Linux 内核

Linux 是自由的多任务操作系统，以开放源码、对硬件的配置要求低并兼具其他操作系统的优点而得到了迅猛的发展。经常性地选择升级更新系统的内核是 Linux 使用者的操作内容之一，经过更新的内核会支持更多的硬件，具备更好的进程管理能力，运行速度更快、更稳定，还可以根据硬件情况来重新配置新内核，比如要使用 USB 设备，也可以去掉一些不需要的设备功能，如 SCSI 卡，使升级后的内核更小，降低系统对内存的要求。另外，目前嵌入式系统发展很快，Linux 是这类系统主要操作系统之一。研究其内核有重要意义。需要研究的内容有：内核的基本构成；如何重组内核；如何在其中增加模块；如何设计嵌入式操作系统等。

Linux 内核是 Linux 操作系统的灵魂，一般可看成由以下几部分组成：内存管理、进程管理、设备驱动程序、文件系统和网络管理等。

Linux 内核的重要职责是与系统中的硬件直接接口，也负责所有的 I/O 操作，除内核外还有内核模块，内核模块是驻留在硬盘上的内核部分。一旦内核需要一个特定模块的功能时，它从硬盘被载入，自动集成到内核中就可使用了，如果内核模块有好几分钟未被使用，内核自动地将其从内存中调出。

1. 内存管理

Linux 采用了称为“虚拟内存”的页式存储管理机制。在分配内存时，遵循不到有实际需要不分配物理内存的原则。当一个程序加载执行时，Linux 只为它分配虚拟空间，只有访问某一虚拟地址而发生了缺页中断时、才为它分配物理空间，最大限度地利用了物理空间，而当物理内存需求率增大时，系统可以将内存中的暂时不用的页而不是整个进程交换到磁盘上的交换区，从而提高运行效率。

2. 进程管理

在 Linux 系统中，能够同时运行多个进程，Linux 通过在短的时间间隔内轮流运行这些进程而实现“多任务”，Linux 设计了一系列数据结构以及调度算法，能准确地描述进程的状态及其资源的使用情况，确保不出现某些进程过度占用系统资源而导致另一些进程无休止地等待的情况。Linux 还采用了 Copy_on_Write 技术。在创建进程时，不复制父进程的全部空间，而是复制父进程的页表，使父进程和子进程共享物理空间，从而降低了系统开销。

3. 设备驱动程序

设备驱动程序是 Linux 内核的主要部分，运行在高特权级的处理器环境中，实际控制着操作系统和硬件设备之间的交互。所以．任何一个设备驱动程序的错误都可能导致操作系统崩溃。一般而言，设备驱动程序和设备的控制芯片有关，例如，如果计算机硬盘是 IDE

硬盘，则需要使用 IDE 驱动程序，而不是 SCSI 驱动程序。

4．文件系统

Linux 操作系统将独立的文件系统组合成了一个层次化的树型结构，并且由一个单独的实体代表这一文件系统。Linux 将新的文件系统通过一个称为“挂装”或“挂上”的操作将其挂装到某个目录上，从而让不同的文件系统结合成为一个整体。Linux 中最普遍使用的文件系统是 Ext2，同时支持 FAT、VFAT、FAT32、MINIX 等不同类型的文件系统，从而可以方便地和其他操作系统交换数据。Linux 采用虚拟文件系统（v），掩盖了不同文件系统之间的差异，使用户和进程不需要知道文件所在的文件系统类型，而只需要像使用 Ext2 文件系统中的文件一样使用它们。

5．网络管理

Linux 的网络实现支持 BSD 套接字，支持全部的 TCP/IP。Linux 内核的网络部分由 BSD 套接字、网络协议层和网络设备驱动程序组成。

除上述主要组成部分之外，内核还包含一些一般性的任务和机制，这些任务和机制可使 Linux 内核的各个部分有效地组合在一起，它们是上述主要部分高效工作的必要保证。

内核的源代码，一般 Linux 光盘上均带着，一般可在/usr/src/linux 目录下找到，也可以到网上下载。内核分为稳定版和测试版。稳定版内核通常版本号第二位用偶数数字，例如，2.2.12、2.4.1 等一般是稳定的。而任何奇数的内核版（例如 2．1．42）都是一个开发中的内核版。正式发布的 Linux 内核原程序是以.tar.gz 格式打包的，对于每一版本有一个名为 Linux-X.X.XX.tar.gz 的文件。例如，对 2.4.0 版本有 Linux- 2.4.0.tar.gz 文件。新的内核可以从 ftp://metalab.une.edu//pub/linux/Kernel/V2.x 处下载。

在源程序树的最上层可以看到这样一些目录：

（1）Boot：存放核心引导代码，其中主要文件有 head.s 和 boot.s。boot.s 由计算机的 BIOS 加电后自动执行，加电后被加载到 0x7c00 处，再之后，将自己引导到物理地址 0x90000 处，并从该处执行。先打印信息：“nLoading system……”，再引导读取核心镜像文件到 0x10000，之后关闭引导设备（例软驱），保存光标位置、关闭中断，再将系统核心复制到 0x00000。接着，中断描述符表和全局描述符表被装入寄存器，再打开需要的中断。（一般核心代码小于 640KB）。

Head.s 被 boot.s 所调用，包括 32bit 的系统初始化代码，在 0x00000 处执行，初始化之后该地址被分页目录覆盖。其内容包括：setup_idt 建立一个 256 个年入口的 IDT（中断描述符表），打开中断。Setup_gdt 建立 GDT（全局描述符表）并装载表项。Setup_paging 通过设置在 cr0 中的 page bit 来建立一个页表，用来映射前 8MB 地址。

引导程序随后检查系统中是否有 FPU，如果没有，安装一个软件异常处理程序。最后执行 jump 语句跳转到页表后第一个地址——main()入口地址，进入 init/main.c。

（2）arch 子目录：arch 子目录包括了所有和体系结构相关的内核代码。这些代码在 arch/*/中，arch 的每一个子目录都代表对一种 CPU 支持的体系结构，例如，arch/i386 就是关于 intel cpu 及与之相兼容体系结构的子目录。PC 一般都基于此目录。该目录下还保存包含 FPU 的仿真程序。

（3）include：include 子目录包括编译内核所需要的大部分头文件和 libc 库函数中的 inline 函数。与平台无关的头文件在 include/Linux 子目录下，与 intel PC 相关的头文件在 include/asm—i386 子目录下. 而 include/scsi 目录则是有关 scsi 设备的头文件目录。

有关头文件及其功能如下：

- a.out.h 定义可执行文件格式。
- cons.h 定义内核中使用的常数。
- ctype.h 定义标准 C 的类型函数库。
- errno.h 定义系统出错代码。
- fcntl.h 定义文件控制的常数和函数。
- signal.h 定义信号量和信号量处理函数。
- stdarg.h 定义 va_start()、_va_rounded_size()、va_end()。
- string.h 定义标准 C 的字符串处理函数。
- termios.h 定义 tty 使用的函数与常量。
- time.h 定义时间函数与常量。
- unistd.h 定义标准 UNIX 函数与宏。
- utime.h 定义 utime 时间函数。
- stddef.h 定义 size_t、NULL、offsetof 等三个宏。

（4）init：这个目录包含内核的初始化代码（不是系统的引导代码），包含两个文件 main.c 和 Vetsion.c，这是研究内核如何工作的一个非常好的起点。

main.c 工作包括执行 time_init()依据 CMOS 值初始化系统时钟、执行 tty_init()启动 tty 设备、执行 trap_init()启动系统出错陷阱、执行 sched_init()启动进程调度器、执行 buffer_init()初始化系统块设备缓冲区，启动文件系统、执行 hd_init()启动硬盘中断处理程序。之后内核开启中断，切换到用户模式，调用 init()函数，进入进程调度循环。

在 init()函数中调用 setup()函数，其功能是检查与读取硬盘分区表，装载磁盘分区。调用 fork()创建一个子进程，执行 update、创建标准输入、标准输出、标准错误处理文件句柄。显示缓冲区与可用缓冲区大小。另一个子进程执行/bin/sh，执行参数：argv[0]=“-”,HOME=/home/root，建立一个对话，使用 execve()建立 shell 登录进程，其 HOME 设置为 root。调用 sync()退出 I/O 操作保存数据。

（5）mm：这个目录包括所有独立于 cpu 体系结构的内存管理代码，负责页式存储管理内存的分配和释放、将当前未用的内存页面保存到硬盘、在指定的地址插入文件和内存区域和虚拟内存接口。主要文件有：page.s 作缺页异常处理；memory.c 包括的各分页存储管理功能函数有 get_free_ page()，free_page()，free_page_tables()，copy_page()，un_wp_page()，do_wp_page()，write_verify()，do_no_page()，calc_mem()等。另外，和体系结构相关的内存管理代码位于 arch/*/mm/，例如 arch/i386/mm/Fauh.c。

（6）kernel：包括主要的内核代码，此目录下的文件实现了大多数 Linux 系统的内核函数，其中最重要的文件当属 sched.c；最重要的系统调用在这里实现，系统调用用来转换到系统模式的机制也在这里被定义。其中还包括：时间管理（系统时间、定时器）、调度程序、DMA 和中断请求管理及信号处理。其中主要文件及其功能如下：

- asm.c：硬件中断处理（如缺页异常）汇编程序。
- console.c：虚拟终端输出函数。
- exit.c：exit 和 waitpid 系统功能。
- fork.c：fork 系统功能。
- hd.c：硬盘中断处理程序，完成硬盘 I/O。
- keybord.s：键盘中断处理程序。
- mktime.c：在核心中使用的 mktime 功能。
- panic.c：处理核心出错、打印出错信息。
- printk.c：使用核心的 printf 功能，保护 FS 寄存器。
- rs_io.s：RS-232（串口 serial）中断处理程序。
- sys.c：实现某些系统调用。
- system_call.c：系统调用接口。
- traps.c：陷阱处理程序-打印进程信息，结束进程。
- tty_io.c：串口和终端 I/O 的 tty 接口。
- vsprintf.c：核心版本的 vsprintf()。

（7）drivers：放置系统所有的设备驱动程序；每种驱动程序又各占用一个子目录，例如，/block 下为块设备驱动程序（如/drivers /block /ide.c），如果希望查看所有可能包含文件系统的设备是如何初始化的，可查看 drivers/block/genhd.c 中的 device_setup()。它不仅初始化硬盘，也初始化网络，因为安装 nfs 文件系统的时候需要网络。

（8）系统的引导和初始化：Linux 系统的引导有好几种方式。常见的有 Lilo、loadin 引导和 Linux 的自举引导（bootsect-loader），而后者所对应源程序为 arch/i386/boot/bootseet.S，它为实模式的汇编程序。无论是哪种引导方式，最后都要跳转到 arch/i386/Kernel/setup.s。setup.s 主要是进行实模式下的初始化，为系统进入保护模式做准备。此后，系统执行 arch/i386/kernel/head.S（对经压缩后存放的内核要先执行 arch/i386/boot/com-pressed/head.S）；head.S 中定义的一段汇编程序 setup_idt，它负责建立一张 256 项的 idt 表（Interrupt Descriptor Table），此表保存着所有自陷和中断的入口地址（包括系统调用总控程序 system_call 的入口地址）。

中断总控程序主要负责保存处理机执行系统调用前的状态，检验当前调用是否合法，并根据系统调用向量，使处理机跳转到保存在 sys_call_table 表中的相应系统服务例程的入口，从系统服务例程返回后恢复处理机状态退回用户程序。而系统调用向量则定义在 /usr/src/linux/include/asm_386/unistd.h 中，sys_call_tab1e 表定义在/usr/src/linux/arch/i386/kernel/entry.S 中，同时在 lusr/src/linux/include/asm_386/unistd.h 中也定义了系统调用的用户编程接口。

由此可见，Linux 的系统调用也像 DOS 系统的 int 21h 中断服务，它把 0x80 中断作为总的入口，然后转到保存在 sys_call_table 表中的各种中断服务例程的入口地址，形成各种不同的中断服务。

8.6.3　编译内核

一般 C 语言程序入口是 int main(),但有些 Linux 版本内核程序入口是 start_kernel (void),不用参数。在它调用之前要求完成一些准备工作：使用汇编程序（源代码在 arch/i386/boot/目录下）将内核载入，然后安装中断服务例程、全局描述符表、在初始化期间使用的中断描述符表。之后，地址线 A20 被激活，处理器切换到保护模式。

大体上，一个新的内核的产生需要三个步骤：

（1）首先使用#make config 命令配置内核。这个命令运行 bash 脚本 scripts/configure，该脚本读取位于体系结构目录中的/arch/i386/config.in 文件，该文件保存着内核配置和默认任务的定义，查询这个文件，了解哪些组件将要包含在内核中。#make menuconfig 命令调用配置脚本，使便于在控制台上进行菜单驱动式的安装。如果要在 X 窗口（X Windows）下进行菜单驱动式的安装，则可以使用#make xconfig 命令。

在配置过程中，文件 linux/autoconf.h 和.config 被创建。后者控制编译次序，前者处理内核源代码内部的条件编译。如果 configure 被再次调用，将使用.config 文件来确定默认应答。#make oldconfig 确认接受默认值时无需进一步提问。它使一个. Config 文件能够被嵌入到一个新的 linux 版本中，使得该内核使用相同的配置被编译。

Linux 内核的扩充程序包通过下列形式的入口可以扩展 config.in 文件：

```
Bool 'PC-Speaker and DAC driver support' CONFIG_PCSP
```

（2）使用命令#make depend 重新计算源代码的相关性。它使用 GNU C 编译器的功能为 makefiles 创建相关性。这些相关性被收集到各个子目录的.depend 文件中，并插入到 makefiles 中。

GNU 是 GNU'S　NOT UNIX 的缩写，其意思是改进的得更好的 UNIX。其标识让所有用户能自由获得这个系统及其源代码。

（3）使用简单的调用#make 开始内核编译。（为了创建一个可以启动的 Linux 内核，需要使用#make boot，因为只有压缩的内核能够在 PC 上启动）产生压缩的可以启动的 Linux 内核是：arch/i386/zimage 或 arch/i386/bzimage（当内核太大时）如果修改内核局部（例如只是编写驱动程序），则不必要重新编译全部内核，可以使用#make drivers，它将只编译 drivers/子目录中的源代码（驱动程序）。

如果需要到内核的连接，可以调用#make SUBDIRS=drivers。

如果要将大量的设备驱动程序创建为模块，可以使用#make modules。

创建的模块可以通过#make modules_install 命令安装。

配置内核可以使用图形窗口和文本形式，主要是使用下面命令中的一个：

```
#make dep              // 读取上一步配置过程生成的配置文件，来创建对应于配置的
                          依赖关系树，从而决定哪些需要编译而哪些不需要；确保关
                          键文件在正确位置
#make config           // 基于文本的最为传统的配置界面
#make menuconfig       // 基于文本选单的配置界面
#make xconfig          // 基于图形窗口模式的配置界面
#make oldconfig        // 在原来内核配置的基础上修改一些小地方。建议采用 make
                           menuconfig
```

进行配置时，大部分选项可以使用其默认值，只有小部分需要根据用户不同的需要选择。例如，如果需要内核支持 DOS 分区的文件系统，则要在文件系统部分选择 FAT 或 DOS 系统支持；系统如果配有网卡、PCMCIA 卡等，需要在网络配置中选择相应卡的类型。

选择相应的配置时，内核可与外挂模块合在一起，也可分开编译，有三种选择，它们分别代表的含义为：Y 表示将该功能编译进内核；N 表示不将该功能编译进内核；M 表示将该功能编译成可以在需要时动态插入到内核中的模块。将与内核其他部分关系较远且不经常使用的部分功能代码编译成为可加载模块，有利于减小内核的长度，减小内核消耗的内存。

配置完内核，接下来需要对内核源代码文件的依赖性和完整性进行检验，并且进行编译。配置中的每一项内容选择前最好要了解机器的硬件，以便正确选择，因为是在生成操作系统内核，任何一项错误选择均有可能导致系统的崩溃，如不能确定选项，则建议按默认项选择。

```
#make clean          // 完成删除前面步骤留下的文件，以避免出现一些错误
#make zimage         // 编译内核，若内核较大，使用 make bzimage 实现完全编译
                        内核，注意大小写
```

新内核 zimage 产生在/usd/src/linux/arch/i386/boot/目录下，需复制到目标目录。

```
cp zimage /boot         // 将此文件复制到/boot
make modules            // 如果配置内核时选择了 M，则模块需要这两个步骤
make modules_install
```

编译后要把新内核放人 Lilo，并执行 Lilo 命令。

```
vi /etc/ Lilo.conf      // 用 vi 编辑/etc/ Lilo.conf
boot=/dev/hda
delay=20
root=/dev/hda1
Read_only
image=/vmlinux
label=oldlinux
image=/boot/bzimage
label=newlinux          // Lilo 启动以"newlinux"显示新内核
```

保存后退出，执行 Lilo ，否则不起作用。

```
Lilo -v                 // 执行 Lilo 命令
reboot                  // 重新启动机器
```

在执行 Lilo 时没有出错，表明已可引导，重新启动后，出现 Lilo 时，按【Tab】键，出现 DOS oldlinux。

选择 newlinux 就是启用新内核了。

8.6.4 Linux 启动过程

Linux 的启动过程大致可以分为三个阶段：

1. 加载并启动内核

Linux 启动的过程首先是从硬盘的引导扇区即主引导记录（Master Boot Record，MBR）开始，找到在这个扇区中包含的启动加载程序来加载内核。启动加载程序名 LILO，LILO 加载内核时使用的配置文件是/etc/lilo.coal。在这个配置文件中，包含有两个部分，其中第

一部分是全局关键字部分，用于设定当前系统是单一系统引导还是多系统引导、默认引导系统类型和引导过程中的延时、提示等参数；另一部分是关于各个引导系统的关键字，用于设定引导系统的类型、名称、启动口令和启动内核时用于加载内核的mm磁盘等参数。如果这一阶段发生了故障，问题往往出在文件/etc/lilo.coal中的参数配置上。

当LILO将Linux内核加载到内存后便启动内核。iaux内核一般是压缩保存的，为了执行内核，linux必须对自己进行解压，并且从系统的BIOS中收集运行所需的信息，当所需的所有信息被收集后，启动过程就将丢弃BIOS执行内核。

2. 检测并配置设备

再进入硬件检查阶段，内核首先检查的是可用处理器的类型、控制台设置以及系统可以使用的内存容量，在启动加载程序所传递的信息中，大部分信息都是系统中所安装的物理RAM内存数目。在系统继续启动的过程中，那些拥有相应驱动程序（要么是被编译到系统中，要么是从初始 RAM 磁盘中装载的可用模块）的设备将被检测出来，并且各种各样的初始化消息将会在显示器上显示。同时/etc/rc.d/rc.sysinit脚本中的命令行将在/var/log中创建名为dmesg的文件，在这个文件中保存有内核启动消息以及任何加载到rc.modules中的模块所产生的消息。

一旦所有的设备都被检测出来，并且启动了各种内核子系统，那么系统根目录就将被装配，并且控制权将被传递给进程ID号为1的程序。

3. init进程初始化系统

进程init能够从内核中获取控制权并且启动系统中所需的所有进程，从而使得这些进程处于待用状态，即用户可操作状态。init进程有两种基本的模型用来完成所有任务，一种是基于BSD发行版本的使用模型，另一种是System V Release 4样式的模型。System V Release 4样式的所有初始化脚本通常存储在一个名为/etc/rc.d/init.d的目录中，另外一个配置文件/etc/inittab根据运行级别定义了init所需的动作。System V样式使用运行级别来决定当前应该运行哪些服务以及功能，并有相应的控制脚本来启动所需要的运行级剐（对于Red Hat Linux一共定义了10个运行级别，其中级别0与级别6用来关闭系统，级别5用于进入图形化界面），最终进入用户指定界面，完成启动过程。

8.6.5 Linux的应用

1. 嵌入系统应用

现在Linux广泛用于各类嵌入式设备，例如微型Linux腕表、手持设备（PDA和蜂窝电话）、因特网装置、瘦客户机、防火墙、工业机器人和电话基础设施设备等。

用于控制设备的计算机，也叫做嵌入式系统，它的历史几乎和计算机自身的历史一样长。它们最初于20世纪60年代晚期在通信中被用于控制机电电话交换机。由于在过去的十多年里，计算机产业不断朝着更小的系统方向发展，嵌入式系统也与之一起为这些小型机器提供了更多的功能。渐渐地，就需要把这些嵌入式系统连接到某种网络上，因而也就产生了对网络栈的要求，这提高了系统的复杂程度并要求更多的存储器和接口，以及操作系统的服务。

Linux也可以被剪裁为嵌入式操作系统来使用。

典型的压缩包Linux系统经过打包，在拥有硬盘和大容量内存的PC上运行，嵌入式系统不需要太高配置。一个功能完备的 Linux 内核要求大约 1MB 内存甚至更少。而 Linux 微内核只占用其中很小一部分内存。只要有 500KB 的内存，一个有网络栈和基本实用程序的完全的 Linux 系统就可以在一台 8bit 总线（SX）的 Intel 386 微处理器上运行得很好了。由于内存要求常常是需要的应用所决定的，比如 Web 服务器或者 SNMP 代理，Linux 系统甚至可以仅使用 256 KB ROM 和 512 KB RAM 进行工作。因此它是一个瞄准嵌入式市场的轻量级操作系统。

与传统的实时操作系统相比（RTOS），采用像嵌入式 Linux 这样的开放源码的操作系统的另外一个好处是 Linux 开发团体看来会比 RTOS 的供应商更快地支持新的 IP 协议和其他协议。例如，用于 Linux 的设备驱动程序要比用于商业操作系统的设备驱动程序多，如网络接口卡（NIC）驱动程序以及并口和串口驱动程序。

Linux 操作系统本身的微内核体系结构相当简单。网络和文件系统以模块形式置于微内核的上层。驱动程序和其他部件可在运行时作为可加载模块编译到或者是添加到内核。这为构造定制的可嵌入系统提供了高度模块化的构件方法。而在典型情况下该系统需结合定制的驱动程序和应用程序以提供附加功能。

嵌入式系统也常常要求通用的功能，为了避免重复劳动，这些功能的实现运用了许多现成的程序和驱动程序，它们可以用于公共外设和应用。Linux 可以在外设范围广泛的多数微处理器上运行，并早已经有了现成的应用库。

Linux 用于嵌入式的因特网设备也是很合适的，原因是它支持多处理器系统，该特性使 Linux 具有了伸缩性。因而设计人员可以选择在双处理器系统上运行实时应用，提高整体的处理能力。例如，用户可以在一个处理器运行 GUI，同时在另一个处理器上运行 Linux 系统。

在嵌入式系统上运行 Linux 的一个缺点是 Linux 体系提供实时性能需要添加实时软件模块。而这些模块运行的内核空间正是操作系统实现调度策略、硬件中断异常和执行程序的部分。由于这些实时软件模块是在内核空间运行的，因此代码错误可能会破坏操作系统从而影响整个系统的可靠性，这对于实时应用将是一个非常严重的弱点。

另一方面，现成的 RTOS 完全是为实时性能而设计的，它通过在由用户而非系统级进程启动时分配给某个进程以高于其他进程的优先级的方式来实现可靠性。进程在操作系统看来就是在内存里或硬盘驱动器上执行的程序。给它们指定进程 ID 或者数字标识符为的是让操作系统跟踪正在执行的程序和这些程序的相关联的优先等级。这样的方式保证了 RTOS 时间能比 Linux 提供更高的可靠性（可预见性）。但最重要的，这还是一种更加经济的选择。

2. 服务器应用

Linux 在性能和稳定性上不逊于任何操作系统，但是在桌面应用中，Linux 的不足掩盖了它所有技术上的优势；而在服务器应用领域当中，情况却恰恰相反。这是因为服务器的需求与桌面应用的需求是完全不同的。

服务器把对性能和稳定性的要求放在第一位，而桌面系统则更注重易用性和普遍适应性。Linux 的稳定性已经得到了业界的公认，包括 Sun 和 IBM 在内的业界巨头也在自己的网站上充分肯定了 Linux 的这一特性。Linux 在设计时充分利用硬件的潜力，在任务切换和进程调度方面均有出色的表现，最好的例子就是 Linux 在配置很低的硬件环境中仍然可以很好的运作。

在易用性方面，Linux 的操作的确比现在的主流桌面操作系统要复杂，界面也不够友好。好在服务器对操作界面的要求不高，而华丽的窗口和菜单往往要消耗大量的系统资源，这些资源占用对于服务器的性能有很大影响。在 Linux 系统中，其图形环境是与 Linux 内核分开的，而不像许多操作系统那样图形环境与系统内核无法分离。这样，Linux 就可以在不使用图形界面时关闭图形环境，让出更多的系统资源来做更有意义的系统服务，因此在性能方面较其他系统有了很大的提高。

服务器对网络性能、可管理能力、安全性都有很高的要求。这恰恰是 Linux 的最大优势。Linux 是 Internet 时代的产物，其网络性能可谓是与生俱来的，而不像其他操作系统那样是随着技术的发展需要而新添加了许多网络功能模块。

在网络兼容性方面，几乎没有任何操作系统可以与 Linux 相媲美。它支持的网络协议众多，如 TCP/IP、IPX/SPX、NetBEUI、X.25 等，还可以兼容和提供 Netware 服务、LAN Manager 服务、AppleTalk 服务等，这些能力为 Linux 提供了无与伦比的网络亲和性，甚至使用一台 Linux 服务器同时提供上面的所有服务也能使用户浑然不觉。

此外，Linux 的网络管理能力和安全性也颇让人称道。使用过 Linux 的人都承认 Linux 与 UNIX 很相似。UNIX 系统一直被用做高端应用或服务器系统，因此拥有一套完善的网络管理机制和规则，Linux 沿用了这些出色的规则，使网络的可配置能力很强，为系统管理员提供了极大的灵活性。

图形操作界面对服务器并不像桌面应用那样重要。对于服务器的操作者——计算机专业人员来讲，并不在意界面是否漂亮，而更关心操作方式是否灵活、快捷。服务器的管理员常常是远程操作，而在远程操作中这点显得更为重要。Linux 的绝大多数配置都可以通过图形和文本两种界面操作，所有配置都可以通过文本界面操作，相反许多操作系统如果离开图形界面就无法进行任何配置。由此可见，Linux 在图形环境方面不足的劣势在服务器应用中恰好可以被忽略过去。

对应用软件的要求不同。Linux 的服务器应用多且全，而且相当专业。最好的例子就是目前全球用户数排名第一的 WWW 服务器软件 Apache，在所有 Linux 发行版中都有配置；诸如 FTP、E-mail、Telnet 等服务也都已包含在 Linux 发行版里；一个 Linux 系统在安装完后就已经是一个具有完全功能的 Internet 服务器。安装和配置其他的服务器软件后，还可以提供更多的服务。

Linux 系统下的服务器软件涉及范围十分广泛。如在数据库软件方面有 IBM DB2、Oracle 8i、Informix、Sybase、MySQL、PostgreSQL 等，在网络服务软件方面有 Samba（兼容 Windows 95/NT 网络）、mars_nwe（兼容 Netware 网络）、Net Talk（兼容 AppleTalk 网络）等；在电子商务软件方面有 IBM Websphere、Ilog、openmerchant 等；在网络及系统管理软件方面有 MRTG、PIKT、Webmin 等。我们可以看到其中不乏著名的商业软件，当然更多的软件可以免费使用。甚至许多商业软件在 Linux 平台环境下是免费的。

正是由于 Linux 具备的这些优点，才使它在服务器领域的占有率正在逐步扩大，逐渐成为了服务器上的非常流行的操作系统。

本章小结

UNIX 的发展已经有了 30 年的历史，UNIX 系统的一致性、开放性和可移植性的计算体系结构依然值得用户信赖。多年以来，UNIX 在丰富的应用，发展成一个稳定的跨平台、多任务、多进程、多用户的操作系统。UNIX 层次结构中最下层是内核，负责管理所有的硬件组件和执行环境之间的接口。其中包括调度工作、分配内存、移动数据以及在不同的系统事件发生时通知相应的任务。内核上面一层是 shell。在 UNIX 中可能有多个 shell，每个 shell 实际上就是一个命令解释器，它负责接受输入，提供上下文解释，并根据用户的需要请求内核的服务。UNIX 层次结构的顶层是用户界面。其中包括所有的命令、解释性语言、图形界面以及使终端用户能够使用操作系统所提供的各种资源的工具。在 UNIX 下工作需要记住的一个重要概念就是所有系统对象之间的通用接口都被抽象为文件。这就是说，无论是操作硬件、数据、内存，还是运行任务，都可以归结为对文件的操作。

UNIX 系统是一种通用、多用户、分时操作系统，它可以出色地完成一般单用户、多用户操作系统所能实现的功能，为用户提供较好的应用界面和软件开发环境。具有可移植性好、可靠性强、开放式、友好的用户界面、可装卸的树型分层结构文件系统、将所有外部设备都当作文件看待等特点。

在 UNIX 系统中，进程可定义为“进程映像的执行”。进程映像是进程存在的实体，在物理上它是由三部分组成：PCB 结构、数据段和正文段。在 UNIX 系统的进程管理中，把 PCB（进程控制块）分为两个部分：一部分常驻内存，叫做 Proc 结构；另一部分不常驻内存，叫做 USER 结构。在 UNIX 系统中，进程共有六种状态：执行状态、就绪状态、睡眠状态、暂停状态、僵死状态和创建状态。UNIX 系统的进程调度采用动态优先数方法。进程调度程序 swtch 的作用是把 CPU 分配给各个进程。

UNIX 系统中采用首次适应分配算法，实施分配算法的程序为 malloc，其功能是分配内存或盘交换区。释放算法的程序是 mfree，其功能是释放一段内存块或盘交换区。

在 UNIX 系统中，将设备分为块设备和字符设备分别进行管理。UNIX 系统将各类设备视为文件进行管理，并以完善的缓冲技术进行设备管理。块设备缓冲池包括 15 个缓冲区，每个缓冲区为 514B，有效容量为 512B，有 2B 用于检验。每个字符缓存由 8B 组成，其中头 2B 是字符缓存指针，后 6B 是字符缓存信息区。

UNIX 文件系统是 UNIX 成功的关键。其主要特点为：文件系统是层次结构的，可灵活装卸的文件系统（或称文件卷），文件是无结构的字符流式文件，把文件目录和外部设备都视为文件管理。从用户观点看可分成三类：普通文件、目录文件和特殊文件。UNIX 的文件系统是一种树型的多级目录结构。在 UNIX 中，为了加快文件目录的搜索速度，便于实施文件共享，将文件的一组控制信息构成一个数据结构 dinode。每个目录项占 16B，其中有 14B 存文件名，i 结点占 2B。UNIX 的存储介质以 512B 为单位划分为块，从 0 开始直到最大容量并顺序加以编号就形成了一个文件卷。在 UNIX 系统中，对空闲存储块的管理采用成组链接法。

Linux 操作系统是 UNIX 操作系统的一种克隆系统。Linux 是自由的多任务操作系统，以开放源码、对硬件的配置要求低并兼具其他操作系统的优点而得到了迅猛的发展。Linux

采用了称为“虚拟内存”的页式存储管理机制，通过在短的时间间隔内轮流运行这些进程而实现“多任务”，设备驱动程序是 Linux 内核的主要部分，运行在高特权级的处理器环境中，实际控制着操作系统和硬件设备之间的交互，将独立的文件系统组合成了一个层次化的树型结构，采用虚拟文件系统（v），网络实现支持 BSD 套接字，支持全部的 TCP/IP。Linux 的启动过程大致可以分为三个阶段：加载并启动内核、检测并配置设备、init 进程初始化系统。嵌入系统应用和服务器应用是 Linux 应用的主要方面。

习　题　八

1. UNIX 操作系统的主要特点是什么？
2. 简述 UNIX 操作系统的结构。
3. 在 UNIX 系统中，进程映像由哪几部分组成?试画出其结构图。
4. 在 UNIX 系统中，进程有哪几种状态？各自的标识符及对应的值是什么？
5. 简述 UNIX 系统中数据段的三个组成部分。
6. 简述 UNIX 系统中进程调度算法的要点。
7. 画出 swtch 程序的处理流程。
8. 在 UNIX 系统中，如何实现逻辑地址向物理地址的转换？
9. 在 UNIX 系统中，采用什么分配算法？试述 malloc 的功能和实现过程。
10. 试述 UNIX 系统中，mfree 的功能及实现过程。
11. UNIX 系统中块设备缓冲区描述主要包括哪些内容？
12. UNIX 系统中，字符设备缓存描述主要包括哪些内容？
13. 在 UNIX 系统中，字符设备的开关表描述应包括哪些内容？
14. UNIX 系统中，块设备管理分为哪几个层次？各自的主要功能是什么？
15. UNIX 系统中，字符设备管理分为哪几个层次？各自的主要功能是什么？
16. UNIX 文件系统的特点主要是什么？
17. 在 UNIX 系统中，文件如何分类？
18. UNIX 系统的文件系统是一种什么结构？举例说明？
19. 在 UNIX 中，文件控制块的内容指什么？
20. 试用图示给出目录文件与 i 结点表的关系。
21. 在 UNIX 中，如何分配空闲块？如何释放一空闲块？
22. 在 UNIX 中，文件的有关系统调用主要有哪些？
23. Linux 内核由哪几部分构成？
24. Linux 为什么适合嵌入式系统？

第 9 章 Solaris 系统

9.1 概　　述

Solaris 是一款多用户多任务的 UNIX 操作系统，1993 年由 SunOS 改编而来。Solaris 是 Sun Microsystems 研发的计算机操作系统。它被认为是 UNIX 操作系统的衍生版本之一。目前 Solaris 仍旧属于私有软件。2005 年 6 月 14 日，Sun 公司将正在开发中的 Solaris 11 的源代码以 CDDL 许可开放，这一开放版本就是 OpenSolaris。OpenSolaris 于 2005 年 6 月 14 日正式启动，源代码来自当前的 Solaris 开发版本。Solaris 未来的版本将从 OpenSolaris 衍生。

Solaris 系统内核基于 AT&T 发布的 SVR4，即 SystemVRelease4，但 Solaris 同时也具备了一些 BSD 版本 UNIX 的特色,目前 Solaris 的最新版是 Solaris10。Solaris 是高科技研究和教育领域使用最多的 UNIX 操作系统，目前主要运行在 SPARC、x86 等硬件平台之上。

1975 年,伯克利大学发布了它的第一个 UNIX 软件,这个软件称为 BSD。BSDUNIX 在 UNIX 的历史发展中有相当大的影响力，被许多商家采用，成为很多商业 UNIX 的基础，而 Sun 公司的 Solaris 正是在这个 BSDUNIX 的基础上发展起来的。Solaris 是在 UNIX 的发展过程中逐渐发展起来的。Sun 公司根据 BSD 实现的 UNIX 操作系统名叫 SunOS。由于 Sun Microsystem 的创始人之一 Bill Joy 来自伯克利大学，因此 SunOS 主要是基于 BSDUnix 版本。SunOS 5.0 开始，Sun 的操作系统开发开始转向 System V Release 4，并且有了新的名字叫做 Solaris 2.0；Solaris 2.6 以后，Sun 删除了版本号中的 2，因此，SunOS 5.10 就叫做 Solaris 10。Solaris 的早期版本后来又被重新命名为 Solaris 1.x。所以“SunOS”这个词被用做专指 Solaris 操作系统的内核，因此 Solaris 被认为是由 SunOS、图形化的桌面计算环境,以及它网络增强部分组成。

这款 UNIX 依靠对原 BSD 系统中的网络工具进行扩展，这些扩展中就有著名的后来变为工业标准的 NFS（网络文件系统协议）。Sun 还为早期的 UNIX 窗口软件开发做了一些工作，SunOS 于 1983 年首次发布。由于 Solaris 最初是由伯克利大学的 BSD 派生出来的，因此，SunOS4.x（常被称为 Solaris1.x）的命令风格与其他的 BSD 非常相似，只是由于后来改用了 SystemV 的版本 4（SVR4），才使得 SunOS5.x（也就是 Solaris2.x）发生了变化。而 SunOS5.x 也逐渐被 Solaris2.x 名称代替，在 Solaris2.6 以后，Solaris7（SunOS5.7）开始改变它的版本编号方法，它以过去的小版本编号为基础，采用了单一版本号的形式。也就是说，Solaris 的版本序号顺序为 2.5，2.6，7，8，9，10。其中，Solaris10 是最具有里程碑意义的。从此，Solaris 走向了开源，代码不再由专门的 Sun 公司的操作系统专家所编写。也就是说，下一个版本的 Solaris 将是由开源社区的众多自由软件开发者编写的。

Solaris 支持多种系统架构：SPARC、x86 和 x64。x64 即 AMD64 及 EMT64 处理器。在版本 2.5.1 的时候，Solaris 曾经一度被移植到 PowerPC 架构，但是后来又在这一版本正式发布时被删去。与 Linux 相比，Solaris 可以更有效地支持对称多处理器，即 SMP 架构。Sun 同时宣布将在 Solaris 10 的后续版本中提供 Linux 运行环境，允许 Linux 二进制程序直接在 Solaris x86 和 x64 系统上运行。

Solaris 传统上与基于 Sun SPARC 处理器的硬件体系结构结合紧密，在设计上和市场上经常捆绑在一起，整个软硬件系统的可靠性和性能也因此大大增强。然而 SPARC 系统的成本和价格通常要高于 PC 类的产品，这成为 Solaris 进一步普及的障碍。可喜的是，Solaris 对 x86 体系结构的支持正得到大大加强，特别是 Solaris 10 已经能很好地支持 x64（AMD64 /EMT64）架构。Sun 公司已推出自行设计的基于 AMD64 的工作站和服务器，并随机附带 Solaris 10。2005 年 1 月，Sun 正式发运它的第 10 个版本——Solaris 10 OS。Solaris 10 为企业客户提升计算性能、解决计算资源巨大浪费问题开辟了一片新天地。半年内，Solaris 10 OS 的全球注册用户已达 210 万。

Solaris 10 是 Sun 前进征途中的一个新的里程碑。它的主要新特性包括：动态跟踪、系统分区、进程权限管理、预兆性自愈技术、实际存储容量无限的文件系统 ZFS 等，它还采用加密架构为客户提供免费的 Solaris 安全工具集。

Solaris 10 为企业客户带来的 10 大主要功能可以概括如下：

（1）针对 Linux 和 Solaris OS 的应用程序可并行运行。

（2）系统的多样选择性，可用于基于 SPARC、AMD Opteron 和 Intel 处理器的系统。

（3）可运行在不同制造商提供的 340 多款硬件平台上。

（4）可将应用程序的运行速度较以往提升 30 倍之多。

（5）军用级别的安全性，从未被病毒侵扰过。

（6）提供兼容性保证，给予补偿担保。

（7）系统资源利用率可提高达 80%(无需采用大型主机)。

（8）具有创新性的故障保护文档系统，对数据提供保护。

（9）系统和数据可自行修复。

（10）支持从 1 路到 100 路的各种规模的系统。

Solaris 的大多数源代码已经在 CDDL 的许可下在 OpenSolaris 开源项目中发布。二进制和源代码目前都可以被下载和许可而无需任何费用。

Sun 的 Common Development and Distribution License 被选择用做 OpenSolaris 的许可，并通过了 Open Source Initiative 评审和批准。

9.2　Solaris 系统核心

Solaris 操作系统是基于文件的，操作系统的主要三个部分是：内核（kernel），shell，文件结构（file structure）。

（1）kernel 是操作系统的核心，它的主要功能是管理系统的设备、内存、进程以及守护进程，系统程序与系统硬件之间接口及执行所有的命令；并管理 Swap space（交换分区，系统运行时保留的一部分磁盘空间）和 Daemons（守护进程，处理特定的系统任务）。

（2）shell 是用户与 kernel 之间的接口。它就像是命令的解释器或翻译器。Shell 接收用户输入的命令，对用户的输入作出解释，然后就将它发送给 kernel 执行。

Solaris 系统中有三种 shell：

Bourne shell ($)：这是 Solaris 的默认 shell。Bourne shell 为 AT&T UNIX 环境而开发。（/usr/bin/sh）。

Korn shell ($)：它是 Bourne shell 的一个升级。它增加了一些功能，如别名、历史记录以及命令行编辑等。（/usr/bin/ksh）。

C shell (%)：C shell 的语法类似于 C 语言，并且，C shell 有些功能与 Korn shell 相类似。（/usr/bin/csh）。

（3）Solaris 环境的文件结构是分成的目录树结构，类似于 DOS 的文件结构。是一些有特定目的而组织在一起的目录、子目录和文件。

目录（directory）：其他目录和文件所在处。

子目录（subdirectory）：属于其他目录的所有目录。

根目录（/）位于目录树的最顶层，包含：

/usr 目录包含系统的一些命令、工具、库文件等。

/opt 目录包含的三方应用软件。

/dev 目录包含诸如磁盘、键盘、磁带机、显示器等地设备驱动程序。

/etc 目录包含系统配置文件，如用户口令文件等等。

/export 目录一般包含用于 NFS 共享的目录。

/export/home 目录包含用户的个人主目录。

/kernel 目录包含系统结构的 kernel 文件。这个目录下的文件 genunix 是系统的 UNIX kernel。

（4）虚拟内存操作系统——交换分区（swap space）。

虚拟内存操作系统增大了物理内存，它将硬盘中的一部分空间用于存储暂时不用内存数据。这块硬盘空间叫做交换分区。与 Windows 下的 SWAP 文件的功能相似。

（5）守护进程（daemons）。守护进程是在后台运行的程序，它负责系统的某个特定的功能，比如打印。

在系统管理中还有一些常见的概念：

主机（host）：网络环境下的某台计算机系统。

主机名（host name）：某台系统的名字，网络中的任何系统都必须有自己的主机名。

IP 地址（IP address）：网络软件用于鉴别网络中某台机器的一个数字符号。

客户机（client）：使用网络中一个和多个服务的主机和进程。

服务器（server）：在网络中提供一个或多个服务的主机和进程。

网络（network）：许多机器连接在一起、可以互相通信的集合。

Solaris 具有下列特性：

多任务（multitasking）：多个进程或应用程序可以同时运行。

多用户（multiuser）：同时可以有多个用户访问系统资源。

分布处理（distributed processing）：通过网络使用资源。

9.2.1 Solaris 启动

1. 引导

在 Sparc 平台下，Solaris 系统中有一个类似 PCBIOS 的芯片程序（EEPROMOpenBoot）负责识别分区、文件系统和加载内核，在 Solaris2.6 之后的版本中，默认的内核文件存放在/platform/'arch'/kernel/unix 位置，‘arch’指令是指明系统的硬件体系，目前一般是 i86pc（IntelIA3（2）或 sun4u（SunUntraSparc）。

在 Intel 体系中，因为没有 eepromfirmware，所以系统提供了一个模拟 eeprom 的引导程序来负责内核的定位和加载，这个程序是工作在实模式下的，系统必须要给它提供一个 fat12/16 格式的 boot 分区，在系统引导完成之后可以在/boot/solaris 下找到他的配置文件。（SolarisIA 使用默认内核/kernel/unix）

2. 启动

Solaris 的启动进程是按照 SYSV 格式控制的，启动过程分为若干个运行级别（S,1–6），当系统内核运行完毕加载好所有的驱动之后，就会把控制权移交给/sbin/init 进程（PID:1），也就是所有进程的父进程，然后由 init 读取/etc/inittab，依次执行/etc/rc1(2,3)启动脚本，最终到达 inittab 中指定的默认运行级别。rc 脚本会读取/etc/rc*.d 中的启动脚本，启动脚本以大写字母 S 开头，在 rc 运行期间就会被执行，S 后面的两位数字域决定启动顺序，因为启动进程之间有一定的依赖关系（以 K 开头意味着进入这个级别时，服务将会被杀掉，其余字母开头的被忽略）。

虽然同属于 SYSV 系统引导方式，但是 Solaris 的引导过程和我们常见的 Linux 却有很大差别，并且和传统 UNIX 的 init 级别也略有不同。在 Linux 中，系统运行级别是并行式的，也就是系统加载完内核和 mount/文件系统之后，就会直接跳转到相应的默认运行级别，而不依次执行各个级别的启动脚本。但在 Solaris 中，采取了一种串行化的引导方式，就是依次执行 init1/2/3，直到默认运行级别，在每个级别中的所有启动脚本都会被执行。所以在这里我以一种和传统 UNIX 划分方式不同的说明方法，把 Solaris 的启动级别称为：①单用户模式，②网络工作站模式，③网络服务器模式。

9.2.2 系统安全

1. 查看用户账户信息

UIDs 表示用户 ID。

UIDs 用于区别文件和目录的所有者。保存在/etc/passwd。

GIDs 表示用户组 ID。

GIDs 用户区别用户、文件、目录的组成员。

/etc/passwd 文件记录了系统的用户账号的信息。

格式如下：

```
loginID:x:UID:GID:comment:home directory:login shell
```

loginID 表示用户名。

X 表示隐藏的口令。

2. 加密的口令放在/etc/shadow 文件中

UID 表示用户 ID。

GID 表示组 ID。

Comment 表示描述。

home directory 表示个人主目录。

login shell 表示登录后使用的 shell。

/etc/shadow 表示文件记录了系统用户的加密后口令。

格式如下：

```
loginID:password:lastchg:min:max:warn:inactive:expire:
```

loginID 表示对应用户名。

Password 表示加密后的口令。LK 表示锁定账号，NP 表示无口令

Lastchg 表示最后更改口令的日期与 1970 年 1 月 1 日之间相隔的天数。

Min 表示改变口令需要最少的天数。

Max 表示同一口令允许的最大天数。

Warn 表示口令到期时，提前通知用户的天数。

Inactive 表示用户不使用账号多少天禁用账号。

Expire 表示用户账号过期的天数。

最后一个字段未用。

3. /etc/group 文件记录了系统的用户组的信息

格式如下：

```
groupname:password:GID:userlist
```

Groupname 表示组名。

Password 表示口令。已经不使用。

GID 表示组 ID。

Userlist 表示成员列表。

一个用户可以同时属于多个组。

4. id 命令用于查看用户的 id 号（用户号）

格式如下：

```
id [ options ] [ username ]
```

不加参数显示用户所在的 id 号用户和主要组 id 号。

-a 参数显示用户的所在所有组的组 id 号。

5. 改变用户

su 命令用户改变当前的用户。

```
$ su - jxbcpp
Password:
```

su 命令后可以加-，也可以不加。如果加-，则切换到那个用户后执行用户的启动脚本，如.profile。

6. 改变文件所有者

格式如下：

```
chown user_name filename
```

注意，只有管理员才能改变所有者。

7. /etc/default/login 文件

其中包含了 CONSOLE = 这一行，

如果 CONSOLE=/dev/console 未注释，则 root 只能在控制台登录。如果注释了此行，root 可以远程登录。

8. 查看登录状态

命令 who、finger、last 可以查看用户登录状态，例如：

```
who
```

查看本机登录的用户状态。显示用户名、登录的设备、登录时间以及登录的主机名字，例如：

```
$ who
```

显示本地和远程系统用户的详细信息。包括用户名、用户注释信息、终端名、空闲时间、登录时间、登录主机名。

9.3 Solaris 进程管理

进程是指可并发执行的程序在一定数据集合上的运行过程。既是资源分配的基本单位，也是调度和分派的基本单位。

Solaris 操作系统进程状态包括创建、初始、就绪（活动、静止）、执行、阻塞（活动、静止）、结束。

Solaris 中的所有进程都是使用传统的 fork/exec UNIX 进程创建模型创建的。这种模型是 UNIX 原始设计的一部分，直到现在为止，实际上每个 UNIX 版本都是由这个模型实现的。Solaris 环境中的唯一一个例外是启动时的四个监守进程的创建：内存调度程序（sched）初始化程序（init）、页面管理监守进程和 fsflush。这些进程是由一个内核内部 newproc() 函数创建的。

solaris 有一组 PROC 工具，处理/PROC 信息；/proc/nnn 显示了 processnnn 的信息。

所以/proc/*可以表示为系统的所有进程；对每个进程都有一组资源限制，其中一些可以用 getrlimit 和 setrlimit 函数查询和更改。

```
solaris:
#include
intgetrlimit(intresource,structrlimit*rlp);
intsetrlimit(intresource,conststructrlimit*rlp);
```

（1）RLIM_CORE（SVR4 及 4.3+BSD）：core 文件的最大字节数，若其值为 0 则阻止创建 core 文件。

（2）RLIMIT_CPU(SVR4 及 4.3+BSD)：CPU 时间的最大量值（秒），当超过此软限制时，向该进程发送 SIGXCPU 信号。

（3）RLIMIT_DATA(SVR4 及 4.3+BSD)：数据段的最大字节长度。初始化数据、非初始化数据以及堆的总和。

（4）RLIMIT_FSIZE(SVR4 及 4.3+BSD)：可以创建的一个文件的最大字节长度。当超过此软限制时，则向该进程发送 SIGFSZ 信号。

（5）RLIMIT_NOFILE(SVR4)：每个进程最多打开的文件数。更改此限制将影响到 sysconf 函数在参数-sc-OPEN-MAX 中返回的值。

（6）RLIMIT_NPROC(4.3+BSD)：每个实际用户 ID 所拥有的最大子进程数。更改此限制将影响到 sysconf 函数中的参数。

（7）RLIMIT_STACK(SVR4 及 4.3+BSD)：栈的最大字节长度。

（8）RLIMIT_VMEM（SVR4）：可映照地址空间的最大字节长度。这影响到 mmap 函数。资源限制影响到调用进程并由其子进程继承。这就意味着为了影响一个用户的所有后续进程，需将资源限制设置构造在 shell 之中。确实，BourneShell 和 Kornshell 具有内部 ulimit 命令，CShell 具有内部 limit 命令。(umask 和 chdir 也必须是 shell 内部的)。

较早的 BourmeShell，例如由伯克利提供的一种，不支持 ulimit 命令。较新的 KornShell 的 ulimit 命令具有-H 和-s 选择项，以分别检查和修改硬和软的限制。

9.3.1 进程监控命令

本节将介绍 ps 命令和进程工具/usr/proc/bin 下的工具级。

可以将 ps 和 grep 命令组合使用来搜索特定的信息。

（1）/usr/proc/bin 的命令介绍：

pstop：停止进程。

prun pid：重新启动进程。

ptime pid：使用微状态计算进程时间。

pwait pid：等待指定的进程终止。

pcred pid：显示可信度。

pfiles pid：显示已打开文件的 fstat 和 fcntl 信息。

pflags pid：显示每个 lwp 的/proc 跟踪标志,等待和持有信号量以及其他状态信息。

pldd pid：显示链接到每个进程的动态链接库。

pmap pid：显示地址映射空间。

psig pid：显示信号操作。

pstack pid：显示每个 lwp 的十六进制与符号堆跟踪。

ptree pid：显示包含指定 PID 的进程树。

pwdx oid：显示当前工作目录。

（2）ps 命令格式如下：

```
ps [ -aAdeflcjLPy ] [ -o format ] [ -t termlist ] [ -u userlist ] [ -U
userlist ] [ -G grouplist ] [ -p proclist ] [ -g pgrplist ] [ -s sidlist ]
```

常用的参数：

-e：输出所有进程报告。

-f：在第一栏显示进程所有者的名字（不是 UID）。该选项关闭-l、-t、-s 和-r 选项，打开-a 选项。

-l：产生一个长的输出报告,只是不包含 STIME 字段。

ps -el 的相关输出参数解释：

```
bash-2.05$ ps -el
F S UID PID PPID C PRI NI ADDR SZ WCHAN TTY TIME CMD
19 T 0 0 0 0 0 SY ? 0 ? 0:16 sched
8 S 0 1 0 0 40 20 ? 151 ? ? 0:00 init
19 S 0 2 0 0 0 SY ? 0 ? ? 0:00 pageout
19 S 0 3 0 0 0 SY ? 0 ? ? 0:30 fsflush
8 S 0 377 1 0 40 20 ? 223 ? ? 0:00 sac
8 S 0 378 1 0 40 20 ? 224 ? console 0:00 ttymon
8 S 0 131 1 0 40 20 ? 289 ? ? 0:00 rpcbind
```

F：十六进制标志，它们加起来表示进程的当前状态。如下所述：

00 表示进程终止，而且它们在进程表中的空间已释放。

01 表示系统进程，长驻内存。

02 表示进程被父进程跟踪。

04 表示进程被父进程跟踪而且已被停止。

08 表示该进程无法被信号量唤醒。

10 表示该进程当前在内存中，而且被锁定直到一个事件完成。

20 表示进程不能被交换出。

S：进程当前状态，由以下字母之一显示。

O：当前正在处理器上运行。

S：睡眠，等待 I/O 事件完成。

R：运行结束。

I：空闲，进程被创建。

Z：僵死，进程已终止。

T：由于父进程跟踪而停止。

X：等待更多的内存。

UID：进程所有者的用户 ID。

PID：进程 ID。

PPID：父进程 ID。

C：进程的 CPU 使用情况（即进程占 CPU 时间的百分比）。

PRI：进程优先权方案。较大的数表示较低的优先权。

NI：进程的 nice 值，该值与优先权方案相关联。使一个进程“nicer”意指降低该进程的优先权，以使它不会用尽 CPU 的时间。

SZ：进程请求的虚拟内存量。这是该系统对内存需求的一个好的指标。

TTY：启动进程（或者父进程）的终端。带问号的进程无控制终端（通常为系统进程）。

TIME：自进程启动以来占 CPU 时间总量。

COMD：产生进程的命令。

（3）使用 ps 报告：查找属于一个用户的许多相同的工作。Kill 命令终止进程。例如，ps -U username。

查找 TIME 字段中占用了很多 CPU 时间的进程。这样的进程可能在死循环。例如,ps -e。

查找 C 字段，找出不重要但占用了大量 CPU 时间的进程。如果该进程获取过多内存，删除该进程。如果许多进程占用了大量内存，则系统可能需要增加内存。例如，ps –el。

注意使用越来越多 CPU 时间的失控进程。可以通过使用–f 选项查看进程启动时间（STIME）以及通过查看 TIME 字段中的 CPU 时间总量来检测失控进程。例如，ps –f。

（4）删除进程：在正常途径无法结束时才使用删除命令。

```
#kill - signal pid
signal: 57
signal:
```

2：中断。

3：退出。

4：非法指令。

5：跟踪中断。

6：异常结束（abort）。

7：EMT 指令（Emulation 竞争 trap）。

8：浮点格式的异常情况。

9：kill（不能被捕获或忽略）。

10：通道错误。

11：不合法的内存区段。

12：错误系统调用。

13：写入不可读的连通管道。

14：报警时钟（alarm clock）。

15：软件结束信号。

16：用户定义的信号 1。

17：用户定义的信号 2。

18：子进程状态被改变。

19：电源坏掉。

20：窗口（Window）的大小被改变。

21：紧急的管套条件（urgent Socket condition）。

22：可查询的事件（pollable event）。

23：停止。

24：由用户终止。

25：继续执行。

26：停止终端输入。

27：停止终端输出。

28：虚拟时间表到（virtual timer expired）。

29：提问时间到（profiling time expired）。

30：超过 CPU 时间。

31：超过文件大小限制。

32：允许管套 I/O（Socket I/O possible）。

有时即使用 kill 命令，但进程仍未被删除。最有可能的三种情况：

- 进程在退出前等待设备完成操作。
- 进程在等待由于 NFS 故障而导致的无法使用的资源。要删除此类进程，输入 kill -quit PID。
- 进程为僵死进程，在 ps 报告的 defunct 的消息中显示。僵死进程是释放了所有资源，但未接受到父进程确认的进程。只有收到确认才删除进程在进程表中的入口。下一次引导时僵死进程会被清除。僵死进程不影响系统性能，不需要删除。

9.3.2 优先权控制命令

使用 priocntl 命令可以：

- 显示或设置指定进程的调度参数。
- 显示系统调度程序的当前配置信息。
- 执行带有指定调度参数的命令。

每个进程都有不同的级，每级分配有各自不同的调度策略。

系统可能配置的级包括：

- 系统（SYS）。
- 交互（IA）。
- 实时（RT）。
- 分式共享（TS）。

对于分式共享级，用户提供的优先权范围为：-20～+20。一个分时共享进程的优先权（用户模式优先权）是从父进程继承而来。系统在分时调度表中查找用户模式优先权，加入任何 nice 值或者 priocntl 优先权值（用户提供），保证创建的全局优先权在 0～59 之间。

在默认配置中，一个可运行的实时进程在任何其他进程之前运行。实时进程使用不当会导致系统性能急剧下降。

（1）显示进程级的基本信息（进程级或系统调度参数）。

输入 priocntl -l 并回车。

（2）显示进程的全局优先级。使用 ps -ecl 命令显示进程的全局优先权。全局优先权在 PRI 栏列出。

（3）指定进程的优先级。

输入 priocntl -e -c class -m user -limit -p priority command - name 回车。

-e：执行命令。

-c：指定级（默认选项是 TS（分时共享）或 RI（实时）。

-m：用户限制选项，指定-p 选项提升或降低优先权的最大量。

-p：允许指定用户提供的优先权，范围为-20～+20。

（4）更改分时共享进程的调度参数。

依照以下步骤更改分时共享进程的调度参数：

① 成为超级用户。

② 输入 priocntl -s -m user -limit [-p priority] -i id type id -list 按回车键。

-s：允许设置用户优先权范围的上限。

-m：用户限制选项，指定-p 选项提升或降低优先权的最大量。

-p：优先权命令名选项，允许指定优先权。

-i id type 和 id -list：使用 id type 和 id -list 的组合标识进程，id type 指定 id 类型，如 PID 或 UID。

③ 输入 ps -ecl|grep id -list 回车。

④ 检查 PRI 栏的输出，验证已经成功地更改了进程状态。

```
% priocntl -s -c RT -t 500 -p 20 myprog
% ps -ecl|grep myprog
```

⑤ 更改进程。依照以下步骤更改进程级：

a. 成为超级用户。

b. 输入 priocntl -s -c class -i id type id -list 回车。

-s：允许设置用户优先权范围的上限并更改优先权。

-c：指定想更改的进程级为 TS（分时共享）级或 RI（实时）级。

-i id type 和 id -list：使用 id type 和 id -list 的组合标识进程，id type 指定 id 类型，如 PID 或 UID。

c. 输入 ps -ecl|grep id -list 回车。

d. 检查 PRI 栏的输出，验证已经成功地更改了进程状态。

注意：必须是超级用户或者在实时 shell 中操作，更改进程级为非实时级或者实时级。

⑥ 更改进程优先级。

使用 nice 命令可以提高或降低一个命令或进程的优先权。

不带参数使用该命令则默认 nice 值增 4 个单位，使进程优先权降低。

注意：必须是超级用户才能。

```
/usr/bin/nice command -name(默认，进程的优先权降低 4 个单位)
/usr/bin/nice +10 command -name（进程的优先权降低 10 个单位）
/usr/bin/nice -10 command -name（进程的优先权增加 10 个单位）
/usr/bin/nice - -10 command -name（nice 值减少 10 个单位，提高一个命令的优先权）
```

9.4 Solaris 存储管理

硬盘和 CD - ROM 设备使用块设备接口。硬盘设备文件存储在/dev 目录下。字符设备文件存于 rdsk 子目录下，块设备文件存在 dsk 子目录下。

（1）逻辑硬盘设备命名的约定。

/dev/[r]dsk/cwtxdysz

例如：

/dev/dsk/c0t3d0s0

Cn:controllernumber

控制器号，标识被硬盘控制的加到系统上的逻辑顺序。

c0 代表第一个硬盘控制器，c1 代表第二个硬盘控制器，依此类推。

tn:targetnumber

目标号，它是位于控制器内的地址，通常在外围设备的背面能找到目标号。

`Dn:disknumber`

硬盘号，代表连在目标上的设备的逻辑单位号。d0 代表第一个硬盘，d1 代表第二个硬盘，依此类推。对嵌入式 SCSI 控制器，硬盘驱动号总是 0。

Sn:sliceorportitionnumer 片或分区号，标识硬盘的分区。

（2）dmesg 命令。dmesg 命令用实例名和物理名来标识连到系统上的设备。dmesg 命令也显示系统诊断信息、操作系统版本号、物理内存的大小以及其他信息。

下面的输出信息是从前面的 dmesg 例子的输出信息中提取出来的，标识着连到系统上的硬盘设备。对每个硬盘设备，输出三行信息，分别表示：

- 硬盘的实例名。
- 硬盘的物理设备名。
- 硬盘的市场名和硬盘的外形信息特征。

硬盘的逻辑设备名是对硬盘的物理设备名的符号连接。硬盘的实例名是对物理设备命名的内核的缩写。Solaris 命令不用此来表示硬盘。

1．硬盘分区

利用在设备目录下的字符设备文件和块设备文件对硬盘进行访问。然而，硬盘不是由用户直接访问的，是通过分区对它进行访问的，分区由设备目录下的设备文件来表示。“片”是“分区”的另一种说法。分区是管理数据的一个方便的方法。重要的系统文件和程序可以存在一个分区，而用户产生的文件放在另一个分区。它保持不同类型的数据在不同的分区。这使系统管理员能灵活地利用数据或使用不同的备份机制。因为用户的数据每天都发生变化，系统管理员应每天作备份。而重要的系统数据不是经常变化，也就不需经常做备份。由 Sun 提供的硬盘分区可多达 8 个，用 1～7 标识。分区 2 表示整个硬盘。分区 5 表示/opt 文件系统，此文件系统用来存贮那些未随操作系统一起提供的软件。分区 6 是/usr 分区，此文件系统包含那些只能在某些类型的系统上运行的文件（如 SPARCexecutables）和一些能在所有系统类型上运行的文件（如联机手册放在/usr/share 目录下）。分区 7 的文件系统称为/export/home。这是挂载用户主目录的挂载点。硬盘分区通过在/dev 目录下的逻辑设备文件加以访问。如/dev/dsk/c0t0d0s0 表示在第一个硬盘上的第一分区。

（1）format 实用程序。format 程序是一个硬盘维护工具，由系统管理员使用，完成以下任务：

重新格式化硬盘。

改变分区大小。

修理和分析硬盘扇区。

`Part`

标识分区号 0～7。

`Tag`

显示分区标签，分区标签用于标识该分区所用的目的（root,usr,home,交换区）。

`Flag`

显示分区标志，用以标识访问权限。

Cylinders

显示起始和终止的柱面号。

Size

按一定方式，以 Mbytes 或 Gbytes 为单位显示分区大小。

Blocks

按柱面数、磁头数和扇区数来标识分区的大小。

（2）newfs 创建文件系统。命令格式：

```
newfsraw-device
```

例如：

```
newfs/dev/rdsk/c0t1d0s0
```

（3）fsck 修复文件系统。命令格式：

```
fsckraw-device
```

例如：

```
fsck/dev/rdsk/c0t1d0s0
```

2. 挂载文件资源

（1）mount 文件系统挂载：本地或远程文件资源被接到根文件层次，看起来就像是一个单一的文件系统。这个连接操作称为“挂载”，利用 mount 命令完成文件资源挂载到根文件层次的目录被称为挂载点。在调用挂载命令前，挂载点必须存在。

命令格式：

```
mountfile_namemount_point
```

没有选项的 mount 命令显示当前已挂载的文件资源。

例如：

```
#mount/dev/dsk/c0t3d0s0/export/home
```

（2）df 显示文件系统所占用的硬盘空间：df-k 命令按 Kbytes 显示可用硬盘空间的总量和已用的硬盘空间。

各域的含义为：

Filesystem 被挂载的文件系统。

Kbytes 按 Kbyte 计算的文件系统大小。

Used 已用的数量（KB）。

Avail 可用的数量（KB）。

Capacity 已用的百分比。

Mountedon 挂载点。

需要注意的是，大约 10%的硬盘空间为文件系统保留，在 df-k 命令的输出中没有反映这一点。

（3）umount 卸载文件资源：从本地系统上卸载文件资源，超级用户可使用 umount 命令。

命令格式：

```
#umountmount_point
```

如果在被挂载的文件资源目录里有活动，则文件资源不可卸载。在卸载前 cd 至/目录是一个很好的习惯，不要不加区别地将系统正常运转所需要的文件系统卸载。

3．自动挂载文件资源

系统引导时读/etc/vfstab 文件以自动挂载文件资源。该文件包含本地和远程文件资源的登记项。

各域的含义：

Device-to-mount：标识 NFS 服务器和文件系统，或被挂载的本地文件系统。

Device-to-fsck：标识用于执行 fsck 的本地原始设备。

Mountpoint：挂载点路径。

FS-type：文件系统类型，通常是 ufs 用于本地文件系统，nfs 用于远程文件系统。

Fsck-pass：此域中的数字是 fsck 经过文件系统检查的顺序，相重的数字表示检查并行进行。

Mount-at-boot：决定文件系统是否在系统引导时被自动挂载。

Mount-options：定义挂载选项，如读/写访问。

域中的 - 表示无选项。

/dev/[r]dsk/cwtxdysz 用于本地 ufs 文件系统。W，s，y，z 分别表示控制器、目标、设备、片。一旦系统建立，手工在单机系统的/etc/vfstab 文件中加入远程文件资源登记项。

4．NFS 资源

Sun 的 NFS 分布式文件系统允许在网络上的机器共享它们的资源。NFS 文件系统使机器共享本地文件系统和目录，允许远程用户像本地用户那样访问这些文件系统和目录。

（1）share，shareall 共享文件资源。

```
share-orouserdirectory
/etc/init.d/nfs.serverstart
```

（2）dfshares 显示远程机共享资源。

```
dfsharesremote
```

（3）mount 挂载远程文件资源。

```
mountremote:directorylocaldir
```

5．卷管理

（1）/etc/init。d/volmgt[start|stop]启动卷管理。

（2）volcheck 检查软盘，如有挂载在 floppy 目录下。

（3）eject[cdrom|floppy]弹出设备。

9.5 Solaris 文件系统

9.5.1 创建文件系统

向一块硬盘写入数据之前，首先需要将其分区和格式化，这个过程一般可以分为三个步骤：

（1）物理格式化，也就是通常所说的低级格式化（Low-Level Formatting，LLF）。

（2）分区。

（3）逻辑格式化，也就是通常所说的高级格式化（High-Level Formatting，HLF）。

低级格式化的时候，硬盘被分成若干个磁道，这些磁道又被分成若干个扇区，每个扇区填充了随机数据。几乎所有的硬盘在出厂前都已经被低级格式化过，所以，用户只要对硬盘进行分区和逻辑格式化两个步骤就可以了。分区的动作将硬盘分成几个部分，成为分区或者是分片。每个分区或分片由若干个柱面组成。绝大多数情况下，Solaris 中的一个分区对应一个文件系统。一个分区不能包含多个文件系统；同样，一个文件系统也不能跨越多个分区。Solaris 中，对硬盘进行分区，就是使用我们开始的时候使用过的 format 命令。

当 Solaris 进行高级格式化的时候，将每个分区分成许多柱面组，每个柱面组包括了几个连续的柱面。文件系统在这些柱面组中建立文件和目录，并尽量将同一个文件的数据保存在同一个柱面组中。这样的机制能够保证磁头读取数据的时候移动最少，从而加快数据的读取速度。Solaris 中使用 newfs 命令来实现高级格式化，默认的文件系统是 UNIX 文件系统（UNIX File System，UFS），它使用下列类型的块：

（1）引导块：存储系统启动时所需的信息。

（2）超级块：存储文件系统信息。

（3）索引节点（i 节点）：存储文件系统中的单个文件信息。

（4）存储块/数据块：存储文件数据。

下面来详细介绍一下这几种类型的块。

1. 引导块

引导块存储系统启动时所需的信息。引导块总是位于硬盘的第一个柱面组，占用分区的前 8KB。

2. 超级块

超级块存储文件系统信息，它包含了下列信息：

（1）文件系统中总块数（文件系统大小）。

（2）文件系统中数据块的数目。

（3）索引节点的数目。

（4）柱面组的数目。

（5）块的大小。

（6）磁盘碎片的大小。

（7）空闲块的个数。

（8）空闲的索引节点的个数。

超级块对文件系统极其重要，所以 Solairs 系统采用多个备份来确保它的安全。偶尔，当没有正常关闭系统或硬盘出现故障的时候，会造成默认超级块不能正确读取或者是和其备份的超级块不一致。这时，就需要进行修复工作。通常在重新启动系统的时候，系统会调用 fsck 命令来自动完成。当 fsck 发现默认的超级块已经损坏而且无法自动修复的时候，会提示用户手动进行修复。

手动进行修复的时候，可以根据以下几个步骤进行：

（1）以单用户的身份进入系统，例如，在 PROM 的模式下（即 ok 状态下）用命令 boot-s 可进入单用户模式，或者在系统中 sync;sync;sync;init0 也可进入单用户模式。

（2）如果损坏的文件已经安装到文件树中，可以进入另一个目录，然后将损坏的文件系统卸载，例如：

```
#cd/
#umount/var
```

（3）使用 newfs-N 命令显示超级块的值，此命令会列出备用的超级块在文件系统中的位置：

```
#newfs-N/dev/dsk/c0t0d0s1
/dev/rdsk/c0t0d0s1:961248sectorsin204cylindersof19tracks,248sectors
469.4MBin13cylgroups(16c/g,36.81MB/g,17664i/g)super-blockbackups(forfsck
- ufs-ob=#)at:32,75680,151328,226976,302624,378272,453920,529568,605216,
680864,756512,832160,907808,
```

（4）从 newfs-N 命令列出的备用超级块中选择一个作为 fsck 命令的一个选项进行修复：

```
#fsck-Fufs-ob=453920/dev/rdsk/c0t0d0s1
```

3. 索引节点

索引节点包含了一个文件除去文件名以外的所有信息。一个索引节点占用 128B 的磁盘空间，它包含了下列信息：

（1）文件类型：普通文件、目录、块设备文件、字符设备文件、链接等。

（2）文件权限：读、写、执行权限的组合。

（3）文件的硬链接数。

（4）文件所有者的用户 ID。

（5）文件所属的组 ID。

（6）文件大小（字节数）。

（7）一个包含 15 个磁盘块地址的数组。

（8）文件最近的访问日期和时间。

（9）文件最后一次修改的日期和时间。

（10）文件创建的日期和时间。

硬盘上的每个文件，都有一个描述它的信息的索引结点。文件系统创建的时候，一定数目的索引节点在硬盘柱面组中被同时创建。有时候，这些索引节点或许会不够用，例如，当一个程序产生大量小文件的时候，此时文件系统就需要增加索引结点。

同样，如果事先知道此文件系统只用来存放少数大文件，就可以通过减少索引结点的数目来达到节省磁盘空间的目的——毕竟每个索引结点占用 128B。创建文件系统的时候，可以使用 newfs 命令的-i 选项来增加或者减少索引结点的数目。

/usr/ucb 目录下的 df 命令可以查看文件系统中所引结点的状况。例如：

```
#usr/ucb/df-i
Filesystemiusedifree%iusedMountedon
/dev/dsk/c0t0d0s013167219293846%/
```

注意：文件系统一旦创建，就无法改变它的索引结点数目，因此，当索引结点不够用的时候，首先应当备份此文件系统数据，然后创建一个包含更多索引结点的新的文件系统，然后将备份的数据恢复到新的文件系统就可以了。

4. 存储块/数据块

存储块，也叫做数据块，它占用了文件系统的其他所有空间。这些块包含了存放在磁盘上的数据文件。每个存储块的大小在创建文件系统的时候被确定。对一个普通文件来说，存储块存放了文件的内容，对一个目录来说，存储块中存放了此目录中所有文件的索引节点号和文件名的信息。

5. 磁盘命名

这里主要是详细解释我们最开始使用format命令的时候，看到的c0t0d0这个表示的详细含义。在Solaris系统中用设备名来代表磁盘。磁盘设备名是类似cXtXdX格式的一系列字母和数字，比如看到的c0t0d0。设备名中的字母（c，t，d）都是一样的，但X代表的数字表示特定的磁盘或者系统。例如，c0t0d0表示0号控制器、0号磁盘、0号LUN，这通常指代系统中的第一个硬盘，往往也是系统的启动磁盘（bootdisk）。

Sun使用下列命名方式定义逻辑设备名：

```
/dev/[r]dsk/cXtXdXsX
```

c：逻辑控制器号（逻辑控制器）。

t：物理总线目标号。

d：磁盘或逻辑单元号（LUN）。

s：分区号。

cX：X指磁盘控制器。当Sun系统搜集安装在系统中的磁盘控制器信息时，它给每个磁盘控制器一个数值，数值取决于系统监测控制器的先后顺序。第一个被检测到的控制器分配的数值是0，第二个控制器是1，依此类推。对IDE系统来说，第一个IDE通道为0，第二个（如果存在的话）通道为1。

tX：X指磁盘的目标号。这个数字有时候被称为SCSI标识符，磁盘控制器上的每一个磁盘都有一个唯一的目标号。控制器通过这个目标号可以对每个磁盘独立寻址。对IDE磁盘而言，主盘的目标号是0，从盘的目标号是1。

dX：X指磁盘的逻辑单元号（LUN）。在有些磁盘阵列中，LUN被用来区分系统中的各个磁盘。一个阵列可以用一个目标号来表示一组磁盘，然后用LUN来表示这个磁盘组中的单个磁盘。这种方式被广泛应用于SCSI磁盘阵列和光盘转换设备中。对单个磁盘或IDE磁盘，这个数字总是设定为0。

sX：X指磁盘上的分区号。它和磁盘的分区对应。就如我们前面所说的“Solaris下，一个磁盘包含8个分区，标记为0～7”，因为这里X的数值只能是0～7。

以上的内容，就可以详细说明出c0t0d0s0的含义了。

9.5.2 备份和恢复文件系统

1. 备份文件系统

（1）指定磁带特性。当不指定任何磁带特性时，ufsdump命令使用默认值集合。可以指定磁带盒（-c）、密度（-d）、大小（-s）和磁道数（-t）。注意可以以任意顺序指定选项，只要对应的参数顺序一致即可。

（2）使用OIC-150备份文件系统。要执行文件系统的完全备份，所在用户必须退出登录，且系统必须进入单用户模式。在磁带设备名前添加remote-host:，可以从远程驱动器备份或者恢复文件。

```
remote-host:/dev/rmt/unit
```

例如，远程磁带设备名为/dev/rmt/0，则在系统 oak 上为 oak:/dev/rmt/0。

以下步骤可以完成文件系统的 0 级备份：

（1）输入 inits，进入单用户模式。

（2）插入磁带。

（3）输入 ufsdump0cuf/dev/rmt/unit/dev/rdsk/cntndns0。

其中，0 表示 0 级（完全）备份，c 表示盒式磁带，u 表示更新备份记录，f 和后面的设备名指定设备文件。输入要备份的文件系统所在的原盘片。

（4）如果备份需要多个磁带，ufsdump 命令通知何时更换磁带。

（5）在磁带上制作写有命令、文件系统和日期的标签。

增量备份方式：

（1）系统进入单用户模式。

（2）成为超级用户。

（3）在磁带驱动器中插入磁带。

（4）输入 ufsdump[1-9]ucf/dev/rmt/unit/dev/rdsk/cntndnsn。

（5）从磁带驱动器中取出磁带并作标签。

2．恢复备份的文件系统

ufsrestore 命令从使用 ufsdump 命令创建的备份中复制文件到当前目录。可以使用 ufsrestore 命令从 0 级备份和以后的增量中恢复整个文件系统层次，或者从任何备份磁带中恢复单个或者多个文件。恢复的文件具有初始的所有者、最后修改的时间以及模式。

（1）确定使用哪个磁带。

① 询问用户文件或者文件系统丢失的日期或者该文件恢复的最佳日期。

② 参照备份计划查找包含该文件或者文件系统的上次备份的日期。要获得文件的最近版本，从最高级到最低级，从最近到较近日期反向操作增量备份。

③ 如果有一个使用 ufsdump-a 选项创建的在线存档文件，输入 ufsrestoretaarchive-name/path/filenames。确认使用了 file-name 的全路径。显示文件和它们存储的介质的列表。

④ 获得包含备份的介质。

⑤ 输入 ufsrestoretfdevice-name/path/filename 确认使用 filename 的全路径。

⑥ 如果在一个磁带上有多个备份文件，可以使用-sn 选项定位要使用的磁带的备份。例如，ufsrestorexfs/dev/rmt/05。

例如：

```
#inits
#umount/mount-point
#newfs/dev/rdsk/c0t0d0s7<-一个要恢复的位置
#mount/dev/dsk/c0t0d0s7/mount-point
#cd/mount-point
#ufsrestorervf/dev/rmt/0
```

3．文件交互式恢复

要恢复单个的文件或目录，较好的方法是将它们恢复到临时目录，经验证以后再复制到正确的位置。

（1）成为超级用户。

（2）为安全起见设置磁带的写保护。

（3）将备份磁带插入磁带驱动器。

（4）输入 cd/var/tmp。

（5）输入 ufsrestoreif/dev/rmt/unit 显示信息并出现 resotre>提示符。

（6）创建要恢复的文件列表。

ls：列出目录内容。

cddirectory-name：更换目录。

addfile-name：要添加目录或者文件名到要恢复的文件列表中。

setmodes 选择 n：要保持当前目录的模式不变。

（7）列表完成后，输入 extract。

（8）输入卷号并按回车键。

（9）输入 quit 返回。

（10）使用 ls-l 命令列出恢复的文件和目录。

（11）检查列表。

（12）使用 mv 命令将文件移到适合的目录中。

4. 从备份磁带中恢复单个文件

（1）成为超级用户。

（2）在磁带驱动器中插入备份磁带。

（3）输入 cd/var/tmp。

（4）输入 ufsrestorexf/dev/rmt/unitfile-name 回车。x 选项通知 ufsrestore 命令复制 file-name 参数指定的文件或目录。显示"setowner/modefor'。'?[yn]"信息。

（5）输入 n，保持当前目录的模式不变。

（6）输入文件所在的卷号，如果只有一卷，输入 1。

（7）输入 ls-lfile-name，显示为文件和目录。

（8）使用 mv 命令将文件移到适合的目录中。

9.6 Solaris 设备管理

在备份软件的使用过程中，对于磁盘、磁带的管理一般会花费存储管理员很大比例的时间和精力。因此，对于设备的管理的方便程度，是衡量一个备份软件好坏的重要的标准。NBU 作为业界最为知名的备份软件之一，在不同的操作系统上提供了统一的管理界面，但是由于操作系统的差异，使得系统管理员不得不自己配置新购置的磁盘阵列和磁带库，使得其能够被 NBU 识别和有效利用。

1. 检查 NBU 软件的兼容性列表

用户在配置设备时，第一需要注意的事情是检查该软件的兼容性列表，检查该软件是否支持用户当前正在使用的操作系统版本和磁盘、磁带等设备。一般来说，使用主流的操作系统和应用广泛的设备，都不会有什么问题。但是如果用户使用的是比较特殊的应用环境，那么就需要提前检查一下兼容性列表了，以免在使用过程中出现错误，一般来说这种错误都不容易诊断出来。

2．NBU 驱动的安装

在 Solaris 中，NBU 提供了自己的驱动程序，用于与 SCSI 控制的机械手外围设备通信，该驱动程序称为 SCSA（通用 SCSI PASSTHRU 驱动程序），也称为 SG（SCSI Generic）驱动程序。此外，NBU 需要 ST 驱动程序，去管理磁带机设备。

（1）判断 SG 驱动程序是否已经安装的办法就是检查内核：

```
#/usr/sbin/modinfo|grepsg
```

（2）删除现有的 SG 驱动程序，需要将其从内核中卸载才完整：

```
#/usr/sbin/rem_drvsg
```

（3）安装且重新配置 SG 驱动程序，需要分为两步走：

① 删除现有的 SG 配置文件（如果不删除，重新安装将使用之前已经存在的配置文件）。

```
#/usr/bin/rm-f/kernel/drv/sg.conf
```

② 安装 SG 程序。

```
#/usr/openv/volmgr/bin/driver/sg.install
```

3．配置 SG 和 ST 驱动程序

在 Solaris 平台上，配置机械手和磁带机的方法与其他平台不同，它并不是指定预先指定 SCSI 控制器、SCSIID 和 LUN，而是将可能出现的值都保存在 SG 和 ST 的配置文件中加载入内核中，由 SG 和 ST 驱动程序去查找和使用正确位置下的存储设备。所以，用户需要将 SCSIID 为 0～6 和 8～15 配置 SG 驱动程序。

SCSIID 中的 7 被跳过，这是因为在 SCSIID 的设置中，SCSI 可以是从 0～15 这 16 个选项中的任何一个，这 16 个 SCSIID 有着不同的优先级，从高到低依次是 7，6，5，4，3，2，1，0，15，14，13，12，11，10，9，8。其中 7 其实是具有最高优先级的 ID 值。此外，SCSI 协议是必须要求有初始设备发送信号，因此 SCSI7 长期是由 SCSI 初始化设备占用的，存储设备不会占用这个端口。

NBU 提供了一个脚本 sg.build 来帮助用户自动的配置 sg.conf 和 st.conf 以及 sg.link 三个配置文件，其用法是：

```
#/usr/openv/volmgr/bin/sg。buildall-mt15-ml1
```

该命令的含义是将 SCSIID 为 0～6 和 8～15、LUN 值为 0 和 1 的设备范围添加到上述的三个配置文件中。-mt15 参数指定在任何 SCSI 总线上使用的（或绑定到光纤通道设备的）最大目标 ID；-ml1 参数指定在任何 SCSI 总线上使用的（或光纤通道设备所使用的）最大目标逻辑单元号。

执行该命令后，就需要将该脚本生成的/usr/openv/volmgr/bin/driver/st.conf 替换了内核配置文件/kernel/drv/st.conf；再把原有的/kernel/drv/sg.conf 文件删除，用/usr/openv/volmgr/bin/driver/sg.install 命令，自动的将新的 sg.conf 文件替换到内核中去。这样，SG 和 ST 程序就可以识别所有的已经连接好的存储设备了。

4．使用 sgscan 工具

如果用户已经按照配置好了 SG 程序，就可以正确的识别到所有的已经连接的存储设备。NBU 提供了另外的工具 sgscan，可以方便用户查找用户需要使用的设备，其使用方法如图 9-1 所示。

```
-bash-3.00# /usr/openv/volmgr/bin/sgscan
/dev/sg/c0t1l0: Disk (/dev/rdsk/c1t1d0): "SEAGATE ST373207LSUN72G"
/dev/sg/c0tw100000068d00360l10: Changer: "ADIC     Scalar 24"
/dev/sg/c0tw100000068d00360l11: Tape (/dev/rmt/1): "SONY     SDX-700C"
/dev/sg/c0tw100000068d00360l12: Tape (/dev/rmt/0): "SONY     SDX-700C"
/dev/sg/c0tw50001fe1500ccc58l0: Array-controller: "HP       HSV200"
/dev/sg/c0tw50001fe1500ccc58l1: Disk (/dev/rdsk/c3t50001FE1500CCC58d1): "HP       HSV200"
/dev/sg/c0tw50001fe1500ccc58l2: Disk (/dev/rdsk/c3t50001FE1500CCC58d2): "HP       HSV200"
/dev/sg/c0tw50001fe1500ccc58l3: Disk (/dev/rdsk/c3t50001FE1500CCC58d3): "HP       HSV200"
/dev/sg/c0tw50001fe1500ccc58l4: Disk (/dev/rdsk/c3t50001FE1500CCC58d4): "HP       HSV200"
/dev/sg/c0tw50001fe1500ccc58l5: Disk (/dev/rdsk/c3t50001FE1500CCC58d5): "HP       HSV200"
/dev/sg/c0tw50001fe1500ccc58l6: Disk (/dev/rdsk/c3t50001FE1500CCC58d6): "HP       HSV200"
/dev/sg/c0tw50001fe1500ccc59l0: Array-controller: "HP       HSV200"
/dev/sg/c0tw50001fe1500ccc59l1: Disk (/dev/rdsk/c3t50001FE1500CCC59d1): "HP       HSV200"
/dev/sg/c0tw50001fe1500ccc59l2: Disk (/dev/rdsk/c3t50001FE1500CCC59d2): "HP       HSV200"
/dev/sg/c0tw50001fe1500ccc59l3: Disk (/dev/rdsk/c1t50001FE1500CCC59d3): "HP       HSV200"
/dev/sg/c0tw50001fe1500ccc59l4: Disk (/dev/rdsk/c1t50001FE1500CCC59d4): "HP       HSV200"
/dev/sg/c0tw50001fe1500ccc59l5: Disk (/dev/rdsk/c1t50001FE1500CCC59d5): "HP       HSV200"
/dev/sg/c0tw50001fe1500ccc59l6: Disk (/dev/rdsk/c1t50001FE1500CCC59d6): "HP       HSV200"
/dev/sg/c0tw50001fe1500ccc5cl0: Array-controller: "HP       HSV200"
/dev/sg/c0tw50001fe1500ccc5cl1: Disk (/dev/rdsk/c3t50001FE1500CCC5Cd1): "HP       HSV200"
/dev/sg/c0tw50001fe1500ccc5cl2: Disk (/dev/rdsk/c3t50001FE1500CCC5Cd2): "HP       HSV200"
/dev/sg/c0tw50001fe1500ccc5cl3: Disk (/dev/rdsk/c3t50001FE1500CCC5Cd3): "HP       HSV200"
/dev/sg/c0tw50001fe1500ccc5cl4: Disk (/dev/rdsk/c3t50001FE1500CCC5Cd4): "HP       HSV200"
/dev/sg/c0tw50001fe1500ccc5cl5: Disk (/dev/rdsk/c3t50001FE1500CCC5Cd5): "HP       HSV200"
/dev/sg/c0tw50001fe1500ccc5cl6: Disk (/dev/rdsk/c3t50001FE1500CCC5Cd6): "HP       HSV200"
/dev/sg/c0tw50001fe1500ccc5dl0: Array-controller: "HP       HSV200"
/dev/sg/c0tw50001fe1500ccc5dl1: Disk (/dev/rdsk/c3t50001FE1500CCC5Dd1): "HP       HSV200"
/dev/sg/c0tw50001fe1500ccc5dl2: Disk (/dev/rdsk/c3t50001FE1500CCC5Dd2): "HP       HSV200"
/dev/sg/c0tw50001fe1500ccc5dl3: Disk (/dev/rdsk/c1t50001FE1500CCC5Dd3): "HP       HSV200"
/dev/sg/c0tw50001fe1500ccc5dl4: Disk (/dev/rdsk/c1t50001FE1500CCC5Dd4): "HP       HSV200"
/dev/sg/c0tw50001fe1500ccc5dl5: Disk (/dev/rdsk/c1t50001FE1500CCC5Dd5): "HP       HSV200"
/dev/sg/c0tw50001fe1500ccc5dl6: Disk (/dev/rdsk/c1t50001FE1500CCC5Dd6): "HP       HSV200"
```

图 9-1 sgscan 查找所有 SCSI 设备

由图 9-1 可知，在本机上连接着一个机械手（ADIC 的），两个磁盘驱动器（SONYSDX-700C），还连接这一个 HP 的存储阵列（不同的 controler 控制着不同 LUN 下的六个硬盘，应该是多路径）；此外，该本机在 c0t1l0 的位置上连接着本机直连的 SCSI 硬盘，由此可见，NBU 就可以可以识别到所需要的机械手和磁带机了。

如果用户觉得这个图看起来内容太多，那么可以选择合适的参数来显示不同类型的设备，该命令参数包括 changer/tape/disk 等，可以方便的让用户来选择。

图 9-2 可以显示出本机的所有的硬盘设备，包括共享盘和本地硬盘。图 9-3 表示显示本机所有的磁带驱动器设备。图 9-4 表示显示本机所有的机械手设备。

```
-bash-3.00# /usr/openv/volmgr/bin/sgscan disk
/dev/sg/c0t1l0: (/dev/rdsk/c1t1d0): "SEAGATE ST373207LSUN72G"
/dev/sg/c0tw50001fe1500ccc58l1: (/dev/rdsk/c3t50001FE1500CCC58d1): "HP       HSV200"
/dev/sg/c0tw50001fe1500ccc58l2: (/dev/rdsk/c3t50001FE1500CCC58d2): "HP       HSV200"
/dev/sg/c0tw50001fe1500ccc58l3: (/dev/rdsk/c1t50001FE1500CCC58d3): "HP       HSV200"
/dev/sg/c0tw50001fe1500ccc58l4: (/dev/rdsk/c3t50001FE1500CCC58d4): "HP       HSV200"
/dev/sg/c0tw50001fe1500ccc58l5: (/dev/rdsk/c3t50001FE1500CCC58d5): "HP       HSV200"
/dev/sg/c0tw50001fe1500ccc58l6: (/dev/rdsk/c3t50001FE1500CCC58d6): "HP       HSV200"
/dev/sg/c0tw50001fe1500ccc59l1: (/dev/rdsk/c3t50001FE1500CCC59d1): "HP       HSV200"
/dev/sg/c0tw50001fe1500ccc59l2: (/dev/rdsk/c3t50001FE1500CCC59d2): "HP       HSV200"
/dev/sg/c0tw50001fe1500ccc59l3: (/dev/rdsk/c3t50001FE1500CCC59d3): "HP       HSV200"
/dev/sg/c0tw50001fe1500ccc59l4: (/dev/rdsk/c3t50001FE1500CCC59d4): "HP       HSV200"
/dev/sg/c0tw50001fe1500ccc59l5: (/dev/rdsk/c3t50001FE1500CCC59d5): "HP       HSV200"
/dev/sg/c0tw50001fe1500ccc59l6: (/dev/rdsk/c3t50001FE1500CCC59d6): "HP       HSV200"
/dev/sg/c0tw50001fe1500ccc5cl1: (/dev/rdsk/c3t50001FE1500CCC5Cd1): "HP       HSV200"
/dev/sg/c0tw50001fe1500ccc5cl2: (/dev/rdsk/c3t50001FE1500CCC5Cd2): "HP       HSV200"
/dev/sg/c0tw50001fe1500ccc5cl3: (/dev/rdsk/c3t50001FE1500CCC5Cd3): "HP       HSV200"
/dev/sg/c0tw50001fe1500ccc5cl4: (/dev/rdsk/c3t50001FE1500CCC5Cd4): "HP       HSV200"
/dev/sg/c0tw50001fe1500ccc5cl5: (/dev/rdsk/c3t50001FE1500CCC5Cd5): "HP       HSV200"
/dev/sg/c0tw50001fe1500ccc5cl6: (/dev/rdsk/c3t50001FE1500CCC5Cd6): "HP       HSV200"
/dev/sg/c0tw50001fe1500ccc5dl1: (/dev/rdsk/c1t50001FE1500CCC5Dd1): "HP       HSV200"
/dev/sg/c0tw50001fe1500ccc5dl2: (/dev/rdsk/c3t50001FE1500CCC5Dd2): "HP       HSV200"
/dev/sg/c0tw50001fe1500ccc5dl3: (/dev/rdsk/c3t50001FE1500CCC5Dd3): "HP       HSV200"
/dev/sg/c0tw50001fe1500ccc5dl4: (/dev/rdsk/c1t50001FE1500CCC5Dd4): "HP       HSV200"
/dev/sg/c0tw50001fe1500ccc5dl5: (/dev/rdsk/c3t50001FE1500CCC5Dd5): "HP       HSV200"
/dev/sg/c0tw50001fe1500ccc5dl6: (/dev/rdsk/c3t50001FE1500CCC5Dd6): "HP       HSV200"
```

图 9-2 显示本机所有硬盘设备

```
-bash-3.00# /usr/openv/volmgr/bin/sgscan tape
/dev/sg/c0tw100000068d00360111: (/dev/rmt/1): "SONY    SDX-700C"
/dev/sg/c0tw100000068d00360112: (/dev/rmt/0): "SONY    SDX-700C"
```

图 9-3 显示本机所有的磁带驱动器设备

```
-bash-3.00# /usr/openv/volmgr/bin/sgscan changer
/dev/sg/c0tw100000068d00360110: "ADIC     Scalar 24"
-bash-3.00#
```

图 9-4 显示本机所有的机械手设备

用户可以方便的配置 SG 驱动程序和 ST 驱动程序，使得用户可以将物理连接好的存储设备被操作系统和 NBU 所识别。此外，用户还可以利用 sgscan 命令，查看连接好的存储设备的状态信息。从而为正确高效的使用 NBU 来管理备份任务做好准备。

9.7 Solaris 网络管理

9.7.1 常用命令

本节描述 Solaris 网络管理中的一些常用命令及文件。

1. /etc/hostname.interface

Interface 是网卡的型号，有 le、hme 等。le 是十兆网卡，hme 为百兆网卡等。后面跟一个数字，第一个十兆网卡为 le0，第二个为 le1；第一个百兆网卡为 hme0，第二个为 hme1 等。文件的内容是这块网卡的名字，如 Sunrise、Sunny。

```
#more /etc/hostname.le0
Sunrise
# more /etc/hostname.hme0
Sunny
```

2. /etc/hosts 文件

系统名与 IP 地址的映射与/etc/hostname.interface 协同工作，可以配置本机网卡。

```
# more /etc/hosts
127.0.0.1 localhost loghost
172.16.255.1 Sunrise
172.18.255.1 Sunny
```

系统名不是机器名，机器名是唯一的，要更改机器名，用命令 hostname。

有了/etc/hostname.interface 和/etc/hosts 两个文件，系统就知道如何配置网卡了，如第一个百兆网卡的名字是 Sunny，其对应的地址是 172.18.255.1。

3. /etc/netmasks 文件

将网络的 IP 地址与网络地址联系在一起，划分子网。如果是标准网段，则不需要配置。

标准网段：

A 类网：0～127（127 用于本地地址），掩码为 255.0.0.0。

B 类网：128～191，掩码为 255.255.0.0。

C 类网：192～223，掩码为 255.255.255.0。

D 类网：224～254（用于多址广播）。

要配一个 B 类地址：172.16.255.1，掩码为 255.255.255.0，则在/etc/netmasks 文件中写 172.16.255.0 255.255.255.0

4．ifconfig 命令

检测网络端口状态。

```
#ifconfig -a
```

配置网络端口地址。

```
#ifconfig le0 172.16.255.1 netmask 255.255.255.0
```

配置网络端口状态。

```
#ifconfig le0 up/down
```

配置网络端口是否可用。

```
# ifconfig le0 plumb/unplumb
```

5．ping 命令

可以用来检测网络状态，测试网络速度。

6．/etc/services 文件

文件中装有网络服务协议的端口号，网络协议的服务类型。

```
#cat /etc/inet/services
ftp-data 20/tcp
ftp 21/tcp
telnet 23/tcp
smtp 25/tcp mail
sunrpc 111/udp rpcbind
sunrpc 111/tcp rpcbind
```

每个 TCP/IP 应用层服务如（FTP、Telnet）都在传输层有一个端口号。/etc/services 文件包含了每个能识别出的服务协议所对应的静态端口号。应用应使用唯一分配的端口号向传输提供者和远程对等实体标识自己。

文件中每一项都由服务名及其相关的端口号、传输协议提供者组成。有些服务可以在 TCP 和 UDP 上都可以运行。这时，此服务被列出两次。

9.7.2 网络配置

UNIX 并不是让每种服务的守护进程都在自己的端口上等待请求，而是将代表各个服务守护进程等待请求的任务交给一个叫 inetd 的服务进程。这样就可以大大减少对系统资源的占用。只有当超级服务进程发现一个服务请求时，它才调用该服务的守护进程。/etc/inetd。conf 配置文件允许 inetd 在启动时决定自己将代表哪些服务等待服务请求。如果一种服务的守护进程没有包含在 inetd.conf 文件中，那么当 inetd 接收到该服务的请求时，会把该请求丢弃。

文件的字段：

service_name 这是文件/etc/services 中列出的服务的标志符。

socket_type 用来标志使用的数据传输服务的类型。

proto 标识传输协议的名字。是 UPD 和 TCP

flags 可以被设为“等待”和“非等待”。如果被设为“等待” 状态，inetd 在恢复监听端口上的其他请求时，必须等待服务协议释放将其连接到网络的连接。“非等待”可以使

inetd 立即监听其他的请求。大多数 TCP 协议的采用“非等 待”方式，而 UDP 采用“等待”方式。

User 表示调用服务的用户名。

server_pathname 表示 inetd 在响应相关服务请求时必须调用的服务程序的完整路径名。

Args 该域包括服务的程序所使用的命令行参数。即以程序名开始，然后跟随用户设置的参数。

1. /etc/inetd.conf 文件

```
# cat /etc/inet/inetd.conf
ftp stream tcp nowait root /usr/sbin/in.ftpd
telnet stream tcp nowait root /usr/sbin/in.telnetd
login stream tcp nowait root /usr/sbin/in.rlogind
talk dgram udp wait root /usr/sbin/in.talkd
```

2. /etc/gateways 文件，存放路由表文件

```
net gateway metric
```

dest. Net：目标网段。

router：下一跳路由器的地址。

count：跳数。

3. route 命令

```
route add|delete [host|net] destination [gateway]
Add a route
#route add net 128.50.3.0 192.168.1.1
Delete a route
#route delete net 128.50.2.0 192.168.12.2
```

查看路由表方法如下：

```
# netstat -r
Routing Table:
Destination Gateway Flags Ref Use Interface
localhost localhost UH 0 2272 lo0
202.96.0.0 192.168.12.1 U 3 562 le0
10.103.0.0 192.168.12.2 U 3 562 le0
#
```

Destination：目标网络或主机。

Gateway：转发数据包的主机。

Flags：这条路由的状态，这个参数有以下几个选项：

- U：端口处于激活状态（up）。
- H：目标是个主机，而不是网段。
- Ref：同一个网络接口地址拥有的路由条目数量。
- Use：通过这条路由的包数量，对于 localhost 来说，这个数字代表 所以接收的包数量。
- Interface：路由的网络接口。

4. /etc/defaulrouter 文件

配置默认网关，可以防止不必要的路由进程，它适用于只有一个路由器通向其他网段，单一路由占用较小的路由表资源。

该文件保存了默认路由的信息。系统安装时并没有该文件，是用户自己创建的。文件内容是默认路由的地址。优点在于占用资源少，只有一条路由条目。

```
#cat /etc/defaultrouter
172.16.255.254
```

9.8 Solaris 安装

可以从这个网址(http://www.sun.com/software/solaris/get.jsp) 下载最新的 Solaris 10 3/05 for x64/x86 的光盘。例如，Solaris 10 3/05 CD 1，Solaris 10 3/05 CD 2，Solaris 10 3/05 CD 3，Solaris 10 3/05 CD 4，Solaris 10 3/05 Language CD。第一张盘主要是 Solaris 系统基本软件，第二张有许多和 gnome 相关的包，第三张主要是 staroffice，第四张包含了许多 open source 的软件如 Apache/Ant/Python/TCL/mysql 等。

1. 安装准备

以一个 60GB 的硬盘为例，将硬盘分为 4 个主分区，如表 9-1 所示。

表 9-1 硬盘分区

名 称	内 容	类 型	大 小	文件系统	描 述
/dev/hda1	Win->C:	Primary	10G	NTFS	Windows XP
/dev/hda2	Ext	Ext	25G		扩展分区
/dev/hda3	Linux	Primary	10G	EXT3	Linux
/dev/hda4	Solaris	Primary	11.5G	Solaris	Solaris x86partition
/dev/hda5	数据分区	Logical	12G	FAT32	所有操作系统共享
/dev/hda6	数据分区	Logical	12G	FAT32	所有操作系统共享
/dev/hda7	linux swap	Logical	1G	swap	Linux swap

其中第四个主分区 ID 配成了 0x82（Solaris 分区），大小为 12G，然后把下载的文件都先解成.iso 文件并放在/dev/hda5 分区下，这个分区在 Windows 下面是 D 盘。

2. 安装

把 BIOS 设为光盘启动，然后从光盘启动。可以看到 Solaris 的启动界面：SunOS Secondary Boot Version 4.02，然后等待 Initializing System…选择 1。Solaris Interactive，继续等待系统设备配置：Configuring devices。经过几分钟的等待后就看到系统自己认识到机器的 Intel Pro/100 VE 网卡 iprb0，接着可以看到系统自检到显卡（Nvidia Gefore 4 420）、键盘和鼠标等。

3. 配置过程

可以选用简体中文安装，接下来按步骤配置网络、地域、时间、Root 口令等，接下来选择软件自动重新引导和自动弹出 CD，第一张盘安装的介质可以选择 CD，后面的几张盘则可以都选择网络文件系统。

接收 License Agreement 后选择了初始安装、自定义安装，选择了所有的中文的软件包并且把默认语言环境设为中文的 GB18030，没有选择任何附加产品，然后选择整个群组/缺省包，选择磁盘上的 Solaris 分区，选择不保留数据，在分布文件系统时，如果是个人计算机，可以只配“/”和“swap”两个文件系统。

文件系统如下：

```
/ 10G
swap 1.5G
```

接着就可以开始安装了。

当第一张盘安装结束后，要注意在重启过程中取出第一张光盘，否则机器又会从光盘启动。当系统提示第二张光盘的位置时，可以选择网络文件系统。

由于开始设置时，Solaris 10 光盘 ISO 文件在/dev/hda5 下面，也就是 Windows 下的 D 盘，是 FAT32 的文件系统。可以先打开一个 Terminal，然后把这个 FAT32 的磁盘 mount 移到 Solaris 下，最后通过 lofiadm/mount 命令把 ISO 文件 mount 移到 Solaris 下面。做法如下：

（1）把 FAT32 的光盘 mount 移到 Solaris 下面：首先建立目的目录，可以把/dev/hda5 mount 到/wind, /dev/hda6 mount 到/wine。所以，运行# mkdir /wind #mkdir /wine。接着/dev/dsk，ls 看到 c0d0p0 到 c0d0p4，这里 c0d0p2 就对应前面分区表中的/dev/hda2 了，也就是那个扩展分区，里面包含了两个 FAT32 的 logical-drive /dev/hda5 和/dev/hda6。在 Solaris 里面用 device-name 和 logical-drive 分别对应主分区和逻辑分区。这里扩展分区的 device-name 是 c0d0p2，/dev/hda5 逻辑分区的 logical-driv，可以用 c 或者数字 1 来表示。/dev/hda6 的 logical-drive 是 d 或者数字 2。

```
#mount -F pcfs /dev/dsk/c0d0p2:c /wind#mount -F pcfs /dev/dsk/c0d0p2:d
/wine
```

要记住在/etc/vfstab 里面加入下面两行，以便系统重新启动时能把 FAT32 的分区自动 mount 上。

```
/dev/dsk/c0d0p2:c /dev/rdsk/c0d0p2:c /wind pcfs 2 yes -
/dev/dsk/c0d0p2:d /dev/rdsk/c0d0p2:d /wine pcfs 3 yes -
```

（2）用 lofiadm/mount 命令做虚拟光驱。在 Windows 上有很多虚拟光驱程序，如 Daemon, Virtual CD 等，可以把.iso 文件虚拟成光驱。

在 Solaris 下，用 lofiadm 命令。方法如下：

```
# lofiadm -a /wind/solaris10/sol-10-GA-x86-v2-iso.iso
```

把.iso 文件 export 为块设备，参数-a 表示 add，这个命令的 output 是/dev/lofi/1。

这样就可以把设备/dev/lofi/1 mount 到文件系统了。

```
# mount -F hsfs -o ro /dev/lofi/1 /mnt 把/dev/lofi/1 mount 到/mnt
```

然后#cd /mnt，看到 mount 成功后，里面有了光盘上的内容，再回到安装界面，在路径里面输入/mnt，然后就能顺利安装了。接下来要安装第三张盘的时候，同样进入 Terminal，# umount /mnt 用来 unmount。

```
# lofiadm -d /dev/lofi/1
```

接着对照第二张盘的命令来安装第三、四张盘和语言包。安装完后，系统会提示重新启动。重启后，有 CDE 和 JDS3 有两种桌面可供选择，可以选择进入 Java Desktop System 3 的界面。整个过程大约需要 2.5 小时的时间。

本 章 小 结

Solaris 是一种多用户多任务的 UNIX 操作系统。它是由 Sun Microsystems 公司生产的，基于 Intel 和 Sparc 处理器的一种操作系统。Solaris 10 的主要特性包括：动态跟踪、系统分区、进程权限管理、预兆性自愈技术、实际存储容量无限的文件系统 ZFS 等，它还采用加密架构为客户提供免费的 Solaris 安全工具集。

Solaris 操作系统是基于文件的，操作系统的主要三个部分是：内核（kernel），shell，文件结构（file structure）。kernel 是操作系统的核心，它的主要功能是：管理系统的设备、内存、进程以及守护进程，系统程序与系统硬件之间接口及执行所有的命令；shell 是用户与 kernel 之间的接口；Solaris 环境的文件结构是分成的目录树结构。

Solaris 操作系统进程状态包括创建、初始、就绪（活动、静止）、执行、阻塞（活动、静止）、结束。硬盘设备文件存储在/dev 目录下。字符设备文件存于 rdsk 子目录下，块设备文件存在 dsk 子目录下。在 solaris 中，NBU 提供了自己的驱动程序，用于与 SCSI 控制的机械手外围设备通信。Solaris 中的一个分区对应一个文件系统。Solaris 提供了网络管理中的一些常用命令及文件。

Solaris 也提供了远程控制的功能。它是为网络计算而设计的，作为一个网络服务器系统，它的网络功能十分强大；在网络安全方面它支持 Ipsec、Kerberos、AMI 和智能卡。SUN 为 Solaris 提供了 Easy Access Server（用于同时运行了 Windows NT 系统的企业级服务器），Enterprise Server（为可靠商业运行环境而设计，支持集簇功能），Internet Service Provider（ISP）Server（典型的网站服务器）。

Solaris 10 的进展很快，Sun 让一些用户在 Solaris 正式发布前进行试用。并非常注意操作系统的向前兼容性，例如，Solaris 10 可以运行 5 年前、甚至 10 年前在老版本的 Solaris 上开发的程序，并且这些程序能够自动利用到新版本提供的功能，而无需对老的程序进行任何修改。从技术更新的方面来说，Solaris 可以分为两种不同的版本：针对开发者提供的版本，以及真正进入商用的成熟版本。

习 题 九

1. Solaris 是一种什么样的操作系统，由哪几部分构成？
2. Solaris 10 有哪些新特性？
3. 简单描述 Solaris 的启动过程。
4. 试举例说明 Solaris 系统/etc/passwd 文件记录的系统用户账号的信息内容。
5. 简单介绍 Solaris 中的进程管理的 PROC 工具。
6. 简单描述 Solaris 文件系统的创建过程。
7. 简要描述 Solaris 系统文件交互式恢复方式的步骤。
8. 简要描述 Solaris 10 的安装过程。

第10章 Windows Vista

微软的Windows操作系统是读者所熟悉的，其版本不断更新。本章介绍Windows的最新产品Windows Vista。包括Windows Vista的内核、存储技术、设备管理、文件系统和安全性等。

10.1 概　述

微软投入了大量的人力与物力，用了约六年时间打造的Windows Vista终于和用户见面了。Vista是微软的下一代操作系统，以前叫做Longhorn。2005年7月22日微软对外宣布正式名称是Windows Vista。作为微软最新的操作系统，Vista第一次引入了"Life Immersion"概念，即在系统中集成许多人性的因素，一切以人为本，使得操作系统尽最大可能贴近用户，了解用户的感受，从而方便用户。

和以往操作系统不同，Windows Vista版本比较多。例如，大家熟悉的Windows 2000操作系统有三个版本：Professional、Server、Advance Server。而在各种Windows Vista版本中，可以分为Home和Business两大类，分别对应现在Windows XP中各个版本。目前Windows XP分为：Windows XP Starter、Home、Media Center、Professional、Professional x64和Tablet PC。Home将分为：Windows Starter 2007（初级版本）、Windows Vista Home Basic（初级家庭版）、Windows Vista Home Premium（增强家庭版）、Windows Vista Ultimate（终极版）。Business有三个版本：Windows Vista Small Business（小型商务版）、Windows Vista Business（商务版）、Windows Vista Enterprise（企业版）。也就是说，目前Windows Vista被分为了七个版本。如果算上两个针对欧洲市场的N版本，那就是九个。

10.1.1 操作系统结构类型

在操作系统的发展过程中，产生了多种多样的系统结构。而已经投入使用的操作系统无一例外的在结构上都有自己的特点，到目前为止大致可以分为四种类型的系统结构。Windows Vista并没有单独使用其中的某一种结构，它是采用了分层与微内核(客户/服务器)相结合的设计方法，这里主要讨论Windows Vista的系统结构特点。

操作系统结构设计有两层含义：一是研究操作系统程序的数据结构和控制结构；二是

组成操作系统程序的构造过程和方法。采用不同的构件和构造方法可组成不同结构的操作系统。操作系统的构件是：内核、进程、线程、类程和管程。

目前大致可以分为如下四种类型的系统结构：

1．模块组合结构

早期操作系统（如IBM操作系统）以及一些小型操作系统（如DOS操作系统）采用这种结构设计方法，它的主要优点是结构紧密，接口简单直接，系统效率高。但缺点在于：模块独立性差，系统结构不清晰；数据基本上作为全程量来处理，导致模块间有着很隐蔽的关系，更换或修改模块很困难；限制了系统的并发性。

2．层次结构

层次式结构是把操作系统划分为内核和若干模块（或进程），这些模块（或进程）按功能的调用次序排列成若干层次，各层之间只能是单向依赖或单向调用关系，这样不但系统结构清晰，而且不构成循环。它的优点是整体问题局部化，系统的正确性可通过各层正确性来保证。增加、修改或替换层次不影响其他层次，有利于系统的维护和扩充。但由于层次结构是分层单向依赖的，必须要建立模块（进程）间的通信机制，系统花费在通信上的开销较大，系统的效率也就会降低。

3．虚拟机结构

虚拟机结构的典型代表是IBM的大型机上的操作系统OS/370系列。它们基于如下设计思想，一个分时系统应该提供以下特性：

（1）多道程序。

（2）一个具有比裸机更方便、界面更扩展的计算机。

物理计算机资源通过多重化和共享技术可改变成多个虚拟机，基本做法是通过用一类物理设备来模拟另一类物理设备，或通过分时地使用一类物理设备，把一个物理实体改变成若干个逻辑上的对应物。物理实体是实际存在的，而逻辑上的对应物是虚幻的、感觉上的。该系统向上层提供了若干台虚拟机，每台虚拟机可以运行一台裸机所能够运行的任何类型的操作系统，不同的虚拟机可以运行不同的操作系统。

4．客户/服务器系统结构

按照客户/服务器结构的思想，操作系统分为两大部分：一是运行在用户态并以客户/服务器方式活动的进程；二是运行在核心态的内核。Windows NT的早期版本采用这种结构模式。微内核结构的主要优点是可靠性高、系统灵活性好、便于扩充和适宜于分布式系统等。但是这种系统结构的缺陷在于效率比较低，因为所有的用户进程只能通过微内核相互通信，所以微内核本身就成为系统的瓶颈，特别是在通信频繁的系统中．微内核不能提供高效率的服务。

10.1.2 Windows Vista的特点

Windows Vista使用了Windows server 2003（sp1）的底层核心编码，但是它仍然保留了Windows XP整体优良的特性，通过进一步的完善，也有人将Windows Vista称之为是Winodws XP和Windows server 2003优秀的结合体。除了一些常用的操作及功能性以外，微软公司平台部门的全球副总裁阿尔钦表示，对于Windows Vista在安全性、可靠性及互动体验等三大功能将会更为突出和完善。

1. 安全性

面对现在日益严重的网络、系统安全问题，新一代系统作好了进一步的保护准备，由于 Windows Vista 是基于 Windows Server 2003（SP1）的底层核心编码和融和 Windows XP 整体优良的特性的一款综合性操作系统，所以在安全机制上同样也拥有两项系统的优点，并且还增加了很多底层的安全功能，在 Windows Vista 中系统将会告知用户采取安全和保护隐私的情况，以便让用户得到最为完美的安全保护。这样可以有效地防止用户的个人信息泄露和日益猖獗的病毒的侵害。

2. 可靠性

虽然现在运用广泛的为 Windows XP，特别是 SP2 版的推出整体性上已经比以前发布的任何版本都要稳定、可靠，但是还是有漏洞出现。据微软所说 Vista 系统的计算机在此方面也得到了进一步的提升和完善。另外该系统兼容性也非常出色，面对的是所有的用户，不仅使商业用户能够得到最大化利益，使个人用户方面在整体性上也会有提高。同时针对现在 32 位和 64 位平台并存于市场的局面，Windows Vista 也考虑比较周全将推出基于这两种不同平台的 Windows Vista 操作系统。

3. 体验性

现在是个性化的时代，每个人对于系统的功能性的要求都不尽相同，就整体而言，特别是家庭、个人用户对能够带来很好的通信、娱乐、多媒体操作等个人体验的系统极为喜好。微软也早已了解目前用户对于系统整体的功能性、操作性取向，使 Vista 系统成为一个应用于通信、娱乐、多媒体等多向支持的良好平台，同时通过即时开机、动态搜索、自动化的网络和设备连接等功能的优化，让 Windows Vista 比 Windows XP 更易于使用和操作。

10.1.3 Windows Vista 的系统结构

Windows XP Professional、Windows 2000 和 Windows Vista 共享通用的操作系统结构。在这里我们主要讲解 Windows 2000 系统结构，以展示这种通用的操作系统结构。

Windows 2000 作为一个实际投入应用的操作系统，它的设计采用了分层操作系统和客户机/服务器（微内核）操作系统相结合的方式。在它的设计之初相当微内核化，但是经典的微内核系统效率很低，在商业上并不实用。Windows 2000 将很多系统服务的代码放在核心态，如文件系统、图形引擎等，这样既保证了系统的高效率，又有相当于经典的微内核系统的可靠性。Windows 2000 的系统结构如图 10-1 所示。

如图 10-1 所示，Windows 2000 分为用户态和核心态两部分，粗黑线上方为用户进程，它们运行在私有地址空间。用户进程有四种基本类型：

（1）系统支持进程（system support process）。例如，登录进程 Winlogon 和会话管理程序 SMSS。

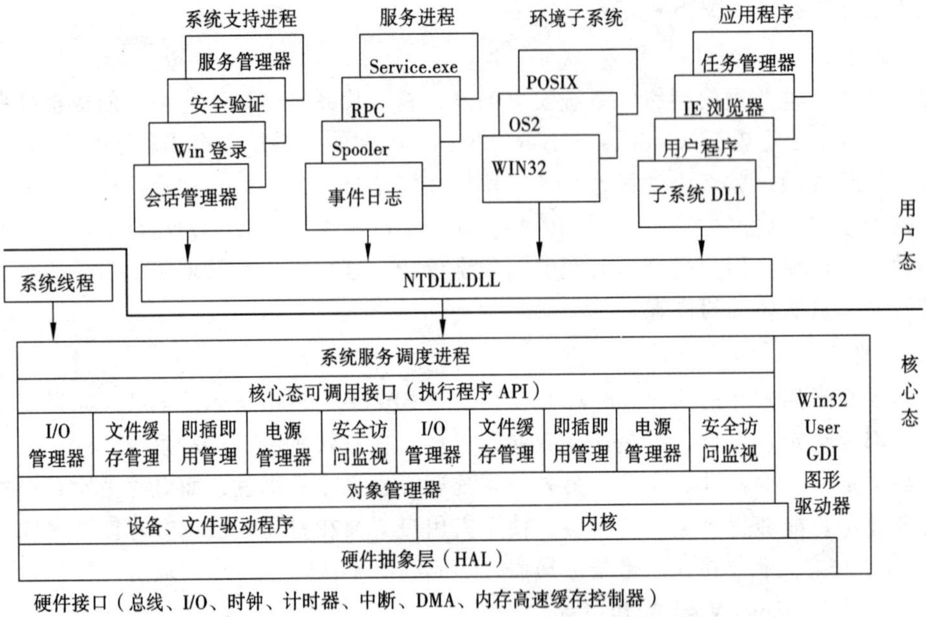

图 10-1　Windows 2000 的系统结构

（2）服务进程（serivice process）。例如，事件日志。

（3）环境子系统（environment subsystem）。它们向应用程序提供运行环境（操作系统功能调用接口）。Windows 2000 有三个环境子系统，即 Win32，POSIX 和 OS/2。

（4）应用程序（user application）。它们是 Win32、Windows 3.1、MS-DOS、POSIX 和 OS/2 这五种类型之一。

从图 10-1 中可以看出，服务进程和用户程序不能直接调用操作系统服务，它们必须通过于系统动态链接库（subsystem DLLs）和系统交互。子系统动态链接库的作用就是将文档化函数（公开的调用接口）转换为适当的 Windows 2000 内部系统调用。

粗黑线下方是 Windows 2000 的核心态组件，它们运行在统一的核心地址空间中。核心态组件包括：

（1）核心（kernel）包含了操作系统最底层的功能，例如，线程调度、中断和异常调度、多处理器同步等。同时它还提供了执行体（executive），用来实现高级结构的一组例程和基本对象。

（2）核心提供的执行体包含了基本的操作系统服务，例如，内存管理、进程和线程管理、安全控制、I/O 以及进程间的通信。

（3）硬件抽象层（Hardware Abstraction Layer，HAL）用来将内核、设备驱动程序、执行体与硬件分隔，使之可以适应多种平台。

（4）设备驱动程序（device drivers）包括文件系统和硬件设备的驱动程序，其中硬件设备驱动程序将用户的 I/O 函数调用转换为对特定硬件设备的 I/O 请求。

（5）图形驱动程序包含了实现图形用户界面（Graphical User Inrerface，GUI）的基本函数。

10.2　Windows Vista 内核

Windows Vista 属于 Windows NT 系列，关于其内核的详细介绍，可以参看有关书籍的描述，这里将重点描述 Windows Vista 相对于前版本（Windows XP）的更改。

10.2.1　内核在进程和 I/O 方面的增强功能

1. 线程优先级和计划

Windows Vista 包含了进程和线程方面的大量增强功能，其中包括使用 CPU 时钟周期计数器以较公平地进行 CPU 分配，以及使用新的多媒体类计划程序服务（MMCSS），它有助于媒体应用程序提供稳定的播放。

（1）CPU 时钟周期计数：所有 Windows NT 版本，包括 Windows Vista 程序在内，大约在每 10ms 或 15ms（毫秒）执行一次间隔计时器中断例程，间隔取决于硬件平台。该例程查看它所中断的线程并更新线程的 CPU 使用统计数据，就好像该线程在整个间隔期间都在运行，而事实上，线程可能仅在间隔就要结束前才开始执行。而且，从技术上讲，可能已经为线程分配了 CPU，但却一直没有机会运行，因为执行的是硬件和软件中断例程。

虽然对于报告线程和进程 CPU 使用情况的诊断工具来说，基于时钟的时间计算是一个好方法，但是，若由线程计划程序使用该方法将导致不公平的 CPU 分配。默认情况下，Windows 客户端版本上的线程最多可运行 2 个时钟节拍（如果是在前台中运行则为 6 个时钟节拍）。然而，根据线程在系统上的行为和其他活动，线程实际上可能在 CPU 上根本没有时间或是最多得到 6 个时钟节拍（如果是在前台中运行则为 18 个时钟节拍）。

图 10-2 显示了两个具有相同优先级的线程同时准备好运行时发生的不公平情况。计划程序假定线程 A 在整个间隔期间内运行时，线程 A 一直运行到下一时间片间隔过期，因此也就可以确定线程 A 已运行完毕。而且，在线程 A 运行期间发生的中断应由线程 A 完全负责。在下一间隔内，计划程序挑选线程 B 来接续，并且要在整个间隔内运行。

在 Windows Vista 中，计划程序使用现代处理器的时钟周期计数器寄存器精确地跟踪线程所执行的 CPU 时钟周期数。通过估计 CPU 在一个时钟间隔内能够执行的时钟周期数，它可以更准确地在 CPU 上布置轮循。另外，Windows Vista 计划程序不会根据线程的轮循计数中断执行。这就意味着，在 WindowsVista 上，线程始终会得到至少一次在 CPU 上运行的机会，而且永远不会执行多个额外时钟间隔，这使应用程序的行为更公平，也更具确定性。图 10-3 显示了 Windows Vista 如何响应图 10-2 中所示的情况，方法是为两个线程提供至少一个时间片的执行间隔。

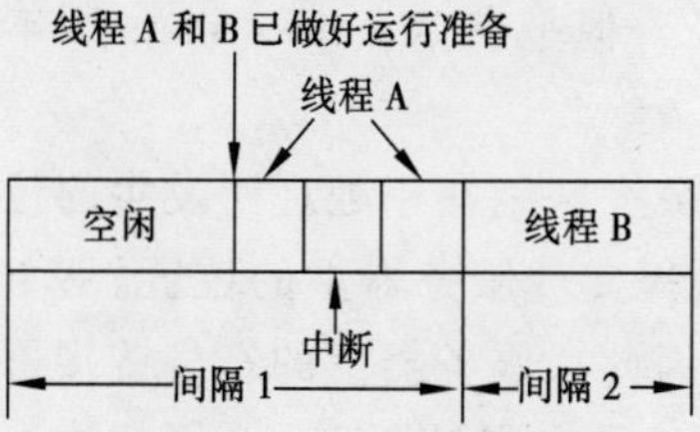

图 10-2　不公平的线程计划

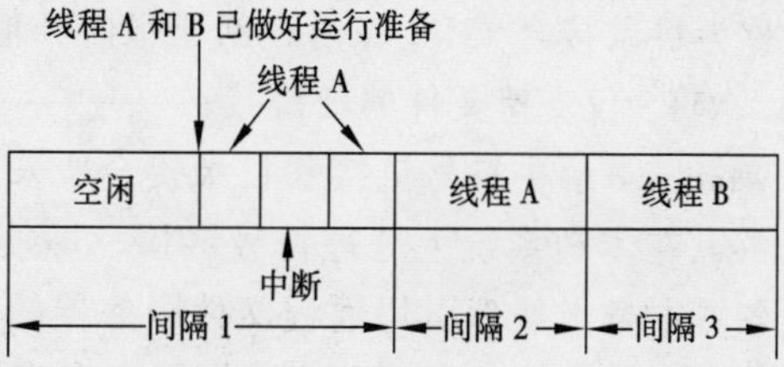

图 10-3　Windows Vista 基于时钟周期的计划

（2）多媒体类计划程序服务：用户期望多媒体应用程序（包括音乐和视频播放器）能够提供无缝的播放体验。然而，其他同时运行的应用程序（如防病毒、内容索引甚至是邮件客户端）对 CPU 的要求会带来不和谐的因素。为了提供更佳的播放体验，Windows Vista 引入 MMCSS 来管理多媒体线程的 CPU 优先级。

像 Windows Media Player 11 这样的多媒体应用程序使用能够表明其多媒体特性的新 API，通过 MMCSS 进行注册，它必须与下列按名称排列的注册表项之一匹配：

```
HKEY_LOCAL_MACHINE\Software\Microsoft\Windows NT\Currentversion\Multimedia\
SystemProfile\Tasks
```

各种任务注册表项可指定与不同多媒体类型相关联的线程为 CPU 和图形处理器资源获取的首选级别（尽管在 Windows Vista 中未实现图形处理器资源管理）。

在%SystemRoot%\System32\Mmcss.dll 中实现且在服务主机（Svchost.exe）进程中运行的 MMCSS 具有可在优先级 27 运行的优先级管理线程。（Windows 中线程优先级的范围是从 0～31。）此线程将已注册的多媒体线程的优先级推进到另一个范围内，该范围与任务注册表项的计划类别值相关联。在 Windows 中，线程优先级 16 及更高级别处在实时优先级范围内并且高于系统上的其他所有线程（除了内核的内存管理器工作线程，该线程在优先级 28 和 29 运行）。仅管理账户（如执行 MMCSS 的“本地系统”账户）具有设置实时线程优先级所需的提升优先级权限。

在播放音频文件时，Windows Media Player 注册音频任务线程；在播放视频时，Windows Media Player 注册播放任务线程。对于已经指明它们在拥有前台窗口的进程中运行时并且在将任务的定义注册表项中的 BackgroundOnly 值设置为 True 时将同时传递流的所有线程，MMCSS 服务会对其进行提升。

但是在 MMCSS 想要帮助多媒体线程获得所需的 CPU 时间的同时，它还想确保其他线程至少也能获得一些 CPU 时间，这样，系统和其他应用程序才能保持响应能力。因此，MMCSS 为其他活动保留了一定百分比的 CPU 时间，并在以下注册表值中进行指定：

```
HKLM\Software\Microsoft\Windows NT\Currentversion\Multimedia\SystemProfile\
SystemResponsiveness
```

默认情况下，此比例为 20%；MMCSS 监视 CPU 的使用情况，以确保在其他线程需要 CPU 时，在 10 ms 期间内提升多媒体线程所占的时间不超过 8 ms。为了使多媒体线程不占用剩下的 2 ms，计划程序将其优先级设置在 1～7 级的范围内。

2. 基于文件的符号链接

终于在 Windows Vista 中见到符号文件链接（如在 UNIX 中那样称做软链接）了，许多人认为它是 NTFS 中缺少的文件系统功能。NTFS 的 Windows 2000 版本引入了符号目录链接（称为目录接合），允许用户创建指向其他目录的目录，但是在 Windows Vista 版本发布之前，NTFS 仅支持文件的硬链接。

Windows 解决符号链接和目录接合所采用的方式的最大区别在于处理所发生的位置。Windows 在本地系统上处理符号链接，即使它们引用远程文件服务器上的位置。Windows 在服务器本身上处理引用远程文件服务器的目录接合。因此，服务器上的符号链接可以引用仅从客户端才能访问的位置（如其他客户端卷），而目录接合则做不到。为了解决这个问题，Windows Vista 支持适用于文件和目录的新符号链接类型。

已经对许多文件系统命令进行了更新，以了解符号链接的含义。例如，Delete 命令知道不要跟随链接（这样会导致目标的删除），而是要删除链接。然而，由于不是所有的应用程序都能正确地处理符号链接，因此，创建符号链接需要新的创建符号链接权限，而默认情况下，仅有管理员才具有该权限。

您可以在命令提示符下使用 Mklink 命令创建符号链接。命令提示符的内置目录命令通过用<SYMLINK>标记符号链接并在括号中显示目标的方式标识符号链接。Windows 资源管理器也可识别符号链接，并使用快捷方式箭头显示。可以通过将“链接目标”列添加到浏览窗口中来查看资源管理器中的链接目标。

3. 取消 I/O 操作

（1）I/O 完成和取消：对 I/O 系统所做的大量更改可改进服务器应用程序的性能。这些应用程序通常使用称为完成端口的同步对象来等待异步 I/O 请求的完成。在 Windows Vista 之前，当此类 I/O 完成时，已发布 I/O 的线程将执行 I/O 完成工作，这可切换到线程所属的进程并中断所有正在进行的其他工作。然后，I/O 系统将更新完成端口的状态，以唤醒正在等待完成端口进行状态更改的线程。

在 Windows Vista 上，I/O 完成处理不必非由已发布 I/O 的线程执行，但是必须由等待完成端口将其唤醒的线程来执行。这个相对较小的更改避免了不必要的线程计划以及可能造成应用程序和系统整体性能下降的上下文切换。为了进一步提高性能，服务器可以从一个请求的完成中检索多个 I/O 操作的结果，避免转换到内核模式。

从最终用户的角度来看，I/O 系统中最可见的更改可能是 Windows Vista 所支持的取消同步 I/O 操作。如果曾经执行过 net view 命令或试图使用 WindowsXP 或 Windows Server 2003 访问过脱机远程系统的共享，您就已经体验到了无法取消的 I/O 操作问题：直到网络超时过期后，命令或文件浏览器才能响应。应用程序没有选择，只能等待，直至操作失败，因为它没有办法告知正在执行 I/O 的设备驱动程序不需再理会 I/O 了。

在 Windows Vista 中，大多数 I/O 操作都可以取消，包括 Net View 和资源管理器使用的打开文件 I/O。然而，必须更新应用程序以响应最终用户的取消 I/O 请求，而且许多与具有超时设置的设备进行交互的 Windows Vista 实用工具已得到必要的支持。例如，实际上由每个 Windows 应用程序（包括第三方应用程序）使用的文件打开和保存对话框现在允许在试图显示文件夹内容时启用“取消”按钮。在按【Ctrl+C】键时，Net 命令也可取消其同步 I/O。

可以通过在 Windows Vista 上打开命令提示符并键入以下内容来查看 I/O 取消所带来的好处：

```
net view (\\nonexistentmachine)
```

在 Windows 试图联系不存在的系统时该命令将挂起，但可以通过按【Ctrl+C】键来终止该命令。在 Windows XP 中，按【Ctrl+C】键不会产生影响，并且直到网络操作超时后命令才会返回。

在 Windows 以前的版本中会引发用户问题的另一类 I/O 就是设备驱动程序不能正确取消的 I/O，因为设备驱动程序轻易不会知道它们应该这样做。如果曾经终止过进程，但随后发现它在进程查看工具中有所延迟，那么，您已经亲眼目睹了设备驱动程序无法对进程终止做出响应，并且取消由未完成进程发布的 I/O 这两个过程。直到所有进程的 I/O 已经完成或已被取消，Windows 才能执行最终进程清理。在 Windows Vista 中，设备驱动程序能够很容易地注册进程终止的通知，因此，大多数无法终止的进程问题也就迎刃而解了。

（2）I/O 优先级：虽然 Windows 始终支持 CPU 使用情况的排列优先级，但是却未包括 I/O 优先级这一概念。如果没有 I/O 优先级，搜索索引、病毒扫描和磁盘碎片整理等后台活动会对前台操作的响应性带来严重的影响。例如，用户在另一进程正在执行磁盘 I/O 时启动应用程序或打开文档，则该用户将体验到延迟，因为前台任务要等待磁盘访问。同样的干扰也会影响到多媒体内容（如硬盘上的歌曲）流播放的质量。

为了有助于前台 I/O 操作获取首选项，Windows Vista 引入了两个全新类型的 I/O 优先级排列：单独 I/O 操作的优先级和 I/O 带宽保留。Windows Vista I/O 系统内部包括对五个 I/O 优先级的支持，但是仅使用了四个优先级（Windows 的未来版本可能支持"高"优先级）。

I/O 具有"中等"默认优先级，内存管理器想要在低内存情况下将脏内存数据写到磁盘中从而为其他数据和代码在 RAM 中留出空间时，将使用"关键"优先级。Windows Task Scheduler 将具有默认任务优先级的任务 I/O 优先级设置为"低"，并将由执行后台处理的应用程序（为 Windows Vista 而编写）指定的优先级设置为"非常低"。所有 Windows Vista 后台操作（包括 Windows Defender 扫描和桌面搜索索引）均使用"非常低"I/O 优先级。

系统存储类设备驱动程序（%SystemRoot%\System32\Classpnp.sys）强制使用 I/O 优先级，因此也就自动应用于指向大多数存储设备的 I/O。类和其他存储驱动程序将"中等"I/O 插入到队列内优先级为"低"和"非常低"的 I/O 之前，但是至少应每秒发布一个等待"低"或"非常低"I/O 的操作，这样后台进程才可以向前进行。使用"非常低"I/O 读取数据还会使缓存管理器立刻将修改写入磁盘，并绕过读取操作的预读逻辑，否则它会优先从正在访问的文件中进行读取。

Windows Vista 带宽保留支持对于媒体播放机应用程序非常有用，Windows Media Player 将其连同 MMCSS 优先级提升一起使用，以提供对本机内容近乎稳定的播放体验。媒体播放机应用程序要求 I/O 系统确保它能够以指定速率读取数据，如果设备能够以请求的速率传递数据而且现有保留也允许的情况下，它将针对发布 I/O 的频率以及 I/O 应具有的大小两方面为应用程序提供指导。I/O 系统不会为其他 I/O 提供服务，除非它能够满足在目标存储设备上做出保留的应用程序的要求。

在 I/O 系统中值得一提的一个最终更改与 I/O 操作的大小有关。因为第一版 Windows NT、内存管理器和 I/O 系统已将单独存储 I/O 请求所处理的数据数量限制为 64KB。因此，即使应用程序发布了一个更大的 I/O 请求，也会被分解为最大大小为 64KB 的多个请求。每个 I/O 都导致了转换到内核模式的开销并在存储设备上启动 I/O 传输，因此在 Windows Vista 中，存储 I/O 请求大小将不再受限。已对一些 Windows Vista 用户模式组件进行了修改，以利用对更大 I/O 的支持，包括资源管理器的复制功能和命令提示符的 Copy 命令（现在发布 1MB 的 I/O）。

10.2.2 内存管理、启动和关闭、电源管理

1. 内存管理

Windows 随着每个发行版本的问世都在可伸缩性和性能方面进行了改进，Windows Vista 也不例外。Windows Vista 内存管理器包含了大量增强功能，例如，更大范围地使用

无锁同步技术、锁定粒度更细、数据结构包更紧密，分页 I/O 更大、增加了对现代 GPU 内存体系结构的支持，并更有效利用了硬件的转换旁路缓冲器。另外，Windows Vista 内存管理如今还针对不同工作负荷的要求提供动态地址空间分配。

以下四种采用新技术的性能增强型功能首次在 Windows Vista 操作系统上登台亮相：SuperFetch、ReadyBoost、ReadyBoot 和 ReadyDrive。

（1）动态内核地址空间：Windows 以及其上所运行的应用程序占用的地址空间已经达到了 32 位处理器的地址空间极限。默认情况下，Windows 内核被限制在 2GB，或者是 32 位虚拟地址空间总量的一半，另一半则预留给当前正在 CPU 中运行线程的进程使用。在其自己的那一半虚拟地址空间中，内核必须映射其自身、设备驱动程序、文件系统缓存、内核堆栈、每会话代码数据结构，以及由设备驱动程序分配的非分页（锁定的物理内存）缓冲区和分页缓冲区。在 Windows Vista 推出之前，内存管理器在引导时确定针对这些用途分配多少地址空间，但这种不变性有时会造成其中某一区域空间被占满，而其他区域仍有大量可用空间的情况。区域空间被用尽会导致应用程序出现故障，并会妨碍设备驱动程序完成 I/O 操作。

在 32 位 Windows Vista 中，内存管理器动态管理内核的地址空间，根据工作负荷的具体需求为各种用途分配和释放空间。这样，用于存储分页缓冲区的虚拟内存量会随着设备驱动程序需求量增加而增加，并会在驱动程序释放它时缩小。因此，Windows Vista 将能够处理更大范围的工作负荷，同样，即将推出的代号为“Longhorn”的 32 位版本 Windows Server® 也将升级到可以处理更多的并行终端服务器用户。

当然，在 64 位 Windows Vista 系统上，地址空间约束目前还不属于实质性的限制，因此，在将这些约束配置为相应最大值时，不需要对其进行任何特殊处理。

（2）内存优先级：就像 Windows Vista 添加 I/O 优先级一样，它还实现内存优先级。要了解 Windows 如何使用内存优先级，就需要掌握内存管理器如何实现其内存缓存（称为“待机列表”）。在 Windows Vista 之前的所有 Windows 版本中，当某个进程所拥有的物理页面（大小一般为 4KB）被系统回收时，内存管理器通常将该页面置于“待机列表”末尾。如果进程想要再次访问该页面，内存管理器会从“待机列表”获取该页面，然后将其重新分配给该进程。如果进程想要使用物理内存的新页面，但没有可用的内存，则内存管理器会为其提供“待机列表”前端的页面。此方案基本上对待机列表中的所有页面都同等对待，仅按页面被置于列表中的时间来对它们进行排序。

在 Windows Vista 上，内存的每个页面都具有一个在 0～7 之间的优先级，这样，内存管理器会将“待机列表”划分为八个列表，每一个都用来存储具有特定优先级的页面。当内存管理器想要从“待机列表”中获取某一页面时，它会先从低优先级列表获取页面。页面的优先级通常反映的是第一个导致该页面分配的线程的优先级。（如果页面是共享的，它反映的就是共享线程的最高内存优先级。）线程会从其所属的进程继承它的页面优先级值。当内存管理器预见到某一进程要访问内存时，会将低优先级用于它从磁盘推测性读取的页面。

默认情况下，进程的页面优先级值为 5，但应用程序和系统可通过函数更改进程和线程的页面优先级值。只有从宏观上理解页面的相对优先级时，才能意识到内存优先级的真正价值，也就是 SuperFetch 所发挥的作用。

① SuperFetch。内存管理器的重大改变体现在它对物理内存的管理方式。先前版本 Windows 所使用的“待机列表”管理有两个局限性。首先，页面的优先化仅取决于进程最近过去的行为，而不会预见到它们未来的内存需求。其次，用于优先化的数据仅限定于进程在任意给定时刻所拥有的页面列表。这两个缺点会导致出现“午餐后综合症”之类的状况，即用户离开计算机一段时间，但需要内存密集型的系统应用程序在此期间一直都在运行（例如，病毒扫描或磁盘碎片整理）。此应用程序会强制用户的活动应用程序已在内存中进行缓存处理的代码和数据由内存密集型活动重写。等用户回来后，就会发现性能变得非常缓慢，因为各应用程序必须从磁盘请求它们的数据和代码。

Windows XP 采用了预取支持，该功能基于以前的引导和应用程序启动来执行大规模的磁盘 I/O，以向内存预加载所预期到的代码和文件系统数据，从而改进了引导和应用程序启动性能。Windows Vista 凭借 SuperFetch 又向前迈进了一大步，SuperFetch 是一种通过历史信息和前瞻性内存管理来增强“least-recently accessed”（最近最少访问的）方法的内存管理方案。

SuperFetch 作为在服务主机进程（%SystemRoot%\System32\Svchost.exe）内运行的 Windows 服务在%SystemRoot%\System32\Sysmain.dll 中实现。该方案依赖于内存管理器提供的支持，因此它可以检索页面使用历史，以及引导内存管理器将来自磁盘文件或分页文件的数据和代码预加载到“待机列表”中，并为各页面指定优先级。SuperFetch 服务基本上是将页面跟踪扩展到曾经存储在内存中但已被内存管理器重新使用以为新数据和代码让出空间的数据和代码。该服务会将这一信息存储在 %SystemRoot%\Prefetch 目录中扩展名为.db 的场景文件中（位于用于优化应用程序启动的标准预取文件旁边）。在对内存使用情况的这种深入了解基础上，SuperFetch 可在物理内存变为可用时预加载数据和代码。

只要内存变为可用（例如，当某应用程序退出或释放内存时），SuperFetch 便会要求内存管理器提取最近被驱出的数据和代码。这将以每秒少数几页的速率完成，并且 I/O 的优先级为“非常低”，以便预加载操作不会影响用户或其他活动应用程序。因此，如果用户离开计算机去享用午餐，并且某个内存密集型的后台任务导致活动应用程序的代码和数据在用户离开期间被驱出内存，则 SuperFetch 通常会在用户回来之前将所有或大多数代码和数据返回到内存中。SuperFetch 还包含了对休眠、待机、快速用户切换（FUS）和应用程序启动的特定场景支持。例如，当系统处于休眠状态时，SuperFetch 会将数据和代码存储在它预期（基于以前的休眠）将在后续恢复期间被访问的休眠文件中。相比之下，当用户恢复 Windows XP 时，先前缓存的数据在被引用时必须从磁盘重新读取。

② ReadyBoost。CPU 和内存的速度快到超越了硬盘的速度，因此磁盘是一个常见的系统性能瓶颈。随机磁盘 I/O 成本尤为高昂，因为磁头寻道时间约为 10ms，这对于现今的 3GHz 处理器来说有些漫长。尽管 RAM 是用于缓存磁盘数据的理想选择，但它的成本也相对较高。不过，闪存通常较为便宜，它随机读取的速度最高可比典型硬盘快 10 倍。因此，Windows Vista 中加入了一个名为 ReadyBoost 的功能来利用闪存存储设备，方法是在这些设备上创建一个逻辑上介于内存和磁盘之间的中间缓存层。

ReadyBoost 由一个在%SystemRoot%\System32\Emdmgmt.dll 中实现的运行于服务主机进程中的服务和一个卷过滤器驱动程序（%SystemRoot%\System32\Drivers\Ecache.sys）组成。（Emd 是“外部内存设备”的简称，即 ReadyBoost 在开发期间所使用的工作名称。）当用户将USB密钥之类的闪存设备插入到系统中时，ReadyBoost服务会查看该设备以确定其性能特征，并将测试结果存储在 HKEY_LOCAL_MACHINE\Software\Microsoft\Windows NT\Currentversion\Emdmgmt 中。

如果用户还未使用设备进行缓存处理，并且新设备大小介于 256MB 和 32GB 之间、对于 4KB 随机读取的传输率为 2.5MB/s 或更高、对于 512KB 随机写入的传输率为 1.75MB/s 或更高，则 ReadyBoost将询问用户是否想要将高达4GB的存储空间专门用于进行磁盘缓存。（尽管 ReadyBoost 可以使用 NTFS，它还是会将最大缓存大小限制在 4GB，以适应 FAT32 限制。）如果用户同意，该服务便会在设备的根目录下创建一个名为 ReadyBoost.sfcache 的缓存文件，并要求 SuperFetch 在后台预先填充缓存。

在 ReadyBoost 服务对缓存进行初始化之后，Ecache.sys 设备驱动程序会将所有读写数据截取到本地硬盘卷（例如 C:\），并将要写入的所有数据复制到该服务创建的缓存文件中。Ecache.sys 会将数据压缩，压缩比通常达到 2:1，这样，4GB 的缓存文件通常将包含 8GB 数据。驱动程序会联合使用高级加密标准（AES）和一个随机生成的每个引导会话密钥对其写入的每个块进行加密，以在将设备从系统移除的情况下保证缓存中数据的保密性。

当 ReadyBoost 确定可从缓存满足随机读取需求时，它便会从那里向随机读取提供服务，但由于硬盘的有序读取访问要胜过闪存，因此，它允许有序访问模式中的读数据直接移至磁盘，即使该数据位于缓存中。

③ ReadyBoot。如果系统的内存不到 512MB，则 Windows Vista 会使用与 Windows XP 一样的引导时预取，但如果系统的 RAM 为 700MB 或以上，它便会使用 RAM 内缓存来优化引导进程。缓存的大小取决于可用 RAM 总量，但这足以创建适当的缓存，并还可以为系统留出要顺利引导所需的内存。

在每一次引导后，ReadyBoost 服务会使用空闲 CPU 时间来为下一次引导计算引导时缓存计划。它会分析来自前五次引导的文件跟踪信息，并标识出访问了哪些文件以及这些文件在磁盘上的位置。该服务将已处理的跟踪信息以.fx 文件形式存储在%SystemRoot%\Prefetch\Readyboot 中，并将缓存计划保存在 HKLM\System\CurrentControlSet\Services\Ecache\Parameters 下的 REG_BINARY 值（这些值针对它们所引用的内部磁盘卷而命名）中。

缓存由实现 ReadyBoost 缓存处理的同一设备驱动程序（Ecache.sys）实现，但缓存的填充则是由 ReadyBoost 服务在系统引导时带领完成。尽管引导缓存像 ReadyBoost 缓存一样进行压缩，但 ReadyBoost 和 ReadyBoot 缓存管理之间的另一个区别是，在 ReadyBoot 模式下，除了 ReadyBoost 服务的更新之外，缓存不会变为反映在引导期间读取或写入的数据。ReadyBoost 服务会在引导开始后 90s 时（或者在其他内存需求批准它的情况下）将缓存删除，并将缓存的统计信息记录在 HKLM\System\CurrentControlSet\Services\Ecache\ Parameters\ReadyBootStats 中。Microsoft 性能测试表明，与旧有 Windows XP 预取器相比，ReadyBoot 使性能提高了约 20%。图 10-4 所示为 ReadyBoot 执行状态示意图。

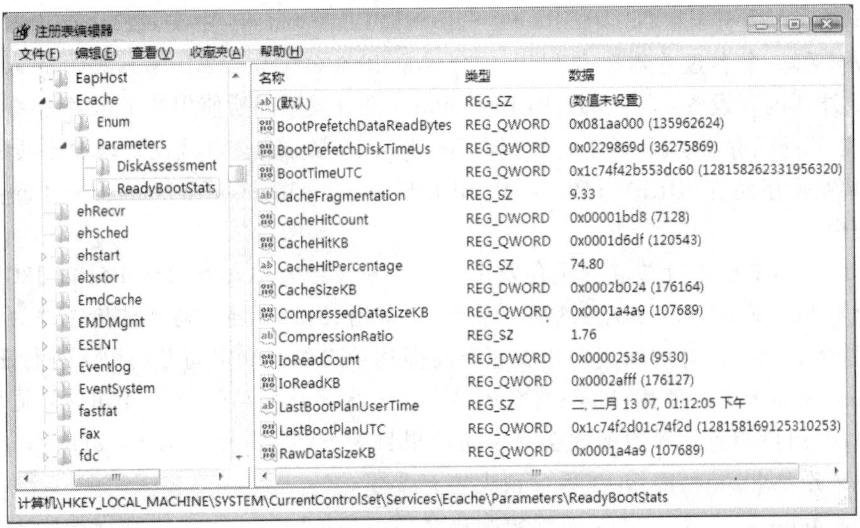

图 10-4 ReadyBoot 执行状态

④ ReadyDrive。ReadyDrive 是一项利用了名为 H-HDD 的新型混合硬盘驱动器的 Windows Vista 功能。H-HDD 是一种带有嵌入式非易失性闪存（还称为 NVRAM）的磁盘。典型 H-HDD 所包含的缓存大小介于 50～512MB 之间，但 Windows Vista 缓存限制为 2TB。

Windows Vista 使用 ATA-8 命令来定义要在闪存中存放的磁盘数据。例如，Windows Vista 会在系统关闭时将引导数据保存到缓存，从而可以更快速地重新启动。它还会在系统处于休眠状态时将某些部分的休眠文件数据存储在缓存中，以便加速后来的恢复过程。即使在磁盘盘片降速时也会启用缓存，因此，Windows 可以将闪存用做磁盘写入缓存，这样可避免在系统靠电池电源运行时将磁盘盘片加速。使磁盘轴保持关闭状态可以节省由磁盘驱动器在正常使用期间所消耗的大量电源。

2. 启动和关闭

（1）引导配置数据库：Windows Vista 在启动和关闭方面增强了许多功能。随着引导配置数据库（BCD）的采用，启动功能在存储系统和 OS 启动配置、系统启动进程的新流程和组织、新登录体系结构以及对延迟式自动启动服务的支持方面都有所改进。Windows Vista 关闭方面的变化包括 Windows 服务的预关闭通知、Windows 服务关闭排序以及 OS 对电源状态转换的管理方式的重大改变。

启动进程的最明显变化之一是，系统卷的根目录中没有了 Boot.ini。这是因为，引导配置现在存储在 BCD 中（在先前版本的 Windows 上，它存储在 Boot.ini 文本文件中）。Windows Vista 使用 BCD 的其中一个原因是，BCD 将 Windows 支持的两个当前引导体系结构合为了一体：主引导记录（MBR）和可扩展固件接口（EFI）。MBR 通常由 x86 和 x64 桌面系统使用，而 EFI 则由基于 Itanium 的系统使用（但在不久的将来，桌面 PC 很有可能会附带 EFI 支持）。BCD 对固件进行了抽象化，并具有超越 Boot.ini 的其他优点，例如，对 Unicode 字符串和备用预引导可执行文件的支持。

BCD 实际上存储在磁盘上的某个加载到 Windows 注册表中以通过注册表 API 进行访问的注册表配置单元中。在 PC 上，Windows 将其存储在系统卷上的\Boot\Bcd 中。在 EFI 系统上，它位于 EFI 系统分区上。在加载了该配置单元后，它会在 HKLM\Bcd00000000 下显示，但因其内部格式没有文档记录，所以编辑它时需要使用%SystemRoot%\System32\Bcdedit.exe 之类的工具。也可通过 Windows Management Instrumentation（WMI）将用来操纵 BCD 的接口提供给脚本和自定义编辑器使用，并且可以使用“Windows 系统配置实用程序”（%SystemRoot%\System32\Msconfig.exe）来编辑或添加基本参数（如内核调试选项）。

BCD 将平台范围的引导设置（例如，默认 OS 选择和引导菜单超时时间）与 OS 特定的设置（例如，OS 引导选项和 OS 引导加载器的路径）分割开来。

当用户引导 Windows Vista 安装时，这个新方案会将在先前版本 Windows 上由操作系统加载器（Ntldr）处理的任务划分为两种不同的可执行文件：\BootMgr 和%SystemRoot%\System32\Winload.exe。Bootmgr 会读取 BCD 并显示 OS 引导菜单，而 Winload.exe 会处理操作系统加载。如果用户要执行干净引导，则 Winload.exe 会加载引导启动设备驱动程序和核心操作系统文件（包括 Ntoskrnl.exe），并将控制权移交给操作系统；如果系统要从休眠状态恢复，则 Winload.exe 会通过执行%SystemRoot%\System32\Winresume.exe 将休眠数据加载到内存中并恢复 OS。

Bootmgr 还包含对其他预引导可执行文件的支持。Windows Vista 还随带了 Windows 内存诊断（\Boot\Memtest.exe），该工具已被预配置为用于检查 RAM 性能状况的选项，但第三方可以添加其自己的预引导可执行文件，以作为将在 Bootmgr 的引导菜单中显示的选项使用。

（2）启动进程：在先前版本的 Windows 中，各种系统进程之间的关系并不直观。例如，在系统引导时，交互登录管理器（%SystemRoot%\System32\Winlogon.exe）会启动本地安全机构子系统服务（Lsass.exe）和服务控制管理器（Services.exe）。此外，Windows 会使用一个名为 Session 的命名空间容器来隔离在不同登录会话中运行的进程。但在推出 Windows Vista 之前，登录到控制台的用户共享的是 Session 0（即由系统进程使用的会话），这就造成了潜在的安全问题。例如，如果某个运行于 Session 0 中的编写拙劣的 Windows 服务在交互式控制台上显示一个用户界面，从而允许恶意软件通过粉碎攻击之类的方法来攻击窗口并有可能获得管理特权，就会引发此类安全问题。

为解决这些问题，若干个系统进程都针对 Windows Vista 进行了重新设计。会话管理器（Smss.exe）是在使用先前版本的 Windows 时在引导期间创建的第一个用户模式进程，但在 Windows Vista 上，会话管理器会启动自己的另一个实例来配置 Session 0，该会话将独自供系统进程专用。用于 Session 0 的会话管理器进程将启动“Windows 启动应用程序”（即 Wininit.exe，一个用于 Session 0 的 Windows 子系统进程（Csrss.exe）），然后退出。“Windows 启动应用程序”会通过启动“服务控制管理器”、“本地安全机构子系统”和一个用来管理计算机的终端服务器连接的新进程（即“本地会话管理器”（Lsm.exe））持续运行。

当用户登录到系统上时，初始的会话管理器会创建其自己的一个新实例来配置新会话。新的 Smss.exe 进程会为这个新会话启动 Windows 子系统进程和 Winlogon 进程。让主会话管理器使用自己的副本初始化新会话并不会为客户端系统带来任何有利条件，但在充当终端服务器的 Windows Server“Longhorn”系统上，可以并行运行多个副本以提高多个用户的登录速度。

在这个新的体系结构下，各系统进程（包括 Windows 服务）在 Session 0 中进行了隔离。如果运行于 Session 0 中的某个 Windows 服务显示一个用户界面，则“交互服务检测”服务

（%SystemRoot%\System32\UI0Detect.exe）会通过在用户的安全上下文中启动自己的实例并显示消息来通知所有登录的管理员。如果用户选择“显示消息”按钮，该服务会将桌面切换到 Windows 服务桌面，用户可在这里与服务的用户界面交互，然后再切换回自己的桌面，如图 10-5 所示。

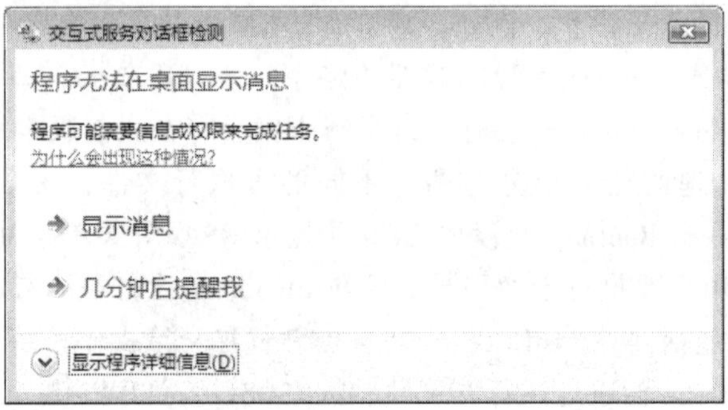

图 10-5　交互服务检测

（3）查看启动进程关系：可使用 Sysinternals（microsoft.com/technet/sysinternals）提供的 Process Explorer 来查看 Windows Vista 的进程启动树。

屏幕快照包括“会话”列，用户可通过 Process Explorer 的列对话框添加它。突出显示的进程是初始的 Smss.exe。位于它下面的是 Session 0 的 Csrss.exe 和 Wininit.exe，由于这两个进程的父进程（用于配置 Session 0 的 Smss.exe 实例）已经退出，因此它们左对齐。Wininit 的三个子进程分别是 Services.exe、Lsass.exe 和 Lsm.exe。

Process Explorer 将一组进程标识为在 Session 1 中运行，也就是通过远程桌面连接登录到的会话。Process Explorer 用蓝色突出色来显示与自身使用相同账户运行的进程。最后，将 Session 2 初始化，以为登录到控制台并创建新登录会话的用户做好准备。就是在该会话中，Winlogon 将运行并使用 LogonUI 要求新的控制台用户“按 Ctrl+Alt+Delete 进行登录”，而且在该会话中，Logonui.exe 将要求用户提供其凭据。

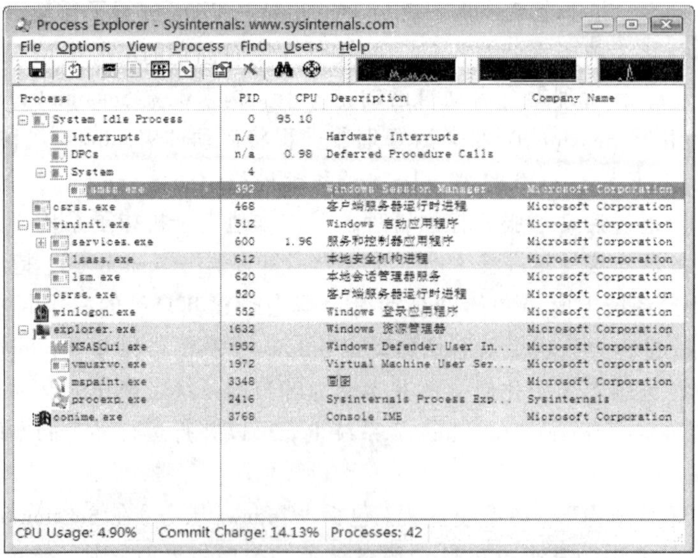

图 10-6　Process Explorer 框

（4）凭据提供程序：即使是登录体系结构也在 Windows Vista 上发生了变化。在先前版本的 Windows 上，Winlogon 进程会加载在注册表中指定的“图形识别与认证”（GINA）DLL 来显示要求用户提供其凭据的登录 UI。遗憾的是，GINA 模式受到了许多限制，包括只能配置一个 GINA、第三方很难编写完整的 GINA，以及具有非标准用户界面的自定义 GINA 会改变 Windows 用户体验。

而 Windows Vista 使用了新的“凭据提供程序”体系结构来代替 GINA。Winlogon 会启动一个单独的进程，即“登录用户界面主机”（Logonui.exe），该进程将加载在 HKEY_LOCAL_MACHINE\Software\Microsoft\Windows、NT\Currentversion\Authentication\ Credential Providers 中配置的凭据提供程序。Logonui 可以并行托管多个凭据提供程序；实际上，Windows Vista 附带了交互式（Authui.dll）提供程序和智能卡式（Smart-cardcredentialprovider.dll）提供程序。为确保统一的用户体验，LogonUI 会管理对最终用户显示的用户界面，但它还会允许凭据提供程序指定文本、图标和编辑控件之类的自定义元素。

（5）延迟式自动启动服务：如果用户曾经在 Windows 系统启动后立即登录到系统上，或许在桌面被完全配置并且用户可以与外壳和所启动的任何应用程序进行交互之前经历了一些延迟。在用户登录时，“服务控制管理器”会启动多个被配置为自动启动服务并因此在引导时激活的 Windows 服务。许多服务都会执行与登录活动争用资源的 CPU 密集型初始化和磁盘密集型初始化。为解决此问题，Windows Vista 采用了一个被称为延迟式自动启动的新服务启动类型，如果服务不必在 Windows 引导后立即激活，便可使用该类型。

“服务控制管理器”会在自动启动服务完成启动后再启动配置为延迟式自动启动的服务，并将这些服务的初始线程优先级设置为 THREAD_PRIORITY_LOWEST。此优先级别会使线程执行的所有磁盘 I/O 都采用“非常低”I/O 优先级。在服务完成初始化后，“服务控制管理器”会将其优先级设置为普通。将延迟式启动、较低的 CPU 和内存优先级与后台磁盘优先级结合后，大大减少了与用户登录间的相互冲突。许多 Windows 服务（包括后台智能传输、Windows Update 客户端和 Windows Media® Center）都使用这个新启动类型来帮助提升引导后的登录性能。

（6）关闭：困扰着 Windows 服务编写人员的一个问题是，在 Windows 关闭过程中，默认情况下他们最多只有 20s 的时间来执行清理。Windows Vista 之前的 Windows 版本一直不支持等待所有服务都退出的干净关闭，因为存在程序错误的服务可能会无限期地阻止关闭。有些服务（例如，那些具有与网络相关的关闭操作或必须将大量数据保存到磁盘的服务）可能需要更多的时间，因此 Windows Vista 允许服务请求预关闭通知。

在 Windows Vista 关闭时，“服务控制管理器”会首先通知那些要求预关闭通知的服务。它将无限期地等待这些服务退出，但如果这些服务存在程序错误且没有响应查询，则“服务控制管理器”会在 3min 后放弃并继续前进。一旦所有这些服务都已退出或超时时间已满，“服务控制管理器”就会接着对剩余的服务执行旧有形式的服务关闭。组策略和 Windows Update 服务会在全新的 Windows Vista 安装中注册预关闭通知。

组策略和 Windows Update 服务还会使用另一个 Windows Vista 服务功能：关闭排序。各服务始终都可以指定启动依存性，“服务控制管理器”要服从这些依存性以按照满足这些依存性的顺序来启动服务，但在 Windows Vista 之前，各服务还无法指定关闭依存性。现在，注册预关闭通知的服务也可以将其自己插入到存储在 HKLM\System\CurrentControlSet\Control\PreshutdownOrder 的列表中，“服务控制管理器”将根据它们的相应顺序将其关闭。有关这些服务的详细信息，请参阅“标识延迟式自动启动和预关闭服务”。

3. 电源管理

睡眠和休眠属于其他形式的关闭，自 Windows 2000 将电源管理引入到 Windows NT®系列的 Windows 操作系统后，驱动程序和应用程序方面存在很多问题的电源管理方案一直都是令商务旅行人士苦恼的一件事情。当许多用户在踏上旅途前合上自己的便携式计算机外盖时，都期望计算机系统处于挂起或休眠状态，但没想到在到达目的地时，手提箱已经变得灼热，电池也被用尽，而且还丢失了数据。这是因为 Windows 始终都会询问设备驱动程序和应用程序是否允许更改电源状态，只要有一个驱动程序或应用程序未响应，就可能会阻止转换。

在 Windows Vista 中，内核的电源管理器仍会通知驱动程序和应用程序要更改电源状态以便它们可以为这些更改做好准备，但不会再请求许可。此外，电源管理器最多会留出 20s 来等待应用程序对更改通知做出响应，而不是像在先前版本的 Windows 上那样等待 2min。因此，Windows Vista 用户可以更加确信自己的系统会执行休眠和挂起。

10.2.3 可靠性、可恢复性和安全性

1. 可靠性与可恢复性

Windows Vista 通过许多新功能和改进提高了系统的可靠性和用户对系统与应用程序问题的诊断能力。例如，内核 Windows 事件跟踪（ETW）记录程序总是处于运行状态，能够生成有关文件、注册表、中断以及其他活动类型的跟踪事件，并保存在循环缓冲区中。当出现问题时，新的 Windows 诊断基础结构（WDI）会捕获缓冲区快照，并进行本地分析或上载到 Microsoft 支持进行故障排除。

新的 Windows 性能和稳定性监视器可以帮助用户通过更改系统配置将错误（如崩溃和挂起）相互关联。强大的系统修复工具（SRT）取代了故障恢复控制台，用于不可启动系统的离线恢复。

有三个方面依靠对系统进行的内核级更改：内核事务管理器（KTM）、改进的崩溃处理和以前的版本。

（1）内核事务管理器：软件开发中最烦琐的一个方面就是处理错误条件。特别是在进行高级操作的过程中，应用程序完成了一个或多个导致文件系统或注册表更改的子任务。例如，应用程序的软件更新服务可能要进行几次注册表更新，替换应用程序的可执行文件之一，而在它尝试更新第二个可执行文件时被拒绝访问。如果服务不想将应用程序留在因此导致的不一致状态，就必须跟踪所有更改并为撤销它们做好准备。测试错误恢复代码很困难，并经常跳过，因此恢复代码中的错误会让努力徒劳无功。

为 Windows Vista 编写的应用程序通过使用 NTFS 中新的事务支持和使用内核事务管理器的注册表，不费吹灰之力即可获得自动错误恢复能力。当应用程序想进行许多相关更改时，可以创建分布式事务处理协调器（DTC）事务和 KTM 事务处理，或直接创建 KTM 处理，并将对文件和注册表项的修改与事务关联起来。如果所有的更改成功，应用程序会提

交事务同时更改生效，但是在此之前任何时候，应用程序可以回滚事务，然后放弃更改。

其有利因素在于，其他应用程序在提交事务后才能看到事务中的更改，而在 Windows Vista 和即将问世的 Windows Server（代码名为“Longhorn”）中使用 DTC 的应用程序会通过 SQL Server、Microsoft Message Queue Server（MSMQ）以及其他数据库协调其事务。因此，使用 KTM 事务的应用程序更新服务永远不会将应用程序留在不一致的状态。这就是 Windows Update 和系统还原使用事务的原因。

作为事务支持的核心，KTM 允许事务资源管理器（如 NTFS 和注册表）对应用程序所做的特定更改协调其更新。在 Windows Vista 中，NTFS 使用称为 TxF 的扩展来支持事务。注册表使用称为 TxR 的类似扩展。这些内核模式资源管理器与 KTM 一起协调事务状态，正如用户模式资源管理器使用 DTC 跨多用户模式资源管理器协调事务状态一样。第三方也可以使用 KTM 实施其自己的资源管理器。

TxF 和 TxR 都定义了一套新的文件系统和注册表 API（与现有的类似，只不过它们包含事务参数）。如果应用程序想在事务中创建文件，首先要使用 KTM 创建事务，然后将引起的事务处理传递给新文件创建 API。

TxF 和 TxR 都依赖在 Windows Server 2003 R2 中引入的公用日志文件系统或 CLFS（%SystemRoot%\System32\Clfs.sys）的高速文件系统记录功能。TxR 和 TxF 使用 CLFS 永久性地存储提交事务之前的事务状态更改。这样可以让它们提供事务恢复并确保即使在断电时也可以恢复。除了 CLFS 日志，TxR 还创建了一组相关的日志文件，跟踪 %Systemroot%\System32\Config\Txr 中系统注册表文件的事务更改，同时还为每个用户注册表配置单元单独创建几组日志文件。TxF 在名为 \$Extend\$RmMetadata 的卷的隐藏目录中存储每个卷的事务数据。

（2）增强的崩溃支持：当 Windows 遇到不可恢复的内核模式错误时（无论是由于设备驱动程序错误、硬件故障还是操作系统问题），在出现“蓝屏死机”现象和将物理内存的部分或所有内容写入崩溃转储文件（如果配置为执行此操作）后，它会尝试终止系统来防止磁盘数据的损坏。转储文件非常有用，因为当用户在系统崩溃后重启时，Microsoft 在线崩溃分析（OCA）服务会分析这些文件找出根本原因。如果愿意，用户也可以使用面向 Windows 的 Microsoft 调试工具自己进行分析。

不过，在以前的 Windows 版本中，只有在会话管理器（%Systemroot%\System32 \Smss.exe）进程初始化分页文件后才会启用对崩溃转储文件的支持。这意味着在此之前任何严重错误会导致蓝屏，但没有转储文件。由于在 Smss.exe 启动之前，会出现大量的设备驱动程序初始化，所以早期的崩溃永远不会引起崩溃转储，因此使原因诊断极为困难。

在所有引导启动设备驱动程序初始化之后，但在系统启动驱动程序加载之前，Windows Vista 通过初始化转储文件支持，可减少无转储文件生成的时间窗口。由于这一更改，如果在引导过程开始时出现崩溃，系统就可以捕捉崩溃转储，让 OCA 帮助用户解决问题。此外，Windows Vista 使用 64KB 块将数据存储到转储文件中，而以前的 Windows 版本使用 4KB 块写入文件。这一更改使得大型转储文件的写入速度最多可提高 10 倍。

应用程序崩溃处理功能在 Windows Vista 中也得以改进。在以前的 Windows 版本中，当应用程序崩溃时，它会执行未处理的异常处理程序。处理程序启动 Microsoft 应用程序错误报告（AER）进程（%Systemroot%\System32\Dwwin.exe），显示对话框，指明程序崩溃，并询问用户是否要向 Microsoft 发送错误报告。不过，如果崩溃时进程主线程的堆栈损坏，未处理的异常处理程序执行时会崩溃，导致内核终止进程、程序窗口立即消失，并且没有错误报告窗口。

Windows Vista 将错误处理从崩溃进程的上下文移至新服务，即 Windows 错误报告（WER）。此服务由服务托管进程中的 DLL（%Systemroot%\System32\Wersvc.dll）实施。在应用程序崩溃时，它仍然会执行未处理的异常处理程序，但是该处理程序会向 WER 服务发送消息，并且服务会启动 WER 错误报告进程（%Systemroot%\System32\Werfault.exe）以显示错误报告对话框。如果堆栈损坏并且未处理的异常处理程序崩溃，处理程序会再次执行并且再次崩溃，最终消耗所有线程的堆栈（使用内存区域），此时内核会介入，并向服务发送崩溃通知消息。

（3）卷影复制：Windows XP 引入了一种称为卷影复制的技术，可生成磁盘卷的时间点快照。备份应用程序可以使用这些快照生成一致的备份映像，但是快照却被从视图中隐藏，并仅保持备份过程所持续的时间。

快照实际上并不是卷的完整副本。更确切地讲，它们是较早还原点的卷视图，由与卷扇区副本（在生成快照后已更改）重叠的活动卷数据组成。卷快照提供程序的驱动程序（%Systemroot\%System32\Drivers\Volsnap.sys）监视针对卷的操作，备份扇区副本后才允许扇区更改，将与快照相关的文件中的原始数据存储到卷的 System Volume Information 目录中。

Windows Server 2003 使用其共享文件夹的影副本对服务器上的管理员和客户端系统上的用户公开快照管理。此功能启用了持续快照，用户可通过 Explorer 属性对话框中的“以前的版本”选项卡访问它，因为其文件夹和文件位于服务器的文件共享部分。

Windows Vista“以前的版本”功能为所有客户端系统提供了此支持，即自动创建卷快照（通常每天一次），用户可以通过使用共享文件夹影副本所用的相同界面的 Explorer 属性对话框访问快照。这样可让用户查看、还原或复制用户可能意外修改或删除的文件和目录的旧版本。虽然从技术角度来讲这并不是新技术，但 Windows Vista“以前的版本”实施的卷影复制优化了 Windows Server 2003 在客户端桌面环境中使用的功能。

Windows Vista 还充分利用了卷快照，以统一用户和系统数据保护机制，避免保存冗余的备份数据。当应用程序安装或配置更改造成错误或不符合需要的行为时，用户可以使用“系统还原”（在 Windows NT 系列的操作系统 Windows XP 中引入的一项功能）将系统文件和数据还原成创建还原点时其存在的状态。

在 Windows XP 中，“系统还原”使用文件系统过滤器驱动程序（可以看到在文件级别的更改的一种驱动程序类型）在系统文件更改时备份其副本。在 Windows Vista 中，“系统还原”使用卷快照。当用户在 Windows Vista 中使用“系统还原”用户界面返回到还原点时，实际上是从与活动卷的还原点关联的快照复制已修改的系统文件的较早版本。

2. 安全性

（1）BitLocker：Windows Vista 是迄今为止最安全的 Windows 版本。除了包含 Windows Defender 反间谍软件引擎外，Windows Vista 还引入了大量的安全和纵深防御功能，包括 BitLocker 整卷加密功能、内核模式代码的代码签名、受保护的进程、地址空间加载随机化以及对 Windows 服务安全和用户账户控制的改进。

操作系统在运行时只能增强其安全策略，因此当系统的物理安全可能受到危害和从操作系统之外访问数据时，用户必须采取其他措施保护数据。诸如 BIOS 密码和加密的基于硬件的机制，是通常用来防止未经授权进行访问的两种技术，尤其是便携式计算机，最有可能丢失或被盗。

Windows 2000 引入了加密文件系统（EFS），并且在其 Windows Vista 体现中，EFS 包括了对以前实施功能的许多改进，包括性能改进、支持分页文件的加密和在智能卡上存储用户 EFS 密钥。不过，用户无法使用 EFS 保护对系统敏感区域的访问，如注册表配置单元文件。例如，如果组策略允许用户登录到便携式计算机（甚至在没有连接到域时），用户的域凭据验证程序会在注册表中缓存，因此攻击者可以使用工具获取用户的域账户密码哈希，并用来尝试使用密码破解程序获取用户的密码。密码会让他们有权访问用户的账户和 EFS 文件（假设用户没有把 EFS 密钥存储在智能卡上）。

为了易于加密整个引导卷（包含 Windows 目录的卷），包括其所有系统文件和数据，Windows Vista 引入了整卷加密功能，称为 Windows BitLocker 驱动器加密。与由 NTFS 文件系统驱动程序实施并在文件级别操作的 EFS 不同，BitLocker 在卷级别使用整卷加密（FVE）驱动程序（%Systemroot%\System32\Drivers\Fvevol.sys）进行加密。

FVE 是过滤器驱动程序，因此它会自动查看 NTFS 发送到卷的所有 I/O 请求，在其写入时加密块，在其读取时（在初始配置使用 BitLocker 时，会使用分配到块的完整卷加密密钥（FVEK）读取它们）解密块。默认情况下，使用 128 位 AES 密钥和 128 位扩散器密钥加密卷。因为加密和解密发生在 I/O 系统的 NTFS 之下，所以卷在 NTFS 看来好像没有加密，并且 NTFS 甚至不需要知道已启用了 BitLocker。不过，如果用户尝试从 Windows 外读取卷上的数据，它又看来像是随机数据。

FVEK 使用卷主密钥（VMK）加密，并存储在卷的特殊元数据区域。当您配置 BitLocker 时，会有许多关于如何保护 VMK 的选项，取决于系统的硬件功能。如果系统有符合 TPM 规范 v1.2 的受信任的平台模块（TPM），并有相关的 BIOS 支持，则用户可以使用 TPM 加密 VMK（让系统使用存储在 TPM 中的密钥或存储在 USB 闪存设备中的密钥加密 VMK），或使用 TPM 存储的密钥和在系统启动时输入的 PIN 加密密钥。对于没有 TPM 的系统，BitLocker 提供使用存储在外部 USB 闪存设备中的密钥加密 VMK 的选项。在任何情况下，用户都需要一个未加密的 1.5GB NTFS 系统卷，在该卷中存储了启动管理器和引导配置数据库（BCD）。

使用 TPM 的优势在于，如果 BIOS 或系统启动文件在启用 BitLocker 后做出更改，BitLocker 会使用 TPM 功能确保不解密 VMK 和解除对引导卷的锁定。当用户第一次加密系统卷，以及每次对提及的所有组件执行更新时，BitLocker 会借助于 TPM 设备驱动程序（%Systemroot%\System32\Drivers\Tpm.sys）计算这些组件的 SHA-1 哈希，并将称为测量的每个哈希存储到不同的 TPM 平台配置注册表（PCR）。接下来，它使用 TPM 密封 VMK，该操作使用存储在 TPM 中的私钥加密 TPM 和与 BitLocker 传递到 TPM 的其他数据一起存储在 PCR 中的值。然后，BitLocker 将密封的 VMK 和加密的 FVEK 存储在卷的元数据区域。

当系统启动时，它会测量自己的哈希和 PCR 加载代码，并将哈希写入 TPM 的第一个

PCR。然后，它哈希 BIOS，并将该测量存储到相应的 PCR。接下来，BIOS 按启动序列哈希下一个组件，即引导卷的主引导记录（MBR），此过程会一直继续，直到测量操作系统加载器。运行的每个后续代码段负责测量其加载的代码，并将测量结果存储到 TPM 中相应的注册表。最后，当用户选择要启动哪个操作系统时，启动管理器（Bootmgr）会从卷读取加密的 VMK，并要求 TPM 取消密封。只有所有测量与密封 VMK 相同时（包括可选的 PIN），TPM 才成功解密 VMK。

可以考虑将此方案作为验证链，其中启动序列中的每个组件会描述 TPM 的下一个组件。只有所有描述与提供的原始描述相符时，TPM 才泄露其秘密。因此，即使卸下磁盘并装到其他系统、使用不同的操作系统启动系统或引导卷上未加密文件遭到破坏，BitLocker 也会保护加密数据。

（2）代码完整性验证：作为内核模式设备驱动程序执行的恶意软件（包括 rootkit）与内核在相同的权限级别运行，因此最难识别和删除。这类恶意软件可以修改内核和其他驱动程序的行为，以便使其变得不可见。内核模式代码功能的 Windows Vista 代码完整性，也称为内核模式代码签名 （KMCS），仅允许加载由开发人员发布和经过数字签名的设备驱动程序，这些开发人员已经过为数不多的证书颁发机构（CA）之一的审查。默认情况下，KMCS 在 Windows Vista 64 位系统上强制执行。

因为证书颁发机构会对其服务收取费用并进行基本的背景检查，如验证业务识别，所以很难产生在 64 位 Windows Vista 上运行的匿名内核模式恶意软件。此外，设法溜过验证进程的恶意软件可能会留下线索，这些线索在受到危害的系统发现恶意软件时，可以反击作者。KMCS 还有一些次要的用途，如在怀疑驱动程序有使客户系统崩溃的错误和解除高清晰度多媒体内容锁定时，会向 Windows 在线崩溃分析团队提供联系信息。

KMCS 使用 Windows 十多年来一直采用的公钥加密技术，并要求内核模式代码包括由受信任证书颁发机构之一生成的数字签名。如果发布者将驱动程序提交给 Microsoft Windows 硬件质量实验室（WHQL），并且驱动程序通过了可靠性测试，则 Microsoft 会充当签署代码的证书颁发机构。大多数发布者将通过 WHQL 获得签名；但是如果驱动程序没有 WHQL 测试程序，发布者不想提交到 WHQL 测试，或者驱动程序是在系统启动早期加载的引导启动驱动程序，则发布者必须自己签署代码。为此，他们必须首先从 Microsoft 确定为受信任内核模式代码签名的证书颁发机构之一获得代码签名证书。然后，作者通过数字方式哈希代码，通过使用私钥进行加密来签署哈希，并将证书和加密的哈希包含在代码中。

当驱动程序尝试加载时，Windows 会使用存储在证书中的公钥解密包含在代码中的哈希，然后验证哈希与代码中包含的哈希是否匹配。证书的真实性也通过相同的方式进行检查，但使用 Windows 附带的证书颁发机构的公钥。

Windows 还检查相关的证书链，一直检查到 Windows 启动加载器和操作系统内核中嵌入的根颁发机构之一。尝试加载未签名的 64 位驱动程序不应该发生在生产系统，因此不同于"即插即用"管理器（它在指向加载没有确认是否通过 WQHL 测试签名的驱动程序时显示警告对话框），64 位 Windows Vista 在阻止加载未签名驱动程序时，在无提示的情况下随时将事件写入代码完整性应用程序事件日志。32 位 Windows Vista 也检查驱动程序签名，但允许加载未签名的驱动程序。阻止它们将会破坏升级的 Windows XP 系统（要求在 Windows XP

上加载驱动程序，并且还允许支持仅存在 Windows XP 驱动程序的硬件）。不过，32 位 Windows Vista 还会在加载未签名驱动程序时将事件写入代码完整性事件日志。

因为代码签名通常用来将代码标记为经过严格测试的官方发行版本，所以发布者通常并不想对测试代码签名。因此，Windows Vista 包括可以使用 Bcdedit 工具启用和禁用的测试签名模式，它将加载使用由内部证书颁发机构生成的测试证书经过数字签名的内核模式驱动程序。此模式设计为供程序员在开发其代码时使用。当 Windows 处于此模式时，它会在桌面上显示标记。

（3）受保护的进程：下一代多媒体内容，如 HD-DVD、BluRay 和高级访问内容系统（AACS）下许可的其他格式，在以后几年内会变得更加常见。Windows Vista 包括许多技术，统称为受保护的媒体路径（PMP），AACS 标准要求在播放此类内容时使用这些技术。PMP 包括受保护的用户模式音频（PUMA）和受保护的视频路径（PVP），它们一直为音频和视频驱动程序及媒体播放机应用程序提供机制，以防止未授权软件或硬件捕获高清晰度格式的内容。

PUMA 和 PVP 定义特定于音频和视频播放机、设备驱动程序和硬件的接口和支持，但是 PMP 也依赖在 Windows Vista 中引入的一般内核机制，即称为受保护的进程。受保护的进程以标准的 Windows 进程构造为基础，该构造封装了运行的可执行映像、其 DLL、安全上下文（进程运行所在的账户及其安全权限），及在进程内执行代码但阻止某些访问类型的线程。标准进程实施访问控制模式，允许使用"调试程序"权限完全访问进程所有者和管理账户。完全访问允许用户查看和修改进程的地址空间，包括映射到进程的代码和数据。用户也可以将线程注入进程。这些访问类型与 PMP 的要求不一致，因为它们允许未授权代码获取存储在播放内容的进程中的高清晰度内容和数字版权管理（DRM）密钥的访问权限。

受保护的进程限制访问一组受限的信息和进程管理界面，包括查询进程的映像名和终止或挂起进程。但是，内核通过一般的进程查询功能（返回有关系统上所有进程的数据）为受保护的进程提供诊断信息，因此不要求直接访问进程。访问可能会损坏只允许通过其他受保护的进程访问的媒体。

此外，为避免从内部受到危害，加载到受保护进程的所有可执行代码（包括其可执行映像和 DLL）必须由 Microsoft（WHQL）使用受保护的环境（PE）标记签名，或者（如果是音频编解码器）由开发人员使用从 Microsoft 获得的 DRM 签名证书签名。因为内核模式代码可以获取任何进程的完全访问权限（包括受保护的进程），并且 32 位 Windows 允许加载未签名的内核模式代码，所以内核可为受保护的进程提供 API，以查询内核模式环境的"清洁度"，并仅在没有加载未签名代码时使用结果解除对高级内容的锁定。

（4）识别受保护的进程：没有特定识别受保护进程的 API，但是用户可以间接地根据有关它们的受限信息以及甚至无法从管理账户进行调试来识别它们。音频设备图形隔离进程（%Systemroot% \System32\Audiodg.exe）用于播放使用内容加密系统（CSS）编码的 DVD，并在"任务管理器"窗格中标识为受保护的进程。事实上，即使使用管理权限运行，任务管理器也无法获得其命令行、虚拟化和数据执行保护状态。图 10-7 给出了查看 audiodg 受保护进程的任务管理器的视图。

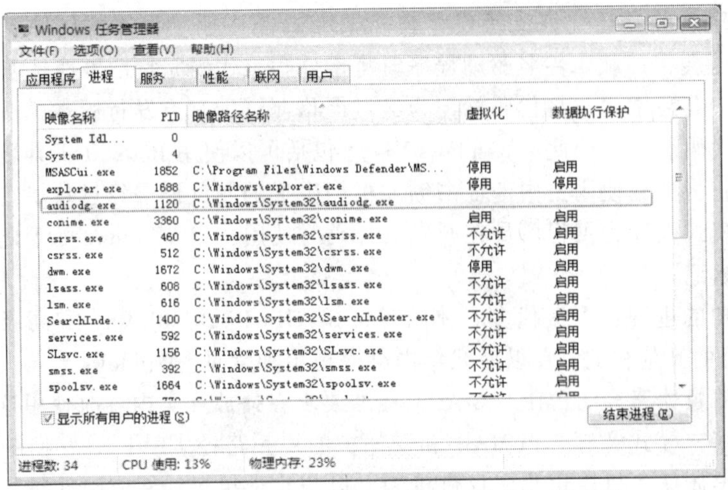

图 10-7　查看 audiodg 受保护进程的任务管理器

（5）地址空间加载随机化：不管采取什么措施，如数据执行保护和增强的编译器错误检查，恶意软件作者都会继续找到缓冲区溢出漏洞，这些漏洞使他们能够感染面向网络的进程（如 Internet Explorer 、Windows 服务及第三方应用程序），获得进入系统的立足点。不过，在设法感染进程后，他们必须使用 Windows API 通过修改用户或系统配置设置来完成读取用户数据或建立永久存在的最终目的。

使用 DLL 导出的 API 入口点连接应用程序，通常由操作系统加载器处理，但是这些类型的恶意软件感染不会从加载器的服务中受益。恶意软件在以前的 Windows 版本中还没有出现过此类问题，因为对于任何特定的 Windows 版本，系统可执行映像和 DLL 总在同一个位置加载，让恶意软件假定 API 驻留在固定的地址。

Windows Vista 地址空间加载随机化（ASLR）功能使恶意软件不可能知道 API 的位置，方法是通过每次系统启动时在不同位置加载系统 DLL 和可执行文件。在启动进程早期，内存管理器会从用户模式地址空间顶部 16MB 区域的 256 个 64KB 对齐地址中随机选取一个作为 DLL 映像加载偏差。由于在映象标头中有新的动态重新定位标记的DLL加载到进程中，因此内存管理器会从映像加载偏差地址开始并继续将 DLL 选取到内存中。

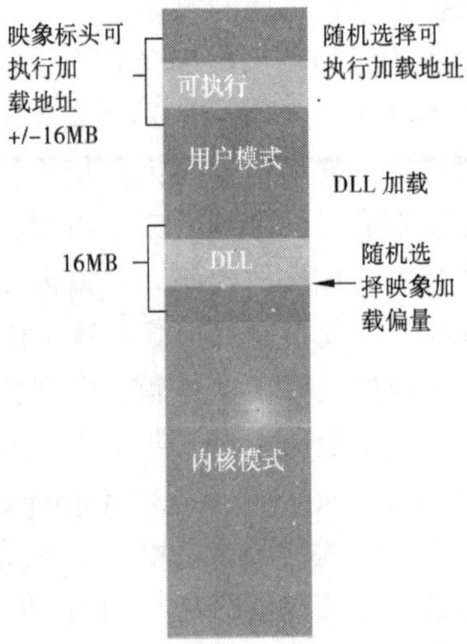

图 10-8　Windows Vista 地址空间加载随机化

具有标记组的可执行文件会得到类似的处理，在存储在其映象标头中的 16MB 基本加载地址内以随机的 64KB 对齐点加载。此外，如果使用给定的 DLL 或可执行文件的所有进程卸载后再次加载它，内存管理器会重新选择一个随机的加载位置。图 10-8 给出了 Windows Vista 地址空间加载随机化。

只有具有动态重新定位标记的映象（包括所有 Windows Vista DLL 和可执行文件）才能重新定位，因为移动原有映象可能会中断开发人员对其映象加载位置所做的内部假设。Visual Studio 2005 SP1 增加了对设置标记的支持，以便第三方开发人员可以充分利用 ASLR。

将 DLL 加载地址随机分布到 256 个位置之一，并不会使恶意软件猜不出正确的 API 位置，但是它会严重限制网络蠕虫传播的速度，并且可以阻止仅有一次机会感染系统的恶意软件以可靠地运行。此外，ASLR 的重新定位策略的第二个好处是，地址空间压缩比在以前的 Windows 版本上的更加紧密，为连续内存分配创建更大的可用内存区域，减少内存管理分配以跟踪地址空间布局的页表数，以及最小化转换旁路缓冲器（TLB）遗漏。

（6）服务安全性改进：Windows 服务成为理想的恶意软件目标。许多服务都提供通过网络访问其功能，这很可能会暴露远程可利用的访问系统的机会，而大多数服务运行都使用比标准用户账户更多的权限，如果它们被恶意软件利用，则会提供在本地系统上提升权限的机会。因此，Windows 以在 Windows XP SP2 中所做的更改为始不断完善，将权限和对指定服务的访问权限降为仅其角色需要的权限。例如，Windows XP SP2 引入了本地服务和网络服务账户（仅包括服务以前一直运行的本地系统账户权限的子集）。这样可以在利用服务时最小化攻击者获取的访问权限。

（7）查看运行中的 ASLR：通过使用像 Sysinternals 提供的 Process Explorer 一样的工具，在两个不同的引导会话中比较进程的 DLL 加载地址，用户可以很容易看到 ASLR 的效果。在从两个不同会话截取的这两个屏幕快照中，Ntdll.dll 首先在地址 0x77A30000、然后在地址 0x77750000 加载到 Explorer，如图 10-9 所示。

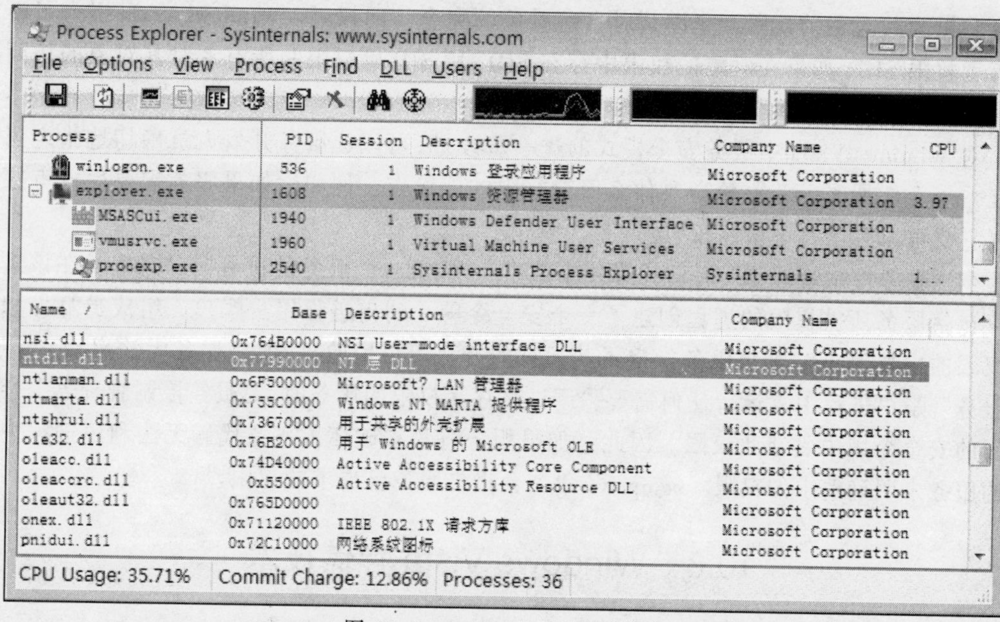

图 10-9　ntdll.dll 的不同基址

Windows Vista 还通过进一步降低分配给大多数服务对文件、注册表项及防火墙端口的权限和访问权限，以扩大其最小权限原则的使用。Windows Vista 为每种服务定义了一组唯一的新账户，称为服务安全标识符（SID）。服务可以对其资源设置权限，这样只有其服务 SID 拥有访问权限，避免在服务出现安全漏洞时以相同用户账户运行的其他服务拥有访问权限。用户可以使用 sc showsid 命令后接服务名称来查看服务的 SID，如图 10-10 所示。

图 10-10　执行 sc showsid 命令

SID 保护对特定服务所拥有资源的访问权限，但默认情况下，服务对其运行的用户账户可以访问的所有对象仍有访问权限。例如，在“本地服务”账户中运行的服务可能无法访问在不同进程（该进程使用参考服务 SID 的权限保护其对象）中以“本地服务”运行的另一服务创建的资源；但是，它仍可以读取和写入“本地服务”（以及“本地服务”所属的任何组，如“服务组”）有权访问的任何对象。

因此，Windows Vista 引入了称为限制写入服务的新受限服务类型，可让服务仅对其服务 SID、Everyone 组及分配到登录会话的 SID 可访问的对象允许写入访问权限。为了实现这一点，它会使用重新引入 Windows 2000 的受限 SID 类型。当打开对象的进程是限制写入服务时，访问-检查算法会发生变化，这样尚未以受限和非受限方式分配到进程的 SID 就无法用来为进程授予对象的写入权限。用户可以使用以下命令查看服务是否受限：

```
sc qsidtype [service]
```

另一个变化是让服务更容易阻止在相同账户中运行的其他服务对其创建的服务拥有访问权限。在以前的 Windows 版本中，对象的创建者也是对象的所有者，而且所有者能够读取和更改其对象的权限，允许其对自己对象的完全访问权限。Windows Vista 引入了新的所有者权限 SID，如果在对象的权限中存在 SID，则 SID 可以限制所有者对其对象的访问权限，甚至会删除设置和查询权限的权利。

对 Windows Vista 中服务安全模式的进一步改进，可以让服务开发人员确切地指定当服务在系统上注册时，此服务需要什么安全权限才能操作。例如，如果服务需要生成审核事件，它就可以列出“审核”权限。

当“服务控制管理器”启动托管一个或多个 Windows 服务的进程时，它就为在该进程中仅包括服务所需权限的进程创建了一个安全令牌（列出进程用户账户、组成员身份和安全权限的内核对象）。如果服务指定了其运行的账户不可用的权限，则服务无法启动。当“本地服务”账户进程中未运行任何需要“调试程序”权限的服务时，“服务控制管理器”会从进程的安全令牌中剥夺此权限。因此，如果服务进程被破坏，恶意代码无法利用进程中运行的服务未明确请求的权限。sc qprivs 命令会报告服务已请求的权限。

10.3　Windows Vista 存储技术

Windows Vista 存储技术采用卷映射拷贝服务（VSS，Volume Shadow copy Service）。

VSS（Volume Shadow copy Service，卷映射拷贝服务），最初是在 Windows Server 2003 SP1 中引入的存储技术。它通过在卷管理模块上加入快照功能，在此基础上就可以创建基于时间点（Point-In-Time）的映像（Image），从而实现数据的快速备份和恢复，用户也无需害怕因无意删除数据而造成的困扰，这就是 VSS 的关键所在。由于 VSS 所表现的优良特性，因此在 Microsfot 最新的 Vista 操作系统中，也加入了该功能。

10.3.1 VSS 概述

VSS 能够让存储基础设备（比如磁盘、阵列）创建高保真的时间点映象，就是映射拷贝（Shadow Copy）。它可以在多卷、或者单个卷上创建映射拷贝，同时不会影响到系统性能。VSS 通过协调业务应用软件、备份程序，以及存储硬件，从而达到创建高保真映射拷贝的能力。它可以应用到以下领域：

（1）快速数据备份和恢复。

（2）针对制定文件的恢复。

（3）磁带备份、测试，以及数据挖掘方面。

由于 Microsoft 在 OS 中集成了 VSS 技术，它将各个处理功能模块化，并针对存储软硬件厂商提供相应的开发接口；开发商只需要关注自己的模块，根据需求设计相关的应用，从而减少了整体设计的难度。

10.3.2 VSS 技术原理

VSS 整体框架包含了 VSS 核心模块、请求者（Requestor）、写入者（Writer），以及提供者（Provider）。各个模块之间的关系如图 10-11 所示。

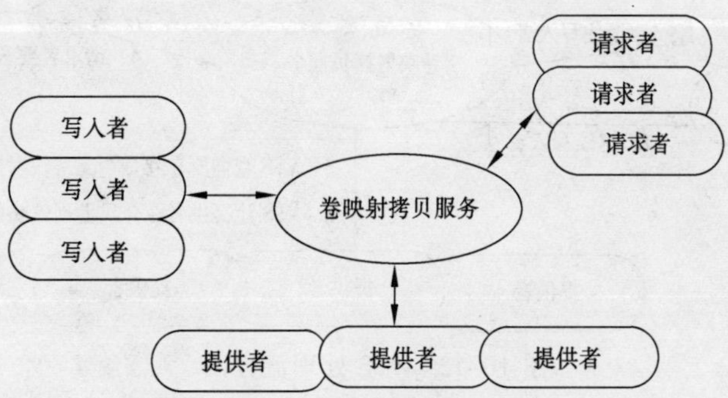

图 10-11 VSS 原理图

其中，各个模块的具体功能如下：

（1）请求者（Requestor）：其主要任务是初始化映射拷贝的创建；由于需求不一样，解决的问题各不相同，因此可能设计不同请求者应用。例如，备份应用处理 VSS 的备份功能，管理应用处理映射拷贝的创建及使用（像 WS2003 和 Vista 本身提供的 VSS 管理软件就是此类），同时可以设计其他功能应用来处理专门的业务。对于请求者的应用，包括 Windows NT 备份模块、备份软件提供商设计的备份应用，以及存储软硬件提供商设计的管理应用。

（2）写入者（Writer）：其主要任务是保证数据的一致性；因为，如果在创建映射拷贝的过程中，应用软件继续往磁盘写入数据，那么将会出现数据非一致性问题，从而影响该时间点映象的完整性。通过在应用写入者模块进行控制处理，来保证数据的一致性，同时也可以达到创建映射拷贝的高效性。通常，写入者可能是 Windows OS 里面的各种服务模块，像 COM+、DHCP 服务、Active Directory 服务等，除此之外，数据库也是常见的写入者应用。

（3）提供者（Provider）：其主要任务是创建映射拷贝；提供者是创建时间点影响的接

口，它可以是基于存储阵列（硬件模式），或者操作系统（软件模式）。VSS 有不同的提供者，其层次关系为：最底层是硬件提供者，中间是软件提供者，最上面是系统软件提供者。其中前面两个提供者是为第三方硬件或者软件厂商提供的。

（4）卷映射拷贝服务（VSS）核心模块：其主要任务是协调各个模块的协作运行，并提供创建卷映射拷贝的方法；VSS 提供了两种创建映射拷贝的方法：一种是完全拷贝（Clone/Full Copy/Split Mirror），它会创建当前原始数据（Original Data）的全部拷贝；而另外一种就是写时才拷贝（Copy on Write/Differential Copy），它只创建将要被更新的原始数据的拷贝。因此写拷贝创建映射拷贝速度快，但是恢复数据时需要使用原始数据。

10.3.3 VSS 处理流程

VSS 处理映射拷贝，需要协调各个模块来完成，从而保证创建出高保真的拷贝，进而实现数据的一致性，其具体步骤如图 10-12 所示。

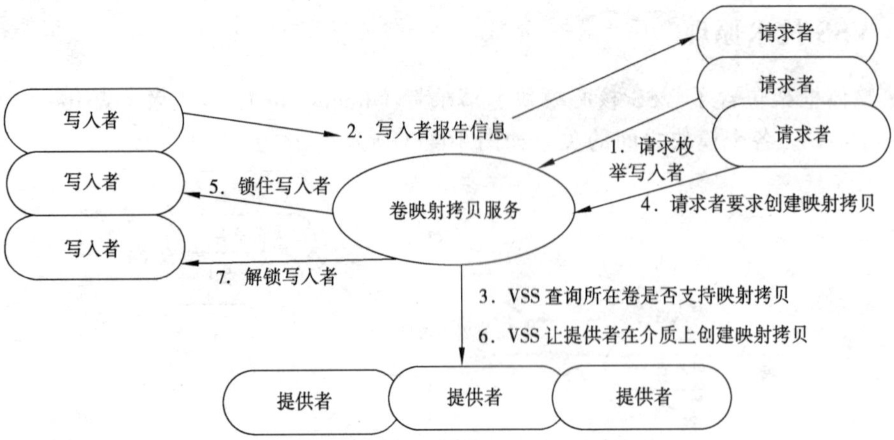

图 10-12 VSS 处理流程图

（1）请求者让 VSS 枚举所在卷上的写入者应用，并收集元数据（metadata）。

（2）写入者可能通过 XML 文件来描述其组件（components），并定义其恢复（restore）方法；其中，考虑到数据一致性，写入者需要一些相关处理，比如对于数据库应用来说，关闭所有打开的事务、回滚事务日志以及将缓冲区中的数据写入等操作，直到所有数据准备好之后，通知 VSS 可以创建映射拷贝了。

（3）VSS 对于请求的卷，查询是否支持映射拷贝，并由哪个提供者提供；因为在请求者管理应用中，会设置卷的映射拷贝属性以及策略等，所以需要进行查询和判断。

（4）请求者通知 VSS，要求在该卷上创建映射拷贝。

（5）VSS 锁住写入者应用，暂时不让写入新数据（在某些应用情况下，读操作请求是可以允许的）。

（6）VSS 让提供者在磁盘上创建当前状态的映射拷贝（创建映射拷贝的速度，和创建的方法以及提供者的实现相关）。

（7）创建映射拷贝完毕，VSS 解锁写入者应用；然后写入者就可以处理队列中的写请求，接着 VSS 会查询是否这些写请求在创建映射拷贝期间被保证在队列中，如果是，则说明数据是一致的，否则说明可能数据一致性有问题，并做相应处理。

10.3.4 VSS 分析和结论

1．VSS 分析

（1）VSS 的优点如下：

① 加快了备份和恢复的速度。现在的高性能要求，其备份窗口越来越小，更多的是期待 7×24 全天候服务。因此比起传统的磁带备份，以及 D2D 备份，VSS 的快照技术在备份和恢复的速度上都有明显的优势；同时减少了管理配置的复杂性，从而为企业客户降低了 TCO。

② 提供了个别文件的备份和恢复。用户再也不用害怕因为 SHIFT+DEL 这样的无意删除而导致的痛苦，无需因为文件的更新而采用“另存为”操作，只需简单地要找到该文件的各个前期版本，并进行恢复就行了。

③ 易于实施到各种应用中。譬如，对于不可避免的备份操作，完全可以只将映射拷贝的数据备份到磁带介质中，从而减少备份的数据量；而对于开发设计人员来说，同一产品在设计阶段会有不同的版本，因此完全可以采用制作不同版本的映射拷贝来完成。

④ 容易快速开发特定存储产品。由于在 OS 中集成的 VSS，同时功能模块化；对于开发商来说，就可以根据行业需求，专注于该模块的开发，只要该模块通过了测试和认证，很快就可以和其他模块整合起来，将产品推向市场。

（2）VSS 的缺点如下：

① 设置 VSS 容量和配置 VSS 策略，考虑到具体的环境和应用，需要一定的经验才能达到较好的效果。

② 目前 Microsoft 提供的默认的管理应用，在创建映射拷贝时，只有时间点信息，却不能对映射拷贝加入足够的注释信息，不易于区分各个映射拷贝之间的差别。

③ VSS 其本质是基于“卷”的快照技术，如果将其应用到数据保护领域，和 CDP（Continuous Data Protection，连续数据保护）所描述的那种基于文件的保护相比，其粒度大，因为“卷”是基于“块”，而“文件”可以基于“字节”。

2．结论

据了解，由于 Microsoft 提供了一整套的解决方案，因此很多软硬件存储厂商都在加入到 Microsfot 设计的 VSS 中，并且部分厂商 OEM 带 VSS 的操作系统来设计特定应用的 NAS 服务器，并有不错的市场效果。尽管如此，和开源的 Linux 和 Solaris 10（它们也都支持和 VSS 类似的“卷”快照技术）相比，那就是“仁者见仁，智者见智”了。

10.4 Windows Vista 设备管理

本节将重点描述 Windows Vista 相对于前版本（Windows XP）的改进及新特性。

10.4.1 在驱动程序方面的改进

在老版本 Windows 中，邮件设备的驱动程序是工作在系统内核模式下的，这种设计有两点不足。

对于大部分邮件设备，尤其是不支持热插拔的设备，为了使新安装的设备能够正常工作，往往必须重新启动整个操作系统，才可以加载新设备的驱动程序。很多人因为这个问题感到头疼，因为全新安装一个 Windows 操作系统只需要花半个小时，但是后续的硬件驱动程序安装，则可能会花掉更长时间，而且在这期间还需要多次重新启动操作系统，相当麻烦。

一旦某个设备的驱动程序因为存在设计缺陷而崩溃，将会影响整个系统。这个问题在以前 Windows 98 时代最明显，自从 Windows 2000 中使用了驱动程序签名技术之后，大幅度减少了因为安装不完善的驱动所导致的系统故障，不过有时候在一些极端的环境下，依然会发生类似的问题。

在 Windows Vista 中，邮件设备的驱动程序已经改为工作在用户模式下，经过这种变化，在安装应用程序的时候，我们将能够体验到以下改进。

一般非关键硬件设备的驱动程序，安装后立刻就可以生效，而不需要重启动操作系统。例如，安装好 Windows Vista 之后声卡无法正常工作，通过 Windows Update 安装了声卡驱动后，不需要启动操作系统，声卡就正常工作了。不过一些关键设备的驱动安装好之后依然需要重启动操作系统。

就算某个设备的驱动程序存在设计缺陷，也只能导致和这个设备相关的功能无法正常使用，不会影响到整个系统。

工作在用户模式下的驱动程序可以进行更方便的调节，以实现以前无法实现的功能。还是以声卡为例，在 Windows Vista 中工作在用户模式下的声卡驱动，可以单独针对每个应用程序来调整音量。这个功能带来的便利是显而易见的，例如，一边听歌一边浏览网页的时候，如果网页里嵌入了音乐，两种音乐同时播放无疑会对用户造成干扰，可是以前无法针对网页浏览器进行静音，现在就可以在保留音乐播放器声音的同时减少甚至完全关闭来自网页浏览器的声音。

10.4.2 禁止安装特定设备

这是一个很吸引人的功能。现在很多公司都不希望员工使用闪存盘或者 MP3 随身听之类可以通过计算机的 USB 接口传输文件的设备，因为这很容易导致公司的机密数据丢失。传统的预防办法最常见就是将计算机上的 USB 接口堵死，但这种“硬”方法也造成了一些问题，导致其他使用 USB 接口的设备，例如，键盘和鼠标都无法使用。那么有没有不那么“强硬”的方法？这时候可以考虑使用 Windows Vista 的组策略了。

通过 Windows Vista 的组策略，对硬件设备的安装将可以达到下列限制：

（1）只有指定类型的设备可以安装，其他未指定设备一律无法安装。

（2）只有指定的具体硬件可以安装，其他未指定的硬件一律无法安装。

（3）所有可移动设备都无法安装。

（4）对于某些设备，限制用户的读取或者写入操作。

如何限制对硬件的使用？Vista 中使用两种方式：硬件类型（deviceclass）和硬件 ID（device ID）。

（1）硬件类型（device class）：简单来说，就是用于描述设备用途的一个名称，例如，所有的闪存盘，不管是 A 品牌的还是 B 品牌的，不管是 USB 1.1 标准的还是 2.0 的，只要是闪存盘，那就具有统一的硬件类型。

（2）硬件 ID（device ID）：用于描述具体硬件的一个代号。同样的硬件，例如，同一个品牌和型号，甚至同一个生产批次的两个硬件产品，都会有不同的硬件 ID。

也就是说，如果通过硬件类型来指定禁止安装的设备，例如，使用闪存盘的硬件类型进行限制，那么不管是什么品牌或者参数的闪存盘，只要是闪存盘，都将无法被安装。但使用硬件 ID 进行限制就不同了，例如，有两块同品牌同型号的闪存盘（硬件 ID 绝对是不同的），那么可以限制只允许使用其中的一个，而不许使用另一个。

这里一共有九条可用的策略，分别具有如下含义。

（1）允许管理员忽略设备安装限制策略：这条策略可以决定是否允许管理员账户不受设备安装限制策略的影响。如果启用这条策略，那么不管其他策略如何设置，都只能影响非管理员账户，而不能影响管理员账户。如果禁用这条策略，或者保持未被配置的默认状态，那么管理员账户也将受到其余几条策略的限制。

（2）允许安装下列设备类的设备：这条策略可以设定允许安装的设备类型。简单地说，这条策略等于一个“白名单”，配合其他策略，就可以让 Windows Vista 只安装设备类型在这条策略中批准过的设备，其他未指定的设备都拒绝安装。

（3）阻止安装下列设备类的设备：这条策略可以设定禁止安装的设备类型。简单来说，这条策略等于一个“黑名单”，所有被添加到这条策略中的设备类型都将被 Windows Vista 拒绝安装。

（4）当策略阻止安装时显示自定义信息（气球文本）：这条策略可以决定当有设备被禁止安装后，在 Vista 的系统提示区显示什么样的气球图标消息。

（5）当策略阻止安装时显示自定义信息（气球标题）：这条策略可以决定当有设备被禁止安装后，在 Vista 的系统提示区显示的气球图标使用怎样的标题。

（6）允许安装与下列设备 ID 相匹配的设备：这条策略可以决定允许 Vista 安装具有哪些硬件 ID 的设备。

（7）阻止安装与下列设备 ID 相匹配的设备：这条策略可以决定禁止 Vista 安装具有哪些硬件 ID 的设备。

（8）禁止安装可移动设备：这条策略可以决定是否禁止安装任何可移动设备，而且这条策略的优先级是最高的。只要启用了这条策略，那么不管其他允许策略是如何设置的，可移动设备都将无法被安装。

（9）禁止安装未由其他策略设置描述的设备：这条策略可以决定是否禁止安装没有被其他策略允许或禁止过的设备，这是一条相当宽泛的策略。

10.4.3 控制可移动存储设备的读写

除了限制对硬件的安装，通过组策略还可以限制对已安装的可移动存储设备的访问。

总结来说，这些策略可以分别对下列设备限制读取或者写入的访问：

（1）CD and DVD：CD 或 DVD 光驱，包含只读光驱和刻录机。

（2）Custom classes：自定义的设备，虽然可以自定义，但仅限可移动存储设备。

（3）Floppy Drivers：软驱。

（4）Removable Disks：移动硬盘。

（5）Tape Drivers：磁带驱动器。

（6）WPD Devices：Windows portabledevices 设备，泛指运行了 Windows 操作系统的所有便携设备。

对于限定的设备，例如，光驱或者移动硬盘，只要启用相应的策略就可以限制对该设备的读取或者写入；对于需要指定设备的策略，例如，自定义设备，则需要按照上文的方法添加设备类 GUID。这里的设置需要重启动系统后才可以生效。

10.5 Windows Vista 文件系统

NTFS，英文原名是 New Technology File System（新技术文件系统）。从其原名中可以看出，相对于旧的文件系统类型（指 FAT 文件系统），NTFS 拥有许多高级特性，安全性更高、性能更好、容错能力更强，同时还具有诸如压缩、磁盘配额、加密和权限设置等高级的功能，已经成为 Windows Vista 默认的文件系统类型。下面将介绍文件系统的概述，NTFS 权限、EFS 加密、压缩和磁盘配额等方面的内容。

10.5.1 文件系统简介

提到文件系统，则不得不提到磁盘分区，这是因为文件系统是以磁盘分区为基础的，不能针对单个目录或者文件设置文件系统。

在正式安装操作系统之前，首先需要对硬盘进行分区。这好比一个学校，应该安装年级、班级合理分为若干个教室。不过仅仅分教室还不足以接纳学生们，还必须按照一定的布局在每个教室里摆放桌椅、讲台……。同样，要想在磁盘里存储数据，不能只有分区，还必须在磁盘分区上建立文件系统，同样，磁盘分区必须按照一定的格式划分成合适的存储单位（称为“簇”），才能存储数据。建立文件系统的过程就是格式化。

1. 文件系统的类型

Windows XP 可以支持 FAT、FAT32 和 NTFS 等几种文件系统类型。在决定使用哪个文件系统之前，应当了解每个文件系统的优点和局限性。更改文件系统的类型需要耗费不少时间，同时也存在一定的风险，因此应该事先选择最合适需要的文件系统。

（1）FAT 文件系统：FAT，也叫做 FAT16。很多用户都是通过 FAT 这种文件系统认识和踏入计算机门槛的，FAT 采用了 16 位的文件分配表，DOS、Windows 3X/9X、Windows NT、Windows 2000 和 Windows XP，甚至 Linux 都内在支持这种文件系统。但 FAT 最大的缺点就是只能支持 2GB 的最大分区，导致了硬盘的实际利用效率偏低。

在 DOS 和 Windows 系统中，磁盘文件的分配是以“分配单元”为单位的，分配单元也叫做“簇”。一个文件可以使用一个或者多个分配单元，但是一个分配单元不能容纳多个文件。如果分配单元的大小是 32KB，也就是说，即使文件只有 1 个字节，存储时也要占 32KB 的硬盘空间，剩余的空间就只能闲置，这样就导致了磁盘空间的极大浪费。FAT 支持的分区越大，磁盘上分配单元的容量越大，造成的浪费也越大。目前主流硬盘已经是 200GB，FAT 的这种缺点变得越来越突出，如果要用 FAT 来格式化分区，就需要创建 100 个分区（每个分区不能超过 2GB）。

（2）FAT32 文件系统：由于 FAT 文件系统带来的诸多不便，微软公司从 Windows 98 开始，力推一种全新的文件系统——FAT32。在 Windows 98 中 FAT32 成为标准的文件系统。FAT32 采用了 32 位的文件分配表，对磁盘的管理能力大大增强，FAT32 轻易地突破了最大分区 2GB 的限制。使用 FAT32，用户可以将一个大硬盘划分为几个比较大的分区（不像 FAT，只能支持最多 2GB 的分区），更易于管理。

相对于 FAT 文件系统，FAT32 最大的优点是：在一个不超过 8GB 的分区中，FAT32 文件系统的每个分配单元容量都固定为 4KB，与 FAT 文件系统相比，可以大大地减少硬盘空间的浪费，提高了硬盘利益效率。

（3）NTFS 文件系统：NTFS 文件系统，其显著的优点是安全性和稳定性极其出色，在使用中不易产生磁盘碎片，对硬盘的空间利用及软件的运行速度都有好处，同时非法关机后也不像 FAT 和 FAT32 文件系统需要进行磁盘扫描。它能对用户的操作进行记录，通过对用户权限的管理进行严格的系统访问限制，使每个用户只能按照系统赋予的权限进行操作，从而充分保护了网络系统与数据的安全。

NTFS 也是以分配单元为单位来存储数据文件的，但 NTFS 中分配单元的大小并不随分区的增大而变化。NTFS 文件系统的分配单元，一般大小是 4KB，这样可以确保磁盘空间的有效使用。

Windows NT 的 NTFS 文件系统为 1.01 版本，Windows 2000 的 NTFS 文件系统为 3.0 版本，而最新的 Windows Vista 则支持 3.1 版本的 NTFS 文件系统。

2．NTFS 文件系统的优越性

NTFS 文件系统最初在 Windows NT 系统里引入，它除了拥有 FAT 和 FAT32 文件系统的全部优点外，还具有以下的优势。

（1）NTFS 文件系统支持文件加密，可以最大限度的保证数据文件的安全性。

（2）NTFS 文件系统是一个可恢复的文件系统。在 NTFS 分区上用户很少需要运行磁盘扫描工具进行修复。NTFS 通过使用独有的事务处理日志和恢复技术来保证数据的一致性。当发生系统故障时，NTFS 使用日志和检查点信息确保文件系统数据的一致性。

（3）NTFS 文件系统具有很好的磁盘压缩性能，可以满足小硬盘用户的需要。

（4）NTFS 文件系统最大支持高达 2TB 的大硬盘，而且相对于 FAT 和 FAT32，NTFS 的性能不会随着磁盘容量的增大而显著降低。

（5）NTFS 文件系统可以提供磁盘配额管理功能，可以为每个用户（不管是本地，还是远程登录用户）分配指定数量的磁盘空间。

（6）NTFS 文件系统支持文件和文件的权限设置，确保只有授权用户才能访问这些受保护的文件或者文件夹。

10.5.2 文件压缩功能

尽管现在的主流硬盘容量已经达到甚至超过 200GB，但是硬盘的容量永远赶不上数据需求的增长；选择比较合适的压缩方案，能够尽可能地减少磁盘空间的无谓消耗。Windows Vista 默认提供两种压缩方案，Zip 压缩文件夹和 NTFS 压缩，分别适用于不同的使用场合。

1．Zip 压缩文件夹

从 Windows Me/XP 开始，Windows 开始内在支持 Zip 压缩。也就是说不需要安装第三方的压缩工具，例如，WinZip 或者 WinRAR，就可以压缩或者解压缩 Zip 格式的文件。而且功能并不需要 NTFS 文件系统的支持，FAT32 分区上也可以使用 Zip 压缩。

2．NTFS 压缩

除了 Zip 文件之外，NTFS 文件系统还支持 NTFS 压缩。NTFS 压缩功能工作在文件系底层，所以任何应用程序都可以透明地读取 NTFS 压缩文件，而并不知道这些文件实际上是被压缩的。例如，Microsoft Word 可以直接读取、编辑或者保存经过 NTFS 压缩的文件，但是 Zip 则必须事先进行解压缩。

NTFS 压缩的缺点：即经 NTFS 压缩的文件，在网络传输的时候，就会丧失压缩属性。

3．Zip 压缩和 NTFS 压缩的比较

NTFS 压缩和内置 Zip 压缩的区别总结如表 10-1 所示。

表 10-1　NTFS 压缩和内置 Zip 压缩的对比

压缩类型	使用限制	存储方式
Zip 压缩	可以在 FAT32/NTFS 文件系统上启用，任意移动不会影响其压缩特性	实质还是 Zip 压缩文件，只是显示为一个带拉链的文件夹图标
NTFS 压缩	只能用在 NTFS 文件系统上，如果复制到 FAT32 文件系统上，就会丧失压缩特性	必须存放在 NTFS 分区里，如果通过 Internet 进行传输，则会自动解压缩

10.5.3　加密文件系统

加密文件系统，英文为 Encrypting File System，简称 EFS，是 NTFS 文件系统所独有的一种安全特性。EFS 加密，加上 BitLocker 和 Windows 权限管理，可以提供完善的数据保护。

Windows Vista 提供了 BitLocker 驱动器加密，这可以确保计算机的离线数据安全，同时确保在整个系统启动过程中数据是安全的。

然而一旦系统已经顺利启动，BitLocker 就不会再提供保护，这时候虽然可以借助 NTFS 权限防止其他未授权用户访问数据，但是如果其他用户也是管理员，他们就有方法修改 NTFS 权限而获得访问的能力。

EFS 加密可以保证在系统启动以后，可以继续对用户数据提供保护。一个用户加密的数据，其他任何未授权用户，包括管理员，都无法访问。

EFS 加密是一种非常强大，同时又非常易用的数据保护技术。和一些第三方工具，如 WinRAR 提供的加密方法不同，EFS 加密并不需要用户提供密码，加密和解密过程完全由系统自动完成，用户可以透明地访问被加密的数据，而不会感觉到加密的存在。EFS 加密同时又非常强大，只有授权用户才可以访问，而其他登录用户，则无法访问加密文件。

1．EFS 加密和解密的过程

EFS 加密过程如下：

（1）随机生成一把加密密钥，这把加密密钥称为 FEK（文件加密密钥）。

（2）用生成的 FEK 对目标文件进行加密。

（3）如果是第一次使用，系统会自动为该用户生成一对公钥/私钥。

（4）用该用户的公钥对 FEK 进行加密。

（5）原始的 FEK 被删除，而加密后的 FEK 会作为加密文件的一个属性，和该加密文件保存在一起。

EFS 解密过程如下：

（1）EFS 系统先以用户的私钥解密 FEK。

（2）用解密后的 FEK 将文件解密。

2．EFS 加密的特点

访问加密的文件非常快捷方便。如果用户持有一个已加密的 NTFS 文件的私钥，那么用户就能够打开这个文件，并将该文件作为普通文档透明地使用，所有的加密、解密都在 NTFS 文件系统的底层进行；反之，用户会被拒绝对文件的访问。EFS 加密并不像第三方加密软件一样在每次访问时都要求输入密码。

需要注意的是，只有 Windows Vista 商业版、企业版和旗舰版用户才能使用 EFS 加密功能。

10.5.4 NTFS 磁盘配额

不管是家用还是商用计算机，多个人共享一台计算机是很平常的事情。尽管现在的主流硬盘容量高达 200GB，但是硬盘的容量永远赶不上需求的增长，所以对于多人共享的计算机，最好为每位用户设置磁盘配额，这样才能确保每位用户都能获得合适的磁盘空间，而不至于发生某位用户占据绝大多数的磁盘空间，而使得其他用户由于没有足够磁盘空间完成工作的情况。

10.5.5 NTFS 权限

Windows Vista 是一个多用户的操作系统，然而在 FAT32 文件系统上，多用户的意义无法体现。必须借助 NTFS 文件系统的帮助，才能发挥用户权限设置的威力。

Windows 系统的安全访问模型是由两个方面组成的，一个是进程的访问令牌，另一个是资源的访问控制列表。进程能够对资源进行哪些操作，就是由访问令牌和访问控制列表这两个因素共同制约的。进程就是运行着的应用程序，例如，IE 浏览器进程、Word 进程等，而资源则包括文件、文件夹、打印机、注册表键值、服务，甚至还可以是其他进程。

访问令牌里记录了进程的账户身份、所属的用户组信息。而资源的访问控制列表则记录了哪些用户可以读写这个资源，哪些资源只有只读的权限等信息。Windows 安全子系统会把进程的访问令牌和资源的访问控制列表逐项进行对比，以确认进程是否拥有访问资源的权限。

10.6 Windows Vista 安全性

Windows Vista 引入了新的重要安全改进，使用最佳工程方案和最新工具确保 Windows

Vista 操作系统在家庭、企业、移动及漫游环境中的安全性。Windows Vista 构建于 Microsoft Windows XP Service Pack2（SP2）和 Microsoft Windows Server 2003 Service Pack1（SP1）基础之上，减少了易受攻击的范围，而且帮助企业安全地对网络进行管理和隔离。以下是 Windows Vista 新增或加强的主要的安全防护功能。

10.6.1 UAC（用户账户控制）

UAC（User Account Control）是微软为提高系统安全而在 Windows Vista 中引入的新技术,它要求所有用户在标准账号模式下运行程序和任务，阻止未认证的程序安装，并阻止标准用户进行不当的系统设置的改变。Windows 2000 以前版本的安全控制，其安全性是十分薄弱的，在 Windows 2000 之后，微软才逐步在系统中引入用户权限的控制。现以 Windows XP 为例说明在 Windows Vista 之前版本系统中的安全控制。当 Windows XP 安装完成后，系统内所有用户的凭据信息（也就是用户名和密码）都被保存在 SAM（Security Accounts Manager:安全账户管理器）数据库中。这样，当用户登录系统时，首先要输入用户名和密码，这些信息由 winlogon 进程获取，并由 LSA（Local Security Authority，本地安全验证）子系统在 SAM 数据库中进行验证。如果 SAM 数据库中有符合条件的记录，那么 LSA 子系统就会生成一个访问令牌（Access Token），并传递给用户。当该用户需要运行程序或者访问资源的时候，系统首先会从用户持有的访问令牌中找到用户的权限信息，然后和想要进行的操作所需要具有的权限进行比较，如果权限足够大，那么就可以进行相应的操作；如果权限不足，操作则会被禁止。

乍看起来，这是一套相当安全并且方便的机制，因为只要在登录系统的时候输入一次用户名和密码，就可以在整个登录过程中直接执行任何具有权限的操作。同时只要保护好 SAM 数据库，也就不用担心系统的安全问题。然而事实远非如此，这样的做法虽然方便，不过却相当不安全。比如说，当使用管理员账户登录系统后，所运行的任何程序自然也将具有管理员权限，这时候如果不小心运行了网上下载的含有恶意代码的程序，则该程序的进程也具有了管理员权限，进而该进程可以对系统进行任何操作，这之中所蕴含的风险是不言而喻的。所以，平时使用计算机的时候最好不要用管理员账户登录，而是用权限小一些的账户，只有在偶尔需要进行维护或者其他必要操作的时候才使用管理员账户，或者临时使用 Runas 命令，赋予当前账户管理员权限，这样才能保证系统安全。

为了操作的简便，相当多的 Windows XP 用户日常使用的是对机器有绝对控制权的管理员账号。虽然自己使用方便了，但对于恶意软件和病毒，也一样可以对系统为所欲为。

为解决上文提到的 Windows 旧版本中安全控制的缺陷，Windows Vista 中纳入了 UAC，对授权进程要求所有用户以标准用户模式运行，并且限制管理员的权限，用以限制恶意软件对电脑所带来的损害。如果一名用户希望安装新的软件，或者更改系统设置，他们需要输入凭证并验证该进程。在 Windows Vista 中，我们仍然可以使用管理员账户登录系统。不过，这时的管理员账户只是“protected admin”（受保护的管理员模式），程序运行时，所能得到的权限将只相当于一般的用户权限，不足以对关键的系统设置进行修改，这样的机制类似于在系统与恶意软件间加入了一个隔离层保护，从而最终提高系统的安全。

一般说来，在 Windows Vista 系统中，安装新应用程序、更改系统日期或时间以及大部分控制面板中的设置项都需要管理员级别的权限，也就是说，这一系列的操作受到 UAC 的控制。受 UAC 保护的任务或选项在其名称前会有一彩色盾牌，如果点击类似这样的项目，系统将会调用 UAC 进程，需确认权限之后才可以设置，这时，UAC 窗口弹出，显示该操作的程序的名称，以及将要进行的操作，与此同时屏幕上的其他内容都会变暗，无法操作。如果当前登录的账户具有更改系统设置所需的权限，那么 Windows Vista 会显示一个警告对话框，询问用户是否继续，只有选择继续，才可以进行设置。

如果当前登录系统的账户不具有相应的权限，Windows Vista 首先将会显示一个对话框，要求用户输入一个具有权限的账户的用户名和密码，如果输入的信息是正确的，则可以完成操作，否则将会被拒绝。

毋庸置疑，UAC 在很大程度上提高了 Windows Vista 的安全性，但也极大增加了操作中的烦琐程度。在很多用户看来，UAC 在目前发布的 Windows Vista 版本中的运行情况很难称得上理想，甚至在进行如删除桌面快捷方式的简单操作时，也会遇到验证提示。而在没有回答 UAC 提示的情况下，禁止一切系统交互，这无疑增加了客户的使用障碍。

10.6.2 防火墙

在 Windows XP 中，微软推出了免费的防火墙，并在 SP2 版本中加入安全中心，添加一些安全功能，在 Windows Vista 中，除了包括 SP2 的安全功能之外，还包括应用程序相关的出站筛选，该筛选可提供对通信的完全、定向控制。例如，Windows Vista 中的 Windows 防火墙将允许管理员阻止应用程序（例如，即时消息传递应用程序）联系或响应其他计算机。此外，新的防火墙主要增强的功能还有：支持传入和传出流量、防火墙过滤、Internet 协议安全保护设置，具有配置图形用户界面的新 MMC（微软管理控制台）管理功能。除此之外，新的防火墙的设置可由“组策略”对象进行配置，简化管理。

10.6.3 防止 malware 的影响

IT 部门和个人用户花费大量的时间和资源来解决由 malware（蠕虫、病毒和其他恶意软件统称为 malware）导致的问题以及在发生问题之前尝试检测和预防问题。Windows Vista 的防 malware 功能可检测出许多种类型的潜在可疑软件，在用户允许应用程序进行潜在恶意更改前对用户进行提示；可在 malware 导致问题之前防止、检测和删除 malware，达到改善计算机性能，减少支持呼叫以及提高安全性的目的。

10.6.4 保护丢失、失窃或被挪用的计算机

Windows Vista 中的高级数据保护技术降低了膝上型电脑或其他计算机中的数据被未授权用户查看的风险，即使膝上型电脑丢失或者失窃，也能防止数据泄漏。Windows Vista 支持全卷加密以防止其他操作系统从磁盘访问文件。它还将密钥存储在一个可信平台模型（TPM）v1.2 芯片中。整个系统分区都是加密的，不管是休眠的文件还是用户数据。

10.6.5 自定义验证机制

对很多组织来说，利用用户名和密码验证用户已经不足以保证必需的安全级别。Windows Vista 有改进的 Smart Card 支持，它使得开发人员更易于实现自定义的认证机制，

如生物特征辨识和令牌。

10.6.6 网络访问保护

病毒和蠕虫可以通过尚未下载最新升级、安全配置设置或病毒签名的移动计算机来攻击被保护的内部网络。移动用户可能会连接到旅馆、飞机场或咖啡店的未保护网络，在那里他们的计算机可能被 malware 或病毒感染。Windows Vista 拥有网络访问保护，用以防止安全受损的计算机连接到用户的内部网络，直到它符合用户的安全标准。

10.6.7 PatchGuard（内核保护系统）

PatchGuard 是 Windows Vista 的内核保护系统，防止任何非授权软件试图修改 Windows 内核。它为 Windows Vista 加入一个新安全操作层，防止内核模式驱动改动或替换 Windows 内核的任何内容，第三方反病毒软件也无例外，然而，反病毒软件是通过特定的 API 调用及其调用顺序、频率来确定蠕虫是否正在系统中活动的，并通过向内核发送程序终止信号杀掉蠕虫，而 PatchGuard 却扼杀使其无法进行，阻止这类基于行为的检测正常工作，在这方面看来反而使得用户更为不安全。

10.6.8 Windows Defender

WindowsVista 开发出 Windows Defender 的特性，可以帮助用户检测和清除 Windows 系统里面的间谍软件和广告软件以及其他具有潜在危险性的软件，使 Windows 用户免受此类软件的威胁，Vista 用户可以通过启用 Windows Defender 来保证系统安全。这样，当下载一个新的 Gadgets 时，Windows Defender 将首先检查下载包中是否存在恶意代码，以求达到理论上“防火于未燃”的效果。

本章小结

Windows Vista 是 winodws XP 和 Windows server 2003 优秀的结合体。除了一些常用的操作及功能性以外，在安全性、可靠性及互动体验等三大功能方面更为突出和完善。Windows Vista 属于 Windows NT 系列。Windows Vista 中新增的所有功能都是为了满足用户的需要而设计的，例如，为了保证在线浏览和网上交易的安全，Internet Explorer 7 中采取了“反钓鱼”和保护模式等功能；为了能让计算机充分深入到数字家庭和数字办公室的每个角落，Windows Vista 引入了“Windows 照片库”和“Windows 会议室”等程序；为了保证计算机和数据的安全，增加了 BitLocker 加密、用户账户控制、Windows Defender、备份和恢复中心、卷影复制等功能。

Windows Vista 包含了进程和线程方面的大量增强功能，支持适用于文件和目录的新符号链接类型，在 Windows Vista 中，大多数 I/O 操作都可以取消。Windows Vista 内存管理器包含了大量增强功能，例如，更大范围地使用无锁同步技术、锁定粒度更细、数据结构包更紧密，分页 I/O 更大、增加了对现代 GPU 内存体系结构的支持，并更有效利用了硬件的转换旁路缓冲器。另外，Windows Vista 内存管理如今还针对不同工作负荷的要求提供动态地址空间分配。采用四种新技术：SuperFetch、ReadyBoost、ReadyBoot 和 ReadyDrive。Windows

Vista 通过许多新功能和改进提高了系统的可靠性和用户对系统与应用程序问题的诊断能力，如内核 Windows 事件跟踪（ETW）和 Windows 诊断基础结构（WDI）等。Windows Vista 还充分利用了卷快照，以统一用户和系统数据保护机制，避免保存冗余的备份数据。

Windows Vista 存储技术采用卷映射拷贝服务（VSS），VSS 能够让存储基础设备（比如磁盘、阵列）创建高保真的时间点映象，就是映射拷贝。VSS 整体框架包含了 VSS 核心模块、请求者（Requestor）、写入者（Writer），以及提供者（Provider）。

在设备管理上，Windows Vista 采用组策略，使用两种方式：硬件类型（deviceclass）和硬件 ID。

Windows Vista 支持 NTFS 文件系统，提供两种压缩方案，Zip 压缩文件夹和 NTFS 压缩，分别适用于不同的使用场合。提供了 BitLocker 驱动器加密，确保计算机的离线数据安全，同时确保在整个系统启动过程中数据是安全的。

UAC（User Account Control）是微软为提高系统安全而在 Windows Vista 中引入的新技术,在 Windows Vista 中，除了包括 SP2 的安全功能之外，还包括应用程序相关的出站筛选，该筛选可提供对通信的完全、定向控制。

习 题 十

1. Windows Vista 有哪几个版本？
2. 简述 Windows Vista 内核在进程方面的改进。
3. 简述卷映射拷贝服务（VSS）技术的原理。
4. 简述 Windows Vista 在驱动程序方面的改进。
5. 说明 Windows Vista 在设备管理中如何采用组策略？
6. 简述 Windows Vista 的文件系统。
7. Windows Vista 新增的主要防护安全功能有哪些？
8. 简述 Windows Defender 的功能。

附录 A 常用文件扩展名的相应文件类型

扩 展 名	文 件 类 型	用 途
.A01，2	使用 ARJ 的分片压缩功能得到的文件	用在 ARJ 连续解压
.AIF	苹果机的波型声音文件	Quick Time 等多媒体播放程序可播放
.AMG	系统映象文件	Actor 系统使用
.APP	应用程序文件	数据库内使用
.ARJ	ARJ 压缩文件	ARJ 可解压
.ASC	ASCII 码的文本文件	DOS 下直接列出，文本编辑程序可调用
.ASM	汇编语言源程序文件	相应语言编译成可执行文件
.AVI	压缩影像、动画文件	微软的多媒体播放程序可播放
.BAK	备份文件	系统自动生成该文件
.BAS	BASIC 语言源程序文件	可编译成可执行文件
.BAT	批处理文件	操作系统或应用程序下直接执行
.BIN	二进制文件	文本编辑类程序可调用
.BMP	Windows 环境下的位图文件	Windows 下或相应的看图程序可调用
.C	C 语言源程序文件	C 语言程序下编译使用
.CAB	微软格式的压缩包文件	微软的安装程序可解压安装
.CDA	CD 音轨文件	CD 播放程序可播放
.CFG	含系统设备和环境信息的配置文件	文本类编辑程序可调阅
.CHK	由 CHKDSK/F 所恢复的数据文件	磁盘管理工具使用
.CIL	网络下载包文件	网络操作系统可解压
.CLP	Windows 剪贴板产生的文件	Windows 系统或图形编辑类程序可调用
.CLS	BASIC 语言库文件	BASIC 语言环境使用
.CMD	含 DBASE 程序的命令文件	DBase 数据库使用
.CMF	声卡标准的音乐文件	FM 合成器可回放
.CNF	设备配置信息文件	应用程序使用
.COB	COBOL 语言源程序文件	相应语言下编译
.COM	可执行命令文件	操作系统或应用程序下直接执行

续表

扩展名	文件类型	用途
.CPL	控制面板扩展文件	Windows 操作系统使用
.CUR	Windows 的光标文件	Windows 系统下使用
.CUT	图形文件	图形编辑类程序可调用
.DAT	1.数据文件 2.VCD 中的图像声音文件	应用程序使用 VCD 播放软件可调用
.DB	含系统运行环境参数的配置文件	DBase 数据库使用
.DBD	演示数据文件	数据库系统使用
.DBF	数据库文件	数据库系统使用
.DBS	帮助信息文件	数据库系统使用
.DBT	数据库备注文件	数据库系统使用
.DCX	图形文件	图形编辑类程序可调用
.DDI	映象文件	DUP、HD、IMG 等工具可展开
.DEF	模式定义文件 磁盘映象文件	Windows 系统使用 DEF 程序可解开
.DEM	程序的演示数据文件	多种应用程序使用
.DEV	设备驱动器文件	含 Config.sys 参数
.DGS	设备诊断文件	DOS 操作系统使用
.DIB	动画或图片文件	看图工具或多媒体播放工具可调用
.DIF	数据交换格式文件	程序中用于不同系统之间的数据交换
.DIR	目录文件	部分应用程序使用
.DLL	动态连接的链接库文件	Windows 系统的应用程序使用
.DOC	文档文件	Windows 的 Word 文档
.DOT	Word 的模式文件	Windows 的 Word 模板
.DRV	设备驱动程序	操作系统下执行安装
.DWC	压缩文件	相应解压工具可解压
.DVP	AutoCAD 的设备参数文件	AutoCAD 系统使用
.DWG	AutoCAD 的绘图示范文件	AutoCAD 系统使用
.DXF	AutoCAD 的图形交换文件	AutoCAD 系统使用
.DXX	AutoCAD 的属性析取文件	AutoCAD 系统使用
.ERR	编译错误信息文件	编译系统下使用或文本编辑程序调用
.EXE	可执行的程序命令文件	操作系统下直接执行
.FKY	宏文件	FoxPro 数据库使用
.FLC	动画文件	Windows 下的媒体播放器可播放
.FLI	PC 工业标准的动画文件	Windows 下的媒体播放器可播放
.FLM	图形文件	图形编辑类程序可调用
.FMT	屏幕格式文件	数据库系统使用
.FNT	字形数据文件	图形图像处理软件可调用

续表

扩 展 名	文 件 类 型	用 途
.FON	字形文件	Windows 系统下使用
.FOR	FORTRAN 语言源程序文件	相应语言编译可生成执行文件
.FOX	伪编译生成的目标文件	数据库系统使用
.FP	CONFIG.FP 配置文件	数据库使用
.FPT	备注文件	FoxPro 等数据库下使用
.FRM	报表格式数据文件	FoxPro 等数据库下使用
.FRT	报表备注文件	FoxPro 等数据库下使用
.FRX	报表文件	FoxPro 等数据库下使用
.FX	Foxbase 配置运行环境信息文件	FoxPro 等数据库下使用
.FXP	通过编译的目标程序文件	数据库下使用
.GIF	图像（图片）格式文件	大部分图像编辑工具均可调用
.GL	动画文件	Grasp 4 程序可处理
.GRP	Windows 系统的程序组文件	程序管理器程序调用
.HA	压缩文件	DOS 下的 HA 解压程序解压
.HAP	压缩文件	DOS 下的 PAH 解压程序解压
.HDX	AutoCAD 的索引文件	AutoCAD 系统使用
.HEX	十六进制数据文件	DEBUG 或其他编辑类程序可调用
.HLP	帮助信息文件	系统或应用程序中使用
.HTM	多媒体的超文本文件	网络系统中使用
.HTML	多媒体的超文本文件	网络系统中使用
.HTT	超文本文件的模板文件	网页编辑工具可调用
.IDF	索引文件	数据库系统下使用
.IDX	索引文件	数据库系统下使用
.IMG	映象文件 扫描成的图形文件 数据文件	HD、IMG 等工具可展开 图形图像编辑工具可调用 应用程序使用
.INC	包含文件	Pascal 或 Turbo Basic 语言使用
.INF	软件安装信息文件	Windows 操作系统使用
.INI	系统初始化文件	Windows 系统使用
.INT	接口文件	PASCAL 等语言环境使用
.JFIF	压缩图像文件	图形图像浏览工具可调阅
.JIF	压缩图像文件	图形图像浏览工具可调阅
.JIS	日文内码的文本文件	文本类编辑程序可调用
.JOR	日志文件	SQL 系统使用
.JPE	压缩图像文件	图形图像浏览工具可调阅
.JPEG	压缩图像文件	图形图像浏览工具可调阅
.JPG	压缩图像文件	图形图像浏览工具可调阅

续表

扩 展 名	文 件 类 型	用 途
.KEY	包含软件密码或注册方法的文件	可直接执行或打开查看
.LBL	标签格式文件	数据库可使用
.LBM	图像文件	图形图像浏览工具可调阅
.LBT	标签备注文件	数据库可使用
.LBX	标签文件	数据库可使用
.LIB	编译产生的标准格式信息库文件	数据库使用
.LIN	线形库文件	AutoCAD 系统使用
.LNK	程序链接文件	Windows 程序或 C 语言环境使用
.LOD	程序的装入文件	应用程序使用
.LST	ASCII 的列表文件	DOS 系统下使用
.LZH	压缩文件	LHA、RAR 等工具可解压
.MIV	音频压缩文件	类 MP3 音频播放程序可播放
.MAC	图像文件	Quick Time 等多媒体播放程序支持
	键盘宏定义文件	Super KEY 等程序使用
.MAG	图形文件	图像调看编辑程序 GV、Display 等可调用
.MAP	公共变量列表文件	DOS 系统中使用
.MAV	数字化声音文件	多媒体播放程序可播放
.MCI	多媒体格式的音像文件	多媒体播放程序可播放
.ME	磁盘 README 信息文件	文本编辑类程序可调阅
.MEM	内存变量文件	Foxpro 等数据库使用
.MID	声音文件	Windows 中的 MIDI 媒体播放器可播放
	AutoCAD 的说明文件	AutoCAD 系统使用
.MNT	菜单备注文件	数据库系统使用
.MNX	菜单文件	数据库系统使用
	编译过的菜单文件	AutoCAD 系统使用
.MOD	声音文件	Windows 的多媒体播放器可播放
.MOV	带声音的动画文件	Quick Time 等多媒体播放程序支持
.MP1，2	音频压缩文件	兼容 MP3 格式的多媒体播放程序可播放
.MP3	音频压缩文件	支持 MP3 格式的多媒体播放程序可播放
.MPG	VCD 中的图声视频文件	VCD 播放程序可播放
.MPR	菜单程序文件	数据库使用
.MPX	编译后的菜单程序文件	数据库使用
.MSG	系统说明信息文件	DOS 的应用程序使用
.MSP	图形数据文件	Windows 的窗口程序使用
.NDX	DBASE 索引文件	数据库下使用
.NET	网络配置文件	网络系统内使用
.NEO	图像文件	图形图像浏览工具可调阅

续表

扩 展 名	文 件 类 型	用 途
.NO	包含某种软件号码的文件	文本查看编辑类程序可调阅
.OBD	Office 活页夹文件	Office 程序使用
.OBJ	目标代码文件	MASM 等系统程序使用
.OLD	编辑修改文件产生的备份文件	操作系统或应用程序使用
.OBT	Office 活页夹模板文件	Office 程序使用
.OBE	“Office 活页夹“向导文件	Office 环境下使用
.OVD	覆盖文件（？可为任意字母）	Office 程序使用
.OVL	覆盖文件	应用程序使用
.OVR	程序的覆盖文件	应用程序使用
.PAK	压缩文件	PKUNPAK 程序可解压
.PAL	调色板图像文件	Windows 系统图像编辑程序可调用
.PAS	PASCAL 语言源程序文件	相应语言环境下使用
.PAT	窗口图形文件	AutoCAD 系统使用
.PBM	图形文件	Photoshop 等程序可调用
.PCC	图像文件	图像浏览工具如 SEA 可调阅
.PCD	柯达 PHOTO-CD 标准的图像文件	图像浏览工具如 SEA 可调阅
.PCM	微软标准的波形声音文件	多媒体播放程序可播放
.PCT	矢量图形文件	苹果机操作系统使用
.PCX	图像文件	图像浏览工具如 SEA 可调阅
.PFM	打印机字形组合文件	Windows 系统使用
.PGM	程序覆盖文件 图形文件	应用程序使用 Photoshop 等图形编辑程序可调用
.PGP	外部命令列表文件	AutoCAD 系统使用
.PIC	压缩位图图像文件	Quick Time 等多媒体播放程序可调用
.PIF	可执行程序信息文件 矢量图形文件	Windows 操作系统下直接执行 图形编辑类程序可调用
.PLX	图形文件 图形数据文件	图形编辑类程序可调用 应用程序使用
PJT	项目备注信息文件	数据库系统的程序使用
PJX	项目文件	数据库系统的程序使用
PLB	库文件	数据库文件
PLT	位图图像文件	图像浏览工具如 SEA 可调阅
PMC	图形文件	图形编辑类程序可调用
PNG	图像文件	图像浏览工具如 SEA 可调阅
PNM	图形文件	图形编辑类程序可打开使用
POL	数据表格文件	Office 程序使用
POT	演示文稿模板文件	办公组件 Office 程序使用

续表

扩展名	文件类型	用途
PPA	演示文稿加载宏文件	办公组件 Office 程序使用
PPM	图形文件	图形编辑程序可调用
PPT	演示文稿文件	PowerPoint 可播放
PPS	演示文稿文件	PowerPoint 可播放
PRD	打印机定义文件	Word 等使用
PRG	应用程序的命令或过程文件	数据库下的执行文件
PRJ	语言源程序文件	C 语言环境编译成可执行文件
PRN	打印格式文件	应用程序使用
PRO	常用键定义文件	操作系统外壳 PCSHELL 等程序使用
	源程序文件	PROLOG 语言下编译
PRX	编译后的屏幕格式文件	数据库系统使用
PS	矢量图形文件	图形处理程序可使用
PSD	Photoshop 标准文件	Photoshop 程序使用
PWZ	PowerPoint 的向导文件	办公组件 Office 环境下使用
PZH	压缩文件	解压工具程序可解压
PZK	压缩文件	解压工具程序可解压
QIC	Microsoft 备份程序的备份表	Windows 系统备份程序可还原
QT	声音或影像文件	Quick Time 等多媒体播放程序可播放
QPR	查询程序文件	数据库中使用
QPX	编译后的查询程序文件	数据库使用
RAR	压缩文件	RAR 等解压程序可解压
RAS	图形文件	图形编辑类程序可调用
RAW	图形文件	图形编辑类程序可调用
RC	资源管理文件	Windows 系统使用
RDI	位图文件	图形图像编辑类程序可调用
REC	计数器应用程序建立的文件	Windows 系统使用
REF	程序说明文件	应用程序文件
REG	注册表项目文件	Windows 系统使用
RES	二进制资源文件	Windows 系统使用
RIF	图像文件	图像查看编辑类程序可调用
RIX	图形文件	图形编辑类程序可调用
RLE	图像文件	图像浏览工具如 SEA 可调阅
RMI	MIDI 格式的声音文件	Windows 的多媒体（MIDI）播放器可播放
ROL	FM 的合成音乐文件	Windows 的多媒体（MIDI）播放器可播放
S3M	音乐文件	多媒体播放程序可调用
SAT	图形文本文件	图形文本编辑类程序可调阅
SCN	微软格式的屏幕文件	操作系统中应用程序使用

续表

扩 展 名	文 件 类 型	用　　途
SCP	正本文件	BITCOM 系统使用
SCR	图形命令草体文件 屏幕保护图案文件	AutoCAD 系统使用 Windows 系统使用
SCT	屏幕备注文件	数据库系统使用
SCX	屏幕格式文件	数据库系统使用
SDN	BBS 网络传输的压缩文件	用 ARJ 解压
SET	配置文件 Microsoft 备份程序的文件集	应用程序使用 相应的备份程序可还原
SFI	图形文件	图形图像处理软件可调用
SGF	图形文件	图形图像处理软件可调用
SHP	形状/字体定义的源文件	AutoCAD 系统使用
SHX	形状/字体定义已编辑文件	AutoCAD 系统使用
SIT	苹果机标准的压缩文件	RLE 可解压
SLD	幻灯文件	AutoCAD 系统使用
SLK	Excel 数据导入文件	Excel 程序使用
SND	声音文件	多媒体播放程序 Wplany 可播放
SOB	联机指导文件	微软的操作系统或应用程序使用
SPL	假脱机文件	SQL Windows 系统使用
SPR	屏幕程序文件	数据库系统使用
SPT	图形文本文件	SPT 等图文编辑程序可调用
SPX	编译后的屏幕程序文件	数据库下使用
SQL	数据文件	SQL 系统使用
SQZ	备份压缩文件	SQZ 程序可解压
SRF	矢量文件	AutoCAD 系统使用
STR	动画格式文件	多媒体播放程序可播放
STY	类型表文件	Word 程序使用
SUN	图像文件	Image Eye 等图像工具可调阅
SWP	临时交换文件	Windows 系统使用
SYM	符号调试定义文件	Windows 系统使用
SYS	系统文件或设置驱动器文件	操作系统使用
TAB	表格文件	应用程序使用
TAR	压缩文件	UNIX 系统的 TAR 指令可解压
TBK	备注备份文件	FoxPro 等数据库使用
TD0，1	磁盘映象文件	Teledisk 程序可还原处理
TEL	通信数据文件	操作系统外壳 PCSHELL 等使用
TGA	图形图像文件	图形图像工具可调阅
TIF	图像文件（TIFF） 标签格式信息文件	图形图像工具可调阅 微软系统或应用程序使用

续表

扩展名	文件类型	用途
TM	暂存文件	微软系统或应用程序使用
TMP	暂时文件或备份文件	微软系统或应用程序使用
TRE	系统路径文件	操作系统外壳 PCSHELL 等使用
TUT	教学文件	应用程序使用
TXT	文本文件	文本编辑类程序可调阅
U01，2	UNPACK 分解成的子文件	PACK 程序合并成原文件
UC2	UC 的压缩文件	UC 程序可解压
URL	超文本传送协议的文件	网络系统使用
VAL	校对文件	部分应用程序使用
VBS	影视文件	Windows 系统的多媒体程序可处理
VBX	V+BASIC 语言的可视化扩展文件	BASIC 语言环境下使用
VCD	视频图像文件	VCD 播放程序可播放
VI	图形文件	图形编辑类程序可调用
VMG	图形文件	图形编辑类程序可调用
VMM	虚拟机管理程序文件	Windows 操作系统使用
VOC	数字化声音文件	多媒体播放程序可播放
VUE	察看文件	数据库系统使用
VXD	虚拟设备驱动程序文件	Windows 操作系统使用
WAD	光盘游戏附加地图文件	并入主目录程序执行
WAV	波形声音文件	多媒体播放程序可播放
WBK	Word 的备份文档文件	Word 程序使用
WIN	窗文件 图形文件	数据库系统使用 图形编辑类工具可调用
WIZ	Word 模板文件	Word 程序使用
WLL	Word 加载项文件	Word 程序使用
WMF	位图元文件	Windows 下图像工具可打开
WPG	图形图像文件	Lview 等图像工具可打开
WPS	WPS 的文书文件	文本编辑类程序如 WPS 等可调用
WRI	文档文件	Windows 系统的文本编辑程序可调阅
WSD	WORDSTAR 的文本文件	文本编辑程序可调用
XAS	PS 游戏的动画格式文件	PS 或相应模拟器程序使用
XBM	图像文件	Unix 系统的 XV 可打开使用
XLA	加载宏文件	Excel 程序使用
XLB	Excel 的模板文件	Excel 程序使用
XLC	图表文件	Excel 程序使用
XLD	对话框编辑文件	Excel 程序使用
XLK	Excel 的备份文件	Excel 程序使用

续表

扩 展 名	文 件 类 型	用 途
XLL	Excel 的加载宏文件	Excel 程序使用
XLM	工作区文件	Excel 程序使用
XLS	工作簿文件	Excel 程序使用
XLT	分层文件	Excel 程序使用
XMI	声音文件	多媒体播放程序可播放
XPM	Windows 系统的小型图像文件	Unix 系统的 XV 或相应图像工具可打开使用
Z	压缩文件	可在 Aunix 上解压
ZIP	压缩文件	RAP、WINZIP、PKUNZIP 等工具可解压
ZOO	压缩文件	ZOO 等工具可解压

参 考 文 献

[1] 汤子瀛，哲凤屏，汤小丹.计算机操作系统[M]. 西安：西安电子科技大学出版社，2002.

[2] 庞丽萍.操作系统原理[M]. 3 版. 武汉：华中科技大学出版社，2004.

[3] 刘腾红.操作系统[M]. 北京：科学出版社，2004.

[4] 刘腾红.计算机操作系统[M]. 武汉：武汉大学出版社，2006.

[5] 刘腾红.计算机操作系统[M]. 北京：科学出版社，2000.

[6] 刘腾红.计算机操作系统原理与方法[M]. 北京：中国财政经济出版社，1998.

[7] 张尧学，史美林.计算机操作系统教程[M]. 3 版. 北京：清华大学出版社，2006.

[8] 何炎祥.计算机操作系统[M]. 北京：清华大学出版社，2004.

[9] 孟静.操作系统教程：原理和实例分析[M]. 2 版. 北京：高等教育出版社，2006.

[10] 滕至阳.现代操作系统教程[M]. 北京：高等教育出版社，2002.

[11] 彭民德.计算机操作系统[M]. 2 版. 北京：清华大学出版社，2007.

[12] 徐志明.计算机操作系统[M]. 北京：清华大学出版社，2007.

[13] 周爱武.计算机操作系统教程[M]. 北京：清华大学出版社，2006.

[14] 孙钟秀.操作系统教程[M]. 3 版. 北京：高等教育出版社，2003.

[15] 张红光，李福才.UNIX 操作系统教程[M]. 北京：机械工业出版社，2006.

[16] 马季兰等.Linux 操作系统[M]. 北京：电子工业出版社，2002.

[17] 徐甲同.网络操作系统[M]. 吉林：吉林大学出版社，2000.

[18] 张公忠.现代网络技术教程[M]. 北京：电子工业出版社，2000.

[19] 彭爱华，刘晖. Windows Vista 使用详解[M]. 北京：人民邮电出版社，2007.

[20] 陆刚. 计算机网络操作系统[M]. 成都：电子科技大学出版社，2002.

[21] 姚栋义. 计算机网络操作系统实用教程[M]. 北京：电子工业出版社，2002.

[22] [美] SILBERSCHATZ A，GALVIN G，GAGNE G.Applied Operating System Concepts.实用操作系统概念：影印版[M]. 北京：高等教育出版社，2001.

[23] [美] Abraham Silberschatz A.Operating System Concepts.操作系统概念（影印版）[M]. 6 版. 北京：高等教育出版社，2003.

[24] [美] ANDREW S.Tanenbaum. Distributed Operating Systems.分布式操作系统：影印版[M]. 北京：电子工业出版社，2003.

[25] [美] GALLI DZ. 分布式操作系统：概念与实践：影印版[M]. 北京：人民邮电出版社. 2002.

[26] [美] STALLINGS W. 操作系统：内核与设计原理[M]. 4 版. 魏迎梅，等，译.北京：电子工业出版社，2003.

[27] [美] MCDOUGALL R，MAURO J，GREGG B. Solaris Performance and Tools：影印版[M]. 北京：机械工业出版社，2007.

[28] [美] MCDOUGALL R，MAUROJ. Solaris 内核结构[M]. 2 版. Sun 中国工程研究院，译. 北京：机械工业出版社，2007.

Learn more about it!

笔记栏

Learn more about it!

笔记栏

Learn more about it!

笔记栏